Datenanalyse mit SPSS

Michael Streich

Datenanalyse mit SPSS

Für Seminar-, Projekt-, Bachelor- und Masterarbeiten

Michael Streich
BWL - Messe-, Kongress- und Eventmanagement
DHBW Ravensburg
Ravensburg, Deutschland

ISBN 978-3-658-46950-4   ISBN 978-3-658-46951-1 (eBook)
https://doi.org/10.1007/978-3-658-46951-1

Die Deutsche Nationalbibliothek verzeichnet diese Publikation in der Deutschen Nationalbibliografie; detaillierte bibliografische Daten sind im Internet über https://portal.dnb.de abrufbar.

© Der/die Herausgeber bzw. der/die Autor(en), exklusiv lizenziert an Springer Fachmedien Wiesbaden GmbH, ein Teil von Springer Nature 2025

Das Werk einschließlich aller seiner Teile ist urheberrechtlich geschützt. Jede Verwertung, die nicht ausdrücklich vom Urheberrechtsgesetz zugelassen ist, bedarf der vorherigen Zustimmung des Verlags. Das gilt insbesondere für Vervielfältigungen, Bearbeitungen, Übersetzungen, Mikroverfilmungen und die Einspeicherung und Verarbeitung in elektronischen Systemen.
Die Wiedergabe von allgemein beschreibenden Bezeichnungen, Marken, Unternehmensnamen etc. in diesem Werk bedeutet nicht, dass diese frei durch jede Person benutzt werden dürfen. Die Berechtigung zur Benutzung unterliegt, auch ohne gesonderten Hinweis hierzu, den Regeln des Markenrechts. Die Rechte des/der jeweiligen Zeicheninhaber*in sind zu beachten.
Der Verlag, die Autor*innen und die Herausgeber*innen gehen davon aus, dass die Angaben und Informationen in diesem Werk zum Zeitpunkt der Veröffentlichung vollständig und korrekt sind. Weder der Verlag noch die Autor*innen oder die Herausgeber*innen übernehmen, ausdrücklich oder implizit, Gewähr für den Inhalt des Werkes, etwaige Fehler oder Äußerungen. Der Verlag bleibt im Hinblick auf geografische Zuordnungen und Gebietsbezeichnungen in veröffentlichten Karten und Institutionsadressen neutral.

Planung/Lektorat: Claudia Rosenbaum
Springer Gabler ist ein Imprint der eingetragenen Gesellschaft Springer Fachmedien Wiesbaden GmbH und ist ein Teil von Springer Nature.
Die Anschrift der Gesellschaft ist: Abraham-Lincoln-Str. 46, 65189 Wiesbaden, Germany

Wenn Sie dieses Produkt entsorgen, geben Sie das Papier bitte zum Recycling.

Vorwort

„Im vergangenen Jahr führte eine Befragung unter Besuchern unserer Messe zu einer Gesamtzufriedenheit von 2,20. Dieses Jahr wurde eine Gesamtzufriedenheit von 2,18 ermittelt. Wir konnten uns somit gegenüber dem Vorjahr leicht verbessern." So in etwa lautete ein Satz in einer Diplomarbeit vor etlichen Jahren und führte zu ungläubigem Staunen beim Betreuer. Zum einen, weil die Aussage lediglich anhand von zwei Stichproben getroffen wurde und ein möglicher Zufallsfehler keine Erwähnung fand. Zum anderen, weil – selbst unter der Prämisse, dass die Aussage auch für die Grundgesamtheit aller Besucher gültig ist – dieser Unterschied keinerlei praktische Relevanz beinhaltet. Die Bewertung ist beide Male eine „2-". Dieses Erlebnis führte zu einer umfangreichen Neuausrichtung einer Vorlesung zur Datenanalyse unter Zuhilfenahme von SPSS, aus der schließlich die Idee entstand, die Inhalte in Buchform auch einer breiteren Leserschaft zugänglich zu machen. Kernzielgruppe sind dabei explizit Studierende im Bachelor- und Masterstudium, und die nachfolgenden Inhalte sollen sie dabei unterstützen, empirische Auswertungen im Rahmen von Seminar-, Projekt-, Bachelor- und Masterarbeiten durchzuführen. In Unkenntnis der vorhandenen statistischen Verfahren oder aus Scheu vor ihrer Nutzung (sowie möglicherweise auch einer gewissen Ignoranz bzw. Bequemlichkeit) beschränken sich die Autorinnen und Autoren der aufgezählten Arbeiten oftmals auf die Präsentation von Häufigkeitstabellen – nebst zugehöriger Diagramme – sowie die Berechnung des arithmetischen Mittels. Ergänzende Streuungsmaße sucht man meist vergeblich, ganz zu schweigen von induktiven Verfahren, die trotz der Heranziehung von Stichproben ebenfalls nur spärlich Beachtung finden. In diesem Buch soll daher im Anschluss an einige wesentliche Grundlagen der Weg zur Datenanalyse mittels SPSS aufgezeigt werden. Die Wahl von SPSS beruht auf der einfachen Handhabung des Programms, das auf den ersten Blick MS-Excel sehr ähnelt, gleichzeitig aber zu den gängigsten Programmen gehört und umfangreiche Analysemöglichkeiten bietet. Insbesondere in der Forschung nimmt zwar die Bedeutung der Open-Source-Software R immer mehr zu; dieses Programm verlangt jedoch eine nicht unerhebliche Einarbeitungszeit, was viele Studierende erfahrungsgemäß erst recht von der Verwendung des Programms abschreckt. MS-Excel andererseits ist für einfache Anwendungen durchaus geeignet, kommt aber schnell an seine Grenzen und ist in Anwendung und Ergebnisdarstellung SPSS schlicht deutlich unterlegen. Ziel dieses Buches ist es daher, die Studierenden zu animieren, sich tiefer gehend mit den Möglichkeiten der Datenanalyse zu beschäftigen und die Scheu vor der Anwendung von SPSS zu verlieren. Der eine oder andere Aha-Effekt wird sich dabei beim Leser sicherlich einstellen und die Qualität der empirischen Arbeiten dadurch hoffentlich gesteigert werden.

Mein Dank gilt an dieser Stelle allen bisherigen Studentinnen und Studenten, die durch kluges Hinterfragen zur stetigen Verbesserung der Vorlesung und damit hoffentlich auch dieses Buches beigetragen haben. Besonderen Dank schulde ich meinem geschätzten Kollegen, Herrn M. A., Dipl.-Schau. Jens Kuntzemüller für die kritische Durchsicht des Manuskripts und seine wertvollen Hinweise.

Als Grundlage für dieses Buch diente IBM SPSS® in der Version 29. Sämtliche Auswertungen, die in Tabellen und Grafiken dargestellt sind, wurden mit diesem Programm erstellt.

Aus Gründen der Lesbarkeit wird zumeist das generische Maskulinum verwendet. Selbstverständlich sind stets alle Personen aller Geschlechter gemeint.

Ravensburg, Deutschland Michael Streich
September 2024

Inhaltsverzeichnis

1 Grundlagen 1
   1.1 Primär- vs. Sekundärforschung 1
   1.2 Forschungsansätze 3
      1.2.1 Überblick 3
      1.2.2 Explorative Studien 4
      1.2.3 Deskriptive Studien 5
      1.2.4 Kausale Studien 6
   1.3 Messtechnische Grundlagen 6
      1.3.1 Gütekriterien 6
         1.3.1.1 Überblick 6
         1.3.1.2 Objektivität 7
         1.3.1.3 Validität 8
         1.3.1.4 Reliabilität 10
      1.3.2 Operationalisierung und Messung 12
         1.3.2.1 Messen 12
         1.3.2.2 Skalenniveaus 13
         1.3.2.3 Bedeutung im Forschungsdesign 17
   1.4 Erhebungsmethoden 19
      1.4.1 Überblick 19
      1.4.2 Befragung 19
      1.4.3 Beobachtung 24
      1.4.4 Experiment 26
   Literatur 28

2 Grundlagen von SPSS 29
   2.1 Vorbemerkung 29
   2.2 Editoren und Viewer 31
   2.3 Menüstruktur 40
   2.4 Daten einlesen und speichern 44

	2.5	Ausgewählte Funktionen	46
		2.5.1 Fälle auswählen	46
		2.5.2 Dateien zusammenfügen	50
		2.5.3 Neue Variable berechnen	51
		2.5.4 Umcodieren von Werten	53
		2.5.5 Dubletten ermitteln	55
	2.6	Die Syntaxdatei	57
	2.7	Das Hilfesystem von SPSS	62
	Literatur		64
3	**Datenerfassung mit SPSS am Beispiel einer schriftlichen Befragung**		**65**
	3.1	Codierung	65
	3.2	Dateneingabe und Datenüberprüfung	71
	3.3	Rücklaufkontrolle	73
4	**Datenanalyse mittels SPSS**		**75**
	4.1	Überblick	75
	4.2	Deskriptive Statistik	78
		4.2.1 Überblick	78
		4.2.2 Häufigkeiten	79
		4.2.2.1 Univariate Analysen	79
		4.2.2.2 Bivariate Analysen	86
		4.2.3 Lagemaße	92
		4.2.3.1 Modus	92
		4.2.3.2 Median und Quartile	94
		4.2.3.3 Arithmetisches Mittel	98
		4.2.4 Streuungsmaße	100
		4.2.4.1 Spannweite	100
		4.2.4.2 Interquartilsabstand	101
		4.2.4.3 Mittlere absolute Abweichung	103
		4.2.4.4 Varianz und Standardabweichung	105
		4.2.4.5 Variationskoeffizient	107
		4.2.5 Verteilungsmaße	108
		4.2.5.1 Schiefe	108
		4.2.5.2 Wölbung (Kurtosis)	110
		4.2.6 Die Option „Explorative Datenanalyse"	112
	4.3	Induktive Statistik	119
		4.3.1 Einführung	119
		4.3.2 Schätzen	122
		4.3.2.1 Punktschätzung	122
		4.3.2.2 Intervallschätzung	124

	4.3.3	Testen		130
		4.3.3.1	Grundidee statistischer Tests	130
		4.3.3.2	Verfahrensüberblick	140
		4.3.3.3	χ^2-Unabhängigkeitstest	142
		4.3.3.4	Mittelwerttests	148
			4.3.3.4.1 Prüfung auf Normalverteilung	148
			4.3.3.4.2 Einfacher t-Test	154
			4.3.3.4.3 Doppelter t-Test	159
			4.3.3.4.4 Differenzen-t-Test	166
			4.3.3.4.5 Einfaktorielle Varianzanalyse (ANOVA)	170
			4.3.3.4.6 Einfaktorielle Varianzanalyse mit Messwiederholung	180
			4.3.3.4.7 Wilkoxon-Test für eine Stichprobe	186
			4.3.3.4.8 Mann-Whitney-U-Test	190
			4.3.3.4.9 Wilcoxon-Test für 2 abhängige Stichproben	195
			4.3.3.4.10 Kruskal-Wallis-Test	200
			4.3.3.4.11 Friedman-Test	206
4.4	Ausgewählte Bi- und Multivariate Verfahren			210
	4.4.1	Zusammenhangsanalyse		210
		4.4.1.1	Überblick	210
		4.4.1.2	Korrelationskoeffizient nach Bravais-Pearson	211
		4.4.1.3	Rangkorrelationskoeffizient nach Spearman	216
		4.4.1.4	Phi-Koeffizient, Cramers V und Kontingenzkoeffizient C	219
	4.4.2	Regressionsanalyse		223
		4.4.2.1	Grundgedanke	223
		4.4.2.2	Lineare Einfachregression	224
		4.4.2.3	Multiple Regression	231
	4.4.3	Faktorenanalyse		237
	4.4.4	Clusteranalyse		251
	4.4.5	Diskriminanzanalyse		264
4.5	Zusammenfassung			273
Literatur				274

Stichwortverzeichnis ... 277

Grundlagen 1

1.1 Primär- vs. Sekundärforschung

Ganz zu Beginn jeglicher Forschungsarbeit stellt sich die Frage nach dem Stand der Wissenschaft. Schließlich will und soll man das Rad nicht neu erfinden, sondern man möchte neue Erkenntnisse auf Grundlage von bestehendem und bewährtem Wissen erlangen. Bevor man sich daher im Rahmen einer wissenschaftlichen Arbeit, sei es eine Seminar- oder eine Masterarbeit, an die Erstellung umfangreicher Fragebögen oder apparativer Beobachtungsaufbauten macht, vertieft man sich zunächst z. B. in Fachbücher oder -zeitschriften zum jeweiligen Thema, um bereits vorhandenes Wissen zu eruieren. Dies wird als *Sekundärforschung* bezeichnet. Stößt man dabei auf Quellen, die den Informationsbedarf bereits decken, besteht kein Grund zur weiteren Datenerhebung. Sind hingegen keine solchen Publikationen auffindbar oder für die eigene Forschungsarbeit ungeeignet, so muss die Datenerhebung speziell neu aufgesetzt werden. Hier spricht man von *Primärforschung*.

Es ist unmittelbar einsichtig, dass die Beschaffung bereits verfügbarer Daten einen erheblichen Zeitvorteil gegenüber einer eigenen, möglicherweise sehr aufwendigen Recherche bietet. Sind die Daten zudem zum Nulltarif verfügbar oder zumindest mit nur relativ geringen Kosten verbunden, so kommt auch noch der Kostenvorteil hinzu. Dies ist im Rahmen studentischer Arbeiten von besonderem Interesse, da Studierende in der Regel unter Zeitdruck arbeiten und über sehr eingeschränkte Budgets verfügen. Es liegt also nahe, zunächst einmal nach Daten zu suchen, die für die anstehende Forschungsfrage ausreichend sind. In diesem Fall spricht man von *Sekundärforschung*, da man zum zweiten (bzw. wiederholten) Mal auf bereits existierende Daten bzw. Informationen zurückgreift. Grundsätzlich kommen dabei – je nach Thema bzw. Fragestellung – verschiedenste Quellen in Betracht (vgl. Fantapié Altobelli 2023, S. 46 ff.):

- *Unternehmensinterne Quellen:*
  Rechnungswesen und Controlling (z. B. Kostenstruktur)
  Absatz- und Vertriebsstatistik (z. B. Auftragseingänge oder Reklamationen)
  Produktions- und Lagerstatistik (z. B. Kapazitätsauslastung)
  Frühere Primärerhebungen (z. B. jährliche Kundenzufriedenheitsstudien)
- *Unternehmensexterne Quellen:*
  Amtliche Statistiken (z. B. Inflationsraten)
  Ministerien und staatliche Institutionen (z. B. Arbeitslosenzahlen)
  Wirtschaftsverbände (z. B. Stimmung im Mittelstand)
  Wirtschaftswissenschaftliche Institute (z. B. IFO-Geschäftsklimaindex)
  Marktforschungsinstitute (z. B. internationale Lifestyle-Analysen)
  Allgemeine Fachpublikationen (z. B. Studien in Fachliteratur wie bspw. Dissertationen)
  Datenbanken (z. B. von Statista.com)
  Internetbasierte Informationsquellen (z. B. Online-Publikationen im PDF-Format)

Die Sekundärforschung eignet sich in jedem Fall dafür, einen Überblick über bereits bestehende Informationen im Kontext der eigenen Forschungsarbeit zu erlangen. Dadurch wird auch der Blick auf diese geschärft. Folgender Nutzen kann u. a. genannt werden (vgl. McGivern 2022, S. 65 f.):

- Im besten Fall Beantwortung der Forschungsfrage ohne eigene Primärrecherche
- Breiterer Überblick und besseres Verständnis für das Forschungsproblem
- Unterstützung bei der Formulierung von Zielen und Hypothesen
- Unterstützung des eigenen Forschungsdesigns

Hingegen wird das Ergebnis in vielen Fällen ernüchternd sein, weil die gefundenen Daten für die eigene Arbeit als unbrauchbar eingestuft werden. Dies kann v. a. folgende Ursachen haben:

- Die Daten sind veraltet (Anteile männlicher/weiblicher Internetnutzer stammen aus dem Jahr 2010)
- Die Validität/Vertrauenswürdigkeit ist zumindest fraglich (die Daten stammen vom Projekttag von Achtklässlern oder aus der „amtlichen Statistik" eines totalitären Staates)
- Die Gliederungssystematik ist unpassend (Altersklassen wurden in 20er-Schritten erhoben, Sie benötigen jedoch 10er-Schritte)
- Die Vergleichbarkeit ist fraglich/eingeschränkt (z. B. im Rahmen von internationalen Studien, die unter völlig unterschiedlichen Rahmenbedingungen durchgeführt wurden)

Es ist also stets eine erhöhte Achtsamkeit bei der Sichtung von Sekundärquellen geboten. Nicht alles, was Google auf Seite 1 der Trefferliste auflistet, ist richtig, wichtig und/oder für Ihre Fragestellung geeignet. Auch dort finden sich häufig völlig veraltete Daten bzw. solche, die auf Basis einer nicht-repräsentativen Stichprobe erhoben wurden. Es bietet sich also an, stets folgende Fragen im Hinterkopf zu haben (vgl. auch McGivern 2022, S. 210):

- Wer hat die Daten erhoben?
- Wer hat die Daten publiziert?
- Welcher Quelle entstammen die Daten?
- Zu welchem Zweck wurden die Daten erhoben?

Das Problem lässt sich anschaulich anhand interessensgesteuerter Gutachten aus der Politik verdeutlichen. Jede Partei hat ein Interesse an Daten, die ihre eigene politische Ausrichtung untermauern. Dabei müssen die Daten noch nicht einmal „falsch" im objektiven Sinne sein, es reicht bereits, wenn man den in Auftrag gegebenen Gutachten unterschiedliche Prämissen zugrundlegt. Insbesondere die zunehmende Welle sogenannter „Fake-News" sollte das Bewusstsein dahingehend inzwischen hinreichend geschärft haben.

Sind nun eine oder gar mehrere der vorstehenden Punkte der Checkliste nicht erfüllt (wenn z. B. Daten völlig veraltet sind, nutzt auch eine hohe Seriosität nichts), muss die Datenerhebung für das anstehende Problem neu aufgesetzt werden. Die entsprechenden Daten werden also erstmalig erhoben, daher der Begriff *Primärforschung*. Im weiteren Verlauf dieses Buches wird implizit davon ausgegangen, dass Daten neu erhoben und entsprechend ausgewertet werden müssen. Dies stellt schließlich häufig eine grundlegende Anforderung an studentische Abschlussarbeiten dar.

Es mutet befremdlich an, dass man im Forschungsprozess zunächst Sekundärforschung und dann erst Primärforschung verfolgt, deuten doch die beiden Begriffe auf die umgekehrte Reihenfolge hin. Man muss sich daher stets bewusst machen, dass es hier nicht auf die zeitliche Reihenfolge ankommt, sondern auf die erstmalige bzw. wiederholte Verwendung von Daten.

1.2 Forschungsansätze

1.2.1 Überblick

Forschungsansätze in wissenschaftlichen Arbeiten
Je nach Ziel und Aufgabenstellung einer wissenschaftlichen Arbeit ist zunächst ein geeigneter Forschungsansatz festzulegen. Typischerweise unterscheidet man dabei (vgl. Fantapié Altobelli 2023, S. 33 ff.; Steiner und Benesch 2021, S. 37 f.):

- *Explorative Studien:* Sie dienen der Erkundung (lat. *explorare:* erkunden, Nachforschungen anstellen) neuer Themenbereiche und häufig auch der Generierung von Hypothesen

- *Deskriptive Studien:* Im Rahmen dieses Ansatzes werden Daten für bekannte Fragestellungen erhoben, die die interessierende Situation beschreiben sollen (lat. *describere:* beschreiben)
- *Kausale Studien:* Sie werden zur Überprüfung von (Kausal-)Hypothesen (lat. *causa:* Grund, Ursache), also vermuteten Ursache-Wirkungs-Beziehungen, herangezogen

1.2.2 Explorative Studien

Ein häufig gewähltes Gebiet in studentischen Arbeiten im Rahmen der Betriebswirtschaftslehre ist das der Kundenzufriedenheit. Ausgangspunkt ist nicht selten die Feststellung, dass ein Betrieb den Eindruck hat, dass die Sympathien der Kundinnen und Kunden schwinden. Allerdings hat man keine Vorstellung davon, woran es liegen könnte, hat sich doch an der grundsätzlichen (Marketing-)Politik gegenüber dieser Personengruppe nichts Wesentliches geändert. Die Frage ist also, welche Ursachen dafür verantwortlich sein *könnten*, dass z. B. die Zufriedenheit von Messebesuchern rückläufig ist. Dies führt zu einer *explorativen Studie*. Ziel ist es, mögliche (!) Gründe dafür zu finden, weshalb immer weniger Besucher gezählt werden. Die Studie dient somit der *Hypothesenbildung*. So kann es sein, dass die Messeveranstaltung selbst gar nicht der Grund für die zunehmende Unzufriedenheit ist, sondern vielmehr der schlechte Zustand des Parkplatzes. Dadurch haben Besucherinnen und Besucher bei schlechtem Wetter schon vor dem Betreten der Hallen völlig verschmutze Schuhe und sind entsprechend genervt, was zu einer allgemeinen Unzufriedenheit bis hin zur Abstinenz von weiteren Veranstaltungen führen kann.

Explorative Studien haben typischerweise einen qualitativen Charakter. Während es bei *quantitativen Studien* um zählbare Ergebnisse geht, die mit mathematisch-statistischen Verfahren weiter ausgewertet werden können, geht es bei *qualitativen* Studien eher um Tendenzaussagen, Vermutungen, Hypothesen etc., also um ein generell besseres Verständnis von Phänomenen. Häufig wird man daher zunächst eine qualitative Befragung bzw. Beobachtung aufsetzen. In der vorgenannten Kundenzufriedenheitsforschung geht es dann darum, im Rahmen eines Interviews mit weitgehend offenen Fragen – und fallweisem Nachhaken bei Bedarf – noch unbekannte Gründe für Kundenunzufriedenheit zu eruieren. Wird dabei immer wieder der Parkplatz negativ erwähnt, könnte man zum Schluss kommen (Hypothese), dass der Parkplatz negative Auswirkungen auf das Gesamterlebnis Messe hat. Der qualitative Charakter der explorativen Studie bringt es mit sich, dass Repräsentativität und Reliabilität (Abschn. 1.3.1) zunächst keine Rolle spielen. Es geht nicht darum, belastbare Daten für die Grundgesamtheit aller Kunden zu gewinnen, sondern um *mögliche* Hintergründe beobachteter bzw. vermuteter Phänomene.

Als weitere Vorgehensweisen im Rahmen explorativer Studien können Sekundärforschung und Fallstudienanalysen genannt werden (vgl. Fantapié Altobelli 2023, S. 33 f.). Im Rahmen der Sekundärforschung können z. B. wiederkehrende Muster entdeckt oder aber Daten aus der Vergangenheit mit aufgetretenen Ereignissen verknüpft werden

(z. B. Umsätze mit Wettersituation während der Messe in den vergangenen Jahren). Fallstudien dienen der intensiven Beschäftigung mit einem Sachverhalt bzw. einem Unternehmen. Auch hier kann es zum Entdecken von Auffälligkeiten kommen.

Die explorative Studie stellt häufig nur eine Vorstudie dar. Hat man durch sie eine gewisse Vorstellung, welche Faktoren einen Einfluss auf die Kundenzufriedenheit haben *könnten*, bietet sich im Anschluss die Durchführung einer deskriptiven Studie an, die dann auch den Anspruch auf Repräsentativität haben sollte.

1.2.3 Deskriptive Studien

Ist die Struktur eines Problems bekannt, die detaillierten Daten sind es hingegen nicht, so kommt die deskriptive Vorgehensweise zum Einsatz. Beispielsweise möchte ein Unternehmen die Altersstruktur seiner Kunden kennenlernen. Hierzu werden alle Kunden bzw. eine repräsentative Stichprobe[1] daraus hinsichtlich ihres Alters befragt (zur Stichprobenziehung vgl. Döring 2022, S. 293 ff.). Das Problem ist also klar definiert (Altersstruktur ist gesucht), lediglich die individuellen Daten fehlen, mit denen man die Altersstruktur anschließend beschreiben kann (z. B. in Form von Häufigkeiten verschiedener Altersklassen). Eine typische Anwendung deskriptiver Studien in betriebswirtschaftlichen Abschlussarbeiten stellen beispielsweise Kundenzufriedenheitsanalysen auf Basis eines vorgefertigten Fragebogens dar.

> **Explorativ vs. deskriptiv am Beispiel eines Arztbesuchs**
>
> Den Unterschied zwischen einem explorativen und einem deskriptiven Ansatz kann man sehr anschaulich am Beispiel eines erstmaligen Besuchs einer Arztpraxis erläutern:
> Betritt ein neuer Patient zum ersten Mal eine ärztliche Praxis, so bekommt er bei der Anmeldung zunächst einen Fragebogen ausgehändigt, den er in der nächsten Viertelstunde im Wartezimmer gewissenhaft ausfüllt. Dabei muss er Fragen zu seiner Person (Größe, Gewicht) aber auch zu Vorerkrankungen, Allergien und (bei Patientinnen) einer aktuellen Schwangerschaft beantworten. Der Fragebogen ist für alle Patientinnen und Patienten identisch (wobei die Herren typischerweise die Schwangerschaftsfrage ignorieren) und dient dazu, später die bestmögliche medizinische Versorgung zu gewährleisten. Dazu muss z. B. bekannt sein, ob beim Patienten allergische Reaktionen in Verbindung mit bestimmten Medikamenten zu erwarten sind. Es handelt sich also um einen *deskriptiven Ansatz*, bei der die Problemstruktur bekannt ist („Checkliste"), die individuellen Daten des einzelnen Patienten zur Beschreibung seiner Person jedoch bisher noch fehlen.

---

[1] Der Begriff Stichprobe geht ursprünglich auf den Abstich des Hochofens zurück, dem eine „Stichprobe" flüssigen Metalls entnommen wurde (vgl. Duden.de). Auch das Hineinstechen in Getreidesäcke o. ä. mit speziellen, kegelförmigen Instrumenten zum Zweck der Qualitätsprüfung kann als „Stichprobe" interpretiert werden.

Wird der Patient nach einer (trotz Termin) typischerweise längeren Wartezeit endlich aufgerufen, erkundigt sich die Ärztin nach dem Grund seines Besuchs und der Patient antwortet beispielsweise, er habe Rückenprobleme. Da hier nun die unterschiedlichsten Ursachen vorliegen können, ist es an der Ärztin, durch geschicktes Fragen mögliche Diagnosen zu erstellen bzw. zu verwerfen. Sie wird sich z. B. erkundigen, ob der Patient sich verhoben hat, nachts schlecht gelegen ist oder möglicherweise zwei unterschiedlich lange Beine hat. Je nach Antwort des Patienten wird sie dann ihre Diagnose (Hypothese) erstellen und eine entsprechende Behandlung einleiten. Es handelt sich daher nun um einen *explorativen Ansatz* in Form eines offenen Interviews, und der Patient kann nur hoffen, dass er die richtige Diagnose erhalten hat und nicht unnötig zehn Tage lang Antibiotika schlucken wird. ◄

1.2.4 Kausale Studien

Die dritte Gruppe von Forschungsansätzen beinhaltet *kausale Studien*, manchmal auch *explanative* (vgl. z. B. Döring 2022, S. 194) oder *explikative* Studien (vgl. Steiner und Benesch 2021, S. 38) genannt. Im Vordergrund steht hier die Überprüfung zuvor aufgestellter und wohlbegründeter Hypothesen. Typische Hypothesen wären beispielsweise, dass die Zahlungsbereitschaft vom jeweiligen Einkommen abhängt oder dass die Position von Waren in einem Supermarkt (Bück-/Greif-/Sicht- oder Reckzone) einen Einfluss auf die verkaufte Stückzahl hat. Analysen dieser Art haben typischerweise quantitativen Charakter und werden im Teil 4 eine wesentliche Rolle spielen.

An dieser Stelle soll kurz der Begriff „predictive research" erwähnt werden. Solche Studien gehen noch über den kausalen Ansatz hinaus, da versucht wird, den postulierten, und im Einzelfall auch beobachteten, Zusammenhang zu generalisieren, um Vorhersagen zu ermöglichen (vgl. Collis und Hussey 2021, S. 6). Wurde z. B. im vorgenannten Beispiel (möglicherweise sogar mehrfach) die Hypothese empirisch bestätigt, dass die Position in der Sichtzone zu einem höheren Absatz führt als in der Bückzone, so kann bei der Positionierung eines anderen Produktes diese Erkenntnis genutzt werden, indem man die Prognose erstellt, dass für einen möglichst hohen Absatz die Positionierung in eben dieser Zone empfehlenswert ist.

1.3 Messtechnische Grundlagen

1.3.1 Gütekriterien

1.3.1.1 Überblick

Für wissenschaftliche Arbeiten gelten besondere Grundsätze, die unter dem Begriff „Gütekriterien" zusammengefasst werden. Hierzu zählen *Objektivität*, *Validität* und *Reliabilität*. Wissenschaftliche Arbeiten müssen methodisch sauber und das Zustandekommen der Er-

1.3 Messtechnische Grundlagen

gebnisse nachprüfbar sein. Dazu sollten die Ergebnisse unabhängig vom Beobachter sein, also frei von subjektiven Einflüssen und Bewertungen. Zudem sollte möglichst ein standardisiertes Verfahren eingesetzt werden, das keinen oder wenig Spielraum für Interpretationen offenlässt (Objektivität). Die Ergebnisse sollten dem Kern der Fragestellung entsprechen, es wird also tatsächlich auch das gemessen, was gemessen werden soll (Validität). Schließlich sollten Untersuchungsergebnisse unter (mehr oder weniger) gleichen Rahmenbedingungen reproduzierbar sein, also bei wiederholter Messung zum selben Ergebnis führen (Reliabilität).

1.3.1.2 Objektivität

Unter *Objektivität* versteht man, dass Ergebnisse unabhängig vom Forscher sein sollen, verschiedene Personen sollten also zum selben Ergebnis kommen. Dabei kann zwischen Durchführungs-, Auswertungs- und Interpretationsobjektivität unterschieden werden (vgl. Fantapié Altobelli 2023, S. 102 f.).

Durchführungsobjektivität bedeutet z. B., dass ein Interviewer keine äußerlichen Merkmale aufweisen sollte, die die befragte Person in irgendeiner Weise beeinflussen könnten, wie ein „Atomkraft – Nein danke!"-Sticker während einer Befragung zu energiepolitischen Themen. Auch sollte eine neutrale Sprache trainiert werden, sodass die befragte Person nicht durch Modulationen in der Stimme in eine bestimmte Antwortrichtung gedrängt wird.

Auswertungsobjektivität ist v. a. bei standardisierten Antworten gegeben. So gibt es beispielsweise keinen Auswertungsspielraum, wenn eine Person auf einer Schulnotenskala eine „Zwei" ankreuzt. Anders wäre es hingegen, wenn der Durchführende anschließend mehrere Notenwerte zu „gut" bzw. „schlecht" zusammenfassen würde. Hierbei würden sich bei verschiedenen Forschern möglicherweise unterschiedliche Klassifizierungen ergeben. Ein anderes Beispiel wäre das Messen der Länge eines Volleyballfelds mittels eines geeichten Maßbands. Hier würden alle Personen zum selben Ergebnis kommen. Hingegen würden beim bloßen Abschreiten des Feldes wohl erhebliche Unterschiede aufgrund unterschiedlicher Schrittlängen zutage treten.

Interpretationsobjektivität liegt vor, wenn die ermittelten Daten keinen Auslegungsspielraum mehr bieten. So ist die Antwort „Eins" auf einer deutschen Schulnotenskala eindeutig das bestmögliche Werturteil. Hingegen bietet die Aussage „keine schlechte Idee" breiten Interpretationsspielraum. Unter Schwaben kommt dies oftmals einer geradezu enthusiastischen Bewertung gleich, wohingegen andere Betrachter hier maximal eine durchschnittliche Bewertung herauslesen dürften.

Eine objektive Befragung ist zumeist bei standardisierten, schriftlichen Befragungen gegeben, da der persönliche Kontakt zwischen Forschenden und Probanden entfällt. Zudem vermeidet die Verwendung üblicher Skalen (wie z. B. einer Sechserskala basierend auf dem Schulnotenprinzip) Unklarheiten beim Ausfüllen und der späteren Auswertung. Bei qualitativen Untersuchungen ist Objektivität hingegen nur schwer erreichbar, insbesondere wenn es sich um freie Interviews handelt. Verschiedene Interviewer werden vermutlich anders nachhaken bzw. gleiche Antworten, Gestik und Mimik unterschiedlich interpretieren.

1.3.1.3 Validität

Die *Validität* (bisweilen auch als *Gültigkeit* bezeichnet) gibt an, ob das Messinstrument tatsächlich auch das misst, was gemessen werden soll. Die Messung ist somit frei von *systematischen Fehlern*. Darunter versteht man Fehler, die zu einer Verzerrung der tatsächlichen Werte führen – typischerweise in eine Richtung. Ein Beispiel wäre eine Uhr, die 10 min nachgeht. Dadurch kann keine Validität erreicht werden, da ja nie die tatsächliche Zeit abgelesen wird (es sei denn, man weiß, dass die Uhr 10 min nachgeht und rechnet dies in die Zeitangabe mit ein). Aber auch das fehlerhaftes Ablesen (11.18 Uhr statt 11.13 Uhr bei einer Digitaluhr) wird als systematischer Fehler bezeichnet. In allen Fällen liegt also ein Fehler im System vor, der nur durch sorgfältiges Arbeiten (präzises Messinstrument, genaues Ablesen etc.) vermieden werden kann (vgl. Fantapié Altobelli 2023, S. 101). Damit stellt die Validität ein zentrales Gütekriterium dar (vgl. Döring 2022, S. 440). Möchte man beispielsweise das Gewicht einer Person messen, benötigt man hierfür eine Waage. Die Verwendung eines Zollstocks würde hingegen sicherlich zu Stirnrunzeln beim Probanden führen. Es reicht aber nicht, irgendeine Waage zu verwenden. Sie muss zudem geeicht und korrekt eingestellt sein. Nur so kann das tatsächliche Gewicht einer Person gemessen werden.

> **Beispiel**
>
> Während das vorstehende Szenario unmittelbar einsichtig ist, stellt sich die Situation in Kundenzufriedenheitsstudien weitaus komplexer dar. Daher ist von solchen Themen in niedrigen Semestern abzuraten. Vielmehr sollten derartige Studien frühestens in einer Bachelorarbeit erwogen werden. Das Problem ist die Operationalisierung des Begriffs „Kundenzufriedenheit". In vielen Fragebögen findet man lediglich Fragen wie „Wie lange sind Sie schon Kunde bei uns?", „Wie oft kaufen Sie bei uns ein?" etc. Dies hat jedoch höchstens am Rande mit Kundenzufriedenheit zu tun. Inhaltlich geht es eher um die Länge einer Kundenbeziehung usw. Es kann daher sein, dass eine Person zwar schon sehr lange Kunde, jedoch völlig unzufrieden mit dem Unternehmen ist. Es gibt aber schlicht kein anderes Unternehmen, das eine vergleichbare Leistung bietet. Man denke an die Deutsche Post als früherer Monopolist hinsichtlich Telefonanschlüssen. Daher bedarf es anderer Items zur Messung der Zufriedenheit. Die Verwendung eines solchen Fragebogens stellt also einen systematischen Fehler seitens des Forschers dar. ◄

Die Validität kann in vielfacher Hinsicht verletzt werden. Zum einen wie bereits erwähnt bei der Verwendung eines ungeeigneten Messinstruments, zum anderen aber auch bei der Stichprobenziehung. Interessiert man sich beispielsweise für die Zufriedenheit mit dem öffentlichen Personennahverkehr, sollte die Stichprobe natürlich alle Fahrgastfacetten abdecken, also alte und junge Menschen, Gelegenheitsfahrer sowie Zeitkarteninhaber etc. umfassen. Würde man die Untersuchung nur auf weibliche Touristinnen unter 30 Jahren beschränken, läge keine valide Untersuchung vor, da man wesentliche Fahrgastgruppen ausgeschlossen hätte, die mit großer Wahrscheinlichkeit andere Sichtweisen auf den ÖPNV gehabt hätten.

Zur *Überprüfung der Validität* können folgende Konstrukte herangezogen werden (vgl. Döring 2022, S. 441 ff.):

- Inhaltsvalidität
- Kriteriumsvalidität
- Konstruktvalidität

Bei der *Inhaltsvalidität* wird darauf geachtet, ob das Messinstrument inhaltlich das zu messende Konstrukt abbildet. Dabei kommt es auf die augenscheinliche Eignung (daher manchmal auch als *Face Validity* bezeichnet) des Instruments an, ob die relevanten Aspekte des zu messenden Konstrukts abgebildet werden. Wird also das Gewicht einer Person mit einer geeichten Waage gemessen, wird es von Expertenseite keine Einwände geben. Anders verhält es sich, wenn die Abiturnote einer Person zur Messung ihrer Intelligenz herangezogen würde. Hierzu ist die Abiturnote nicht ausreichend, da diese u. a. auch durch großen Fleiß in der Prüfungsvorbereitung verbessert werden kann. Auch die Beurteilung des allgemeinen Gesundheitszustands einer Patientin rein aufgrund eines leicht erhöhten Cholesterinwertes stellt sicherlich keine valide Messung dar (zumal hinter solchen Grenzwerten häufig auch ökonomische Interessen der Pharmaindustrie stecken dürften). Problematisch bei der Beurteilung der Inhaltsvalidität ist allerdings, dass keine objektiven Kriterien existieren (vgl. Schnell et al. 2018, S. 136).

Kriteriumsvalidität bezieht sich auf den „Zusammenhang zwischen den empirisch gemessenen Ergebnissen des Messinstrumentes und einem anders gemessenen empirischen („externen") Kriterium" (Schnell et al. 2018, S. 137). Die Ergebnisse eines Tests sollten daher vergleichbar sein mit denen, die mit einem anderen, allgemein anerkannten Verfahren oder auf Basis tatsächlicher Beobachtungen ermittelt wurden. Die Messung der Markenpräferenz bei Lebensmitteln sollte daher beispielsweise mit dem späteren tatsächlichen Kaufverhalten korrelieren.

Von *Konstruktvalidität* wird dann gesprochen, wenn der Testwert „inhaltlich und theoretisch begründet hypothesenkonform mit anderen Konstrukten" korreliert (Döring 2022, S. 442). Das bedeutet, dass Operationalisierungen desselben Begriffs vergleichbare Ergebnisse liefern sollten (vgl. Schnell et al. 2018, S. 139). Wird beispielsweise die Einstellung bisher mittels eines bestimmten Modells gemessen und dabei festgestellt, dass eine verbesserte Einstellung zu einer höheren Kaufwahrscheinlichkeit führt, so müsste man unter Verwendung eines anderen Einstellungsmodells vergleichbare Resultate erhalten, insbesondere was die Korrelation mit der Kaufwahrscheinlichkeit betrifft.

Abschließend kann noch zwischen interner und externer Validität unterschieden werden (vgl. McGivern 2022, S. 109). *Interne Validität* liegt dann vor, wenn eine Variable tatsächlich die Veränderung einer anderen Variable bewirkt und keine Störeinflüsse vorliegen. Eine solche Situation kann im Grunde nur in Laborexperimenten unter kontrollierten Bedingungen beobachtet werden, ansonsten ist mit diversen Verfälschungen zu rechnen, beispielsweise im Rahmen einer Befragung von Personen auf dem Marktplatz zum neuen Fahrplan des örtlichen Busunternehmens. Die gemessene Zufriedenheit unter den Probanden fällt hier beispielsweise deutlich höher aus als bei einer früheren Messung, der neue Fahrplan scheint also auf Zustimmung zu stoßen. Allerdings könnten Störeinflüsse die Befragung beeinflusst haben. So sind einige Probanden möglicherweise aufgrund des schönen Wetters bei bester Laune und lassen sich daher spontan zu besseren Bewertungen hinreißen als es bei Regenwetter der Fall gewesen wäre. Andere Probanden haben hingegen gerade den Führerschein für eine bestimmte Zeit abgeben müssen und bewerten daher den Fahrplan vor diesem Hintergrund, nicht aber im Vergleich mit dem vorigen, der für sie gar nie von Interesse gewesen war.

Externe Validität ermöglicht die Generalisierung der Ergebnisse. So wird im vorherigen Beispiel möglicherweise von der befragten Personengruppe auch auf andere Personen(-gruppen) geschlossen. Es wird folglich angenommen, dass auch diese mit dem neuen Fahrplan zufrieden sind. Dies ist aber möglicherweise nur bedingt richtig, weil die Probanden unter speziellen Rahmenbedingungen befragt wurden (z. B. schönes Wetter, angenehme Umgebung). Ein ähnlicher Effekt zeigt sich beispielsweise auch bei Preisexperimenten. Der isolierte Effekt einer Preissenkung unter Laborbedingungen kann den positiven Einfluss auf die Nachfrage nachweisen (interne Validität). In der Realität verpufft die Wirkung einer Preissenkung jedoch häufig, weil verschiedene Personen unterschiedliche Preiselastizitäten aufweisen bzw. anderen Rahmenbedingungen (Wetter, negative Produktberichte, Konkurrenzaktivitäten etc.) ausgesetzt sind.

1.3.1.4 Reliabilität

Als drittes Gütekriterium ist die *Reliabilität* (auch *Zuverlässigkeit* genannt) anzuführen. Sie liegt dann vor, wenn eine wiederholte Messung unter gleichen (oder zumindest sehr ähnlichen) Bedingungen zu gleichen Ergebnissen führt. Die Messung ist also frei von sogenannten *Zufallsfehlern*. Sie ist damit auch ein Maß für die Präzision eines Messinstruments (vgl. Fantapié Altobelli 2023, S. 103). Ziehen wir wieder unser Beispiel mit der Personenwaage heran. Eine Person stellt sich drei Tage nach Weihnachten auf die Waage und erschrickt, weil diese unerwartet 83 kg und damit drei Kilogramm mehr anzeigt als noch einige Tage zuvor. Die natürliche Reaktion ist, dass die Person von der Waage steigt, um die Messung einige Sekunden später nochmals zu wiederholen. Abermals zeigt die Waage 83 kg. Und auch ein dritter, vierter und fünfter Messversuch ändert nichts daran, dass die Person offensichtlich über die Weihnachtstage 3 kg zugenommen hat. Würde man hingegen jedes Mal ein anderes Gewicht ablesen, wäre die Messung nicht reliabel und die Person wüsste nach wie vor nicht, wie viel sie denn nun wiegt.

Übertragen auf die Befragung einer Stichprobe zur Zufriedenheit mit einem bestimmten Unternehmen würde Reliabilität bedeuten, dass man ebenfalls zu diesen oder zumindest sehr ähnlichen Ergebnissen gekommen wäre, hätte man die Befragung mit einer anderen Stichprobe durchgeführt. Würde man hingegen im zweiten Durchgang ein völlig anderes Ergebnis erhalten, wäre man – ähnlich wie die Person auf der Waage – ratlos, welches denn nun das korrekte Ergebnis ist (vielleicht sogar keines davon). Dieser stichprobenbedingte Zufallsfehler verringert sich bei Erhöhung der Stichprobe, wie wir später noch sehen werden. Dies sollte Motivation genug sein, auch in studentischen Arbeiten eine möglichst hohe Stichprobe anzustreben.

> **Beispiel**
>
> Der Zufallsfehler soll an einem kurzen Beispiel veranschaulicht werden. Eine Forscherin interessiert sich für das durchschnittliche Alter einer Gruppe von 1000 Personen. Aus Zeitgründen beschränkt sie sich auf eine kleine Stichprobe vom Umfang 50. Es ist nun unmittelbar einsichtig, dass mit großer Wahrscheinlichkeit ein Wert errechnet wird, der vom exakten Durchschnittswert der Grundgesamtheit abweicht. Es kann z. B. sein, dass in der Stichprobe zufällig (daher auch die Bezeichnung „Zufallsfehler") sehr viele junge (alte) Menschen sind, sodass der Stichprobenmittelwert nach unten (oben) verzerrt ist. Bei einer anderen Stichprobe würde man hingegen beobachten, dass die Altersangaben der Probanden eher gleichmäßig verteilt sind. Mit anderen Worten: Jede Stichprobe führt i. d. R. zu einer anderen Zusammensetzung der 50 Probanden und somit zu einem anderen Stichprobenmittelwert. Die Forscherin kann sich somit nie sicher sein, den tatsächlichen Mittelwert berechnet zu haben. Der Stichprobenmittelwert kann in einem Intervall vom Durchschnitt der jüngsten 50 und der ältesten 50 Personen der Grundgesamtheit liegen. Wird der Stichprobenumfang nun erhöht, z. B. auf 100, so wird dieses Intervall schmäler. Hat man zuvor beispielsweise zufällig die Extremsituation gehabt, dass man die 50 jüngsten Personen gezogen hat, so würden die nun zusätzlich herangezogenen 50 Personen den Stichprobenmittelwert zwangsläufig erhöhen. Das gleiche gilt analog für die 50 ältesten Personen. Erhöht man die Stichprobe weiter, werden die möglichen Abweichungen vom Mittelwert der Grundgesamtheit immer kleiner. Wählt man eine (unrealistische) Stichprobe von 999, so wird jeder Stichprobenmittelwert praktisch dem tatsächlichen Mittelwert entsprechen. Das Verzerrungspotenzial der letzten noch fehlenden Person ist unbedeutend, egal ob sie 20 oder 90 Jahre alt ist. Das Intervall, in dem mögliche Stichprobenergebnisse liegen können, wird auch als *Fehlerbereich* bezeichnet und kann unter bestimmten Voraussetzungen berechnet werden (vgl. Berekoven et al. 2009, S. 58 ff.). ◄

Die Überprüfung der Reliabilität kann auf unterschiedliche Art und Weise erfolgen (vgl. Fantapié Altobelli 2023, S. 104):

- Test-Retest-Reliabilität
- Parallel-Test-Reliabilität
- Interne-Konsistenz-Reliabilitat

Das Prinzip der *Test-Retest-Reliabilität* haben wir zuvor schon am Beispiel mit der Waage kennengelernt. Die wiederholte Messung unter gleichen Bedingungen führt (hoffentlich) zum gleichen Ergebnis, damit zu einer perfekten Korrelation der verschiedenen Messwerte.

Der *Parallel-Test-Reliabilität* liegt ein ähnlicher Gedanke zugrunde. Nun wird aber nicht zweimal mit derselben Waage gemessen, sondern man wird nach dem ersten Schock über die 83 kg möglicherweise eine andere Waage aus dem Schrank holen und die Messung (quasi parallel) auf dieser wiederholen. Sollte auch sie 83 kg anzeigen, ist es wiederum sehr wahrscheinlich, dass das üppige Festmahl seine Spuren hinterlassen hat. Bei einer Kundenzufriedenheitsstudie würde man einen ähnlichen Effekt erzielen, wenn man parallel zwei Interviewer losschickt, die räumlich getrennt voneinander jeweils 100 Personen befragen sollen. Sind die Ergebnisse vergleichbar, liegt wohl eine reliable Untersuchung vor.

Bei der *Internen-Konsistenz-Reliabilität* unterteilt man das Messinstrument (z. B. die Item-Batterie im Rahmen einer Zufriedenheitsanalyse) in zwei gleich große Teile und vergleicht die beiden Ergebnisse anschließend miteinander. Korrelieren diese stark miteinander, ist von hoher Reliabilität auszugehen. Das Verfahren ist somit ähnlich der Parallel-Test-Variante. Die Messung erfolgt häufig über *Cronbachs Alpha*, das als mittlere Reliabilität aller möglichen Testhalbierungskombinationen interpretiert werden und Werte zwischen 0 und 1 annehmen kann.

Zum Abschluss sei noch auf den Zusammenhang zwischen Objektivität, Validität und Reliabilität hingewiesen: Objektivität ist Voraussetzung für Reliabilität. Reliabilität ist wiederum eine notwendige, aber nicht hinreichende (!) Voraussetzung für Validität (vgl. Berekoven et al. 2009, S. 83).

Beispiel

Zur Verdeutlichung der letzteren Beziehung wollen wir noch einmal das Beispiel mit der Waage strapazieren. Trägt eine Person, die 80 kg wiegt und auf eine Waage steigt, eine Bleiweste vom Gewicht 5 kg, so kann keine valide Messung erfolgen, da schließlich das Gewicht der Person gemessen werden soll und nicht ihr Gewicht plus dem der Bleiweste. Bei wiederholter Messung mit derselben Waage liest die Person jedoch stets 85 kg ab. Es handelt sich also um eine *reliable* Messung, da die Messergebnisse jeweils identisch sind, nicht aber um eine *valide* Messung aufgrund der Bleiweste. Daher ist Reliabilität nur eine notwendige, aber keine hinreichende Bedingung für Validität. Dieses Problem stellt sich auch bei Umfragen. Traut man den gewonnenen Ergebnissen nicht und wiederholt die Befragung, so kann es sein, dass man erneut dieselben Ergebnisse bekommt und (aufgrund vorliegender Reliabilität) seine Bedenken verwirft. In Wirklichkeit war aber der Fragebogen völlig ungeeignet und man bekommt zwar konsistente (d. h. reliable), nicht aber realistische (d. h. valide) Ergebnisse. ◄

1.3.2 Operationalisierung und Messung

1.3.2.1 Messen

Wenn wir uns für bestimmte Phänomene der Umwelt interessieren, müssen wir uns zunächst Gedanken machen, wie diese überhaupt erfasst, d. h. gemessen werden können. Unter *Messen* versteht man „die Zuordnung von Zahlen (den Messewerten) zu bestimmten Objekten bzw. Zuständen von Objekten anhand bestimmter Regeln" (Jacob et al. 2019, S. 26). Man spricht in diesem Zusammenhang auch von *Operationalisierung*. Dies betrifft die Frage, wie ein bestimmtes, abstraktes Konstrukt konkret gemessen werden soll (vgl. Schnell et al. 2018, S. 113 ff.). Wollen wir beispielsweise das Alter oder den Umsatz eines Unternehmens messen, ist dies kein Problem, da die zugehörige Operationalisierung bereits allgemein anerkannt ist: Wir messen das Alter von Probanden in Jahren und den Umsatz in Euro (ggf. in Millionen Euro). Viel schwieriger wird es, wollte man das Konstrukt „Männlichkeit" messen. Hierfür gibt es keine allgemeine Messvorschrift und der Forscher muss sich nun überlegen, ob er Männlichkeit anhand der Muskelmasse, der Stimme, der Anzahl besuchter Fußball-Bundesliga-Spiele oder einer Kombination von allen beschreibt. Die Problematik wird besonders im Rahmen von Kundenzufriedenheitsstudien deutlich, da es sich hier um ein Konzept handelt, das mehrere Facetten umfasst, für das es aber wiederum keine allgemein akzeptierte Messvorschrift gibt, sodass jede Untersuchung im Grunde aus Sicht des Forschers neu aufgesetzt werden muss. Daher sollte dieses Thema, wie bereits erwähnt, frühestens im Rahmen einer Bachelorarbeit erwogen werden.

Es sollte an dieser Stelle nicht unerwähnt bleiben, dass die Zuordnung von Zahlen, wie in der Definition erwähnt, zweckmäßig, aber nicht zwingend ist. Man kann einer Person bei der Frage nach dem Geschlecht die Zahlen 0, 1, 2 zuordnen, ebenso wären aber auch m, w, d denkbar. Weiterhin könnte man das Alter in Zahlen, aber auch in Worten eintragen. Der Vorteil von Zahlen ist zum einen die Übersichtlichkeit und Einheitlichkeit, zum anderen, dass man später, wenn sinnvoll, damit rechnen kann.

Von besonderer Bedeutung für die Operationalisierung und die damit einhergehenden späteren Auswertungen ist die Frage nach dem *Skalenniveau* bzw. *Messniveau* der Daten.

1.3.2.2 Skalenniveaus

Überblick über Skalenniveaus
Das *Skalenniveau* (Messniveau) beeinflusst zum einen den Detailgrad und damit die Aussagekraft der Ergebnisse. Zusätzlich wird dadurch bestimmt, welches Datenanalyseverfahren zur Anwendung kommen kann. Unterschieden werden typischerweise:

- Nominalskala
- Ordinalskala
- Intervallskala
- Verhältnisskala

Die ersten beiden werden auch als *nicht-metrische Skalen* bezeichnet, die letzteren beiden als *metrische Skalen*.

Die *Nominalskala* ermöglicht lediglich die Prüfung, ob zwei Merkmalsausprägungen gleich oder ungleich sind. Typische Beispiele sind Geschlecht, Religionszugehörigkeit, Haarfarbe etc. Man kann sagen, dass zwei befragte Personen das gleiche Geschlecht haben oder nicht. Eine darüber hinausgehende Bewertung im Sinne einer Rangordnung wie besser/schlechter o. ä. ist unzulässig. Bei der Auswertung müssen wir uns daher auf einfache Analysen wie z. B. Häufigkeiten (Abschn. 4.2.2) oder den Modus (vgl. Abschn. 4.2.3.1) beschränken.

Kann man zusätzlich eine Rangfolge angeben, liegt eine *Ordinalskala* vor. Die Abstände der Ausprägungen sind jedoch unbekannt. Ein Beispiel hierfür wären Tabellenplätze in der Fußball-Bundesliga. Man weiß z. B., wer Deutscher Meister, Vizemeister etc. geworden ist, ob es hingegen eine souveräne oder sehr knappe Meisterschaft war, kann man dem Tabellenplatz allein nicht entnehmen. Interessant ist auch die Betrachtung von Schulnoten. Hier ist durch die jeweilige Prüfungsordnung lediglich festgelegt, dass die Note 1 „sehr gut", die Note 2 „gut" usw. bedeutet. Man kann aber nicht sagen, dass eine 2 doppelt so gut ist wie eine 4 oder dass die Abstände der Leistungen zwischen der 1 und der 2 sowie zwischen der 2 und der 3 gleich sind. Diese Abstände sind schlicht nicht definiert. Wir wissen nur, dass eine mit 2 benotete Klausur besser ist als eine, die die Note 3 bekommen hat. Dies ist insofern wichtig, weil man hier streng genommen kein arithmetisches Mittel der Noten berechnen darf (was an Schulen und Hochschulen zur Ermittlung z. B. der Abschlusszeugnisnoten üblich ist). Warum man es trotzdem macht liegt erstens daran, dass man Noten häufig auf Basis von erzielten Punkten ermittelt (die auf einem höheren Skalenniveau gemessen werden). Somit liegt eine Äquidistanz quasi im Hintergrund vor. Zum anderen kann man plausibel unterstellen, dass eine Notenskala von allen Beteiligten als äquidistant angesehen wird, man bei der Benotung die 3 daher auch gedanklich genau zwischen der 2 und der 4 positioniert. Diese zweckmäßige Prämisse ist auch in der Marktforschung üblich, weshalb z. B. bei Produktbewertungen auf einer Sechserskala o. ä. ebenfalls das arithmetische Mittel der Bewertungen ausgewiesen wird. Nominal- und Ordinalskala werden auch als *nicht-metrische* Skalen bezeichnet.

Sind die Abstände zwischen einzelnen Ausprägungen hingegen bekannt, so spricht man von einer *metrischen* Skala. Je nachdem, ob auch noch ein natürlicher Nullpunkt vorliegt, wird nochmals in Intervall- und Verhältnisskala unterschieden.

Die *Intervallskala* erlaubt zusätzlich zur Rangfolge auch eine Interpretation der Abstände. Beispiele wären der Intelligenzquotient oder die Temperatur in Grad Celsius. Hier kann man sagen, dass die Temperatur heute um genau so viel gestiegen ist wie gestern, es ist nämlich jeden Tag 10 Grad wärmer geworden. Man kann hingegen nicht sagen, dass es bei 20 Grad doppelt so warm ist wie gestern bei 10 Grad, weil die Celsius-Skala keinen natürlichen, sondern einen willkürlich festgelegten Nullpunkt hat.

Liegt hingegen ein natürlicher Nullpunkt vor, dann handelt es sich um eine *Verhältnisskala* (bisweilen auch als *Ratioskala* bezeichnet). Hier ist nun auch die Bildung von Verhältnissen wie z. B. „doppelt so groß wie" oder „halb so viel wie" zulässig. Die Temperaturskala in Grad Kelvin hat beispielsweise einen natürlichen Nullpunkt, da hier die Tem-

1.3 Messtechnische Grundlagen

peratur über die Bewegung der Teilchen gemessen wird. Kommen die Teilchen zum Stillstand (was in der Thermodynamik allerdings zwar als theoretische, praktisch aber unerreichbare Grenze anerkannt ist), ist die Bewegung Null, damit auch die Temperatur. Kälter als Null Grad Kelvin geht nicht. Dies war im Übrigen der Grund für die Konstruktion der Skala, da man negative Temperaturen vermeiden wollte. Es handelt sich um eine Celsius-Skala, die schlicht um 273,15 Grad verschoben wurde. Von daher wäre die Aussage, es ist mit 200 Grad doppelt so warm wie bei 100 Grad Kelvin, zulässig.

Eine andere, sehr anschauliche Definition des „natürlichen Nullpunkts" findet sich in einem der zahlreichen sehr lehrreichen und gleichzeitig unterhaltsamen Onlinevideos von Christian Spannagel von der PH Heidelberg (https://www.youtube.com/watch?v=S2nm0wVbtGg, Stand 26.08.2024). Er spricht dort von „0 bedeutet ,nichts'". Eine Temperatur von 0 Grad Celsius (intervallskaliert, *ohne* natürlichen Nullpunkt) bedeutet ja nicht „keine Temperatur". Zudem ist die Festlegung willkürlich gewählt. Hingegen bedeutet 0 Grad Kelvin (verhältnisskaliert, *mit* natürlichen Nullpunkt) tatsächlich „nichts" im Sinne von „keine Bewegung der Teilchen". Analog verhält es sich mit dem Einkommen. Wer kein Geld verdient, hat ein Einkommen von 0, also „nichts auf dem Konto bzw. im Portmonee". Oder bei der Frage, wie viele Minuten jemand gestern ferngesehen hat: Die Angabe 0 entspricht „ich habe überhaupt nicht geschaut".

Manchmal wird auch noch die sogenannte *Absolutskala* aufgeführt. Sie stellt einen Spezialfall der Verhältnisskala dar und hat eine natürliche Skaleneinheit. So gibt es bei der Erhebung der Kinderzahl in einer Familie keine Alternativen zu 1, 2, 3 usw. Das Einkommen („Verhältnisskala") könnte man hingegen statt in Euro auch in 1000 € oder in einer anderen Währung angeben.

Tab. 1.1 fasst die wesentlichen Charakteristika zusammen und listet in der letzten Spalte mögliche statistische Kennzahlen für das jeweilige Skalenniveau auf, auf die im Teil 4 detailliert eingegangen wird.

Tab. 1.1 Skalenniveaus. (Nach Fantapié Altobelli 2023, S. 107)

Skalenniveau	Beispiele	Empirische Aussage	Typische Maßzahlen und Verfahren
Nominalskala	Geschlecht, Konfession, Lieblingsfarbe	Gleichheit oder Ungleichheit	Häufigkeit, Modus, Kontingenzmaße
Ordinalskala	Markenpräferenz, Tabellenplatz, Schulnoten	Zusätzlich Angabe einer Rangfolge (größer, besser etc.)	Median, Quartile, Rangkorrelation
Intervallskala	Temperatur in °C, Intelligenzquotient	Zusätzlich Äquidistanz der Skalenwerte, dadurch Differenzen vergleichbar	Arithmetisches Mittel, Varianz, Produkt-Moment-Korrelation
Verhältnisskala	Umsatz, Alter, Einkommen, Temperatur in °K	Zusätzlich natürlicher Nullpunkt, dadurch Verhältnisse angebbar	Geometrisches Mittel, Harmonisches Mittel
Absolutskala	Kinderzahl, Anzahl bisheriger Käufe	„Natürliche" Skalenwerte	(Wie Verhältnisskala)

Hinsichtlich der möglichen Rechenoperationen, d. h. Transformationen der jeweils verwendeten Skala, können folgende Überlegungen angestellt werden (vgl. Schumann 2019, S. 24 ff.):

- *Nominalskala:* Hier ist jede eineindeutige Transformation möglich. So können den Ausprägungen „männlich", „weiblich" und „divers" die Codierungen 1, 2 und 3 zugeordnet werden, aber auch umgekehrt 3, 2 und 1. Ebenso wären 54, 3 und 108 möglich – wenn auch praktisch wenig sinnvoll. Wichtig ist hier lediglich, dass eine eindeutige Zuordnung erfolgen kann. So könnte man an einem Datensatz erkennen, dass es sich bei einer Person mit der Ausprägung 2 um eine Frau handelt. Eine Interpretation der Werte an sich ist nicht zulässig. Die Tatsache, dass einem Geschlecht eine höhere Nummer zugewiesen wurde, ist unerheblich und darf in keinem Fall als Rangfolge oder Gewichtung fehlinterpretiert werden.
- *Ordinalskala:* Auf diesem Skalenniveau ist jede rangerhaltende Transformation möglich. Jede Veränderung ist zulässig, solange beispielsweise die kleinste Rangzahl danach immer noch die kleinste bleibt. So könnten alle Rangzahlen quadriert, mit 12 multipliziert oder erst mit 12 multipliziert und dann noch um 120 erhöht werden. Die Rangfolge bleibt erkennbar, da die Reihe nach wie vor streng monoton ansteigend ist. Auch dies ist natürlich nicht besonders praxistauglich, aber möglich.
- *Intervallskala:* Hier muss auf die Eindeutigkeit des Intervalls geachtet werden. Nehmen wir z. B. die Geburtsjahre als Beispiel, dann muss gewährleistet sein, dass die Intervalle zwischen zwei Geburtsjahren in Relation zu zwei anderen gleichbleiben. Sind also zwei Personen 1980 bzw. 1990 geboren, beträgt der Abstand 10 Jahre. Bei zwei anderen Personen, die 2000 bzw. 2020 geboren sind, ist der Abstand hingegen 20 Jahre, also doppelt so groß. Dies muss auch nach der Transformation erkennbar sein. Somit scheidet beispielsweise eine Quadrierung der Jahreszahlen aus. Eine Verschiebung um 10 Jahre wäre hingegen zulässig (würde man Christi Geburt plötzlich zehn Jahre früher vermuten). Auch eine Multiplikation der Jahreszahlen mit 12 und anschließende Addition von 120 wäre zulässig. Dies würde bedeuten, dass man das Alter nun nicht mehr in Jahren, sondern in Monaten angibt und zusätzlich den Bezugspunkt (Christi Geburt) um 10 Jahre, also 120 Monate verschiebt. Auch hier bleiben die Relationen zwischen den beiden Personengruppen erhalten. (Eine vergleichbare Transformation liegt übrigens auch hinsichtlich der Temperaturen in Fahrenheit und Celsius vor, die jedem Englandurlauber Kopfzerbrechen macht. Die Rechenvorschrift hierzu lautet: $C = (F-32)*5/9$. Aus für Kontinentaleuropäer heiß anmutenden 50 Grad Fahrenheit errechnen sich beispielsweise nur frische 10 Grad Celsius.)
- *Verhältnisskala:* Da darauf geachtet werden muss, dass die Verhältnisse zwischen den Messwerten erhalten bleiben, ist hier nur eine proportionale Transformation möglich. So könnte man das Einkommen statt in Euro nunmehr in Cent angeben oder aber „in 1000 €" oder in einer anderen Währung, sodass das Einkommen z. B. mit einem Umrechnungskurs von 12 multipliziert werden muss. In allen Fällen bliebe ein doppelt so hohes Einkommen gegenüber einer anderen Person auch nach der Umrechnung doppelt so groß.

1.3 Messtechnische Grundlagen

Tab. 1.2 Zulässige Transformationen. (Nach Schumann 2019, S. 26)

	Ausgangswerte x	beliebige eineindeutige Transformation $x \to y$	positiv monotone Transformation $y = x^2$	positiv lineare Transformation $y = 12x + 120$	positiv proportionale Transformation $y = 12x$
Nominalskala *Geschlecht:*					
Männlich	1	54	1	132	12
Weiblich	2	3	4	144	24
Divers	3	108	9	156	36
Ordinalskala *Rang:*					
Erster	1		1	132	12
Zweiter	2		4	144	24
Dritter	3		9	156	36
Intervallskala *Geburtsjahr:*					
1980	1980			23880	23760
1990	1990			24000	23880
2000	2000			24120	24000
2020	2020			24360	24240
Verhältnisskala *Einkommen:*					
1000 €	1000				12000
2000 €	2000				24000
Absolutskala *Kinderzahl:*					
0	0				
1	1				
2	2				

- *Absolutskala:* Hier ist aufgrund der natürlich vorliegenden Skala keine Transformation zulässig. Ein Kind bleibt ein Kind, ebenso wie zwei Urlaubsreisen pro Jahr.

Tab. 1.2 fasst die Beispiele zusammen.

1.3.2.3 Bedeutung im Forschungsdesign

Die Kenntnis des Skalenniveaus ist fundamental bei der Konzeption einer empirischen Studie. Ein klassischer Fehler wird häufig in Sprechstunden mit Studierenden zu wissenschaftlichen Arbeiten deutlich. Nämlich, dass eine Trennung zwischen Datenerhebung und Datenanalyse vorgenommen wird. Mit großem Enthusiasmus und offensichtlich unter Zuhilfenahme der Brainstorming-Methode wurde ein umfangreicher Fragebogen erstellt und – ohne den Betreuer zuvor zu informieren – bereits an die ausgewählte Zielgruppe der Befragung verschickt. Anschließend stellt der Student oder die Studentin dem Betreuer die Frage, was er oder sie denn nun alles auswerten könne.

> **Beispiel**
>
> Hier liegt das Problem schon ganz am Anfang und ist vergleichbar mit einer Person, die einen Raum mit einem Zollstock betritt und sich dann überlegt, was sie denn alles messen könne. Umgekehrt würde es hingegen Sinn machen, wenn man in einem Möbelhaus einen schönen Schrank entdeckt, aber nicht weiß, ob er in das Wohnzimmer passt. Man überlegt sich nun, wie man das sicherstellen kann und denkt über ein geeignetes Messinstrument nach. Da nicht das Gewicht, sondern die Größe des Schranks entscheidend ist, wird man also nicht mit einer Waage das Wohnzimmer betreten, sondern einen geeichten Zollstock verwenden. ◄

Ausgangspunkt ist daher zunächst das *Ziel*. Man überlegt sich, *was* man messen möchte, und erst dann wird das Messinstrument (z. B. ein Fragebogen) ausgesucht bzw. entwickelt. Man zäumt daher das Pferd von hinten auf und überlegt sich beispielsweise, ob und welche Informationen zum Alter der Probanden notwendig sind. Stellen wir uns hierfür drei Szenarien vor:

1. *In der Arbeit soll das Durchschnittsalter der Probanden ausgewiesen werden:*
   Das arithmetische Mittel (in der Praxis häufig schlicht als „Durchschnitt" bezeichnet) darf erst ab Intervallskalenniveau berechnet werden. Folglich muss explizit nach dem Alter in Jahren gefragt werden. Die Vorgabe von Altersklassen (z. B. 20–30 Jahre), in die sich Probanden durch Ankreuzen einordnen sollen, genügt nicht, da hier lediglich Ordinalskalenniveau vorliegt.
2. *In der Arbeit sollen lediglich Häufigkeiten bestimmter Altersklassen bestimmt werden:*
   Nunmehr könnte man die angestrebten Altersklassen bereits im Fragebogen zum Ankreuzen vorgeben und anschließend die Häufigkeiten der einzelnen Klassen bestimmen. Dies wäre zu empfehlen, da Probanden typischerweise lieber eine Altersklasse ankreuzen als ihr genaues Alter zu nennen.
3. *Während der Erstellung des Fragebogens ist noch unklar, ob später Durchschnitte berechnet werden sollen oder aber Häufigkeiten von Altersklassen genügen:*
   Hier ist die Abwärtskompatibilität der Skalenniveaus zu betonen: Es ist jederzeit möglich, ein höheres Skalenniveau (z. B. ordinal) auf ein niedrigeres (z. B. nominal) herunterzustufen. Schaut man sich beispielsweise die beiden ersten Plätze der Fußball-Bundesliga-Tabelle an, so kann man zunächst erkennen, wer erster resp. zweiter ist (ordinal). Dadurch kann man natürlich auch sagen, dass die beiden Vereine unterschiedliche Plätze in der Tabelle belegen (nominal). Umgekehrt ist dies jedoch nicht möglich. Weiß man, dass zwei Vereine auf den ersten beiden Plätzen der Tabelle stehen (also auf verschiedenen Plätzen (nominal)), so kann man daraus keine Aussage mehr über die Rangfolge ableiten. Das bedeutet, ein Herunterstufen auf ein niedrigeres Skalenniveau ist jederzeit möglich, aber immer auch mit einem Informationsverlust verbunden. Wenn ein Student somit noch nicht genau weiß, was er später auswerten möchte, sollte er auf einem möglichst hohen Skalenniveau fragen (in diesem Fall nach

dem Alter direkt, also verhältnisskaliert), denn dies lässt später alle Auswertungsoptionen offen. Eine Zusammenfassung der genannten Altersangaben in Gruppen ist jederzeit möglich. Hat man sich hingegen für die Verwendung von Altersklassen im Fragebogen entschieden (Ordinalskala), ist eine spätere Berechnung des Durchschnittalters ausgeschlossen.

Man erkennt also die enge Verzahnung zwischen Datenerhebung und Datenanalyse. Bei der Konzeption einer empirischen Arbeit sollte man sich zuallererst vor Augen führen, was man am Ende präsentieren möchte, welche Auswertungen somit sinnvollerweise favorisiert werden sollen, um die Forschungsfrage möglichst präzise beantworten zu können. Aufgrund dieser Vorüberlegungen ist dann das Messinstrument auszuwählen und zu gestalten.

1.4 Erhebungsmethoden

1.4.1 Überblick

Wenden wir uns nun der praktischen Frage zu, wie die gewünschten Daten überhaupt erhoben werden können. Hierzu gibt es technisch gesehen nur zwei Möglichkeiten: Fragen oder Beobachten. In der Literatur findet sich häufig noch das Experiment als weiterer Gliederungspunkt. Dazu ist deutlich zu konstatieren, dass dies gliederungstechnisch eigentlich irreführend ist, da es suggeriert, dass das Experiment eine Alternative zu Befragungen und Beobachtungen darstellt. Tatsächlich handelt es sich beim Experiment jedoch um eine besonders konstruierte Erhebungsform, die stets eine (oder mehrere) Befragung oder Beobachtung beinhaltet. Aufgrund der Bedeutung von Experimenten in verschiedenen Wissenschaftsbereichen wird in der nachfolgenden Gliederung diese Dreiteilung daher übernommen, ungeachtet der vorgenannten Problematik, derer sich der Leser nunmehr hoffentlich bewusst ist.

1.4.2 Befragung

Die Befragung ist z. B. in der Betriebswirtschaft sicherlich die am häufigsten vorzufindende Form der Primärforschung. Insbesondere durch das Aufkommen des Online-Handels werden wir inzwischen von Befragungen geradezu überrollt. Gerade eben erst hat man online einen Kugelschreiber bestellt, schon liegt eine Anfrage im Postfach, ob man nicht bitte schnell die Transaktion als solche bewerten möchte. Nachdem der Kugelschreiber am nächsten Tag im Briefkasten liegt, folgt ein zweites Schreiben, in dem nun auch nach der Bewertung des Produktes selbst, also des Kugelschreibers inklusive diverser Details, gefragt wird.

Wesentlich bei einer Befragung ist, dass die Probanden unmittelbar Auskunft über die interessierenden Sachverhalte geben müssen (vgl. Fantapié Altobelli 2023, S. 59). Verweigert ein Proband die Auskunft, indem er beispielsweise einen Fragebogen ungeöffnet in den Papierkorb wirft oder bei der Anfrage nach Teilnahme an einem Telefoninterview wortlos auflegt, gibt es keine Möglichkeit, an die gewünschten Daten zu gelangen. Dies stellt ein wesentliches Problem der Befragung dar.

Die Befragung kann auf verschiedene Weisen spezifiziert werden (vgl. Weis und Steinmetz 2012, S. 77):

- Einthemen- vs. Mehrthemenbefragung
- Feld- vs. Studiobefragungen
- Einmal- vs. Mehrfachbefragungen (v. a. über Panels)
- Einpersonen- vs. Gruppeninterviews
- Quantitative vs. qualitative Befragung
- Schriftliche, persönliche, telefonische, Online- und mobile Befragungen

Auf letztere Unterscheidung soll kurz etwas genauer eingegangen werden (vgl. im folgenden Fantapié Altobelli 2023, S. 64 ff.; McGivern 2022, S. 320 ff.; Weis und Steinmetz 2012, S. 118 ff.).

Im Rahmen einer schriftlichen *Befragung* werden die Probanden gebeten, einen Fragebogen auszufüllen, den sie typischerweise in Papierform ausgehändigt oder zugeschickt bekommen haben. Danach werden die ausgefüllten Bögen entweder eingesammelt oder von den Probanden abgegeben bzw. zurückgeschickt. Wesentliche Vorteile einer solchen Befragung sind die geringe zeitliche Beanspruchung der Forscher, da die überwiegende Arbeit von den Probanden selbst erledigt wird, sowie die relativ geringen Kosten (es fallen lediglich Druck- und ggf. Portokosten an, die im Vergleich zu Stundensätzen von Interviewern vernachlässigbar sind). Hinzu kommt, dass es naturgemäß keine Beeinflussung durch einen Interviewer geben kann. Auf der anderen Seite besteht aber das Problem, dass nicht sicher ist, dass die betreffende Person den Fragebogen überhaupt selbst ausgefüllt hat bzw. ob sie dabei beeinflusst wurde. Außerdem ist die vergleichsweise geringe Rücklaufquote zu nennen, die sich häufig zwischen 5 und 10 % bewegen dürfte (vgl. Fantapié Altobelli 2023, S. 63). Möchte man also eine Stichprobe von 100 Personen haben, müsste man statistisch gesehen mindestens 1000 Fragebögen verschicken, was im Rahmen studentischer Arbeiten illusorisch erscheint. Die Alternative wäre eine Nachfassaktion, die aber ebenfalls mit einem großen Aufwand einhergeht.

Die *persönliche Befragung* findet unter physischer Anwesenheit von Interviewer und befragter Person statt (daher auch manchmal als „Face-to-face-Interview" bezeichnet). Dabei kann die Aufzeichnung entweder klassisch mit Klemmbrett und Kugelschreiber („Paper and Pencil") durchgeführt werden oder aber unter Zuhilfenahme eines Tablet oder vergleichbarer Geräte (auch „CAPI – Computer Assisted Personal Interview" genannt). Der wesentliche Vorteil bei letzterer Variante ist, dass die erhobenen Daten später nicht mehr händisch in ein geeignetes Auswertungsprogramm (wie z. B. SPPS) übertragen werden müssen, sondern direkt abgespeichert werden können. Zudem ist das Überspringen einzelner Fragen im Rahmen von Filterfragen einfacher, da irrelevante Fragen vom Programm ausgeblendet werden können. Auch hinsichtlich der Ausschöpfungsquote ist die mündliche Befragung der schriftlichen Variante überlegen. Zwar nimmt natürlich nicht jeder Angesprochene an der Befragung teil, aber es geht deutlich schneller, weitere Personen zu kontaktieren als Fragebögen zu versenden. Schließlich ist noch darauf hinzuweisen, dass Einflüsse Dritter bei einer persönlichen Befragung ausgeschlossen werden können. Man weiß genau, dass die relevante Person selbst antwortet, da man ihr ja physisch gegenübersteht, und auch Zwischenbemerkungen von Begleitpersonen können unterbunden werden. Somit ist die Befragungssituation im Wesentlichen kontrollierbar. Hinzu kommt, dass die Repräsentativität bei der persönlichen Befragung durch geeignete Wahl der Probanden gefördert werden kann. So kann z. B. gewährleistet werden, dass die Hälfte der befragten Personen Männer bzw. Frauen sind. Dies ist bei der schriftlichen Befragung anders, da es dort darauf ankommt, wer denn nun tatsächlich den Fragebogen retourniert. Nachteilig ist insbesondere, dass der Interviewer durch seine bloße Präsenz die Probanden beeinflussen kann, sei es durch die Stimme, seine Kleidung etc. Auch muss damit gerechnet werden, dass „politisch korrekte" Antworten häufiger auftreten, da man dem Interviewer gegenüber nicht zugeben will, dass man eigentlich anderer Meinung als der „Mainstream" ist. Ein weiteres Problem ist der hohe zeitliche Aufwand, der gleichzeitig zu relativ hohen Kosten bei dieser Befragungsform führt. Jedes einzelne Interview muss geführt werden und beansprucht nicht nur die Zeit des Befragten (wie bei der schriftlichen Befragung auch), sondern auch die des Interviewers. Rechnet man die Zeit mit ein, die man benötigt, eine auskunftswillige Person zu identifizieren, können in einer Stunde vielleicht zehn (kürzere) Interviews geführt werden. Trotzdem ist die persönliche Befragung häufig sehr gut geeignet, wie z. B. auf einer Messe. Von den Besuchern liegen zumeist keine Daten vor, das Anschreiben entfällt somit. Einen Fragebogen zu verteilen, mit der Bitte, ihn irgendwo wieder abzugeben, ist auf einem großen Messegelände sicherlich auch nicht die beste Option. Eine persönliche Befragung an geeigneter Stelle (z. B. an Stehtischen im Cateringbereich) kann hingegen erfolgsversprechend sein. Zudem hat man die Zielgruppe in diesem Beispiel an einem Ort (Messegelände), wohingegen eine räumliche Streuung der Probanden umgekehrt eine persönliche Befragung erschweren oder quasi unmöglich machen würde.

Die *telefonische Befragung* hat zunächst ähnliche Charakteristika wie die persönliche Befragung. Der Unterschied ist, dass sich die beiden Beteiligten nicht physisch gegenüberstehen, sondern eben über die Telefonleitung in Kontakt treten. Der Charakter einer mündlichen Befragung bleibt somit im Kern erhalten (es sind Nachfragen möglich, man kann durch eine angenehme Stimme und Gesprächsführung bis zu einem gewissen Grad Vorbehalte auflösen etc.), allerdings entfallen Vorteile wie die Kontrollierbarkeit der Situation. Man kann zwar an der Stimme meist noch erkennen, ob der Angerufene männlich oder weiblich ist, aber ob man nun mit Vater oder Sohn spricht, kann nicht sicher gesagt werden. Zudem besteht die Möglichkeit des Einflusses Dritter, die über Lautsprecher mithören und entsprechende Zeichen geben. Auch die telefonische Befragung kann mit Papierfragebogen und Kugelschreiber durchgeführt werden, realistischer ist jedoch auch hier die Unterstützung durch einen PC, Tablet etc. Analog zur mündlichen Befragung wird von „CATI (Computer Assisted Telephone Interview)" gesprochen. Hinsichtlich der Erreichbarkeit potenzieller Probanden ist zu beachten, dass viele Personen inzwischen nicht mehr in Telefonbüchern eingetragen sind und/oder gar keinen Festnetzanschluss mehr besitzen und ausschließlich mobil telefonieren. Dafür ist die Erreichbarkeit von Personen über die Mobiltelefone höher als über das Festnetz, da sich die Menschen tagsüber bei der Arbeit oder bei Freizeitbeschäftigungen befinden. Das ist auch der Grund, warum professionelle Marktforschungsinstitute über das Festnetz häufig in den frühen Abendstunden anrufen, weil dann vermutet werden kann, dass die Zielperson inzwischen zu Hause ist. Ein wesentlicher Nachteil der telefonischen Befragung ist gegenüber allen anderen Befragungsformen, dass keine visuellen Stimuli eingesetzt werden können. Man kann den Befragten weder Bilder zeigen, noch längere Listen, unter denen sie z. B. in Ruhe ihre drei favorisierten Anbieter oder Produkte auswählen sollen. Dies stellt eine erhebliche Einschränkung des Fragebogens dar. Zuletzt ist auch der relativ hohe Zeitaufwand zu nennen, da – analog zur persönlichen Befragung – jedes Interview einzeln geführt werden muss und auch noch eine gewisse Zeit einberechnet werden muss, in der man den nächsten auskunftswilligen Teilnehmer erreicht.

Eine moderne und zunehmend verbreitete Variante stellt die *Online-Befragung* dar. Sie ist zum einen als WorldWideWeb-Befragung bekannt, wobei man entweder über auf Webseiten eingebettete Links, Pop-Ups oder aber Links in separaten E-Mails zu einer Befragung gelangt. Eine Sonderform stellt der Online-Kiosk dar, typischerweise ein Touchscreen, den man z. B. auf Messen, aber auch an Flughäfen oder in Großmärkten findet, und auf dem man quasi im Vorübergehen ein paar kurze Fragen zum Unternehmen oder dem Kauferlebnis beantwortet. Diese Befragungsform ist eng verwandt mit der schriftlichen Variante. Auch hier müssen die Befragten den Fragebogen selbstständig beantworten. Die Onlinevariante ist zudem noch kostengünstiger als die schriftliche Form, da das Drucken und Versenden der physischen Fragebögen entfällt. Auch die Nachteile sind ähnlich wie bei der schriftlichen Befragung, insbesondere die mangelnde Kontrollierbarkeit der Situation. Ein großes Problem ist die Repräsentativität, sofern die Befragung grundsätzlich für alle offen ist, also frei im WWW steht. Man spricht hier von „Selbstrekrutierung". Die Personen entscheiden jeweils selbst, ob sie an der Befragung teilnehmen oder nicht. Dadurch kann es passieren, dass ganz bestimmte Bevölkerungsgruppen die Teilnahme verweigern, was die Repräsentativität stark beeinträchtigt. Eine Auswahl der Probanden nach vorgegebenen Quoten ist hier beispielsweise nicht möglich.

Beispiel zur Selbstrekrutierung durch Teilnehmer

Ein besonders drastisches Beispiel des Problems der Selbstrekrutierung konnte am 01.01.2016 auf der Videotexttafel 187 bei N24 beobachtet werden. Bei der sogenannten „Teletext Sonntags-Frage" wurden die Zuschauer gebeten, für diejenige Partei anzurufen, die sie am Sonntag wählen würden, wenn dort tatsächlich die Bundestagswahl wäre. Es handelte sich also um die klassische „Sonntagsfrage", die auch von renommierten Instituten wie z. B. der Forschungsgruppe Wahlen regelmäßig gestellt wird. Der Unterschied ist jedoch, dass letztere eine repräsentative Auswahl von potenziellen

1.4 Erhebungsmethoden

Wählerinnen und Wählern anspricht. Bei der Teletext-Umfrage von N24 hingegen handelte es sich um eine für alle Fernsehzuschauer mit Zugang zum Teletext frei zugängliche Seite und man konnte entscheiden, ob man einen Anruf für „25 Cent/Anruf Festn. Mobile Kosten höher" tätigen und seine Stimme abgeben wollte oder nicht. Abgesehen davon, dass solche Seiten nur dem Zweck der Geldgenerierung des Senders dienen, weil sie keinen Anspruch auf Repräsentativität haben können und ein Anruf somit hinausgeworfenes Geld bedeutet, wurde speziell an diesem Tag das Problem der Selbstrekrutierung deutlich. Die Stimmenverteilung stellte sich nämlich (zum Zeitpunkt des Abrufs um 11.33 Uhr auf Basis von 34.855 Anrufen) wie folgt dar:

SPD: 7,4 %
CDU/CSU: 6,6 %
Bü90/Grüne: 2,9 %
FDP: 2,5 %
Linkspartei: 7,1 %
AfD 73,5 %

Wie kam dieser hohe Wert für die AfD zustande? Sicherlich nicht deswegen, weil dies das Wählerpotenzial der AfD repräsentierte (bei der nachfolgenden Bundestagswahl 2017 erhielt die Partei „nur" 12,6 % der Zweitstimmen), sondern weil es sich um den Neujahrstag 2016 handelte. In der Silvesternacht davor war es zu Ausschreitungen in Köln und anderen Städten gekommen, wo hunderte von Frauen sexuell bedrängt und belästigt worden waren. Auch von Vergewaltigungen war die Rede. Als Täter wurden in den Medien v. a. junge Männer afrikanischer und arabischer Herkunft genannt. Im Zusammenhang mit der sogenannten „Flüchtlingskrise", die im Herbst 2015 ihren Höhepunkt hatte, führte dies offensichtlich zu großem Zorn bei vielen Menschen, der sich in der N24-Sonntagsfrage entlud. Denn wie könnte man besser seine Wut ausdrücken und den Verantwortlichen einen „Denkzettel verpassen", indem man ankündigt, sich bei der nächsten Wahl für die AfD zu entscheiden? Hier hat also offensichtlich eine ganz bestimmte Klientel, nämlich die der „Wutbürger", die Gelegenheit zum Frustabbau genutzt. Dass dies kein realistisches, sprich repräsentatives, Stimmungsbild im Hinblick auf eine bevorstehende Bundestagswahl ergab, liegt also auf der Hand. ◄

Ein besonderer Pluspunkt von Online-Befragungen ist, dass – analog zum CAPI bzw. CATI – Filterfragen gestellt werden können. Je nachdem, welche Antwortoption gewählt wird, erscheint die nächste, für den Befragten relevante Seite auf dem Bildschirm. Man kann also theoretisch unendlich viele Seiten im System hinterlegen und nur einige wenige, wirklich relevante Fragen dem Befragten auch tatsächlich präsentieren. Die Flexibilität steigt dadurch stark an. Zudem können hier alle visuellen und akustischen Elemente wie Bild, Video, Musik etc. eingebunden werden, was ansonsten (mit Ausnahme des CAPI) in dieser Bandbreite nicht möglich ist. Im Gegensatz zu schriftlichen Befragungen kann außerdem davon ausgegangen werden, dass die antwortende Person auch wirklich die gewünschte ist, wenn der Fragebogen in das E-Mail-Postfach bzw. auf das Mobilgerät dieses Nutzers geschickt wird.

Tab. 1.3 Vor- und Nachteile verschiedener Befragungsmethoden. (Nach Fantapié Altobelli 2023, S. 74; Weis und Steinmetz 2012, S. 118 ff.)

Kriterien	Schriftliche Befragung	Persönliche Befragung	Telefonische Befragung	Online-Befragung	Mobile Befragung
Repräsentativität	mittel	hoch	hoch	mittel/gering	mittel/gering
Darstellungsmöglichkeiten	mittel	hoch	sehr gering	hoch	hoch
Zeitbedarf pro Fall	mittel/gering	hoch	hoch/mittel	gering	gering
Kosten pro Fall	gering	hoch	hoch/mittel	gering	gering
Flexibilität	gering	hoch	hoch	mittel/hoch	mittel/hoch
Kontrollierbarkeit der Situation	gering	hoch	mittel	mittel/gering	mittel/gering
Möglicher Einfluss durch Interviewer	keiner	hoch	hoch	keiner	keiner
Rücklauf/Ausschöpfungsquote	gering	hoch	hoch	niedrig/hoch	niedrig/hoch
Komplexe Informationen	mittel/hoch	hoch	niedrig	hoch	mittel/hoch

Eine Sonderform stellt abschließend die *mobile Befragung* dar. Sie ist eng mit der Online-Befragung verwandt, die Befragung ist jedoch für mobile Endgeräte (v. a. Smartphones) konzipiert und wird von den Befragten selbst durchlaufen.

Tab. 1.3 fasst die wesentlichen Vor- und Nachteile der einzelnen Befragungsformen nochmals im Überblick zusammen.

▶ Für Studenten steht häufig der Zeit- und Kostenaspekt im Vordergrund, was angesichts knapper Bearbeitungszeiten und eines begrenzten studentischen Budgets nachvollziehbar ist. Daher wird häufig unreflektiert zur Online-Befragung gegriffen. Trotzdem sollte man sich auch hier kritisch mit den Nachteilen auseinandersetzen.

1.4.3 Beobachtung

Alternativ zur Befragung kann auch eine Beobachtung Mittel zum Zweck im Rahmen einer wissenschaftlichen Arbeit sein. Ihre wesentliche Eigenschaft ist, dass es sich dabei um eine „zielgerichtete, systematische und regelgeleitete Erfassung und Dokumentation und Interpretation von Merkmalen, Ereignissen oder Verhaltensweisen mithilfe menschlicher Sinnesorgane und/oder technischer Sensoren zum Zeitpunkt ihres Auftretens" handelt (Döring 2022, S. 323). In einigen Disziplinen ist die Beobachtung die einzige Möglichkeit, Ergebnisse zu erlangen. So ist beispielsweise in der Biologie eine Befragung von Tieren naturgemäß nicht möglich, und auch die Erforschung von Zellstrukturen kann nur – unter Verwendung von Mikroskopen – über Beobachtungen erfolgen. Aber auch in

1.4 Erhebungsmethoden

den Wirtschaftswissenschaften spielt die Beobachtung eine große Rolle. Dafür gibt es verschiedene Gründe (vgl. Fantapié Altobelli 2023, S. 126 f.):

- Es ist keine Auskunftsbereitschaft bzw. -fähigkeit von Personen aus der Zielgruppen nötig. So kann eine Beobachtung zum Markenwahlverhalten im Supermarkt erfolgen, ohne dass die beobachtete Person zuvor informiert wird und ohne dass die Beteiligten eine gemeinsame Sprache sprechen (was wiederum bei einer Befragung zwingend erforderlich wäre). Das gleiche gilt auch bei Beobachtungen von kleinen Kindern. So hat z. B. Fisher Price ein eigenes „Play Lab", in dem unter Aufsicht von Experten neue Spielzeuge getestet werden Dabei werden die (noch nicht auskunftsfähigen) Kleinkinder im natürlichen Spielumfeld beobachtet und so die Akzeptanz neuer Produkte ermittelt (vgl. Mattel 2024).
- Weiß eine Person nicht, dass sie beobachtet wird (verdeckte Beobachtung), kann von einem „normalen" Verhalten ausgegangen werden, ganz im Gegensatz zu einer offenen Beobachtung (und auch einer Befragung).
- Mittels Beobachtung können auch Sachverhalte erfasst werden, deren sich die Probanden nicht bewusst sind. So kann ein Brillenträger typischerweise nicht sagen, wie oft er in den letzten zehn Minuten die Brille mit einer kurzen Handbewegung zurechtgerückt hat. Das gleiche gilt für das sogenannte Eye-Tracking, bei dem der Blickverlauf von Probanden, z. B. beim Betrachten einer Printanzeige oder eine Webseite, präzise festgehalten werden kann. Eine direkt gestellte Frage an einen Probanden, wann er wie lange wohin geschaut hat, würde hingegen ratlose Blicke bei diesem produzieren.

Natürlich hat die Beobachtung umgekehrt aber auch einige entscheidende *Nachteile* gegenüber der Befragung (vgl. Fantapié Altobelli 2023, S. 128):

- Viele Sachverhalte sind nicht beobachtbar. Hier sind insbesondere Einstellungen, Motive, Verhaltensabsichten zu nennen, die beispielsweise im Marketing häufig im Zentrum des Interesses stehen. Aber auch Beruf, Familienstand und Parteienpräferenz sind typischerweise nicht beobachtbar.
- Die Objektivität ist problematisch, da ein bestimmtes Verhalten unterschiedlich interpretiert werden kann. Zudem sind die Hintergründe des Verhaltens unklar, was eine Überschneidung mit dem vorgenannten Punkt dargestellt. So kann beispielsweise ein Fachbesucher auf einer Messe dabei beobachtet werden, wie er – offensichtlich gut gelaunt – über das Messegelände schlendert. Daraus abzuleiten, dass er am Messebesuch Spaß hat, könnte aber voreilig sein. Tatsächlich ist er möglicherweise sauer, dass er in diesem Jahr schon wieder zum Messebesuch abkommandiert wurde. Allerdings hat er kurz zuvor einen Anruf seiner neuen Flamme bekommen, dass das Date am Abend fix ist und spaziert deswegen nun leise vor sich hin pfeifend durch die Messehallen.
- Vorgänge, die sich über einen längeren Zeitraum erstrecken, sind ebenfalls problematisch, zum einen aus erhebungstechnischen, aber auch aus Kostengründen. Daher wird

auch hier eine Befragung im Sinne von „Wie viele Stunden haben Sie heute auf dem Messegelände verbracht?" vorzuziehen sein.
- Sobald der Proband weiß, dass er beobachtet wird, wird er sich – bewusst oder unbewusst – anders verhalten als üblich, z. B. weil er nicht zugeben möchte, dass er Fast-Food-Restaurants besucht. Fairerweise muss hier allerdings erwähnt werden, dass dies auch auf die meisten Befragungssituationen zutreffen wird, zumindest aber für die persönliche bzw. telefonische Befragung, da man dort dem Interviewer gegenüber verschiedene Dinge lieber beschönigt.

Die im Rahmen von Beobachtungen erhobenen Daten sind häufig qualitativer Natur (wie im genannten Play Lab von Fisher Price), können aber auch zählbare Ergebnisse darstellen, z. B. wie viele Personen in einem bestimmten Zeitraum einen Supermarkt betreten haben, wie lange sie jeweils darin verweilen etc. Dadurch können sie mit den in Teil 4 aufgeführten Verfahren tiefgreifender untersucht werden.

1.4.4 Experiment

Das Experiment stellt, wie bereits erwähnt, keine eigenständige Erhebungsmethode dar, die eine Alternative zur Befragung bzw. Beobachtung bietet, sondern es ist durch ein besonderes Erhebungsdesign bzw. Versuchsanordnung gekennzeichnet. Es beinhaltet dabei immer eine oder mehrere Befragungen und/oder Beobachtungen (vgl. Berekoven et al. 2009, S. 146).

Dem Grunde nach geht es um die Überprüfung oder Analyse von Ursache-Wirkungszusammenhängen. Hierzu werden eine oder mehrere unabhängige Variablen systematisch variiert und die Auswirkungen auf die abhängige Variable gemessen. Ein typisches Beispiel sind Werbewirkungstests, wo mehreren Personen bzw. Personengruppen unterschiedliche Werbemittel (bspw. Anzeigen) vorgelegt werden. Gemessen wird dann u. a. die Erinnerung an die wesentlichen Inhalte. Dabei wird man bestrebt sein, alle anderen Faktoren, die die Messung beeinflussen könnten, konstant zu halten bzw. zu eliminieren. Dies gelingt bedingt bei solchen Einflussfaktoren, auf die ein Forscher direkten Einfluss hat („kontrollierbare Variablen"). So wird er bei einem Werbewirkungstest z. B. auf eine gleich lange Darbietung der Anzeige sowie eine identische Positionierung und Beleuchtungssituation achten. Außerhalb seines Einflusses sind hingegen externe Faktoren wie das Wetter, Konkurrenzaktivitäten etc. („Störvariablen"), weswegen häufig Kontrollgruppen parallel untersucht werden.

Verschiedene experimentelle Versuchsanordnungen sind in Tab. 1.4 dargestellt. In Kap. 4 werden einige Anwendungsbeispiele gezeigt, die Ergebnisse von Experimenten sein können, so z. B. im Rahmen der Varianzanalyse.

1.4 Erhebungsmethoden

Tab. 1.4 Experimentelle Versuchsanordnungen. (Berekoven et al. 2009, S. 151)

Typ der Versuchsanordnung	EBA	EA – CA	EBA – CBA	EA – EBA – CBA
Eingesetzte Gruppe(n) E: Experimentalgruppe C: Kontrollgruppe	E	E C	E C	E_1 E_2 C
Messzeitpunkte B: Before A: After	bei E: B und A	bei E: A bei C: A	bei E: B und A bei C: B und A	bei E_1: A bei E_2: B und A bei C: B und A
Ergebnisse durch Vergleich von...	Ergebnis der Vormessung mit Ergebnis der Nachmessung bei E	Ergebnissen der Nachmessungen bei E und bei C	Differenz der Ergebnisse der Vormessung bei E und C mit der Differenz der Ergebnisse Nachmessung bei E und bei C	Entwicklung in E_2 zwischen Vor- und Nachmessung mit Entwicklung in C zwischen Vor- und Nachmessung und mit Nachmessungs-Ergebnissen von E_1
Probleme	Kausalität: Basiert Änderung tatsächlich auf dem Experimentier-Faktor?	Gruppeneffekt: Bestand der Unterschied evtl. schon vorher?	Lerneffekt: Kann die Vormessung zu Verzerrungen geführt haben?	Keine: Sowohl Gruppen- als auch Lerneffekte können bestimmt und eliminiert werden
Beispiele	Store-Test	Neuprodukt-akzeptanz mit und ohne Werbung	Store-Tests	Werbemittel-Konzepttest

> **Beispiel**
>
> Die Versuchsanordnung EBA – CBA könnte von einem Bierhersteller genutzt werden, der seinen bereits produzierten TV-Spot überprüfen möchte. Hierzu misst er vorab den aktuellen Bierkonsum (in Flaschen pro Woche) in der Experimentalgruppe, der 100 beträgt. Ebenso wird der aktuelle Konsum in der Kontrollgruppe erhoben, der mit 80 Flaschen etwas niedriger liegt. Nachdem der zu testende Spot (nur) der Experimentalgruppe gezeigt wurde, wird nach einiger Zeit erneut gemessen. Der Absatz in der Experimentalgruppe hat sich auf 150 erhöht. Der gezeigte Spot scheint also auf den ersten Blick den Bierkonsum um 50 Flaschen gesteigert haben. Allerdings ist die Anzahl gekaufter Flaschen auch in der Kontrollgruppe im Vergleich zur Vormessung um 20 Flaschen auf 100 gestiegen. Offensichtlich sind externe Effekte aufgetreten, die den Konsum beeinflusst haben, z. B. schönes, warmes Wetter. Berücksichtigt man, dass dies in der Kontroll-

gruppe zu einer Steigerung von 20 Flaschen geführt hat, kann man den Effekt in der Experimentalgruppe um eben diese 20 Flaschen bereinigen, sodass unter dem Strich eine Erhöhung um 30 Flaschen aufgrund des gezeigten Spots vermutet werden kann. Als Formel ausgedrückt ergibt sich somit $(150-100) - (100-80) = 30$. ◄

Abschließend sei noch erwähnt, dass Experimente unter Labor-, aber auch unter Feldbedingungen durchgeführt werden können. *Laborexperimente* haben den Vorteil, dass die Störfaktoren besser kontrolliert bzw. ausgeschlossen werden können. Bei Labor denkt man zumeist an ein Chemielabor, wo Experimente bei absoluter Keimfreiheit und exakter Dosierung von Inhaltsstoffen vorgenommen werden können. Dies wird auch im Marketing in Testlaboren in analoger Form praktiziert. Dort können z. B. bestimmte Konkurrenzprodukte im Test ausgeschlossen werden. Dadurch erhöht sich die interne Validität eines Experiments (vgl. Abschn. 1.3.1.3). *Feldexperimente* werden hingegen unter lebensechten Bedingungen durchgeführt, wodurch die externe Validität im Vordergrund steht, die Messung des Ausmaßes des eigentlichen Effekts aufgrund zahlreicher möglicher Störvariabler hingegen erschwert wird.

Literatur

Berekoven L, Eckert W, Ellenrieder P (2009) Marktforschung. Methodische Grundlagen und praktische Anwendung, 12. Aufl. Gabler, Wiesbaden

Collis J, Hussey R (2021) Business research. A practical guide for students, 5. Aufl. Red Globe Press, London

Döring N (2022) Forschungsmethoden und Evaluation in den Sozial- und Humanwissenschaften, 6. Aufl. Springer, Berlin/Heidelberg

Fantapié Altobelli C (2023) Marktforschung. Methoden – Anwendungen – Praxisbeispiele, 4. Aufl. UVK, Tübingen

Jacob R, Heinz A, Décieux JP (2019) Umfrage. Einführung in die Methoden der Umfrageforschung, 4. Aufl. De Gruyter, Berlin/Boston

Mattel (2024) https://shopping.mattel.com/de-de/pages/fisher-price-play-lab. Zugegriffen am 26.08.2024

McGivern Y (2022) The practice of market research: from data to insight, 5. Aufl. Pearson, Harlow/New York

Schnell R, Hill PB, Esser E (2018) Methoden der empirischen Sozialforschung, 11. Aufl. De Gruyter, Berlin/Boston

Schumann S (2019) Repräsentative Umfrage. Praxisorientierte Einführung in empirische Methoden und statistische Analyseverfahren, 7. Aufl. De Gruyter, Berlin, Boston

Steiner E, Benesch M (2021) Der Fragebogen. Von der Forschungsidee zur SPSS-Auswertung, 6. Aufl. Facultas, Wien

Weis HC, Steinmetz P (2012) Marktforschung, 8. Aufl. Kiehl, Herne

Grundlagen von SPSS 2

2.1 Vorbemerkung

Die Auswertung weniger Daten hinsichtlich ihrer Häufigkeiten bzw. Mittelwerte kann grundsätzlich noch händisch durchgeführt werden, wie man es z. B. von Statistikklausuren her kennt. Dort kommt man unter Zuhilfenahme einer Formelsammlung und eines Taschenrechners (hoffentlich) zu den richtigen Ergebnissen. Nimmt der Umfang des Datenmaterials zu und werden gleichzeitig die Auswertungen immer komplexer (z. B. Varianz- oder Faktorenanalysen, vgl. Kap. 4), ist jedoch der Einsatz von EDV-Programmen unumgänglich.

Ist der Komplexitätsgrad noch überschaubar, kann mit Tabellenkalkulationsprogrammen wie Microsoft Excel gearbeitet werden, welche einfache Funktionen zur deskriptiven Statistik, linearer Regressionsanalyse etc. bieten. Die Bedienung ist nicht übermäßig komfortabel, aber der Einsatz führt zumindest zum Ziel. Sobald jedoch komplexere Methoden angewendet werden sollen, ist der Einsatz spezieller Statistikprogramme unabdingbar. Hierfür stehen verschiedene Optionen zur Verfügung.

DATAtab.de beispielsweise ist ein Online-Statistikrechner, der keine Installation erfordert. Die Eingabe erfolgt direkt im Browser (www.datatab.de). Die Auswertungsmöglichkeiten gehen bereits über einfache Auswertungen hinaus und beinhalten auch komplexere Verfahren inklusive der Prüfung auf Voraussetzungen. Interessant ist das Programm für Anfänger deshalb, weil es in einem ersten Schritt Kategorien wie „Deskriptiv", „Hypothesentests" oder „Regression" auflistet. Entscheidet man sich für eine dieser Kategorien, werden die zuvor eingegebenen Variablen in der jeweils angemessenen Form angeboten. Wählt man beispielsweise die Rubrik „Hypothesentests", so werden die Variablen in metrische, ordinale und nominale Variablen gruppiert zur Auswahl angeboten. Entscheidet man sich hingegen für „Regression", so werden die gleichen Variablen in abhänge und un abhängige Variablen unterteilt. Wählt man nun die jeweils interessierenden Variablen aus, werden die Ergebnisse auf dem Bildschirm dargestellt. Die Ergebnisse sind übersichtlich und beinhalten die wesentlichen, grundlegenden Größen und Kennzahlen. Die Nutzung ist inzwischen kostenpflichtig, und es können Lizenzen für bestimmte vorgegebene Zeiträume erworben werden, die automatisch enden (z. B. 19,99 € für einen Monat, Stand 26.08.2024), was für eine studentische Arbeit ausreichend und erschwinglich sein dürfte.

In der Wissenschaft inzwischen weit verbreitet ist das Programm *R*, eine kostenfreie Open Source Software zur statistischen Datenanalyse und Erstellung zugehöriger Grafiken. Der Quellcode ist frei zugänglich, sodass immer wieder Neuerungen („Packages") erscheinen und das Programm, entsprechende Programmierkenntnisse vorausgesetzt, für eigene Zwecke angepasst werden kann. Detaillierte Informationen zum Programm sowie zur Installation finden sich auf der Webseite „R-Startseite" von Günter Faes (vgl. Faes 2024). Das Programm ist besonders flexibel, erfordert aber eine gewisse Einarbeitungszeit, da es nicht intuitiv über Menüs bedienbar ist, sondern die Verwendung von Codes erfordert, die – trotz gewisser verfügbarer Benutzeroberflächen – eine gewisse Erfahrung im Umgang damit voraussetzen. Da die Hemmschwelle vieler Studierenden relativ hoch ist, überhaupt ein Statistikprogramm für ihre Auswertungen heranzuziehen, erscheint die Beschäftigung mit *R* insbesondere für schriftliche Arbeiten im Rahmen eines Bachelorstudiums daher nicht besonders ratsam.

Das an Hochschulen und in der Praxis wohl nach wie vor bekannteste statistische Datenanalyseprogramm ist IBM SPSS®. Es ist modular aufgebaut und bietet eine benutzerfreundliche Benutzeroberfläche, die auf den ersten Blick einem Tabellenkalkulationsprogramm ähnelt. Durch die vertraute Optik, besonders die der Menüleiste, ist der Einstieg verhältnismäßig einfach und somit auch für Anfänger im Bereich komplexerer Datenanalyseverfahren empfehlenswert. Daher findet dieses Programm auch im vorliegenden Buch Verwendung. Das Programm entstand bereits 1968 durch den Doktoranden Norman H. Nie an der Standford University, mit dem Ziel der vereinfachten, computergestützten Datenanalyse. Daraus entstand das Programm „SPSS", was für *„Statistical Package for the Social Sciences"* stand. Später wurde das Programm in der gleichnamigen Firma „SPSS Inc." weitergeführt (vgl. FundingUniverse 2024). Im Jahre 2009 wurde es schließlich von IBM übernommen und ist seither (nach einer kurzzeitigen Umbenennung in PASW – Predictive Analysis SoftWare – von 2009 bis 2010) als „IBM SPSS®" erhältlich, derzeit in der Version 29 (Stand 26.08.2024). Das Programm ist kostenpflichtig. Für Studierende gibt es jedoch häufig die Möglichkeit, SPSS im Rahmen der Campuslizenz ihrer Hochschule kostenlos zu nutzen. Darüber hinaus gibt es spezielle Angebote, die sich an Studierende richten. So kostet die Version „IBM Statistics Grad Pack 29.0 Standard", die neben dem Basismodul u. a. auch das Packet „Regression" umfasst, gerade einmal € 41,- für ein halbes Jahr (gegenüber € 1932,- üblichem Verkaufspreis) (vgl. StudentDiscounts 2024). Für den Bearbeitungszeitraum einer Bachelor- oder Masterarbeit ein völlig ausreichender Zeitraum. Zudem stellt die IBM eine Testversion des Programms zur Verfügung (vgl. IBM 2024a). Diese ist allerdings lediglich 30 Tage gültig und kann nur einmal pro Jahr genutzt werden (Stand: 26.08.2024).

Zu erwähnen ist in diesem Zusammenhang die wiederum kostenfreie Open Source Software *PSPP* (Download z. B. bei Heise 2024). Die Ähnlichkeit zu „SPSS" ist nicht zufällig, stellen die Buchstaben doch lediglich eine Spiegelung zu SPSS dar. Das Programm ist quasi ein Nachbau von SPSS, allerdings hinsichtlich Optik und Funktionsumfang zum Teil nicht unerheblich eingeschränkt. Für die üblichen Analysen im Rahmen studentischer Abschlussarbeiten reicht es aber typischerweise aus. Sehr vereinzelt wurde seitens der Studierenden von Abstürzen des Programms sowie Fehlern bei der grafischen Darstellung berichtet. Daher wird eher die Verwendung von IBM SPSS® empfohlen.

2.2 Editoren und Viewer

SPSS beruht auf zwei grundlegenden Säulen: Dem *Dateneditor* (wahlweise in Daten- oder Variablenansicht), welcher der Eingabe der Daten dient, sowie dem *Viewer*, der die Ergebnisse der durchgeführten statistischen Analysen umfasst. Zudem erscheinen dort Hinweise oder Warnhinweise. Darüber hinaus bietet SPSS einen *Syntaxeditor*, in dem die Menübefehle alternativ in Befehlszeilen, ähnlich einer Programmiersprache, aufgeführt sind.

Startet man das Programm *IBM SPSS*, so erscheint zunächst (nach einem kurzzeitig auftauchenden Fenster mit einem Versions- und Lizenzhinweis) ein Willkommensfenster (vgl. Abb. 2.1).

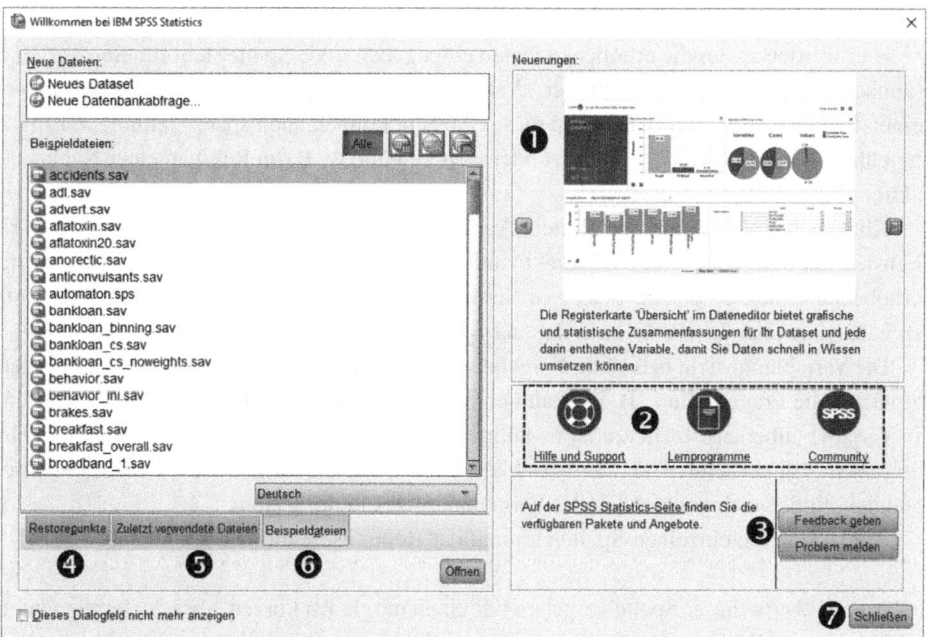

Abb. 2.1 Willkommensbildschirm

Der Willkommensbildschirm (der durch Anklicken von „Dieses Dialogfeld nicht mehr anzeigen" unten links dauerhaft ausgeblendet werden kann) informiert auf der rechten Seite über aktuelle Neuerungen (❶), enthält Links zu Hilfe/Support, Lernprogrammen und der Community (❷) und bietet die Möglichkeit, Feedback zu geben sowie Probleme zu melden (❸).

Weitaus interessanter ist jedoch die linke Seite des Fensters. Hier stehen in den Reitern drei wichtige Optionen zur Verfügung:

- *Restorepunkte* (❹): SPSS erstellt regelmäßig Sicherungskopien der aktuell verwendeten Datei. Bei Problemen mit dem Datensatz kann auf zuvor gespeicherte Sicherungskopien zugegriffen werden.
- *Zuletzt verwendete Dateien* (❺): Wählt man diesen Reiter aus, werden die zuletzt verwendeten Dateien aufgelistet. Eine Option, die beispielsweise bei Bachelorarbeiten hilfreich ist, da man nicht erst das zugehörige Verzeichnis aufrufen muss, sondern direkt auf die Dateien zugreifen kann, mit denen man zuletzt gearbeitet hat.
- *Beispieldateien* (❻): SPSS bietet über hundert Beispieldatensätze mit zum Teil sehr vielen Fällen. Diese sind z. B. sehr gut geeignet, um einzelne Verfahren einmal durchzuspielen, ohne notwendigerweise bereits einen eigenen Datensatz zu haben bzw. selbst einen Testdatensatz erstellen zu müssen.

Wir schließen das Fenster klassisch über das Kreuz oben rechts oder den Button „Schließen" (❼) und sehen nun das eigentliche Startfenster von SPSS, den Dateneditor. Konkret befinden wir uns zunächst in der *Datenansicht* (vgl. Abb. 2.2).

Hier werden später die erhobenen Daten eingegeben. Jede Spalte steht für eine Variable (zunächst noch mit dem Platzhalter „Var" überschrieben), und jede Zeile repräsentiert einen Fall bzw. einen Probanden. In dieser Ansicht können auch später gefundene Eingabefehler (vgl. Abschn. 3.2) korrigiert oder weitere Fälle (z. B. im Rahmen einer Nachfassaktion) hinzugefügt werden.

Klicken wir unten auf den Reiter „Variablenansicht" (❶), so gelangen wir zu dem Fenster, mit dem wir ein neues Projekt zunächst starten sollten. Bevor wir nämlich unsere erhobenen Daten eingeben, macht es Sinn, zunächst alle Variablen inklusive ihrer entsprechenden Charakteristika zu erfassen (vgl. Abb. 2.3).

Die Variablenansicht bedarf im Folgenden einer detaillierten Betrachtung. Hier werden zunächst die Fragen, die z. B. im Rahmen einer schriftlichen Befragung gestellt wurden, in Variable „übersetzt". Hierzu ist es nützlich, bereits einen geeigneten Codeplan erstellt zu haben (vgl. Abschn. 3.1). Die Variablen, die in der Datenansicht zuvor in den *Spalten* standen, finden sich nunmehr in der Variablenansicht in den *Zeilen*.

Wir wollen die einzelnen Spalten einmal der Reihe nach durchgehen:

- *Name* (❶): In dieser Spalte vergeben wir einen möglichst kurzen, aber doch prägnanten Namen mit Wiedererkennungswert. Es macht keinen Sinn, die einzelnen Fragen mit den Variablennamen „Var1", „Var2", „Var3" usw. zu versehen, da der Bezug zum

2.2 Editoren und Viewer

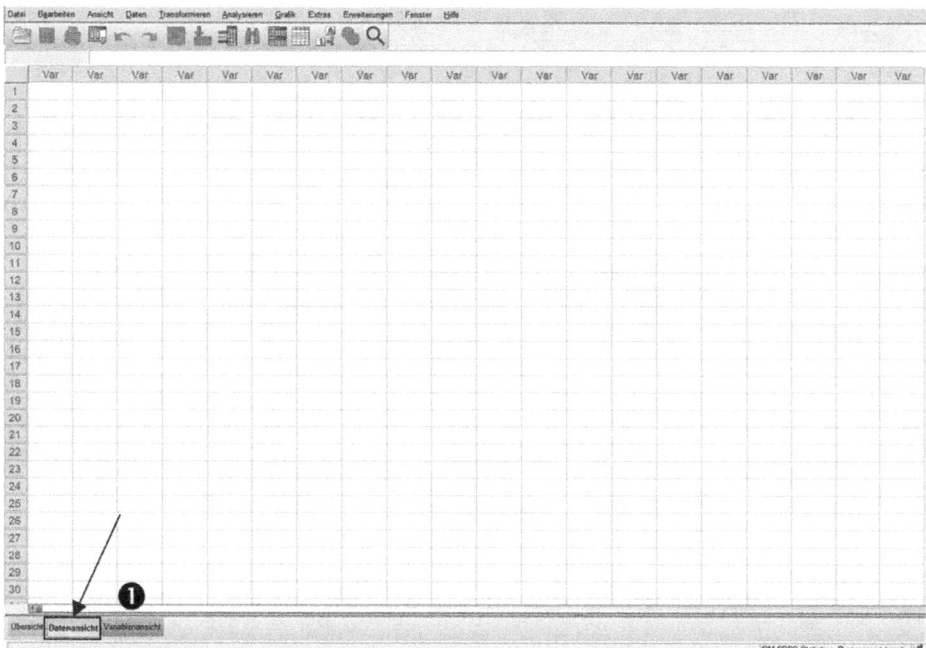

Abb. 2.2 Dateneditor (Datenansicht)

Fragebogen verloren geht. Besser wäre es beispielsweise, eine Variable „Alter" zu benennen, wenn im Fragebogen explizit nach dem Alter der Probanden gefragt wird. Werden die Variablennamen allerdings zu lang, so führt das dazu, dass die Spalte unnötig breit wird, um den Namen ausgeschrieben unterbringen zu können, oder aber dass der Name im Spaltenkopf umgebrochen wird. Beides sieht unschön aus und ist nicht zweckmäßig. Besser wäre es daher beispielsweise, eine Variable, bei der es um den Familienstand der befragten Personen geht, zunächst „Familie" zu nennen. In Verbindung mit Spalte ❹ bleibt die Zuordnung eindeutig.

Interessant ist die Frage, wie man Variablen titulieren soll, die inhaltlich zur selben Frage gehören, aber allesamt einzeln definiert werden müssen. Dies ist beispielsweise bei Itembatterien im Rahmen der Einstellungsmessung der Fall. Statt die Variablen „Pünktlichkeit", „Qualität" etc. zu benennen, kann man diese Unterfragen z. B. mit „F1a", „F1b" etc. „durchnummerieren". Dadurch erhalten wir aufgrund der kurzen Namen sehr schmale Spalten, gleichzeitig bleibt aber der Zusammengehörigkeitscharakter erhalten. Es sind allesamt Unterfragen der Frage 1 („F1") (vgl. Abschn. 3.1). Alternativ kann man auch „V1a" (für „Variable 1", erste Unterfrage) verwenden oder die Fragen mit „F1_1", „F1_2" „durchnummerieren". Wichtig ist, dass das erste Zeichen ein Buchstabe ist und keine Leerstellen verwendet werden dürfen (zu Details vgl. Janssen und Laatz 2017, S. 55).

Bestätigt man den Namen mit der ENTER-Taste, wird der Rest der Zeile automatisch mit den Standardeinstellungen aufgefüllt.

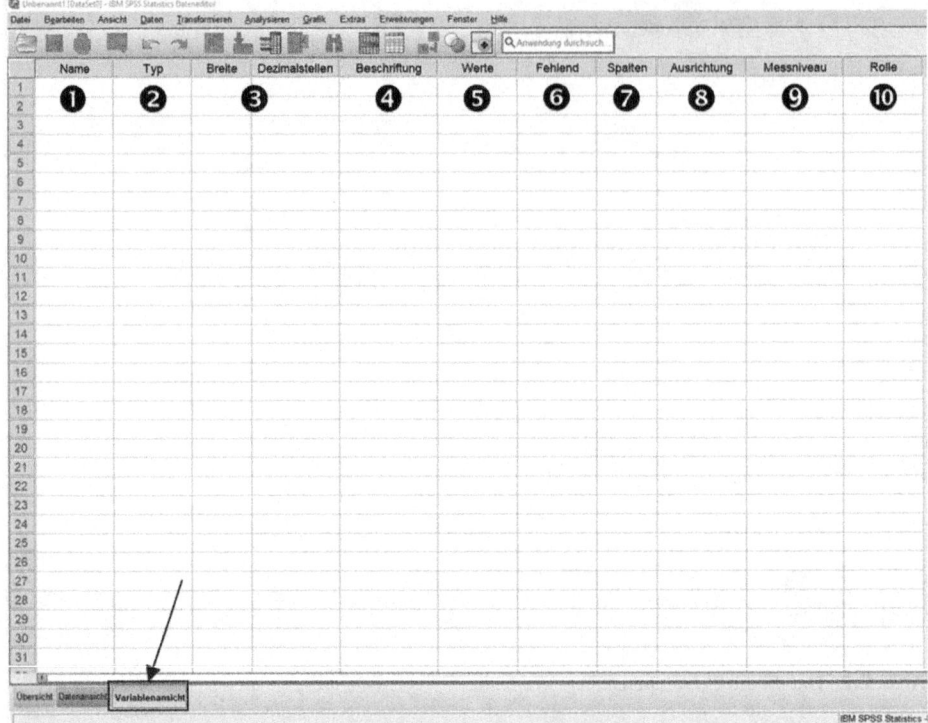

Abb. 2.3 Dateneditor (Variablenansicht)

- *Typ* (❷): SPSS unterscheidet in der Version 29 insgesamt neun verschiedene Datentypen (vgl. Abb. 2.4). Dieses Untermenü erhalten wir, indem wir auf die Voreinstellung „Numerisch" und anschließend auf die drei am rechten Rand erscheinenden Punkte klicken. Die Standardeinstellung ist „Numerisch" mit einer Gesamtbreite von 8 Stellen, davon 2 Nachkommastellen (dies kann bei Bedarf über die Menüfolge „Bearbeiten -> Optionen" im Reiter „Daten" geändert werden). Wird dieser Typ gewählt, können Berechnungen wie Mittelwerte etc. durchgeführt werden. Diese Einstellung ist in den meisten Fällen zweckmäßig.

  Alternativ ist v. a. die Option „Zeichenfolge" von praktischer Bedeutung. Die hier eingegebenen Daten werden als eine Reihe von Zeichen gespeichert, egal ob es sich um Buchstaben oder Zahlen handelt. So werden z. B. bei zwei Mitarbeiterinnen gleichen Namens die Einträge „Lea1" und „Lea2" quasi als Text abgespeichert.

  Die übrigen Optionen sind im wesentlichen Abwandlungen der Variante „Numerisch". So wird z. B. die zunächst „numerische" Zahl „10000,00" mittels Optionstyp „Punkt" übersichtlicher als „10.000,00" dargestellt, wohingegen die Einstellung „Komma" zur – im englischsprachigen Raum üblichen – Darstellung „10,000.00" führt (zu Details vgl. Janssen und Laatz 2017, S. 56 ff.). Dies hat eher optische Gründe und daher keine Auswirkung auf die späteren Berechnungen.

2.2 Editoren und Viewer

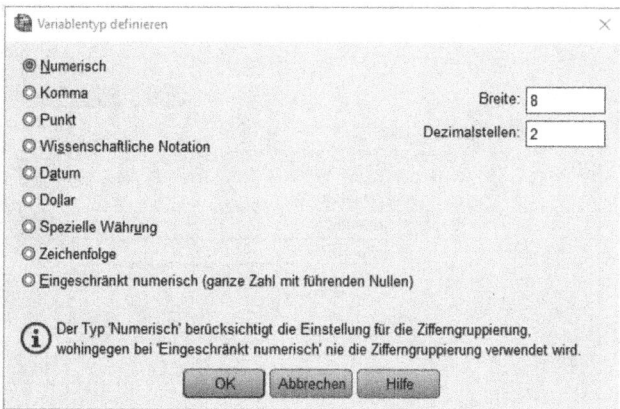

Abb. 2.4 Variablentypen

- *Breite und Dezimalstellen* (❸): In diesen beiden Spalten können die maximale Breite sowie die Anzahl der Nachkommastellen je Variabler festgelegt werden. Verwendet man zunächst die Standardeinstellung „Numerisch" in der Spalte „Typ", so kann hier z. B. nachträglich die Anzahl der Dezimalstellen auf „0" gesetzt werden, da man diese beispielsweise für Notenskalen von 1 bis 6 nicht benötigt und das Ergebnis sonst unschön aussehen würde. Zu beachten ist, dass der Wert für „Breite" mindestens um Eins größer als die Anzahl „Dezimalstellen" sein muss, da vor dem Komma ja zumindest noch eine Stelle benötigt wird.
- *Beschriftung* (❹): Dieser Spalte kommt besondere Bedeutung zu, wenn der Variablenname in der Spalte ❶ nicht auf Anhieb deutlich wird. Haben wir also zuvor eine Variable „F1a" genannt, müssen wir diese Variable nun näher beschreiben. Dies gewinnt umso mehr an Bedeutung, wenn andere Personen auf den Datensatz zugreifen, die bei der Vergabe der Namen nicht involviert waren. Durch eine genauere Bezeichnung wie z. B. „Qualität der Speisen" wird die Namensgebung nun eindeutig.
    Zu beachten ist, dass der „Name" (z. B. „F1a") lediglich für die Datenansicht benötigt wird und v. a. der Minimierung der Spaltenbreite und dem Ausdruck der inhaltlichen Zusammengehörigkeit mehrerer Variabler dient. Im späteren Ergebnisausdruck taucht hingegen – sofern vergeben – die „Beschriftung" auf (vgl. Kap. 4).
- *Werte* (❺): Während das Alter typischerweise selbsterklärend ist („50" bedeutet „50 Jahre alt"), müssen vorgenommene Codierungen unbedingt hinterlegt werden. Zum einen, weil man nach einiger Zeit möglicherweise vergisst, ob man Männer nun mit 0 und Frauen mit 1 oder umgekehrt kodiert hat. Zum anderen, wenn Personen mit dem Datensatz arbeiten, die nicht an der Codierung beteiligt waren. Klickt man auf die Standardeinstellung „Ohne" und dann wiederum auf die drei Punkte am rechten Rand, so öffnet sich ein Dialogfeld „Wertbeschriftungen" (vgl. Abb. 2.5). Mittels des „+"-Buttons können einzelnen Werten nun entsprechende Beschriftungen zugewiesen werden. Im Beispiel erfolgte dies anhand des Merkmals „Geschlecht", das mit 0,1 und 2 für „weiblich", „männlich" und „divers" kodiert wurde. Diese Zuordnungen können jederzeit bearbeitet oder auch gelöscht werden.

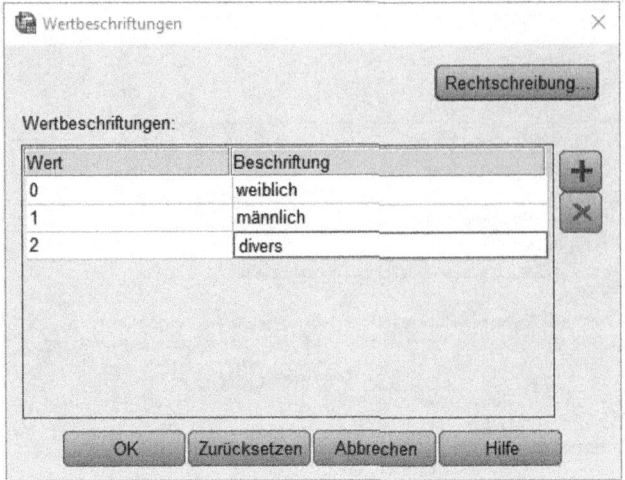

Abb. 2.5 Wertbeschriftungen

Abb. 2.6 Fehlende Werte

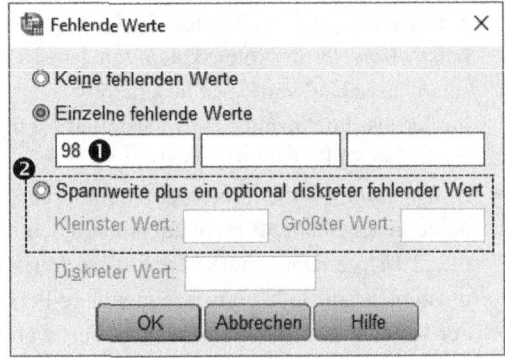

- *Fehlend* (❻): Dieses Feld ist von elementarer Bedeutung, wenn mittels Codierung zugewiesene Werte *nicht* in spätere Berechnungen einfließen sollen. Wird beispielsweise die Bewertung der Getränkeauswahl auf einer Skala von „1 = sehr gut" bis „6 = sehr schlecht" gemessen, kann aus diesen Werten später z. B. das arithmetische Mittel bestimmt werden (unter der Prämisse, dass die Skala als metrisch interpretiert wird (vgl. Abschn. 1.3.2)). Hat man nun aber noch eine Antwortkategorie „weiß nicht" zur Auswahl gestellt und die entsprechende Antwort mit „98" kodiert, so würde die 98 als numerischer Wert in die Durchschnittsberechnung einfließen. Um dies zu verhindern, kann analog zu den vorherigen Spalten ein Auswahlmenü über den Button mit den drei Punkten aufgerufen werden (vgl. Abb. 2.6). Dort wählen wir die Option „Einzelne fehlende Werte" und geben die Zahl „98" ein (❶). Tritt diese Merkmalsausprägung nun bei einer Person auf, so wird der Wert ignoriert, analog zu einer fehlenden Eingabe, und die Durchschnittsbildung wird ohne diese Person vorgenommen. Sollen bis zu drei Werte unberücksichtigt bleiben, können diese einzeln in die drei weißen Felder eingegeben werden. Handelt es sich hingegen um mehr als drei Werte (z. B. alle Ausprägungen von 90 bis 99), so kann eine Spannweite mit kleinstem Wert (90) und größtem Wert (99) definiert werden (❷).

- *Spalten* (❼): Diese Option hat eher kosmetische Aufgaben. Über die dort eingegebene Zahl kann die Spaltenbreite in der Datenansicht gesteuert werden. Möchte man, dass die Spalte nur halb so groß ist (4) wie in der Standardeinstellung (8), so kann der Wert hier abgeändert werden. Den gleichen Effekt erreicht man, indem man in der Datenansicht die entsprechende Spalte markiert, den Mauszeiger an deren (rechten) Rand bewegt und die Spalte dann mit gedrückter linker Maustaste auf eine beliebige Breite zieht. Diese Vorgehensweise ist z. B. von MS-Excel oder vergleichbaren Programmen bekannt. Sinn macht der Eintrag von Zahlen in der Variablenansicht vor allem dann, wenn man mehreren Spalten gleichzeitig die gleiche Größe zuordnen will (z. B. zehn Spalten einheitlich von 8 auf 4 verkleinern).
- *Ausrichtung* (❽): Auch diese Spalte hat eher etwas mit der Optik als mit dem Inhalt zu tun. Standardmäßig werden numerische Eingaben rechtsbündig (was bei Zahlen Sinn macht) und Zeichenfolgen linksbündig (was ebenfalls unseren Lesegewohnheiten entspricht) angeordnet, was bei Bedarf aber natürlich geändert werden kann. Als dritte Auswahlmöglichkeit steht noch „zentriert" zur Verfügung.
- *Messniveau* (❾): Dieser Spalte sollte man wiederum besondere Aufmerksamkeit zukommen lassen. Von der Vorgabe des Messniveaus bzw. Skalenniveaus (vgl. Abschn. 1.3.2) kann es später abhängen, ob SPSS bestimmte Berechnungen durchführt bzw. angeforderte Grafiken erstellt oder nicht. Oft, aber auch nicht immer, schlägt SPSS ein Messniveau vor. Wird als Typ „Zeichenfolge" gewählt, ist der Standardvorschlag stets „nominal". Hier sollte also mit großer Sorgfalt vorgegangen werden. Zudem kann man auch explizit zum Ausdruck bringen, dass man eine eigentlich ordinal skalierte Variable (z. B. Schulnoten) als metrisch behandelt wissen möchte.
- *Rolle* (❿): Diese letzte Spalte dient der Voreinstellung für spätere Auswertungen. So bedeutet die Auswahlmöglichkeit „Eingabe" beispielsweise, dass es sich hier im Folgenden um eine unabhängige Variable handeln soll. „Ziel" steht hingegen für eine abhängige Variable, „Beides" lässt beide Möglichkeiten offen. „Ohne" weist hingegen zunächst keine Rolle zu. „Partitionieren" steht für die Möglichkeit, die Datei in mehrere Stichproben zu teilen, sei es zu Trainingszwecken, für Tests oder Validierungen. Die Option „Aufteilen" dient laut SPSS-Hilfe der Umlaufkompatibilität mit IBM® SPSS® Modeler. Die Standardeinstellung in der Spalte „Rolle" ist „Eingabe". Diese Spalte können wir in der Regel unbeachtet lassen, da bei den späteren Verfahren immer auch

die Möglichkeit der (erstmaligen oder veränderten) Rollenzuweisung gegeben ist. So wird beispielsweise im Menü der Regressionsanalyse (vgl. Abschn. 4.4.2) explizit nach abhängiger und unabhängiger Variablen gefragt.

Neben der Daten- und Variablenansicht findet sich im Dateneditor in der Version 29 darüber hinaus ein neuer Reiter „Übersicht", der einige grundlegende Infos bietet, deren Nutzen aber überschaubar erscheint.

Wenden wir uns nun dem SPSS *Viewer* zu. Er stellt die Ergebnisse statistischer Analysen sowie diverse Meldungen dar. Diese können in eigenen Dateien gespeichert werden. Dies hat den Vorteil, dass man z. B. im Rahmen einer Bachelorarbeit den Datensatz wie auch die Ergebnisse unter demselben Namen (beispielsweise „Bachelorarbeit") aber in getrennten Dateien abspeichern kann. Die beiden Dateien unterscheiden sich lediglich im Suffix (vgl. Abschn. 2.4).

Der Viewer ist grundsätzlich in zwei Fenster aufgeteilt. Im rechten, größeren Fenster finden wir die gewünschten Ergebnisse sowie einige Meldungen (❶). Im linken Fenster ist hingegen die Gliederungsansicht dargestellt (❷) (vgl. Abb. 2.7). Für kleinere Analysen spielt diese keine praktische Rolle. Ihre Bedeutung erschließt sich erst, wenn längere Analysen durchgeführt werden bzw. mehrere gleichzeitig. Statt mühsam durch das Ergebnisfenster zu scrollen, kann stattdessen die gewünschte Analyse in der Gliederungsansicht angeklickt werden. Das Programm springt dann zur gewählten Analyse und markiert sie, ebenso wie in der Gliederungsansicht, mit einem roten Pfeil. Ähnlich wie im Windows-Explorer kann man hier Analysen einfach einklappen, löschen oder verschieben, was sich dann auch auf das rechte Fenster auswirkt.

Eine Besonderheit ist noch hinsichtlich der Tabellen im Ausgabefenster zu nennen. Es handelt sich hierbei um sogenannte „Pivot-Tabellen". Durch einen Doppelklick auf die Tabelle öffnet sich ein Editor, in dem Sie das Ausgabeformat bzw. Erscheinungsbild anpassen können (vgl. Abb. 2.8).

Neben diversen Gestaltungsmöglichkeiten wie Schriftart, Größe oder Farbe, aber auch dem Vertauschen von Spalten und Zeilen ist v. a. auf den Menüpunkt „Format (❶) -> Tabellenvorlagen ..." hinzuweisen. Gefällt einem der Ausgabestil der Tabellen in SPSS nicht (zu viel Grau, zu viele Linien etc.), so kann man dort unter rund 30 Formatvorlagen auswählen. Besonders sei hier der international übliche „APA-Stil" (nach der American Psychological Association, vgl. https://apastyle.apa.org/) hervorgehoben, den es in Verbindung mit zwei Schriftarten gibt. Dieser Stil zeichnet sich durch eine besonders schlichte Darstellung aus (vgl. Abb. 2.9).

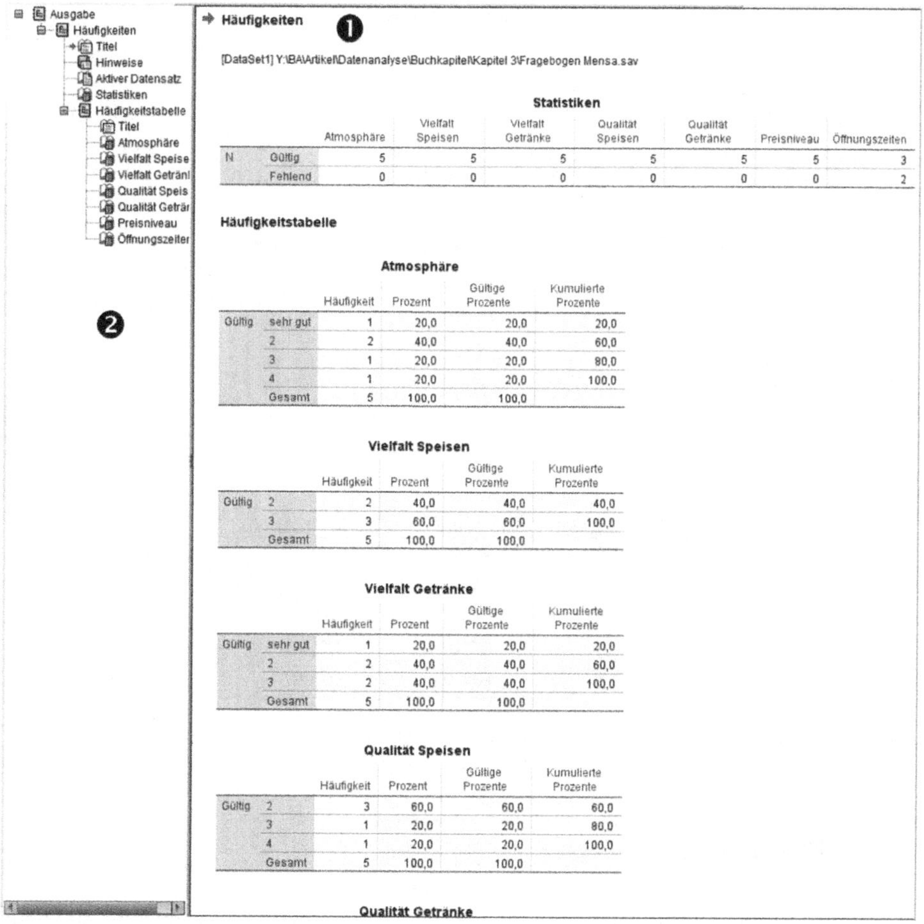

Abb. 2.7 Ausgabe-Fenster (Viewer)

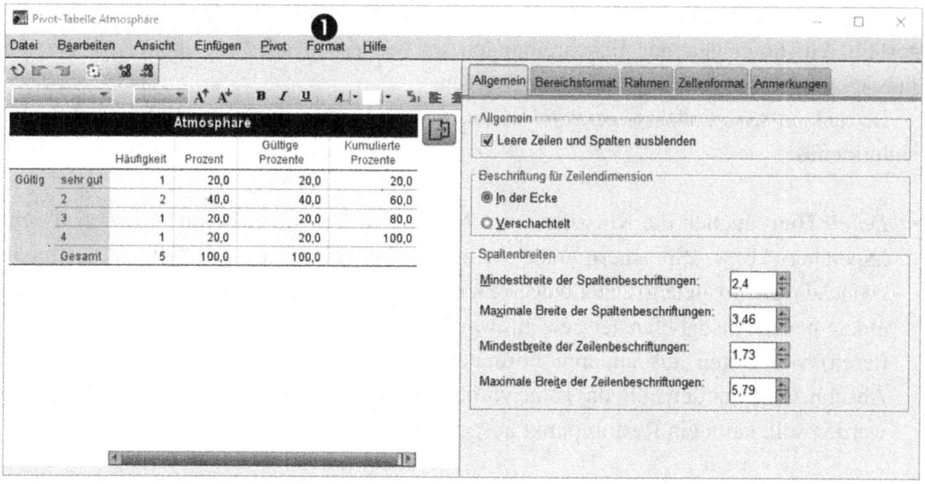

Abb. 2.8 Pivot-Tabelle für die Variable Atmosphäre

Atmosphäre

		Häufigkeit	Prozent	Gültige Prozente	Kumulierte Prozente
Gültig	sehr gut	1	20,0	20,0	20,0
	2	2	40,0	40,0	60,0
	3	1	20,0	20,0	80,0
	4	1	20,0	20,0	100,0
	Gesamt	5	100,0	100,0	

Atmosphäre

		Häufigkeit	Prozent	Gültige Prozente	Kumulierte Prozente
Gültig	sehr gut	1	20,0	20,0	20,0
	2	2	40,0	40,0	60,0
	3	1	20,0	20,0	80,0
	4	1	20,0	20,0	100,0
	Gesamt	5	100,0	100,0	

Abb. 2.9 Standardtabelle SPSS (oben) vs. APA_SansSerif_10pt-Variante (unten)

2.3 Menüstruktur

Öffnet man SPSS und betrachtet die Datenansicht des Dateneditors nur flüchtig, so könnte man meinen, ein klassisches Tabellenkalkulationsprogramm vor sich zu haben. Die Optik wirkt vertraut, denn der Bildschirminhalt weist die typischen Befehls- und Symbolleisten auf (vgl. Abb. 2.10). Die wichtigsten Menüpunkte und Symbole werden im Folgenden dargestellt. Für tiefer gehende Beschreibungen sei wiederum auf das großartige Werk von Janssen und Laatz (2017, S. 9 ff.) hingewiesen.

Betrachten wir zunächst die *Befehlsleiste* sowie die für uns in der Folge wichtigsten Untermenüs:

- *Datei:* Hier tauchen die Klassiker wie „Neu", „Öffnen", „Schließen", „Drucken" und „Speichern" bzw. „Speichern unter …" auf, wobei bei „Neu" und „Öffnen" nochmals zwischen einem neuen Datenblatt, einer neuen Syntaxdatei (vgl. Abschn. 2.6) und einem neuen Ausgabefenster gewählt werden kann. Auch das Importieren (und Exportieren) von Daten aus anderen Formaten (z. B. MS-Excel) ist hier möglich (vgl. Abschn. 2.4). Für den Fall, dass eine vorhergehende Version der Datei wiederhergestellt werden soll, kann ein Restorepunkt ausgewählt werden.

2.3 Menüstruktur

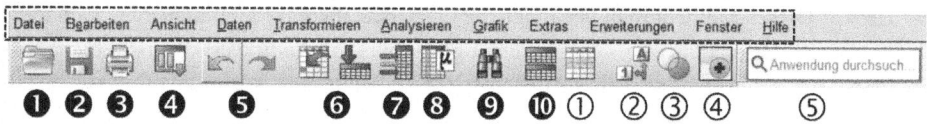

Abb. 2.10 Menüs und Symbolleiste in SPSS

- *Bearbeiten:* Dieses Menü bietet neben den bekannten Einträgen wie „Ausschneiden", „Einfügen" oder „Kopieren" u. a. die Möglichkeit, nachträglich Fälle oder Variable einzufügen (was allerdings auch in der Datei- bzw. Variablenansicht jederzeit möglich ist). Für große Datensätze lohnt sich der Menüpunkt „Gehe zu Fall …" bzw. „Gehe zu Variable …", so spart man sich unnötiges Scrollen. Besonders hervorzuheben ist der letzte Eintrag „Optionen …", der eine Fülle an Einstellungsmöglichkeiten bietet. Für dieses Buch wurde z. B. unter „Allgemein" das Erscheinungsbild von „SPSS Light" in „SPSS Standard" geändert, um einen besseren Kontrast zu erreichen (und nebenbei etwas den lieb gewonnenen Gewohnheiten des Autors zu frönen). Wichtig ist auch der Reiter „Dateispeicherorte", wo man die Standardverzeichnisse eintragen kann.
- *Ansicht:* Wie die Reiterbezeichnung schon vermuten lässt, können hier verschiedene Optionen zur Ansicht bzw. Darstellung ausgewählt werden. Nützlich für Präsentationen (z. B. im Rahmen der Bachelorarbeits-Verteidigung) ist hier die Möglichkeit, die Schriftgröße zu verändern.
- *Daten:* Dieses Menü bietet eine Vielzahl nützlicher Optionen von „Sortieren" über „Datei aufteilen" und „Daten aggregieren" (wenn z. B. die Daten mehrerer Interviewer zusammengetragen werden sollen). Besonderes Augenmerk wollen wir hier auf den vorletzten Eintrag „Fälle auswählen …" legen. Dieser ist immer dann interessant, wenn wir nur eine bestimmte Gruppe von Personen (z. B. nur Männer oder nur Frauen) betrachten wollen.
- *Transformieren:* Hier können verschiedenste Änderungen an der Variablen vorgenommen werden. Interessant ist manchmal die Option „Umcodierung in dieselben Variablen …". Wurden z. B. die Werte „1 = sehr gut" bis „6 = sehr schlecht" verwendet und man möchte nun die Reihenfolge tauschen, sodass nunmehr 6 die beste Bewertung darstellt und 1 die schlechteste, so kann dies in diesem Menüpunkt erfolgen.
- *Analysieren:* Dies ist der für uns in der Folge wichtigste Menüpunkt, denn er enthält sämtliche statistische Analysemethoden, die SPSS anbietet. Er wird daher Ausgangspunkt fast aller Klickreihenfolgen im Kap. 4 sein.
- *Grafik:* Ähnlich wie der vorstehende Punkt vereint SPSS in diesem Menü sämtliche Varianten grafischer Darstellungen. Bemerkenswert ist, dass in der Version 29 die bisher unter einem Untermenü „Alte Dialogfelder" zusammengefassten Optionen „Balken" bis „Histogramm" nunmehr gleichberechtigt in der Liste auftauchen. Dies ist erfreulich, da man mit gewisser Erfahrung gerne auf bestimmte Typen direkt zugreifen möchte und sich so einen Klick spart. Nach wie vor steht an der Spitze der Liste die Option „Diagrammerstellung", die – ähnlich einem Werkzeugkasten – vor allem dem unerfahrenen Nutzer einen guten Überblick gibt, welche Auswahl SPSS in grafischer Hinsicht anbietet.

- *Extras:* Dieses Menü enthält verschiedene Optionen, die wir im Folgenden jedoch nicht benötigen. Beispielsweise können hier sogenannte „Produktionsjobs" erstellt und später bei Bedarf ausgeführt werden, um z. B. Routineanalysen wie die Erstellung wöchentlicher Berichte zu vereinfachen.
- *Erweiterungen:* Auch diesen Menüpunkt werden wir nicht benötigen. Er dient, wie der Name schon sagt, v. a. dem Hinzufügen von Programmerweiterungen.
- *Fenster:* Mittels dieses Menüs kann man zwischen verschiedenen Fenstern wechseln (z. B. in das Syntaxfenster) sowie die Fenster aufteilen. So ist es beispielsweise möglich, nur die ersten und letzten 10 Zeilen eines langen Datensatzes auf dem Bildschirm darzustellen.
- *Hilfe:* Im letzten Menü finden sich die typischen Hilfen zum Programm. Es bietet beispielsweise ein Suchfenster für Freitexteingabe sowie einen Zugriff auf die SPSS-Onlinehilfe unter ibm.com. Besonders erwähnenswert ist hier der Zugriff auf die Befehlssyntaxreferenz. Arbeitet man gerne mit dem Syntaxeditor, so findet man hier die relevanten Befehle nebst Beispielen.

Wenden wir uns nun den *Symbolen* zu. Beim Anklicken wird entweder eine Funktion ausgeführt (z. B. wird die letzte Aktion rückgängig gemacht) oder es öffnet sich ein Dialogfenster (z. B. zum Auswählen des gewünschten Druckers). Es handelt sich hierbei zumeist um häufig benutzte Funktionen, wodurch man sich den Umweg über die Menüs spart. So ersetzt das Icon „Drucken" beispielsweise die Klickfolge „Datei ->Drucken …". Nachstehend werden die Symbole des Dateneditors vorgestellt. In der Viewer- bzw. Syntaxansicht sind einige Abweichungen festzustellen. So bietet z. B. das Viewerfenster standardmäßig ein Symbol für die Druckvorschau, das Syntaxfenster hingegen eines zum Aufrufen von Hilfe zum Syntax.

- *Datei öffnen* (❶): Hier können in einem sich öffnenden Dialogfeld verschiedene Dateien geöffnet werden. Dabei macht es einen Unterschied, in welchem Fenster Sie sich aktuell befinden. Im Dateneditor werden nur Daten eingelesen, wohingegen in der Vieweransicht lediglich bereits abgespeicherte Ergebnisse bzw. Meldungen sowie in der Syntaxansicht nur abgespeicherte Syntaxdateien angeboten werden.
- *Dieses Dokument speichern* (❷): Über diesen Button wird eine Datei gespeichert (analog zu vielen anderen Programmen ist auch die alternative Tastenkombination Strg+S möglich, die während eines längeren Dateneingabeprozesses immer mal wieder zwischendurch betätigt werden sollte!). Beim erstmaligen Speichern öffnet sich hingegen zunächst eine Dialogbox „Speichern unter …", in der man Dateiname und Speicherort festlegen muss.
- *Drucken* (❸): Ein Klick auf diesen Button öffnet eine Dialogbox, in der man z. B. den gewünschten Drucker, aber auch den Druckbereich auswählen kann.
- *Zuletzt verwendete Dialogfelder aufrufen* (❹): Dieses Symbol erweist sich als äußerst nützlich, wenn man verschiedene Analysen parallel durchführt und auf zuvor geöffnete Dialogboxen zurückgreifen möchte, ohne wieder den gesamten Weg durch die diversen Menüs dorthin zu durchlaufen.

- *Rückgängig/Wiederholen* (❺): Analog zu vielen anderen Programmen kann hier mit dem linken Pfeil eine Aktion rückgängig gemacht werden, der rechte Pfeil führt sie wiederum erneut aus.
- *Gehe zu Fall/Gehe zu Variable* (❻): Bei umfangreichen Datensätzen sind diese beiden Symbole hilfreich, um schnell zu einem bestimmten Fall bzw. einer Variablen zu springen ohne scrollen zu müssen. Es öffnet sich jeweils ein Dialogmenü, in dem man die von SPSS vorgegebene Zeilennummer (Fall) direkt ansteuern bzw. über ein Dropdown-Menü eine bestimmte Variable (Spalte) auswählen kann. Der Unterschied liegt darin, dass beim linken Icon bereits der Reiter „Fall" aktiv ist, beim rechten hingegen der Reiter „Variable".
- *Variablen* (❼): Ein Klick auf dieses Symbol öffnet eine Liste der Variablen nebst deren Beschreibung, wobei die derzeit aktuelle Spalte die zunächst angezeigte Variable bestimmt.
- *Deskriptive Statistiken ausführen* (❽): Diese Option ermöglicht einen schnellen Überblick über wesentliche deskriptive Kennzahlen. Ausgegeben werden gültige und fehlende Fälle, Modus, Spannweite, Minimum, Maximum sowie eine Häufigkeitstabelle mit absoluten und relativen Häufigkeiten sowie gültigen und kumulierten Prozenten.
- *Suchen* (❾): Innerhalb einer Spalte kann im sich öffnenden Dialogfeld nach bestimmten Werten gesucht werden (z. B. nach Werten außerhalb des Definitionsbereiches im Rahmen von Eingabeprüfungen). Alternativ kann dort auch der Reiter „Ersetzen" ausgewählt werden. Dadurch können bestimmte Werte nicht nur gesucht, sondern direkt durch andere Werte ersetzt werden (z. B. wenn man sich nachträglich entscheidet, eine Merkmalsausprägung nicht mit 98, sondern mit 99 zu codieren). Dieses Suchfeld hat somit eine andere Funktion als das Suchfeld ganz rechts (⑤).
- *Datei aufteilen* (❿): Ein Klick auf dieses Icon öffnet eine Dialogbox, in der eine Datei aufgeteilt werden kann. So ist es z. B. möglich, die Datei nach der Variablen Geschlecht aufzuteilen, sodass in der Folge die Ergebnisse für Männer, Frauen und Diverse getrennt ausgewiesen werden, wahlweise in getrennten Tabellen oder in einer zusammenfassenden Tabelle.
- *Fälle auswählen* (①): Oftmals interessieren nicht alle Fälle, sondern nur solche mit bestimmten Merkmalsausprägungen, z. B. nur Frauen. Mittels dieses Icons kann in einer Dialogbox eine entsprechende Auswahl bzw. Einschränkung vorgenommen werden (vgl. Abschn. 2.5.1).
- *Wertbeschriftungen* (②): Dieses Icon ist sehr hilfreich, wenn man die Codierung innerhalb einer Variablen nicht mehr weiß, also ob z. B. Männer oder aber Frauen die „0" zugewiesen bekommen haben. Mittels dieses Icons kann in der Datenansicht zwischen der Codierung („0") und der Wertbeschriftung („weiblich") hin- und hergewechselt werden. Zu beachten ist, dass natürlich nur solche Zahlen ersetzt werden, die auch eine Beschriftung bekommen haben. Wurden bei Verwendung einer Sechserskala z. B. nur die 1 und die 6 mit „sehr gut" bzw. „sehr schlecht" beschriftet, werden auch nur diese Wertbeschriftungen angezeigt. Die Ziffern 2, 3, 4 und 5 bleiben unverändert stehen.

- *Variablensets verwenden* (③): Diese Option findet sich auch im Untermenü „Extras -> Variablensets verwenden ..." und macht erst Sinn, wenn zuvor unter „Extras ->Variablensets definieren ..." ein Variablenset definiert wurde. Hier können z. B. alle Unterfragen zu einer bestimmten Thematik in einem Fragebogen (z. B. Mitarbeiterbeurteilung) als Set zusammengefasst werden. Wenn man sich lediglich für diese Unterfragen interessiert, wählt man das zuvor definierte Set aus. Öffnet man nun beispielsweise ein Dialogfeld zur deskriptiven Statistik, so stehen ausschließlich die im Set enthaltenen Variablen zur Auswahl.
- *Symbolleisten anpassen* (④): Diese Option dient der Anpassung der voreingestellten Symbolleiste. Dies ist im Folgenden nicht nötig.
- *Anwendung durchsuchen ...* (⑤): Über die Eingabe von Stichwörtern können hier zugehörige Themen, Dialogfelder und Fallbeispiele gefunden werden.

2.4 Daten einlesen und speichern

Grundsätzlich müssen die im Rahmen einer empirischen Erhebung neu erhobenen Daten entweder manuell eingegeben oder aber aus bereits vorliegenden Datendateien eingelesen werden.

Hat man beispielsweise eine schriftliche Befragung auf postalischem Weg durchgeführt, ist eine *manuelle Eingabe* erforderlich. Die in den einzelnen Fragebögen enthaltenen Daten müssen in den Dateneditor von SPSS überführt werden (vgl. Abschn. 2.2 sowie das Beispiel in Kap. 3). Nach der Eingabe werden die Daten abgespeichert und bekommen standardmäßig den Suffix „.sav".

Liegen die Daten hingegen bereits in einem anderen Datenformat vor, können diese in SPSS eingelesen werden. Dies kann der Fall sein, wenn die Daten zunächst in Excel eingegeben wurden und anschließend die Analyse mittels SPSS erfolgen soll. In diesem Fall gibt es zwei Möglichkeiten:

- Einlesen einer Datei über die Klickreihenfolge **Datei -> Öffnen -> Daten ...** (bzw. direkt über das Symbol „Datendokument öffnen")
  Es öffnet sich eine Dialogbox (vgl. Abb. 2.11), in der man zunächst über das Pull-Down-Menü bei „Dateien vom Typ:" (❶) das vorliegende Dateiformat auswählt. Zur Verfügung stehen neben Excel z. B. auch Stata und SAS. Häufige Verwendung findet auch das CSV-Format. Hierbei handelt es sich um Textdateien, die ein Komma oder ein Semikolon als Begrenzer verwenden (CSV = Comma Seperated Values). Danach wählt man die betreffende Datei aus.
  Nun öffnet sich ein weiteres Fenster, in dem weitere Optionen aufgelistet sind (vgl. Abb. 2.12). Hier hat SPSS z. B. erkannt, dass in der ersten Zeile der Excel-Tabelle die Variablennamen stehen und es wird automatisch ein Haken gesetzt (❶). Daher übernimmt SPSS diese Variablennamen (im Beispiel „Note") und liest die Daten erst ab der Zeile 2 der Excel-Tabelle ein. Sollten dort einzelne Spalten oder Zeile ausgeblendet

2.4 Daten einlesen und speichern

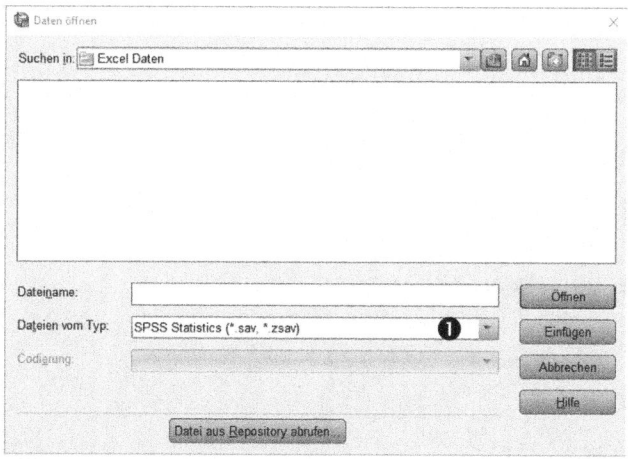

Abb. 2.11 Dialogbox „Daten öffnen"

worden sein, werden diese standardmäßig auch nicht übernommen. Möchte man sie trotzdem einlesen, muss der entsprechende Haken entfernt werden (❷). Im unteren Teil des Fensters findet sich eine Vorschau auf den importierten Datensatz im SPSS-Format (❸).

- Importieren über *Datei ->Daten importieren*

  Auch über diesen Weg gelangt man zur selben Dialogbox, die bereits in Abb. 2.12 dargestellt wurde. Der wesentliche Unterschied liegt lediglich darin, dass man nach Klicks auf *Datei -> Daten importieren* in einem weiteren Untermenü z. B. Excel anwählt und so direkt zur Dialogbox gelangt, wohingegen man zuvor in der in Abb. 2.11 dargestellten Dialogbox den Typ „Excel" auswählen musste. Auch wird über die Importieren-Variante logischerweise das SPSS-Format nicht angeboten. Dafür besteht hier die Möglichkeit, Daten aus Datenbankprogrammen einzulesen sowie Daten aus „Cognos TM1-Datenbank" und „Cognos-Dateien" zu importieren (vgl. hierzu im Detail Janssen und Laatz 2017, S. 154 ff.).

Hat man die Daten eingegeben bzw. aus einem anderen Format eingelesen, muss die zugehörige Datei nun noch *gespeichert* werden. Dies erfolgt über die typische Befehlsfolge

Datei -> Speichern bzw. *Datei -> Speichern unter ...*

(oder direkt über das Icon „Dieses Dokument speichern"). Beim erstmaligen Speichern wird zudem immer die Dialogbox „Daten speichern als" geöffnet. Dies erfolgt analog zu den üblichen Windows-basierten Programmen, wie z. B. MS-Word oder -Excel.

Standardmäßig wird als Dateityp natürlich SPSS Statistics mit dem Suffix „.sav" angeboten. Analog zum Einlesen von Dateien kann aber auch ein anderer Datentyp gewählt werden. Hat man z. B. zuhause keinen Zugriff auf SPSS, kann der Datensatz ebenso als Excel-File abgespeichert werden.

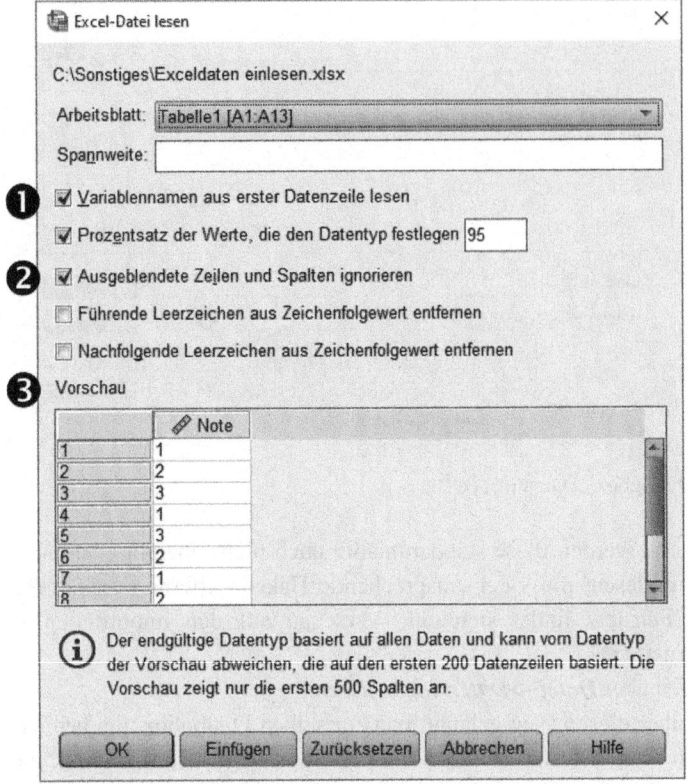

Abb. 2.12 Dialogbox „Einlesen Excel-File"

2.5 Ausgewählte Funktionen

2.5.1 Fälle auswählen

Häufig wird man bei Auswertungen auf das Problem stoßen, dass man nicht alle Fälle eines Datensatzes heranziehen möchte, sondern nur eine Auswahl. So könnte man sich nur für das Durchschnittsalter der Kundinnen interessieren, nicht aber für männliche oder diverse Personen. Daher muss dem Programm mitgeteilt werden, mit welchen Fällen es die Berechnungen durchführen soll. Wir verwenden in der Folge den Datensatz *Fragebogen Mensa.sav*.

Der relevante Menüpunkt kann direkt über das Icon „Fälle auswählen" (vgl. Abb. 2.10 ①) oder die Klickreihenfolge

2.5 Ausgewählte Funktionen

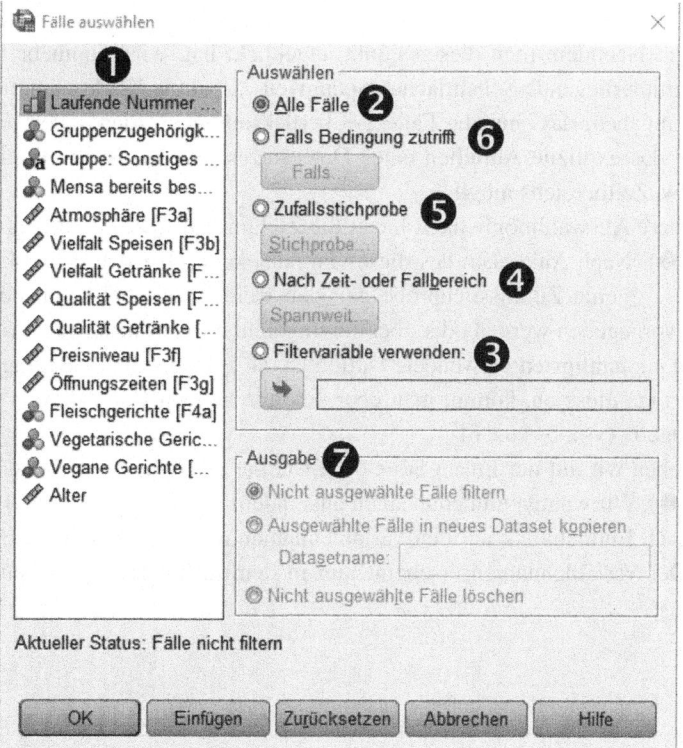

Abb. 2.13 Dialogbox „Fälle auswählen"

Daten -> Fälle auswählen …

angesteuert werden. Es öffnet sich die in Abb. 2.13 dargestellte Dialogbox.

Auf der linken Seite sind sämtliche im Datensatz vorhandenen Variablen aufgelistet (❶). Auf der rechten Seite finden sich diverse Auswahlmöglichkeiten. Standardmäßig ist „Alle Fälle" (❷) aktiviert, das Programm würde also alle im Datensatz vorhandenen Fälle berücksichtigen. Hat man bereits eine der nachstehenden Filtermöglichkeiten genutzt, kann diese hier wieder aufgehoben werden, und das Programm benutzt fortan wieder alle Fälle des Datensatzes.

An dieser Stelle könnte man mit der Option „Filtervariable verwenden:" (❸) eine Variable festlegen. Dadurch werden alle Fälle ausgeschlossen, bei der der Wert dieser Variablen entweder 0 ist oder fehlt. Dies bietet sich v. a. bei dichotomen Merkmalen an wie beispielsweise der Variablen F4b. Hier wurde gefragt, ob für einen Probanden vegetarisches Essen grundsätzlich in Frage kommt (1) oder nicht (0). Durch das Verschieben der Variablen mittels der Schaltfläche mit dem Pfeil in das Feld bei ❸ werden in den nachfolgenden Analysen nur noch Personen berücksichtigt, die explizit angaben, dass vegane Gerichte für sie interessant sind.

Die Option „Nach Zeit- oder Fallbereich" (❹) dient dazu, eine Spannweite an Fällen einzugrenzen. Nachdem man diesen Punkt angeklickt hat, wird nunmehr auch die unmittelbar darunterliegende Schaltfläche „Spannweit ..." aktiv. Klickt man diese an, kann man z. B. eingeben, dass nur die Fälle 1-3 berücksichtigt werden sollen. Dadurch vermeidet man das explizite Aufteilen eines Datensatzes. Ebenso ist die Festlegung eines Datums- bzw. Zeitbereichs möglich.

Eine weitere Auswahlmöglichkeit bietet die Ziehung einer Zufallsstichprobe aus dem Datensatz (❺). Nach Anklicken des dieses Punktes kann über den dann aktiven Button „Stichprobe ..." eine Zufallsstichprobe gezogen werden. Hierbei kann die genaue absolute Zahl vorgegeben werden oder aber ein ungefährer Prozentsatz aller Fälle.

Die wohl am häufigsten verwendete Option ist die zweite – „Falls Bedingung zutrifft" (❻). Klickt man diese an, kommt man über den nun aktiven Button „Falls ..." zu einer neuen Dialogbox (vgl. Abb. 2.14).

Erneut sehen wir auf der linken Seite die Liste der verfügbaren Variablen in unserem Datensatz (❶). Wir wählen nun eine davon aus, indem wir auf den Namen doppelklicken oder aber nach Einfachklick auf den Variablennamen den danebenstehenden Pfeilbutton benutzen. Der Variablennamen erscheint nun in dem bisher leeren weißen Feld rechts davon (❷).

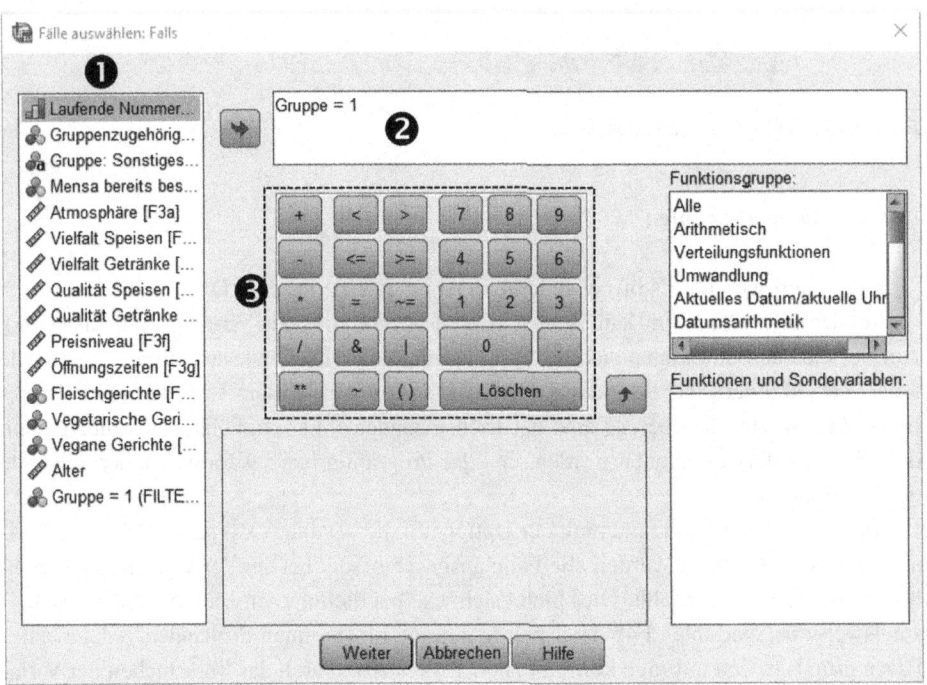

Abb. 2.14 Dialogbox „Fälle auswählen: Falls"

2.5 Ausgewählte Funktionen

(Screenshot einer SPSS-Datenansicht mit Spalten: lfd, Gruppe, Gruppe_S, Besuch, F3a, F3b, F3c, F3d, F3e, F3f, F3g, F4a, F4b, F4c, Alter, filter_$, Var)

Abb. 2.15 Datenansicht mit gefilterten Fällen

Nun können wir eine Bedingung festlegen, z. B. dass wir nur die Studierenden betrachten wollen. Diese wurden mit „1" codiert. Wir ergänzen also „= 1", entweder per Tastatur oder unter Verwendung der Schaltflächen (❸). Der Eintrag „Gruppe = 1" bedeutet, dass SPSS in der Folge nur noch Personen in die Auswertungen miteinbezieht, die den Status „Student/Studentin" haben.

Klicken wir auf „Weiter" und im nächsten Fenster auf „OK", so wird die Filterung aktiv. Dies können wir an zwei Stellen erkennen (vgl. Abb. 2.15): Zum einen wurde unsere Variablenliste um eine weitere Spalte „filter_$" ergänzt (❶). Die Fälle, die durch die Filterung unberücksichtigt bleiben, bekommen hier den Wert „0", diejenigen, die für die Auswertungen in der Folge eine Rolle spielen sollen, den Wert „1". Zum anderen kann man vor der ersten Spalte erkennen, dass einige der Zeilennummern diagonal durchgestrichen wurden (❷). Dies hat den gleichen Informationsgehalt. Durchgestrichene Fälle werden in weiteren Analysen nicht berücksichtigt (im Beispiel die Fälle 2, 3 und 4).

Die Filterung kann sich auch auf mehr als eine Bedingung beziehen. Über den Eintrag „Gruppe = 1 & Alter > 20 & F4a = 1" würde man beispielsweise nur Studierende berücksichtigen, die älter als 20 Jahre sind und die Frage nach der Präferenz von Fleischgerichten mit „ja" (= 1) beantwortet haben. Im Beispiel von Abb. 2.15 würde somit gar niemand mehr für die Auswertung zur Verfügung stehen, da zusätzlich zu den bereits eliminierten Fällen nun aufgrund der Altersbedingung der Fall 1 und durch die Vorgabe der Fleischgerichtspräferenz auch noch der Fall 5 gestrichen wurden. Die Spalte „filter_$" (❶) in Abb. 2.15 würde dann durchgehend die „0" beinhalten.

Der Vollständigkeit halber sei noch auf die Optionen zur „Ausgabe" in Abb. 2.13 hingewiesen (❼). Standardmäßig werden die nicht ausgewählten Fälle herausgefiltert. Sie spielen also so lange keine Rolle, bis man die Auswahl zurücksetzt oder die Datei ohne zu speichern schließt. Alternativ kann man die ausgewählten Fälle in ein neues Dataset kopieren. Dies macht v. a. dann Sinn, wenn immer wieder Auswertungen durchgeführt werden sollen, die sich nur auf eine Gruppe, z. B. die der Studenten/Studentinnen, beziehen. Die ursprüngliche Datei bleibt dabei erhalten. Schließlich können mit der letzten Option die nicht ausgewählten Fälle auch gelöscht werden (z. B. weil man in einem Datenbereinigungsprozess bestimmte Fälle ohne Angaben zu einer bestimmten Variablen grundsätzlich eliminieren möchte). Sobald die Datei gespeichert wird, sind diese Fälle verloren und können nicht wiederhergestellt werden. Daher sollte hier mit großer Sorgfalt vorgegangen werden (an dieser Stelle wird zudem einmal mehr an den häufig ignorierten Rat,

Sicherheitskopien anzufertigen, erinnert). Wurden die Fälle versehentlich durch die Filterung gelöscht, kann durch Schließen (ohne vorheriges Speichern!) und anschließendes erneutes Laden der Datei die Löschung rückgängig gemacht werden.

2.5.2 Dateien zusammenfügen

Zumeist wird man z. B. im Rahmen einer Bachelorarbeit nur mit einer einzigen Datendatei arbeiten, die beispielsweise die Ergebnisse einer selbst durchgeführten Befragung enthält. So werden typischerweise alle 108 Rückläufer in eine Datei mit dann 108 Fällen eingetragen.

Anders liegt der Fall, wenn eine Befragung von mehreren Personen durchgeführt wurde und jede von ihnen die Daten in einen individuellen Datensatz eingetragen hat. So könnten z. B. mehrere Freundinnen eine Bachelorarbeitskandidatin bei ihrer Befragung unterstützen, um sie zeitlich zu entlasten. Da nun mehrere Dateien vorliegen, müssen diese anschließend zu einer einzigen Datei zusammengeführt werden.

Hierzu klickt man auf

Daten -> Dateien zusammenfügen

und anschließend entweder auf „Fälle hinzufügen …" oder „Variablen hinzufügen …". Wir greifen das Beispiel von eben auf und unterstellen, dass unsere Bachelorarbeitskandidatin sowie ihre Freundinnen die erhobenen Daten jeweils in identische Datenblätter eingegeben haben, in denen die Variablen somit einheitlich definiert sind. In diesem Fall kommt die Option „Fälle hinzufügen …" in Betracht. Auf diese Weise fügt die Studentin Schritt für Schritt die *Fälle* ihrer Unterstützerinnen zu ihrem eigenen Datenblatt hinzu, indem sie in der sich öffnenden Dialogbox eine Datei auswählt, die entweder bereits geöffnet ist oder aber von einem Datenträger eingelesen wird. Das Format muss bereits „.sav", also eine SPSS-Datendatei sei. Eine Excel-Datei beispielsweise müsste zuvor in SPSS geöffnet bzw. im .sav-Format abgespeichert worden sein. Am Ende des Prozesses steht ein Datensatz mit der Gesamtzahl aller befragten Personen als Fälle. Während des Zusammenführungsprozesses ist es möglich, einzelne Variablen – warum auch immer – auszuschließen. Der aggregierten Datei fehlt dann z. B. die Variable „Alter". Dies passiert auch dann, wenn in einer der verwendeten Dateien eine Variable fehlt. Diese wird im linken Fenster unter „Nicht paarige Variablen" aufgeführt um anzudeuten, dass das zugehörige Pendant in der anderen Datei fehlt.

Anders verhält es sich, wenn man einer Umfrage nachträglich noch eine oder mehrere *Variable* inklusive der individuellen Beobachtungswerte hinzufügt. Nun muss die Option „Variable hinzufügen …" gewählt werden. Hier ist besonders darauf zu achten, dass die Reihenfolge der Fälle in beiden Dateien identisch ist. Dieses Szenario ist typisch für eine Vorher-/Nachheruntersuchung, wo die Probanden ein Produkt einmal vor und einmal nach der Nutzung beurteilen sollen, um so Rückschlüsse auf das Produkterlebnis ziehen zu können.

2.5.3 Neue Variable berechnen

Manchmal kommt es vor, dass man sich für eine Variable interessiert, die zwar nicht explizit erhoben wurde, die aber aus vorhandenen Variablen berechnet werden kann. Typische Beispiele sind der Spritverbrauch pro 100 km, der Quadratmeterpreis einer Wohnung oder der Body-Mass-Index (BMI).

Im folgenden Beispiel nehmen wir an, ein Student habe im Rahmen seiner Bachelorarbeit die Preise für verschiedene Messestände sowie deren Standfläche in Quadratmetern erhoben. Er interessiert sich nun für den jeweiligen Quadratmeterpreis, der durch eine einfache Division der Variablen „Preis" und „Quadratmeterzahl" errechnet werden kann. Es entsteht eine neue Variable „Quadratmeterpreis".

Wir nutzen dazu die Datei *Messestand.sav*. In SPSS wählen wir dann die Klickreihenfolge:

Transformieren -> Variable berechnen

Es öffnet sich eine Dialogbox, in der die neue Variable berechnet werden kann (vgl. Abb. 2.16).

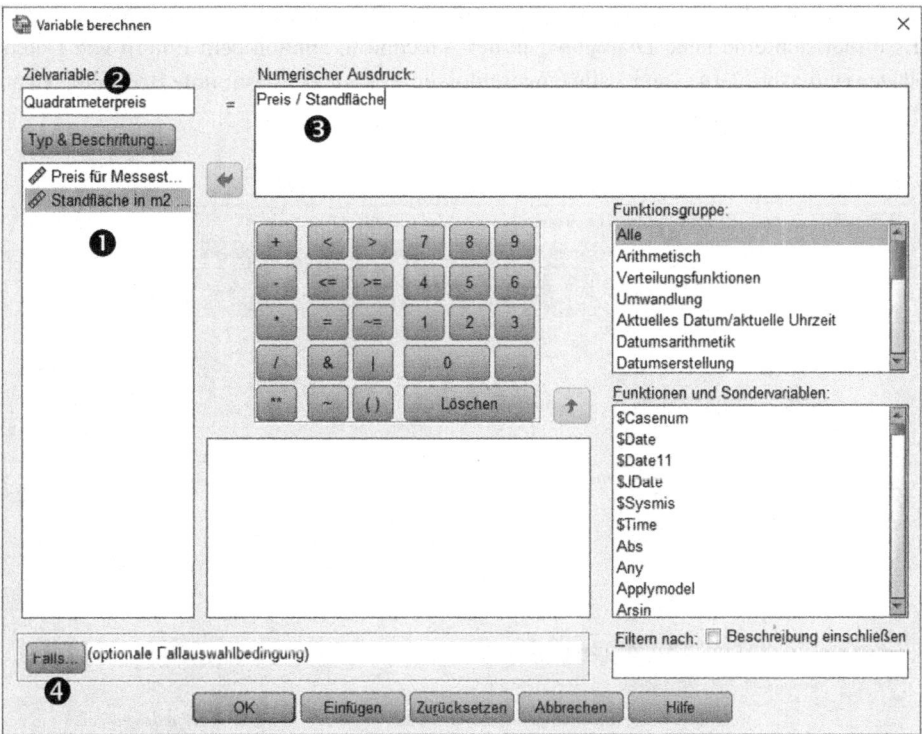

Abb. 2.16 Dialogbox „Variable berechnen"

In der linken Spalte finden wir die im Datensatz vorhandenen Variablen, in unserem Fall den Preis in Euro für den Messestand sowie dessen Standfläche in m² (❶). Nun legen wir einen Namen für die neue Variable fest (z. B. „Quadratmeterpreis") und geben ihn in das freie Feld oben links ein, das mit „Zielvariable" überschrieben ist (❷). Die Berechnung dieser neuen Variablen erfolgt in dem freien Feld rechts daneben, das mit „Numerischer Ausdruck" bezeichnet ist (❸). Der Quadratmeterpreis ergibt sich als Preis geteilt durch Standfläche. (An dieser Stelle wird im Übrigen nochmals der Unterschied zwischen „Name" und „Beschriftung" einer Variablen deutlich. Während im Feld ❶ die Variable mit ihrer ausführlichen Beschriftung angeboten wird („Preis für Messestand"), wird für die Berechnung der neuen Variable (❸) der eigentliche Variablen*name* („Preis") herangezogen).

Starten wir die Berechnung über die Schaltfläche „OK", so wird eine neue Variable „Quadratmeterpreis" hinzugefügt (vgl. Abb. 2.17), die in der Variablenansicht noch näher spezifiziert werden kann.

Es ist darüber hinaus möglich, Nebenbedingungen einzufügen, z. B., dass der Preis größer 0 sein muss. Andernfalls macht die Berechnung in diesem Fall inhaltlich keinen Sinn. Möglicherweise hat man nämlich aufgrund eines Jubiläums dieses eine Mal keine Standgebühr bezahlen müssen. Ein Quadratmeterpreis von Null würde in der Folge aber beispielsweise das arithmetische Mittel aller Quadratmeterpreise verzerren. Das Einfügen einer solchen Nebenbedingung erfolgt über die Schaltfläche „Falls …" (vgl. Abb. 2.16 ❹). Es öffnet sich eine neue Dialogbox, in der – technisch ähnlich dem Filtern von Datensätzen (vgl. Abb. 2.14) – nur Fälle eingeschlossen werden, die bestimmte Bedingungen erfüllen, also z. B. „Preis > 0".

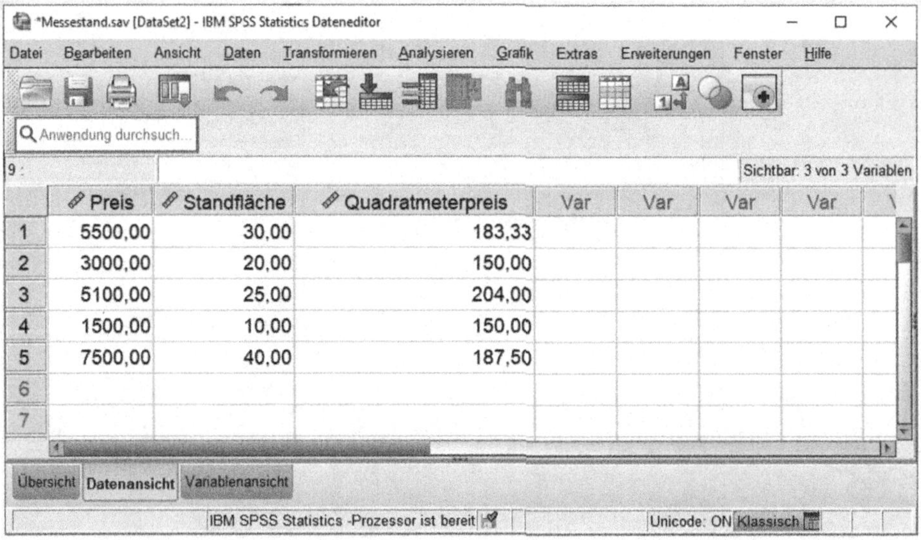

Abb. 2.17 Datensatz mit neu berechneter Variable „Quadratmeterpreis"

2.5.4 Umcodieren von Werten

Eine weitere wichtige Funktion in SPSS ist die Möglichkeit, bestehende Variablen durch Umcodieren nachträglich zu ändern. Dies kann der Fall sein, wenn man einer Merkmalsausprägung, z. B. „Divers" beim Merkmal „Geschlecht", statt einer „2" nunmehr den Code „3" zuordnen möchte.

Besonders bedeutsam ist die Funktion bei einer späteren Klassenbildung. In Abschn. 1.3.2 haben wir gesehen, dass ein höheres Skalenniveau mehr Möglichkeiten im Rahmen der späteren Datenanalyse bietet. So hat man z. B. in einem Fragebogen das Alter direkt abgefragt, also auf Verhältnisskalenniveau gemessen. Kommt man nun zum Ergebnis, dass man das Alter doch lieber in Klassen eingeteilt haben möchte und somit nur Häufigkeiten dieser Altersklassen benötigt, kann eine Umcodierung vom Alter als solchem in Altersklassen erfolgen. Hier kann man sich entscheiden, ob die Umcodierung in dieselbe oder eine neue Variable erfolgen soll. Es ist ratsam, eine neue Variable zu wählen, da sonst die bestehenden Daten überschrieben werden und damit unwiederbringlich verloren sind, sobald die Datei das nächste Mal gespeichert wird.

Wir betrachten hierzu den Datensatz *Fragebogen Mensa.sav* und klicken nacheinander auf

Transformieren -> Umcodieren in andere Variablen ….

In der sich öffnenden Dialogbox (vgl. Abb. 2.18) wählen wir in der Variablenliste links (❶) in unserem Beispiel die Variable „Alter" aus (mittels Doppelklick oder Pfeilbutton). Auf der rechten Seite der Box (überschrieben mit „Ausgabevariable") können wir nun

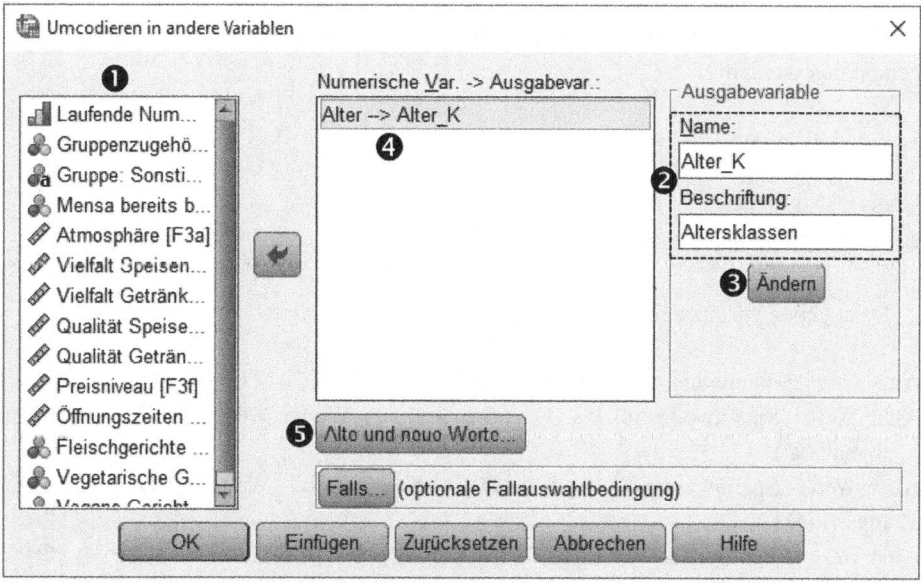

Abb. 2.18 Dialogbox „Umcodieren in andere Variablen"

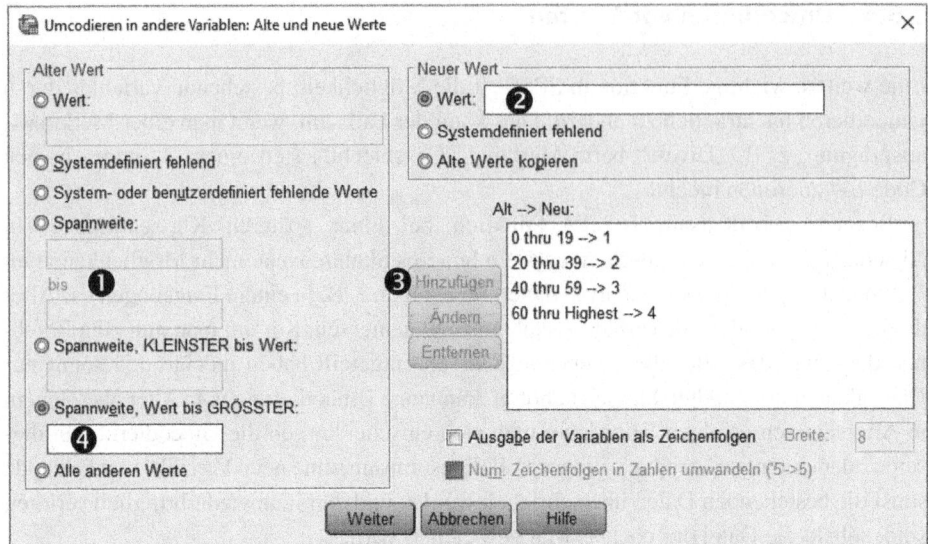

Abb. 2.19 Dialogbox „Umcodieren in andere Variablen: Alte und neue Werte"

einen Namen für die neue Variable sowie eine Variablenbeschriftung eingeben. Wir entscheiden uns für „Alter_K" und „Altersklassen" (❷) und bestätigen mit der Schaltfläche „Ändern" (❸). Links daneben sehen wir nun, dass die ursprüngliche Variable „Alter" in die neue Ausgabevariable „Alter_K" überführt wird (❹).

Nun müssen wir dem Programm abschließend mitteilen, wie wir uns die Umcodierung vorstellen. Dazu gelangen wir über die Schaltfläche „Alte und neue Werte …" (❺) zu einer neue Dialogbox (vgl. Abb. 2.19).

Hier definieren wir nun unsere Altersklassen. Folgende Umcodierung soll vorgenommen werden:

1: unter 20 Jahre
2: 20 bis 39 Jahre
3: 40 bis 59 Jahre
4: 60 Jahre und älter

Dazu geben wir nacheinander ein:

Alter Wert: „Spannweite: 0 bis 19" (❶) -> Neuer Wert: „Wert: 1" (❷) -> „Hinzufügen" (❸)
Alter Wert: „Spannweite: 20 bis 39" (❶) -> Neuer Wert: „Wert: 2" (❷) -> „Hinzufügen" (❸)
Alter Wert: „Spannweite: 40 bis 59" (❶) -> Neuer Wert: „Wert: 3" (❷) -> „Hinzufügen" (❸)
Alter Wert: „Spannweite, Wert bis GRÖSSTER: 60" (❹) -> Neuer Wert: „Wert: 4" (❷) -> „Hinzufügen" (❸)

2.5 Ausgewählte Funktionen

	lfd	Gruppe	Gruppe_S	Besuch	F3a	F3b	F3c	F3d	F3e	F3f	F3g	F4a	F4b	F4c	Alter ❶	Alter_K ❷
1	1	1		0	2	3	1	2	3	2	3	1	1	1	20	2,00
2	2	3		1	4	3	2	4	2	2	98	0	1	1	45	3,00
3	3	2		0	2	2	2	3	2	1	2	1	1	1	34	2,00
4	4	99	Lebensmittelkontrolleur	1	3	3	3	2	2	2	98	1	1	1		
5	5	1		0	1	2	3	2	2	2	2	0	0	1	22	2,00

Abb. 2.20 Datenansicht mit neuer Variablen „Alter_K"

	lfd	Gruppe	Gruppe_S	Besuch	F3a	F3b	F3c	F3d	F3e	F3f	F3g	F4a	F4b	F4c	Alter
1	1	1		0	2	3	1	2	3	2	3	1	1	1	20
2	2	3		1	4	3	2	4	2	2	98	0	1	1	45
3	3	2		0	2	2	2	3	2	1	2	1	1	1	34
4	3	2		0	2	2	2	3	2	1	2	1	1	1	34
5	4	99	Lebensmittelkontrolleur	1	3	3	3	2	2	2	98	1	1	1	
6	5	1		0	1	2	3	2	2	2	2	0	0	1	22

Abb. 2.21 Daten-Dublette

Wir bestätigen mit „Weiter" sowie in der nächsten Dialogbox mit „OK" und erhalten (vgl. Abb. 2.20) neben der bestehenden Variable „Alter" (in Jahren) (❶) eine neue Variable „Alter_K" (Altersklassen) (❷). Aus optischen Gründen wird man abschließend in der Variablenansicht noch die Dezimalstellen auf „0" setzen.

2.5.5 Dubletten ermitteln

Es kann im Einzelfall sein, dass sich Dubletten in einen Datensatz eingeschlichen haben, z. B. wenn man die Daten eines bestimmten Probanden bereits eingegeben hat und nach der Mittagspause aufgrund des mentalen Ein-Uhr-Lochs diese noch einmal in das System überträgt, inklusive der bereits zuvor schon vergebenen laufenden Fragebogennummer. Dieser Fall ist in Abb. 2.21 dargestellt.

Man erkennt hier aufgrund der Übersichtlichkeit des Datensatzes bereits mit bloßem Auge, dass die Zeilen 3 und 4 identisch sind. Der zugehörige Fragebogen wurde hier versehentlich zweimal eingegeben. Um solche Dubletten auch in umfangreichen Datensätzen aufzuspüren, kann folgende Klickreihenfolge helfen:

Daten -> Doppelte Fälle ermitteln …

Man gelangt zu einer Dialogbox (vgl. Abb. 2.22), in der man definieren kann, nach welchen Kriterien man übereinstimmende Fälle suchen möchte. So kann es sein, dass man verschiedenen Fällen versehentlich die gleiche Laufende Nummer zugewiesen hat. Möchte man diese Vermutung überprüfen, würde man z. B. nur die Variable „lfdNr" angeben. Wir

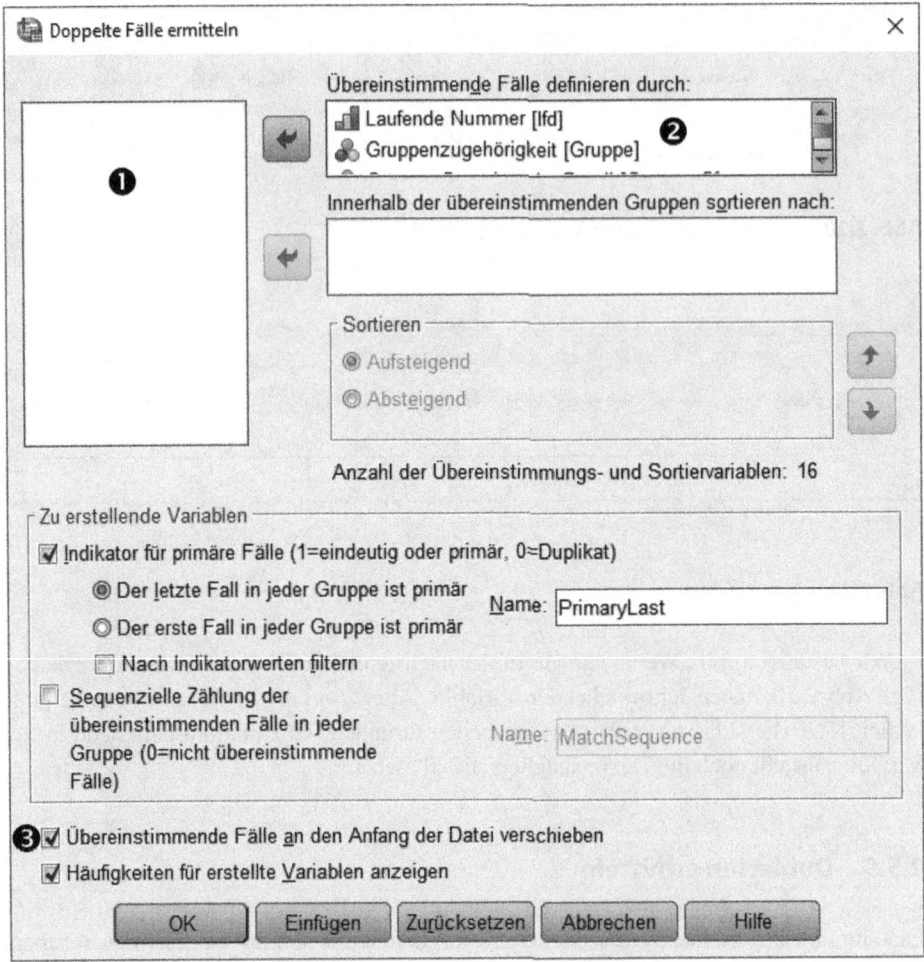

Abb. 2.22 Dialogbox „Doppelte Fälle ermitteln"

hingegen haben den Verdacht, dass wir einen (oder mehrere) Fälle doppelt eingegeben haben und wählen somit sämtliche Variablen im Feld (❶) aus und schieben sie in das Feld „Übereinstimmende Fälle definieren durch:" (❷). Die übrigen Optionen lassen wir unverändert. Standardmäßig werden die Dubletten an den Anfang des Datensatzes verschoben (❸).

Wir erhalten nun mehrere Informationen (vgl. Abb. 2.23):

1. Das Programm hat erkannt, dass der Datensatz mit der laufenden Nummer 3 zweimal identisch vorliegt und schiebt diese Dublette zum besseren Auffinden an den Anfang des Datensatzes (❶).

	lfd	Gruppe	Gruppe_S	Besuch	F3a	F3b	F3c	F3d	F3e	F3f	F3g	F4a	F4b	F4c	Alter	PrimaryLast
1	3	❶ 2		0	2	2	2	3	2	1	2	1	1	1	34	❷ 0
2	3	2		0	2	2	2	3	2	1	2	1	1	1	34	1
3	1	1		0	2	3	1	2	3	2	3	1	1	1	20	1
4	2	3		1	4	3	2	4	2	2	98	0	1	1	45	1
5	4	99	Lebensmittelkontrolleur	1	3	3	3	2	2	2	98	1	1	1	.	1
6	5	1		0	1	2	3	2	2	2	2	0	0	1	22	1

Indikator jeder letzten Fallübereinstimmung als Primär

		Häufigkeit	Prozent	Gültige Prozente	Kumulierte Prozente
Gültig	Doppelter Fall	❸ 1	16,7	16,7	16,7
	Primärer Fall	5	83,3	83,3	100,0
	Gesamt	6	100,0	100,0	

Abb. 2.23 Dublettenermittlung

2. Es wird eine Spalte „PrimaryLast" am Ende der Tabelle angefügt (❷). Der Eintrag „1" bedeutet, dass dieser Datensatz verbleiben sollte, wohingegen „0" auf eine Dublette hindeutet, die zumindest eliminations*verdächtig* ist. In unserem Fall würden wir die Dublette erkennen und die momentan erste Zeile im Datensatz streichen. Nach Abschluss dieser Bereinigung würden wir abschließend über **Daten -> Fälle sortieren** und dann „Sortieren nach: lfd" unseren Datensatz wieder nach der laufenden Nummer sortieren.
3. In einem sich öffnenden Viewerfenster gibt eine Tabelle darüber Auskunft, wie viele „Primäre Fälle" (diese sollten im Datensatz verbleiben) und wie viele „Doppelte Fälle" (eliminationsverdächtige Dubletten) das Programm identifiziert hat. In unserem Fall gibt es nur einen doppelten Fall (❸), den wir zuvor bereits über die Spalte „Primary Last" identifiziert haben.

2.6 Die Syntaxdatei

Es gibt gute Gründe, sich mit der Syntaxdatei von SPSS zu beschäftigen. Zum einen ist sie dann sehr hilfreich, wenn Auswertungen häufig in identischer oder leicht abgewandelter Form wiederholt werden. Zum anderen, weil einige Betreuer einer wissenschaftlichen Arbeit den Syntaxausdruck als Inhalt einfordern, um die einzelnen Analyseschritte leichter nachvollziehen zu können.

Auf den ersten Blick sieht die Syntaxdatei eher abschreckend aus, v. a. dann, wenn man sich noch nie mit irgendeiner Form von Programmiersprache beschäftigt hat. Bei genauerem Hinsehen sieht man aber sehr schnell, dass die Syntax im Grunde einer Dokumentation der einzelnen durchgeführten Schritte gleichkommt. Ohne dem Kap. 4 zu sehr vorzugreifen, sei dies an einigen kurzen Beispielen erläutert.

Führt man beispielsweise eine einfache Häufigkeitsanalyse der Variable „Besuch" in der Datei *Fragebogen Mensa.sav* durch, so gelangt man zum Ergebnis über die Klickreihenfolge

Analysieren -> Deskriptive Statistiken -> Häufigkeiten ...

(vgl. Abb. 2.24).
Wählt man dort z. B. als Variable „Gruppenzugehörigkeit (Gruppe)" aus (❶) und bestätigt mit „OK", erhält man eine einfache Häufigkeitstabelle (vgl. Abb. 2.25). Ihr kann man z. B. entnehmen, dass 2 der 6 betrachteten Personen aus der Gruppe der Studierenden stammen (❸).

Schaut man an den ganz oberen Rand des Ausgabefensters (❶), so erkennt man die beiden Zeilen:

FREQUENCIES VARIABLES=Gruppe
/ORDER=ANALYSIS

Dies ist nichts anderes als die durchgeführte Klickreihenfolge, übersetzt in die Syntax-Sprache. „Frequencies" ist die englische Übersetzung von „Häufigkeiten", und als „VARIABLES" hatten wir „Gruppe" ausgewählt. Die zweite Zeile besagt, dass für alle Variablen nur eine einzige, zusammenfassende Statistiktabelle angeboten wird (Standardeinstellung), die in Abb. 2.25 zu finden ist (❷).

Den gleichen Syntax erhält man, wenn man in der Dialogbox „Häufigkeiten" (vgl. Abb. 2.24) nicht auf „OK", sondern auf „Einfügen" (❷) klickt. In diesem Fall erscheint

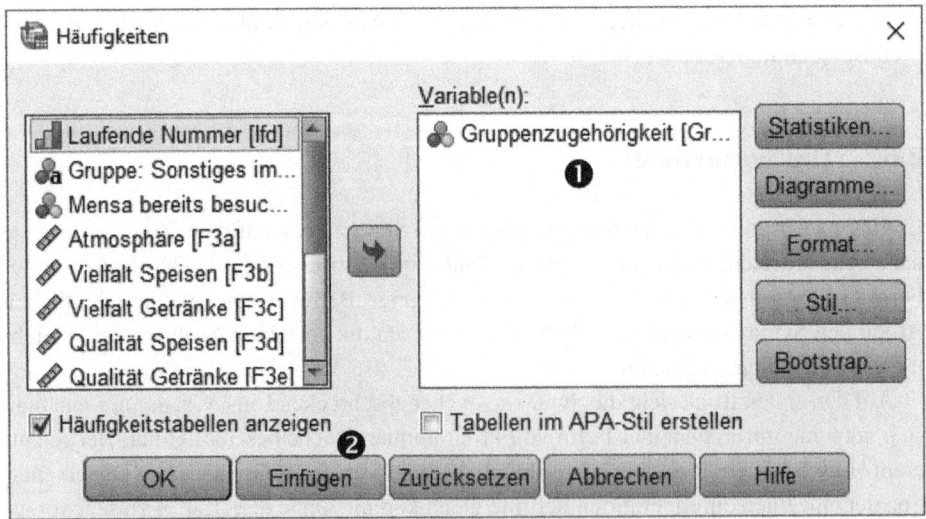

Abb. 2.24 Dialogbox „Häufigkeiten"

2.6 Die Syntaxdatei

FREQUENCIES VARIABLES=Gruppe
/ORDER=ANALYSIS.

Häufigkeiten ❷

Statistiken

Gruppenzugehörigkeit

N	Gültig	6
	Fehlend	0

Gruppenzugehörigkeit

		Häufigkeit	Prozent	Gültige Prozente	Kumulierte Prozente
Gültig	Student/Studentin	❸ 2	33,3	33,3	33,3
	Mitarbeiter/Mitarbeiterin	2	33,3	33,3	66,7
	Gast	1	16,7	16,7	83,3
	Sonstiges	1	16,7	16,7	100,0
	Gesamt	6	100,0	100,0	

Abb. 2.25 Häufigkeitstabelle der Gruppenzugehörigkeit

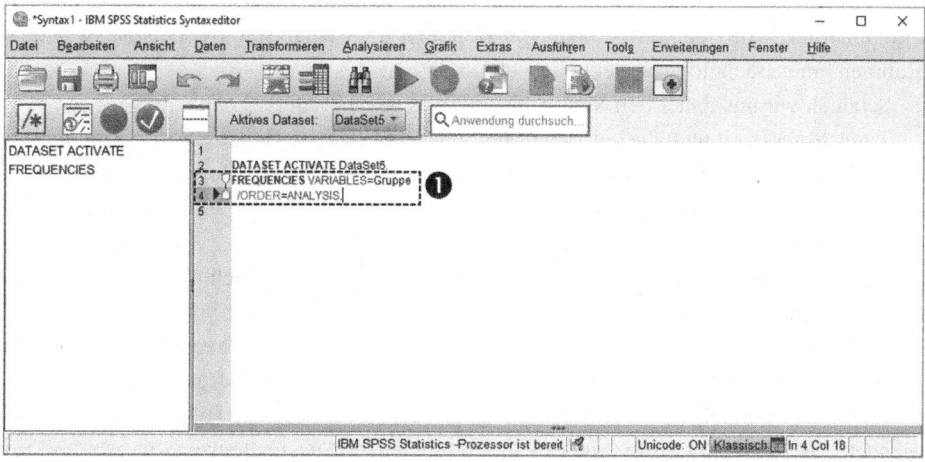

Abb. 2.26 Befehlsfolge im Syntaxeditor

ein Fenster (vgl. Abb. 2.26), das den Syntaxeditor darstellt und in den Zeilen 3 und 4 die beiden bereits bekannten Befehlszeilen (übersichtlich in Farbe) enthält (❶). Zusätzlich sehen wir in Zeile 2 noch den Hinweis, welches aktive DataSet der Auswertung zugrunde lag (hier ist dies die zuletzt geöffnete Datei „Fragebogen Mensa.sav [DataSet5]").

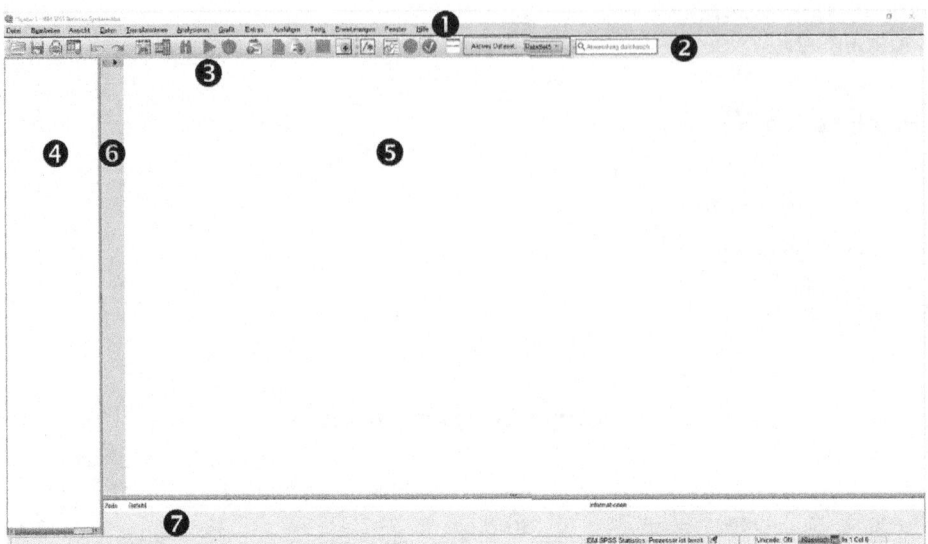

Abb. 2.27 Syntaxeditor

Wird eine Analyse häufig benötigt, kann man diese über den Syntaxeditor sehr leicht erneut durchführen lassen. Man kann den Befehl aber auch kopieren und „Gruppe" durch „Besuch" ersetzen. Dadurch können relative komplexe Befehlsabfolgen, die für eine andere Variable bereits durchgeführt wurden, sehr einfach erneut aufgegriffen werden.

Auf diese Weise entsteht, ähnlich einem Programmlisting einer Programmiersprache, ein genau nachvollziehbarer Ablauf von Befehlen bzw. Analysen, die beispielsweise im Rahmen einer Bachelorarbeit erstellt wurden.

Schauen wir uns daher den Syntaxeditor etwas genauer an (vgl. Abb. 2.27).

Zunächst erkennt man die vertraute Menüleiste (❶), die im Gegensatz zum Dateneditor aber teilweise abweichende Inhalte aufweist. So enthält das Menü „Bearbeiten" im Syntaxeditor beispielsweise Untermenüs zum Einrücken der Syntax oder zum Öffnen einer Befehlsübersicht für das Erstellen einer Syntax.

Auch die Symbole (❷) sind im Syntaxeditor etwas unterschiedlich. Natürlich sind auch wieder „Öffnen" und „Speichern" (hier beide Male allerdings mit der Suffix-Voreinstellung „*.sps") zu finden. Neu ist hingegen z. B. die Schaltfläche „Auswahl ausführen" (❸), die die Befehlsfolge ab Cursorstand bzw. innerhalb eines markierten Bereichs auslöst.

Im linken Bereich (❹) befindet sich der Navigationsbereich. Hier werden die verwendeten Befehle aufgelistet, und es kann (ähnlich dem Ausgabefenster, vgl. Abb. 2.7) zu den jeweiligen Befehlszeilen gesprungen werden.

Das große Fenster (❺) beinhaltet den Editorbereich. Hier können Sie die Befehlssyntax direkt eingeben und bearbeiten wie in einem einfachen Texteditor.

Zwischen den beiden letztgenannten Bereichen befindet sich noch in einem grauen Streifen der Infobereich (❻). Er enthält später Zeilennummern, Haltepunkte, Lesezeichen, Befehlsspannen und einen Fortschrittsbalken (vgl. Beispiel in Abb. 2.28).

2.6 Die Syntaxdatei

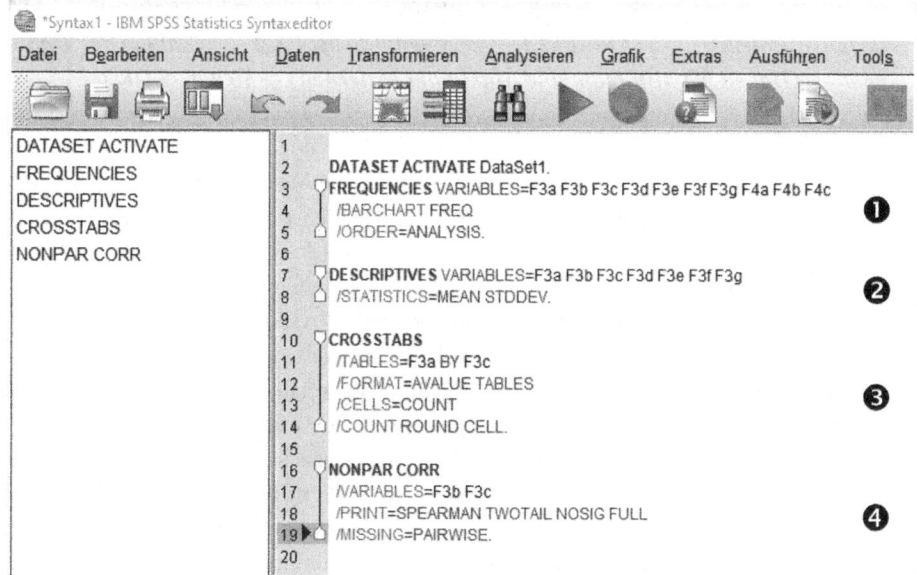

Abb. 2.28 Beispielhafter Syntax

Unterhalb des Editorbereichs befindet sich noch der Fehlerbereich (❼). Er kann im Menü „Ansicht" wahlweise ein- oder ausgeblendet werden und enthält Laufzeitfehler der vorangegangenen Befehlsausführung.

An dieser Stelle kann keine tiefer gehende Einführung in die Befehlssyntax erfolgen, hierzu sei auf die umfangreiche Online-Hilfe innerhalb von SPSS verwiesen (vgl. IBM 2024b). Diese ist allerdings nur in der regulären, nicht aber in der Studentenversion verfügbar.

Wir wollen zur Anschauung eine beispielhafte Befehlsfolge betrachten, die wir Schritt für Schritt über die Bedienung der SPSS-Menüs entwickelt haben (vgl. Abb. 2.28).

- Zeile 2: Hier steht das aktuell geöffnete DataSet
- Zeilen 3-5 (❶): Zunächst wurde eine Häufigkeitstabelle der Variablen F3a bis F4c angefordert (Zeile 3) und dazu jeweils ein Balkendiagramm, das die absoluten Häufigkeiten zeigt (Zeile 4). In Zeile 5 steht die schon bekannte Standardeinstellung, die zu einer gemeinsamen Statistiktabelle führt.
- [Zugrundeliegende Klickreihenfolge: *Analysieren -> Deskriptive Statistiken -> Häufigkeiten -> (Auswahl der Variablen F3a bis F4c) -> OK* – Anschließend *Schaltfläche „Diagramme" -> „Balkendiagramme" -> Weiter -> OK*]
- Zeilen 7-8 (❷): Die Variablen F3a bis F3g wurden ausgewählt (Zeile 7), um im Rahmen einer deskriptiven Analyse das arithmetische Mittel *(Mean)* und die Standardabweichung *(STDDEV)* zu berechnen (Zeile 8).

- [Zugrundeliegende Klickreihenfolge: *Analysieren -> Deskriptive Statistiken -> Deskriptive Statistik ... -> (Auswahl der Variablen F3a bis F3g) -> Schaltfläche „Optionen" -> (Haken bei Minimum und Maximum entfernen) -> Weiter -> OK*]
- Zeilen 10-14 (❸): In diesem Abschnitt wurde eine Kreuztabelle (vgl. Abschn. 4.2.2.2) angefordert (Zeile 10) für die Variablen F3a und F3c in den Zeilen bzw. Spalten (Zeile 11). In Zeile 12 steht die Standardeinstellung, dass die Variablenausprägungen in der Tabelle vom niedrigsten bis zum höchsten Wert angezeigt werden. Ausgegeben werden die beobachteten bivariaten (absoluten) Häufigkeiten (Zeile 13), bei Bedarf gerundet (Zeile 14). Es handelt sich durchweg um Standardeinstellungen.
- [Zugrundeliegende Klickreihenfolge: *Analysieren -> Deskriptive Statistiken -> Kreuztabellen -> (F3a in Zeilen und F3c in Spalten festlegen) -> OK*]
- Zeilen 16-19 (❹): Schließlich wurde eine bivariate Korrelation (Zeile 16) zwischen den Variablen F3b und F3c (Zeile 17) durchgeführt. Zeile 18 gibt an, dass der Rangkorrelationskoeffizient nach Spearman inklusive eines zweiseitigen Tests auf Signifikanz durchgeführt wird, wobei nichtsignifikante Werte explizit markiert werden. Insgesamt wird die Tabelle vollständig (*Full*) dargestellt (dadurch tauchen Koeffizienten doppelt auf, da einmal F3b mit F3c und dann auch noch spiegelbildlich F3c mit F3b verglichen wird). Abgesehen von der Auswahl „Spearman" für den Rangkorrelationskoeffizienten (vgl. Abschn. 4.4.1.3) handelt es sich durchweg um Standardeinstellungen.
- [Zugrundeliegende Klickreihenfolge: *Analysieren -> Korrelation -> Bivariat -> (F3b und F3c als Variable auswählen) -> „Spearman" (zudem Haken bei „Pearson" entfernen)* → *OK*]

Dieser kleine Exkurs sollte genügen, um zu zeigen, dass man sich mit etwas Eingewöhnungszeit sicherlich auch mit der Syntaxvariante von SPSS anfreunden kann. Unabhängig davon ist das Erstellen der Syntax zu Dokumentationszwecken sehr einfach über den Button „Einfügen" statt „OK" zur Ausgabe im Viewerfenster in der Menüvariante zu erreichen.

2.7 Das Hilfesystem von SPSS

Neben der vorhandenen Spezialliteratur zur Datenanalyse mit SPSS (z. B. Janssen und Laatz 2017; Eckstein 2016; Braunecker 2023; Bühl 2019) findet sich auch in SPSS selbst eine umfangreiche Online-Hilfe. Diese kann auf verschiedene Arten angefordert werden:

- *Menüpunkt „Hilfe":* Über diesen Punkt kann der Button „Anwendung durchsuchen" aufgerufen werden, der aber auch in der Symbolleiste enthalten ist. Man gelangt zu einer umfangreichen Tabelle, die Verweise zu Menüdialogfeldern, Hilfe im Sinne von Klickreihenfolgen bei Durchführung von Analysen, Fallstudien, Referenzen (Syntaxbefehle), SPSS Community und SPSS YouTube-Erklärvideos enthält. Weiterhin kann man das Untermenü „Themen" wählen und kommt ebenfalls zu einer Übersicht über diverse Hilfebereiche. Besonders interessant ist zudem der direkte Aufruf der „Befehlssyntaxreferenz (Command Syntax Reference") in Form einer PDF-Datei, wenn man mit der Syntaxdatei arbeitet.

2.7 Das Hilfesystem von SPSS

- *Hilfebutton in den Menüs:* Ruft man eine beliebige Anwendung auf, findet sich neben Schaltflächen wie „OK" oder „Weiter" stets auch ein Button „Hilfe" (vgl. Abb. 2.29). Klickt man darauf, kommt man direkt zur kontextbezogenen Hilfe, im Beispiel zur Erstellung von Häufigkeitsanalysen.

Mit diesem umfangreichen Onlinehilfe-Angebot sollten die typischen Anwendungsprobleme gelöst werden können.

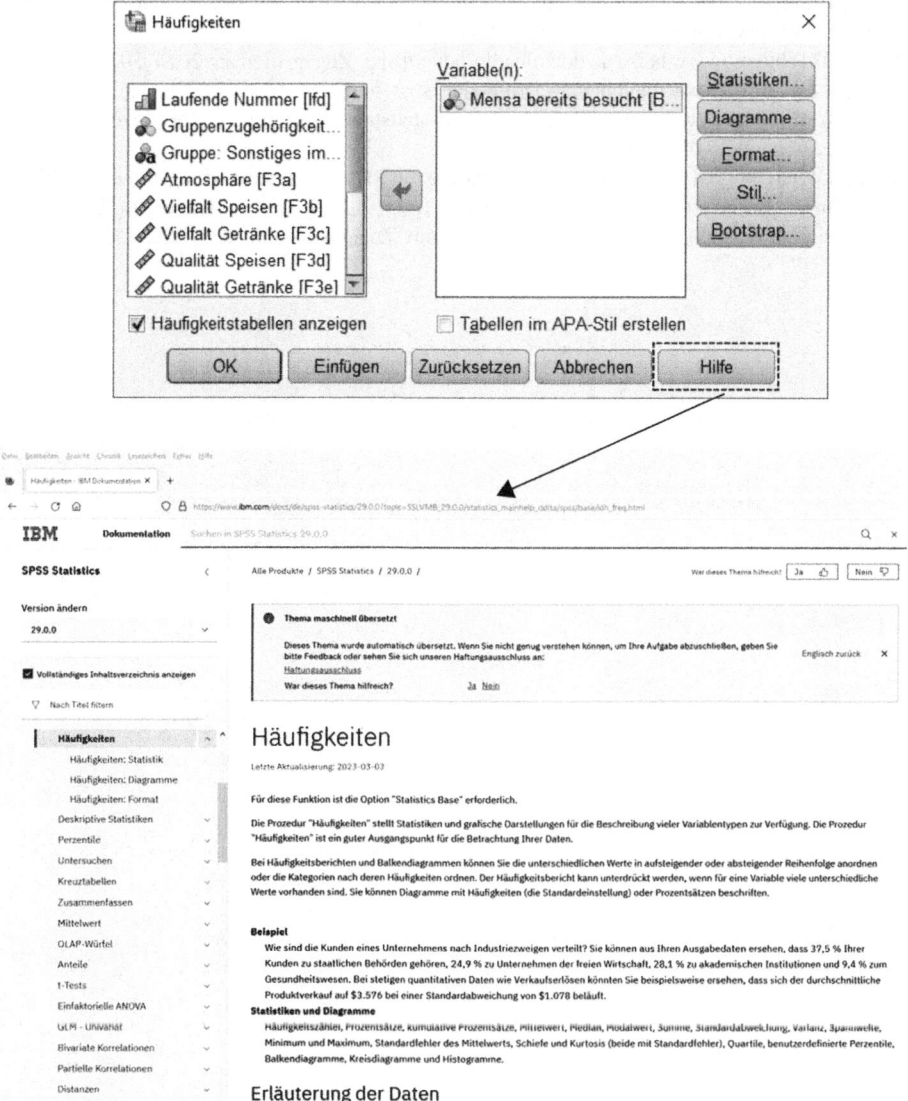

Abb. 2.29 Kontextbezogene Hilfe „Häufigkeiten"

Literatur

Braunecker C (2023) How to do Statistik und SPSS. Eine Gebrauchsanleitung, 2. Aufl. Facultas, Wien

Bühl A (2019) SPSS: Einführung in die moderne Datenanalyse ab SPSS 25, 16. Aufl. Pearson, Halbergmoos

Eckstein PP (2016) Angewandte Statistik mit SPSS. Praktische Einführung für Wirtschaftswissenschaftler, 8. Aufl. Springer Gabler, Wiesbaden

Faes G (2024) R-Startseite. https://www.r-statistik.de/index.html. Zugegriffen am 26.08.2024

FundingUniverse (2024) SPSS Inc. History. http://www.fundinguniverse.com/company-histories/spss-inc-history. Zugegriffen am 26.08.2024

Heise (2024) https://www.heise.de/download/product/pspp. Zugegriffen am 26.08.2024

IBM (2024a) https://www.ibm.com/de-de/products/spss-statistics. Zugegriffen am 26.08.2024

IBM (2024b) https://www.ibm.com/docs/de/spss-statistics/29.0.0?topic=tutorial-working-syntax. Zugegriffen am 26.08.2024

Janssen J, Laatz W (2017) Statistische Datenanalyse mit SPSS. Eine anwendungsorientierte Einführung in das Basissystem und das Modul Exakte Tests, 9. Aufl. Springer Gabler, Berlin

StudentDiscounts (2024) https://studentdiscounts.com. Zugegriffen am 26.08.2024

Datenerfassung mit SPSS am Beispiel einer schriftlichen Befragung 3

3.1 Codierung

Bevor mit der Datenanalyse begonnen werden kann, müssen die erhobenen Daten zunächst in SPSS eingegeben bzw. eingelesen werden. Die grundsätzlichen Schritte wurden bereits in Abschn. 2.4 vorgestellt. Im nachfolgenden Beispiel gehen wir davon aus, dass eine Gruppe Studierender im Rahmen eines Unterrichtsprojekts eine Befragung zur Mensa ihrer Hochschule durchgeführt hat. Grundlage der Befragung bildete ein kurzer Fragebogen (vgl. Abb. 3.1), der in der Mensa ausgelegt und über eine Box am Ausgang wieder eingesammelt wurde.

Um die Daten der einzelnen Probanden nun in SPSS zu überführen, muss zunächst eine Codierung vorgenommen werden. Hierzu öffnen wir eine neue, leere Datei über

Datei -> Neu -> Daten

und wählen über den Reiter ganz unten links (hier ist zunächst „Datenansicht" eingestellt), die *Variablenansicht* (vgl. Abb. 3.2).

Als Erstes müssen wir sicherstellen, dass jederzeit eine Verknüpfung zwischen dem Datensatz und den zugrunde liegenden, händisch ausgefüllten Fragebögen möglich ist, selbst wenn deren Reihenfolge einmal durcheinandergekommen ist. Dies passiert beispielsweise, wenn ein unvorsichtiger Kollege an einem heißen Tag einen Durchzug durch Öffnen sämtlicher Fenster und Türen verursacht hat und wir die Fragebögen mühsam wieder zusammensuchen müssen, wodurch die ursprüngliche Reihenfolge verloren geht. Wenn wir später bei einer Auswertung auf eine Eingabe stoßen, die im Codeplan nicht vorgesehen ist, wir also einen offensichtlichen Eingabefehler gemacht haben, können wir trotzdem jederzeit auf den zugehörigen Fragebogen zugreifen, um den Fehler zu korrigieren. Dies erreichen wir, indem wir in der Spalte „Name" z. B. eine Variable „lfd"

Fragebogen Mensa „Gourmet-Tempel"

1. Welcher Gruppe gehören Sie an?

- ☐ Student/Studentin
- ☐ Mitarbeiter/Mitarbeiterin
- ☐ Gast
- ☐ Sonstige: ....

2. Haben Sie die Mensa zuvor schon einmal besucht?

- ☐ ja
- ☐ nein, bin zum ersten Mal hier

3. Wie beurteilen Sie die Mensa hinsichtlich folgender Kriterien?
(1 = sehr gut, 6 = sehr schlecht)

	1	2	3	4	5	6	weiß nicht
Atmosphäre	☐	☐	☐	☐	☐	☐	☐
Vielfalt Speisen	☐	☐	☐	☐	☐	☐	☐
Vielfalt Getränke	☐	☐	☐	☐	☐	☐	☐
Qualität Speisen	☐	☐	☐	☐	☐	☐	☐
Qualität Getränke	☐	☐	☐	☐	☐	☐	☐
Preisniveau	☐	☐	☐	☐	☐	☐	☐
Öffnungszeiten	☐	☐	☐	☐	☐	☐	☐

4. Welche der folgenden Speisearten kommen für Sie grundsätzlich in Frage?
(Mehrfachnennungen möglich)

- ☐ Fleischgerichte
- ☐ Vegetarische Gerichte
- ☐ Vegane Gerichte

5. Bitte nennen Sie uns zu statistischen Zwecken noch Ihr Alter:

☐ Jahre

Herzlichen Dank und guten Appetit!

Abb. 3.1 Fragebogen Mensa

(Laufende Nummer) definieren und mit „ENTER" bestätigen. Geben wir später unsere Daten ein, bekommt jeder ausgefüllte Fragebogen auf der ersten Seite (z. B. oben rechts) eine fortlaufende Nummer, die wir anschließend auch in den Datensatz von SPSS übertragen. Abschließend präzisieren wir den Dateinamen in der Spalte „Beschriftung"

3.1 Codierung

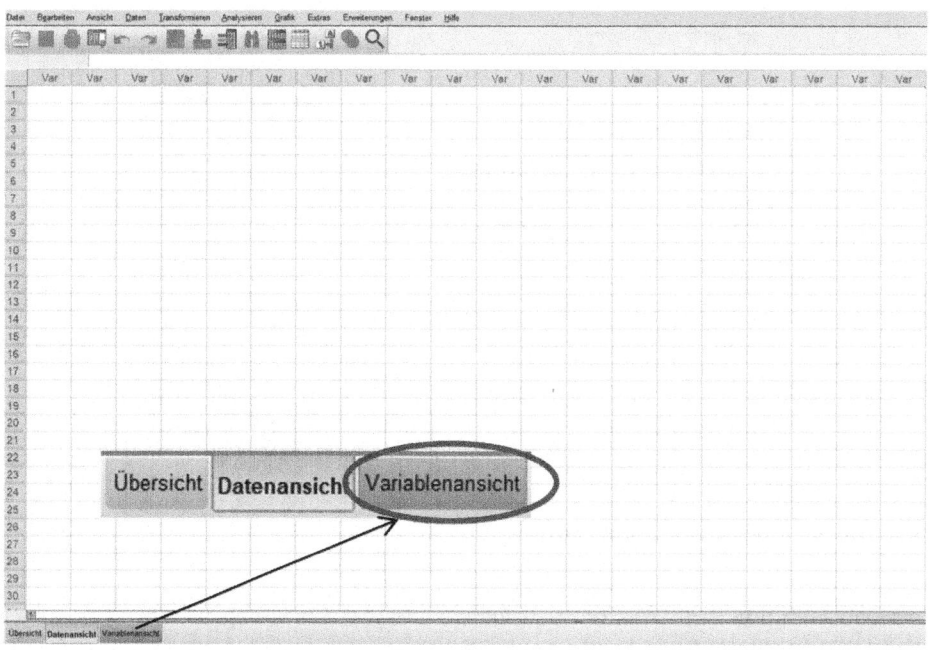

Abb. 3.2 Startbildschirm von SPSS (Editor)

Abb. 3.3 SPSS Dateneditor (Variablenansicht)

mit „Laufende Nummer". Die relevanten Einträge stehen nun in der ersten Zeile der Variablenansicht (vgl. Abb. 3.3 ❶).

Nun übertragen wir Schritt für Schritt die Fragen und Antwortmöglichkeiten unseres Fragebogens. Bei den fünf Fragen handelt es sich jeweils um unterschiedliche Typen, deren besondere Charakteristika im Folgenden genauer betrachtet werden sollen. Die Einträge in der Variablenansicht sollen dabei nur als Vorschläge aufgefasst werden. Insbesondere bei der Vergabe von Variablennamen, aber auch bei der Codierung ist der

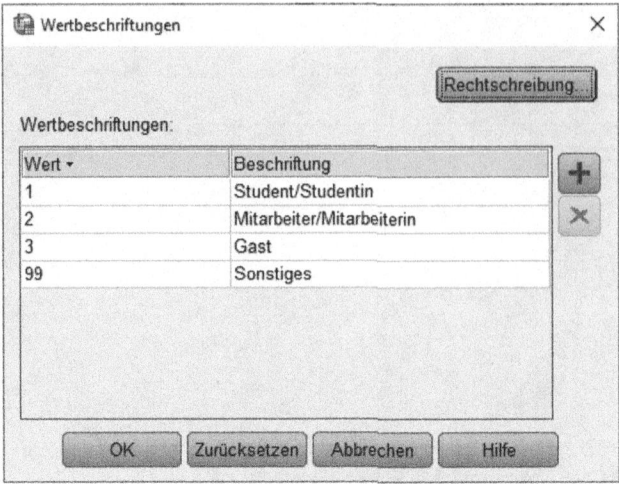

Abb. 3.4 Wertebeschriftungen zu Frage 1

persönliche Stil gefragt. Wichtig ist lediglich, dass die Zuweisungen eindeutig erfolgen und ggf. auch von Außenstehenden nachvollziehbar sind.

Frage 1 ist eine Mehrfachauswahlfrage, die aber nur eine Antwort erlaubt. Dadurch ergibt sich der Eintrag in Zeile 2 der Variablenansicht (vgl. Abb. 3.3 ❷). Besonderes Augenmerk soll auf die Spalten „Werte" und „Messniveau" gelegt werden. Da es sich bei der Gruppenzugehörigkeit um ein nominal skaliertes Merkmal handelt, wählen wir bei „Messniveau" die Ausprägung „Nominal". In der Spalte „Werte" klicken wir in das betreffende Feld, das bisher noch mit „Ohne" beschriftet ist, und anschließend auf das Icon mit den drei Punkten, welches uns zum Eingabefenster für die Wertebeschriftungen führt. Nun ordnen wir über das Plus-Symbol sukzessive den einzelnen Gruppen eine Zahl (Code) zu (vgl. Abb. 3.4).

Da es sich um eine Liste mit mehreren Antwortoptionen handelt, bietet es sich an, dem ersten Eintrag (Student/Studentin) eine 1, dem zweiten Eintrag (Mitarbeiter/Mitarbeiterin) eine 2 usw. zuzuordnen. Dies führt am Ende theoretisch zur Codierung der Option „Sonstiges" mit der Ziffer 4. Dies ist zwar prinzipiell möglich, hat aber einen praktischen Nachteil. Wird die Option „Sonstiges" im Laufe des Fragebogens mehrfach verwendet, bekommt sie immer diejenige Rangziffer, die gerade dran ist. In unserem Fall die 4, bei noch mehr Antwortmöglichkeiten aber auch mal die 7, 8 oder 10. Vergibt man hingegen stets die gleiche Zahl für die Option „Sonstiges", kann man dies in der Datenansicht später auf einen Blick erkennen. So ist es durchaus üblich, für „Sonstiges" stets eine hohe, zweistellige Nummer zu vergeben, z. B. hier die „99". Durch diese hohe Zahl ist es praktisch ausgeschlossen, dass sie mit einer der vorgegebenen Optionen kollidiert, weil eine Liste mit fast 100 Antwortmöglichkeiten höchst selten vorkommen dürfte. Analog kann man mit Optionen wie „keine Angabe" oder „weiß nicht" verfahren, denen man dann z. B. die „97" und „98" zuordnen könnte.

3.1 Codierung

Ein letztes Problem entsteht durch die Möglichkeit, in der Zeile „Sonstige" noch eine spezifizierte Angabe zu machen (wie z. B. „Lebensmittelkontrolleur"). Auch dies muss bei der späteren Dateneingabe ja erfasst werden. Da zu vermuten ist, dass hier recht wenige handschriftliche Zusätze beobachtet werden, wird eine neue Variable empfohlen, die z. B. „Gruppe_S" heißen könnte (vgl. Abb. 3.3 ❸). Wird der Typ mit „Zeichenfolge" inklusive einer Breite von z. B. 30 festgelegt, können diese Einträge direkt verbal übernommen werden.

Die Frage 2 wartet mit einer dichotomen Variablen auf. Es gibt nur zwei Antwortmöglichkeiten: ja oder nein. Alternativ kann von einer Null/Eins-Variablen gesprochen werden. Daher bietet es sich an, als Codierung die Ziffer 1 für „ja" und 0 für „nein, bin zum ersten Mal hier" zu verwenden. Prinzipiell ist jede andere Codierung möglich, solange die Zuordnung eindeutig bleibt (also z. B. 1 (ja) und 2 (nein)), die binäre Variante 0/1 ist aber üblich. Das Messniveau ist wiederum nominal, da „ja" nicht besser oder schlechter ist als „nein" (vgl. Abb. 3.3 ❹).

Die binäre Codierung bietet darüber hinaus einen interessanten Vorteil: Wenn Sie für die Codierung verantwortlich sind, dann können Sie – sofern Sie das als sinnvoll erachten – derjenigen Antwortoption die 1 zuordnen, die auf Sie selbst zutrifft. Die andere bekommt konsequenterweise dann die 0. Lautet die Frage also z. B. „Sind Sie in Deutschland geboren?" und Sie beantworten für sich selbst die Frage mit „ja", dann ordnen Sie die 1 der Option „ja" zu. Die Option „nein" bekommt entsprechend die Codierung 0. Dadurch ersparen Sie sich die Zeit, im Zweifel nachzuschlagen. Dies entbindet Sie aber natürlich nicht von der „Pflicht", die Wertebeschriftungen zu hinterlegen, da auch andere Personen auf Ihren Datensatz zugreifen könnten, die dieses Vorwissen nicht besitzen.

Die Frage 3 bringt wiederum veränderte Rahmenbedingungen mit. Schaut man genauer hin, besteht sie tatsächlich aus sieben Unterfragen, die jeweils auf einer schulnotenähnlichen Skala (von 1 = sehr gut bis 6 = sehr schlecht) beantwortet werden sollen. Zusätzlich existiert die Möglichkeit, „weiß nicht" zu wählen, sollte man den betreffenden Punkt nicht beurteilen können. Daher müssen in der Folge sieben eigenständige Variablen definiert werden (vgl. Abb. 3.3 ❺). Man könnte nun einfach als Variablennamen „Atmosphäre", „Vielfalt Speisen" etc. verwenden. Das bringt jedoch zwei Nachteile mit sich. Zum einen sind die Namen sehr lang, weswegen auch die Spaltenbeschriftungen in der Datenansicht unnötig breit werden. Zum anderen verliert man dadurch die Information, dass die sieben Variablen inhaltlich zusammengehören. Als Ausweg bietet es sich an, die sieben Unterfragen z. B. mit „F3a", „F3b" etc. zu benennen. Das spart Platz und weist auf die inhaltliche Verbindung hin. Möchte man später wissen, was sich hinter „F3e" verbirgt, kann man entweder die Beschriftung in der Variablenansicht einsehen oder aber in der Datenansicht kurz den Cursor auf der Spaltenüberschrift „F3e" ruhen lassen, woraufhin für einige Sekunden ein gelbes Feld erscheint, das u. a. die ausführliche Beschriftung „Qualität Getränke" enthält. Alternativ wäre auch F3_1 etc. möglich, also Frage 3, erste Unterfrage. Der Unterstrich ist dabei wichtig, da keine Leerzeichen zulässig sind. Eine Trennung zwischen der 3 und der 1 ist aber wichtig, da es sich sonst auch um Frage 31 handeln könnte.

In der Spalte „Werte" ist es zudem essenziell, die Skala zu definieren, sodass auch jemand, der mit dem Datensatz nicht vertraut ist, die eingegebenen Werte richtig interpretieren kann. Hierzu definieren wir „1 = sehr gut" und „6 = sehr schlecht", genauso wie es auch als Hinweis unterhalb der Frage 3 im Fragebogen steht. Damit weiß der unbedarfte Leser zum einen, dass es sich um eine Sechser-Skala handelt, und er erkennt darüber hinaus auch die Bedeutung der jeweiligen Skalenenden, also die Richtung. Letzteres ist besonders wichtig, da manchmal Punkte an Stelle von Noten vergeben werden, sodass die Ausprägung „1" dann die schlechteste Variante darstellen würde, 6 Punkte hingegen die beste. Auf *keinen Fall* dürfen aber beide Male die Werte 2, 3, 4 und 5 explizit benannt werden, da dies auch im Fragebogen nicht geschehen ist und diese Punkte somit nicht verbal definiert sind. Einzige Ausnahme wäre beim Hinweis: „Bitte benoten Sie nach dem Schulnotenprinzip". In diesem Fall kann implizit vorausgesetzt werden, dass beispielsweise die Option „3" der Note „befriedigend" entspricht und dies dem Probanden auch bewusst ist. Dabei muss aber wiederum beachtet werden, dass z. B. ein Schweizer Proband das deutsche Schulnotenprinzip möglicherweise nicht kennt und daher trotz Definition der Extrema falsch herum bewertet. Schließlich muss auch der Option „weiß nicht" eine geeignete Zahl zugeordnet werden. Da die „99" bereits für „Sonstiges" vorgesehen wurde, wählen wir hier die „98".

Nun muss aber beachtet werden, dass SPSS bei einer späteren Berechnung von Durchschnittsnoten (die ja nur von 1 bis 6 definiert sind) auch die „98" als Note interpretiert und somit in die Berechnung des arithmetischen Mittels einfließen lässt. Dies muss daher in der Spalte „Fehlend" ausgeschlossen werden. Wir klicken also auf das Feld, in dem bisher „Ohne" steht, danach auf die drei erscheinenden Punkte, woraufhin sich das Untermenü öffnet, in dem wir „Einzelne fehlende Werte" wählen und in das erste Feld die „98" eintragen. Damit werden die „weiß nicht"-Antworten von der Durchschnittsbildung ausgeschlossen.

Das Messniveau bei Frage 3 ist streng genommen jeweils ordinal, wir folgen aber hier der üblichen Praxis, eine solche Skala als metrisch aufzufassen, indem wir explizit Äquidistanz zwischen den Skalenwerten unterstellen (vgl. Abschn. 1.3.2). Daher wählen wir in der Spalte „Messniveau" entsprechend „metrisch".

Die anschließende Frage 4 hat zunächst einen ähnlichen Charakter wie die vorangehende, denn auch hier handelt es sich um drei Unterfragen, die einzeln als Variable definiert werden müssen, da hier Mehrfachnennungen zulässig sind. Es ist möglich, dass eine Person grundsätzlich alle drei Gerichte gerne isst, je nach Angebot. Daher bezeichnen wir diese analog zur vorigen Frage mit F4a, F4b sowie F4c und übertragen die im Fragebogen genannten Gerichte in die Spalte „Beschriftung" (vgl. Abb. 3.3 ❻). Diesmal liegt jedoch keine Sechser-Skala zugrunde wie zuvor, sondern es gibt jeweils nur zwei Antwortmöglichkeiten: Angekreuzt oder nicht. Damit handelt es sich um eine dichotome Variable mit den Ausprägungen „ja" (angekreuzt) und „nein" (nicht angekreuzt). Sinnvollerweise codiert man hier wieder „1 = ja, kommt in Frage" und „0 = nein, kommt nicht in Frage". Obwohl dies intuitiv logisch ist, wird diese Zuordnung als Eintrag in der Spalte „Werte" empfohlen. Das Skalenniveau ist nominal, da die Präferenz eines Gerichts nicht besser oder schlechter als seine Ablehnung ist. (Es geht bei der Frage 4 wohlgemerkt nicht darum, ob man vegetarisch besser als vegan findet oder umgekehrt – dann hätten wir eine Rangfolge und somit Ordinalskalierung –, sondern um drei isolierte Fragen mit den Antwortoptionen ja/nein.)

Am Schluss des Fragebogens wird direkt nach dem konkreten Alter der Probanden gefragt. Wir nennen diese Variable schlicht „Alter". Dadurch ist keine explizite Codierung in der Spalte „Werte" nötig (vgl. Abb. 3.3 ❼). Auch auf eine genauere Beschriftung der Variablen kann im Grunde verzichtet werden, da das Alter typischerweise in Jahren angegeben wird, sofern erwachsene Personen befragt werden. Anders wäre es hingegen, würde man eine Untersuchung in einer Kinderklinik durchführen. Dort wäre es bei kleinen Kindern zu erwarten, dass das Alter noch in Monaten oder gar Wochen bzw. Tagen gemessen wird. Das Skalenniveau des Alters ist metrisch (aufgrund des natürlichen Nullpunktes sogar verhältnisskaliert).

Abschließend gilt für alle definierten Variablen: In der Spalte „Dezimalstellen" setzen wir alle Werte auf „0", da keine Nachkommastellen benötigt werden und die Darstellung ansonsten unschön wäre. Die Spalten „Spalten", „Ausrichtung" und „Rolle" brauchen wir hier nicht weiter zu berücksichtigen.

(Unsere eingegebenen Daten finden sich auch im Datensatz *Fragebogen Mensa.sav*, dort ergänzt um die zusätzliche Zeile 16, die wir in Abschn. 2.5.4 besprochen hatten).

3.2 Dateneingabe und Datenüberprüfung

Sind alle Variablen in der Variablenansicht vollständig definiert, kann die eigentliche Dateneingabe beginnen. Hierzu empfiehlt es sich, einen Blankofragebogen mit den zuvor festgelegten Codierungen zu versehen, um im Zweifel schneller einer angekreuzten Antwort die richtige Zahl zuordnen zu können.

Die Dateneingabe erfolgt nun wiederum in der *Datenansicht*. Wir klicken daher zunächst auf den gleichnamigen Reiter ganz unten links (vgl. Abb. 2.2). Jede Zeile entspricht einem Probanden. Um den Eingabeprozess zu vereinfachen, kann man versuchen, die Spalten möglichst klein zu ziehen. Dies kann entweder mit Hilfe der Maus erfolgen (wie z. B. in jedem Office-Programm), oder aber man nutzt hierfür die Möglichkeit, in der Variablenansicht die Breite in der Spalte „Spalten" zu ändern. Dadurch hat man, wenn es nicht allzu viele Variablen gibt, alle Spalten (Variablen) gleichzeitig auf dem Bildschirm und vermeidet das ungeliebte horizontale Scrollen. Abb. 3.5 zeigt die beispielhafte Eingabe für die ersten fünf Probanden. Auffällig ist hier das leere Feld in der Spalte „Alter" in Zeile 4. Der Lebensmittelkontrolleur hat offensichtlich sein Alter nicht preisgeben wollen, sodass wir das Feld unausgefüllt lassen.

	lfd	Gruppe	Gruppe_S	Besuch	F3a	F3b	F3c	F3d	F3e	F3f	F3g	F4a	F4b	F4c	Alter
1	1	1		0	2	3	1	2	3	2	3	1	1	1	20
2	2	3		1	4	3	2	4	2	2	98	0	1	1	45
3	3	2		0	2	2	2	3	2	1	2	1	1	1	34
4	4	99	Lebensmittelkontrolleur	1	3	3	3	2	2	2	98	1	1	1	.
5	5	1		0	1	2	3	2	2	2	2	0	0	1	22

Abb. 3.5 Datenansicht für fünf Probanden

Bevor wir uns anschließend der Daten*analyse* zuwenden, kann in begrenztem Ausmaß eine Überprüfung der eingegebenen Daten erfolgen. Hierzu gibt es verschiedene Möglichkeiten:

1. Überprüfung auf offensichtliche Eingabefehler

    Sind alle Daten eingegeben, kann zunächst über eine einfache Häufigkeitsauswertung (vgl. Abschn. 4.2.2) überprüft werden, ob beispielsweise einige Werte außerhalb des Wertebereichs sind. Überprüfen wir z. B., wie oft welche Note für die Variable „Qualität der Speisen" genannt wurde und stellen fest, dass dabei einmal die Note 7 auftaucht, so liegt ein offensichtlicher Eingabefehler vor. Der definierte Wertebereich liegt zwischen 1 und 6 (plus der 98 für „weiß nicht"), daher ist die 7 eine unzulässige Eingabe. Hier profitieren wir nun von der Vergabe einer laufenden Nummer, denn wir müssen jetzt nur in der Spalte „Qualität der Speisen" den fehlerhaften Eintrag „7" suchen, die zugehörige laufende Nummer (lfd) ablesen und dem Fragebogen mit der korrespondierenden Nummer die korrekte Note entnehmen.

    Das gleiche können wir für das Alter machen. Ist eine Person laut Häufigkeitstabelle z. B. 466 Jahre alt, handelt es sich offensichtlich nicht um Methusalem, sondern erneut um einen Eingabefehler. Vermutlich soll dort 46 stehen, aber das können wir, wie eben beschrieben, relativ leicht im betreffenden Fragebogen überprüfen. Sollte sich bei der Prüfung hingegen herausstellen, dass der Proband tatsächlich 466 als sein Alter angegeben hat, sollte die Methusalem-These weiterhin verworfen und der Eintrag in der Spalte „Alter" bei dieser Person gelöscht werden. Hier dürfte es jemand mit der Wahrheit nicht ganz ernst genommen haben.

    Was wir leider nicht überprüfen können, sind hingegen Zahlendreher (jemand ist 45 Jahre alt, wir haben aber 54 eingegeben) oder Fehleingaben innerhalb des Wertebereichs (wir haben die Note 4 statt der tatsächlichen Note 3 eingegeben), denn diese Werte sind realistisch, sodass sie bei einer Prüfung nicht auffallen.

2. Überprüfung auf fehlende Werte

    Hat, wie im obigen Beispiel (vgl. Abb. 3.5), ein Proband sein Alter verschwiegen, so bleibt das Feld leer. Das ist an sich unproblematisch. Wenn er hingegen fast alle Fragen unbeantwortet ließ, kann man darüber nachdenken, den kompletten Fragebogen auszusondern. Denn dadurch wird möglicherweise das Durchschnittsalter aller Probanden verschoben, einzelne Bewertungen bleiben hingegen unberührt. Ob dies einen Mehrnutzen darstellt oder die Ergebnisse eher verzerrt, bleibt dem Auge des Betrachters überlassen.

    Ein Sonderfall liegt vor, wenn Sie die Antwort auf eine unausgefüllte Frage kennen. Wird ein Fragebogen persönlich bei Ihnen abgegeben und Sie stellen bei einer schnellen Durchsicht fest, dass der Proband sein Geschlecht verschwiegen hat, so können Sie dieses manuell eintragen, da Sie ja nun wissen, wer den Fragebogen bei Ihnen abgegeben hat. Dies dürfte allerdings eine seltene Ausnahme bleiben.

3. Überprüfung auf Inkonsistenzen

Eine Besonderheit bei der Fragebogenkonstruktion liegt in der Verwendung sogenannter *Kontrollfragen*. Mittels dieser Fragen wird überprüft, ob ein Proband die Fragen überhaupt gelesen hat und ob er bei Fragen, die inhaltlich im Grunde das gleiche aussagen, konsistent geantwortet hat.

Eine typische Kontrollfrage für die erste Variante wäre: „Bei der nachfolgenden Frage wollen wir überprüfen, ob Sie die Fragen aufmerksam lesen. Bitte kreuzen Sie in der folgenden Skala die Note „5" an." Kreuzt der Proband nun eine andere Option an, kann davon ausgegangen werden, dass er die Frage – und damit vermutlich auch andere – nicht gelesen hat. Daher wird der Proband ggf. aus dem Datensatz gelöscht. Diese Art Kontrollfrage ist auch innerhalb sogenannter *Itembatterien* zunehmend zu finden. In dem vorstehenden Fragebogen (vgl. Abb. 3.1) könnte bei Frage 3 zwischen „Qualität der Getränke" und „Preisniveau" noch eine Zeile „Bitte hier die 5 ankreuzen" eingefügt werden. Somit können Personen identifiziert werden, die z. B. standardmäßig einfach nur die Note „2" ankreuzen, ohne die betreffenden Items überhaupt zu lesen.

Die zweite Variante von Kontrollfragen betrifft inhaltliche Überschneidungen. So könnte man am Ende der Frage 3 noch nach „Stimmung" fragen. Wer bei „Atmosphäre" die Note 1 vergeben hat, sollte demnach auch bei „Stimmung" im oberen Notenbereich liegen, da beide Items tendenziell das gleiche aussagen. Eine 6 würde an dieser Stelle die Frage aufwerfen, ob er oder sie sich mit den Items wirklich auseinandergesetzt hat oder einfach nur jeweils „mental gewürfelt" hat.

Am Schluss sei auch noch auf die Möglichkeit logischer Inkonsistenzen hingewiesen. Wird z. B. explizit nach dem jährlichen Netto-Einkommen eines Probanden gefragt und die betreffende Person trägt „2500 €" ein, hat sie sicherlich das Adjektiv „jährlich" übersehen und aus Gewohnheit das monatliche Einkommen genannt. Hier könnte man überlegen, ob man den Wert weglässt oder aber das Einkommen mit 12 multipliziert, um zumindest einen *relativ* genauen Wert zu bekommen. Dies ist allerdings kritisch, wenn die Person noch über ein 13. oder gar 14. Monatsgehalt verfügt.

Zur Fehlersuche gut geeignet sind darüber hinaus sogenannte „Stamm-Blatt-Diagramme" (vgl. Abschn. 4.2.6) aufgrund ihrer besonderen Aufbereitung.

3.3 Rücklaufkontrolle

Eine Rücklaufkontrolle eingehender Fragebögen ist in mehrfacher Hinsicht nötig oder zumindest empfehlenswert. Zum einen bekommt man einen Eindruck, wann wie viele Rückläufer gezählt wurden (bei schriftlichen oder Online-Befragungen). So kann man typischerweise erkennen, dass in den ersten Tagen relativ viele Antworten eingehen, während es danach stark nachlässt, um zum Ende des vorgegebenen Antwortzeitraums nochmals etwas anzusteigen. Aufgrund solcher Beobachtungen kann man z. B. für weitere Befragungen einen geeigneten Zeitraum (z. B. zwei Wochen) ableiten.

Des Weiteren ist eine Rücklaufstatistik dann interessant, wenn der Zeitpunkt der Antwort als unabhängige Variable eingeführt wird. So kann es beispielsweise sein, dass während des Befragungszeitraums ein Strukturbruch erfolgt (z. B. eine Rückrufaktion, die sich auf die Benotung negativ auswirkt). Hierzu ist es allerdings erforderlich, die Fälle jeweils mit ihrem Eingangsdatum zu verknüpfen.

Absolut notwendig ist die Trennung zwischen sogenannten *Non-Respondenten* und *Verweigerern*. Während erstere Gruppe schlicht noch nicht geantwortet hat, haben die Verweigerer explizit zum Ausdruck gebracht, dass sie an dieser Befragung nicht teilnehmen möchten, indem sie beispielsweise den Fragebogen leer mit einem entsprechenden Vermerk zurückgeschickt haben. In diesem Fall müssen diese Probanden unverzüglich aus der Datenbank entfernt werden, damit sie nicht im Rahmen einer Nachfassaktion noch einmal angeschrieben werden, obwohl sie sich explizit dagegen verwehrt haben.

Datenanalyse mittels SPSS

4.1 Überblick

Die zuvor im Rahmen einer Befragung oder Beobachtung erhobenen Daten sollen nun genauer analysiert werden. Die folgende Betrachtung beschränkt sich dabei auf *quantitative* Auswertungen. Hinsichtlich qualitativer Analysen sei auf die entsprechende Fachliteratur verwiesen (vgl. z. B. Mayring 2022; Przyborski und Wohlrab-Sahr 2021; Strübing 2018).

In Abb. 4.1 findet sich ein grober Überblick über die nachfolgende Kapitelstruktur.

Zunächst kann zwischen deskriptiven und induktiven Methoden unterschieden werden. *Deskriptive* Analysen (lat. *describere:* beschreiben) haben das Ziel, den vorliegenden Datensatz zu beschreiben (Abschn. 4.2). Wird eine Umfrage unter 100 zufällig ausgewählten Studierenden zur Zufriedenheit mit der Mensa durchgeführt, so beschränkt sich die Auswertung zunächst nur auf diese 100 befragten Personen. Ziel ist es, aus den 100 Antworten gewisse Tendenzen herauszulesen. Dazu werden z. B. Mittelwerte berechnet. Eine Verallgemeinerung auf alle Studierenden einer Hochschule ist hier noch nicht vorgesehen. Es geht ausschließlich um die Beschreibung der tatsächlich vorhandenen Daten, also die unserer 100 zufällig ausgewählten Studierenden. Das Problem ist in diesem Moment, dass man *zu viele Daten* hat und man bestrebt ist, diese auf gewisse Kennzahlen zu reduzieren. Dazu gehören Häufigkeiten, Lage-, Streuungs- und Verteilungsmaße.

Die *induktive* Analyse (lat. *inductio:* hineinführen), auch *Inferenz- oder schließende Statistik* genannt, zielt hingegen auf die Verallgemeinerung ab (Abschn. 4.3). Der Betreiber der Mensa interessiert sich keineswegs für die Meinung der 100 ausgewählten Studierenden, sondern für die Zufriedenheit *aller* Besucher. Hier haben wir somit den Fall, dass *zu wenige Daten* vorliegen, und man versucht daher, von der Stichprobe auf die Grundgesamtheit

---

Ergänzende Information Die elektronische Version dieses Kapitels enthält Zusatzmaterial, auf das über folgenden Link zugegriffen werden kann [https://doi.org/10.1007/978-3-658-46951-1_4].

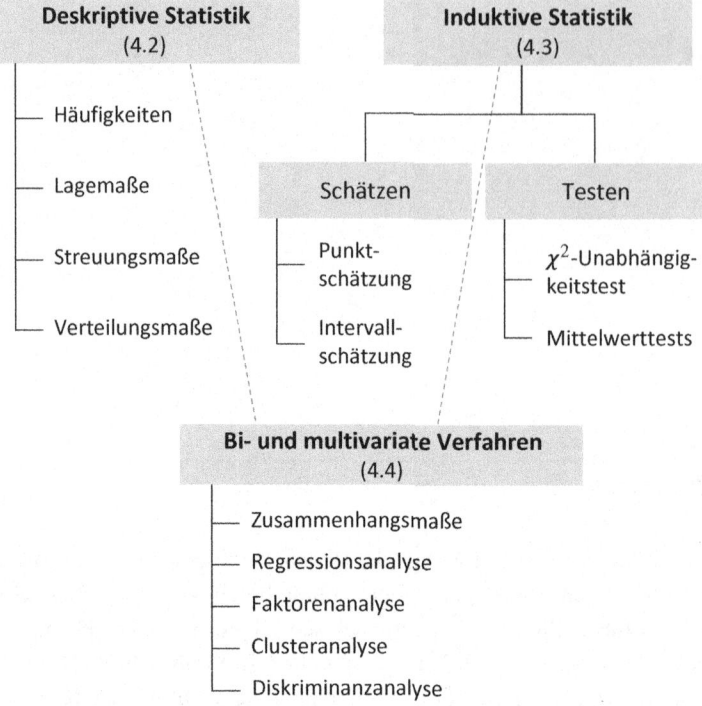

Abb. 4.1 Kapitelstruktur

aller Besucher hochzurechnen. Dabei kommen das Schätzen und das Testen zum Einsatz. Beim *Schätzen* versucht man, unbekannte Parameter der Grundgesamtheit, z. B. das arithmetische Mittel, unter Zuhilfenahme der Stichprobenergebnisse zu schätzen. Dabei wird zwischen Punkt- und Intervallschätzungen unterschieden. Beim *Testen* hat man im Vorfeld bereits Hypothesen über Unterschiede oder Zusammenhänge aufgestellt, die man anhand von Stichproben überprüft. So könnte man beim Mensabeispiel die Vermutung haben, dass Studentinnen die Mensa eher kritischer als ihre männlichen Kommilitonen bewerten, da letztere schon zufrieden sind, mittags überhaupt etwas Warmes zum Essen zu bekommen, während die Studentinnen eher auch auf Dinge wie Würzen, Inhaltsstoffe oder Verwendung von Bio-Zutaten achtgeben. Das Problem bei den induktiven Verfahren ist die damit verbundene Unsicherheit, welche aufgrund der Beschränkung auf die Stichprobe entsteht. Wir haben es hier also mit dem *Zufallsfehler* zu tun (vgl. Abschn. 1.3.1.4).

In Abschn. 4.4 werden zudem einige ausgewählte bi- und multivariate Verfahren vorgestellt, die im Rahmen wissenschaftlicher Arbeiten (beispielsweise in der Betriebswirtschaftslehre) typischerweise zum Einsatz kommen können. Hierbei handelt es sich je nach Zweck und Ansatz um eine beschreibende (deskriptive) Analyse oder um eine Verallgemeinerung im Sinne der induktiven Verfahrensweise. So kann eine Regressionsanalyse zum Ziel haben, den Zusammenhang zwischen zwei Variablen anhand empirischer Daten zu beschreiben. Beruhen diese Daten jedoch auf Stichproben, wird die Prognosequalität wiederum im Rahmen der Induktion untersucht.

4.1 Überblick

Um dem Leser eine Hilfestellung zu geben, welches konkrete Verfahren für seine anstehende wissenschaftliche Arbeit geeignet ist, findet sich ein aufgabenbezogener Überblick in Tab. 4.1.

Tab. 4.1 Verfahrensüberblick

Aufgabe: Daten beschreiben

Deskriptive Analysen [vgl. Detailüberblick in Abb. 4.2]

Aufgabe: Parameter der Grundgesamtheit mittels Stichproben schätzen

Punktschätzung [Abschn. 4.3.2.1] bzw. Intervallschätzung [Abschn. 4.3.2.2]

Aufgabe: Prüfung auf Unterschiede

Anzahl Gruppen	1	2	> 2
Skalenniveau AV			
- metrisch (und nv bzw. n ≥ 30)	Einfacher t-Test [Abschn. 4.3.3.4.2]	Doppelter t-Test (unab. SP) [Abschn. 4.3.3.4.3] Differenzen-Test (abh. SP) [Abschn. 4.3.3.4.4]	Einfaktorielle ANOVA (unabh. SP) [Abschn. 4.3.3.4.5] Einfaktorielle ANOVA mit Messwdh. (abh. SP) [Abschn. 4.3.3.4.6]
- ordinal (bzw. metrisch aber nicht nv und n < 30)	Wilcoxon-Test für eine SP [Abschn. 4.3.3.4.7]	Mann-Whitney-U-Test (unab. SP) [Abschn. 4.3.3.4.8] Wilcoxon-Test für 2 abh. SP [Abschn. 4.3.3.4.9]	Kruskal-Wallis-Test (unab. SP) [Abschn. 4.3.3.4.10] Friedman-Test (abh. SP) [Abschn. 4.3.3.4.11]
- nominal/ kategorial		χ^2-Unabhängigkeitstest [Abschn. 4.3.3.3] [*]	χ^2-Unabhängigkeitstest [Abschn. 4.3.3.3] [*]

Aufgabe: Prüfung auf Zusammenhänge

Anzahl UV	1	> 1
Skalenniveau AV		
- metrisch	Korrelationskoeffizient nach Bravais-Pearson [Abschn. 4.4.1.2] Lineare Einfachregression [Abschn. 4.4.2.2]	Multiple Regression [Abschn. 4.4.2.3]
- ordinal	Rangkorrelationskoeffizient nach Spearman [Abschn. 4.4.1.3]	Faktorenanalyse [Abschn. 4.4.3] [**] Clusteranalyse [Abschn. 4.4.4] [**] Diskriminanzanalyse [Abschn. 4.4.5] [**]
- nominal/ kategorial	Phi-Koeffizient, Cramers V, Kontingenzkoeffizient C [Abschn. 4.4.1.4] χ^2-Unabhängigkeitstest [Abschn. 4.3.3.3] [*]	

AV = abhängige Variable, UV = unabhängige Variable, nv = normalverteilt, SP = Stichproben
[*] Mittels χ^2-Unabhängigkeitstest kann im Grunde gefragt werden, ob es Unterschiede („Bewerten Männer anders als Frauen?"), aber auch ob es Zusammenhänge gibt („Hängt die Bewertung vom Geschlecht ab?"). Hier ist lediglich die Herangehensweise unterschiedlich, im Kern geht es jedoch um sehr ähnliche Fragestellungen.
[**] Hier kann streng genommen nicht von einer „abhängigen Variablen" im Ergebnis gesprochen werden; vielmehr handelt es sich dabei um ein Klassifizierungskonstrukt (z. B. Faktoren oder homogene Konsumentengruppen), dessen Bestimmung zudem stets mit Interpretationsspielraum einhergeht.

Zur Verdeutlichung werden nachstehend drei Lesebeispiele gegeben:

1. Sie möchten untersuchen, ob es Unterschiede in der Bewertung der Mensa durch Studentinnen und Studenten gibt. Die Aufgabe lautet somit: *„Prüfung auf Unterschiede"*. Das Skalenniveau (Gesamtzufriedenheit gemessen auf einer Schulnotenskala von 1–6) interpretieren Sie als intervallskaliert und somit als *metrisch* (zudem ist Ihre Stichprobe von je 50 Personen ausreichend groß). Sie haben Studentinnen und Studenten, also *zwei Gruppen*. Diese wissen bei der Befragung nichts voneinander, sind also voneinander unabhängig. Daher wählen Sie den *„Doppelten t-Test"*, den Sie in Abschn. 4.3.3.4.3 finden.
2. Sie interessieren sich für den Zusammenhang zwischen den jeweiligen Noten in Mathematik und Statistik in einer Gruppe Studierender. Ihre Aufgabe lautet also dieses Mal: *„Prüfung auf Zusammenhänge"*. Beide Variablen sind streng genommen ordinal skaliert. Sie schauen daher bei Skalenniveau AV in der Zeile *ordinal* nach. Je nach Betrachtungsrichtung fragen Sie sich, ob eine (unabhängige) Variable (z. B. Mathenote) mit einer anderen (abhängigen) Variablen (Statistiknote) zusammenhängt. Sie haben somit im Grunde *eine unabhängige Variable*, finden daher als geeignetes Verfahren den *„Rangkorrelationskoeffizienten nach Spearman"* und schlagen in Abschn. 4.4.1.3 nach.
3. Da Sie viele verschiedene Variablen untersucht haben, überlegen Sie, ob man nicht einige dieser Variablen zu übergeordneten Konstrukten zusammenfassen könnte. Zum Beispiel haben Sie im Zusammenhang mit der Befragung zu Druckern u. a. Fragen zur Einschätzung der „Druckqualität", „Druckgeschwindigkeit" sowie „Duplexdruck" gestellt. Sie überlegen, ob man diese zusammenfassend mit dem Konstrukt „Performance" beschreiben könnte. Damit unterstellen Sie implizit die *„Aufgabe: Prüfung auf Zusammenhänge"* zwischen den untersuchten (unabhängigen) Variablen (damit ist *Anzahl UV > 1*) und den davon „abhängigen" Ersatzvariablen. Letztere stellen neue, künstliche Kategorien dar. Die „abhängige Variable" (beispielsweise „Performance") kann somit als *nominal/kategorial* eingestuft werden. Damit bieten sich Faktoren-, Cluster- und Diskriminanzanalyse an, die in den entsprechenden Abschnitten zu finden sind. Welches Verfahren konkret für den vorliegenden Zusammenhang geeignet ist, kann der jeweiligen Einführung entnommen werden (im vorstehenden Beispiel wäre dies die Faktorenanalyse).

4.2 Deskriptive Statistik

4.2.1 Überblick

Deskriptive Verfahren kommen zum Einsatz, wenn ein vorliegender Datensatz beschrieben werden soll. Es nützt nicht viel, eine Tabelle mit den Ergebnissen von 100 Probanden zu präsentieren, ohne die Daten irgendwie zu verdichten. Man wird daher z. B. versuchen, gleiche Werte zusammenzufassen (Häufigkeiten), Durchschnitte o. ä. zu berechnen

4.2 Deskriptive Statistik

Maßzahlen	Skalenniveau			
	Nominal	Ordinal	Intervall	Verhältnis
Häufigkeiten	x	x	x	x
Lagemaße				
Modus	x	x	x	x
Median, Quartile		x	x	x
Arithmetisches Mittel			x	x
Streuungsmaße				
Spannweite		x	x	x
Interquartilsabstand		x	x	x
Mittlere absolute Abweichung		x	x	x
Varianz und Standardabweichung			x	x
Variationskoeffizient				x
Verteilungsmaße				
Schiefe			x	x
Wölbung (Kurtosis)			x	x

Abb. 4.2 Maßzahlen und Skalenniveau

(Mittelwerte) oder die Abweichungen bei einzelnen Personen hinsichtlich einer bestimmten Variablen zu analysieren (Streuungsmaße). Dabei kommt es entscheidend auf das Skalenniveau an, auf dem die Daten gemessen wurden (vgl. Abschn. 1.3.2.2). Daher wird hier zunächst ein Überblick gegeben (vgl. Abb. 4.2), welche Maßzahlen in Abhängigkeit vom Skalenniveau herangezogen werden können. So kann der Leser an dieser Stelle bereits die für ihn relevanten Größen identifizieren, die in den folgenden Unterkapiteln detailliert vorgestellt werden. Beispielsweise kann man ablesen, dass bei einer nominal skalierten Variablen lediglich Häufigkeiten sowie der Modus angebbar sind.

4.2.2 Häufigkeiten

4.2.2.1 Univariate Analysen

Häufigkeiten basieren auf einer Urliste von N Elementen. Diese kann als lose Aneinanderreihung von Daten interpretiert werden. Durch Abzählen, wie oft eine bestimmte Ausprägung beobachtet wurde, gelangt man zu *absoluten Häufigkeiten*. Dividiert man diese durch die Anzahl aller Beobachtungswerte *N*, erhält man die *relativen Häufigkeiten*. Letztere sind besonders dann wichtig, wenn zwei oder mehr Datenreihen mit unterschiedlich großen N verglichen werden sollen. Häufigkeiten sind typischerweise Teil jeder Auswertung und können bereits für nominal skalierte Variable berechnet werden. Wird jeweils nur eine Variable betrachtet, spricht man von einer *univariaten* Analyse (lat. *uni*: die einen).

Aus der Beobachtung bzw. Befragung von *N* Elementen („Merkmalsträgern") erhält man durch Aneinanderreihung der jeweiligen Merkmalswerte eine *Beobachtungsreihe* oder *Urliste*. Beispielsweise könnte die Befragung von 30 Personen nach der Gesamtzufriedenheit mit einem Produkt auf einer Skala von 1 („sehr gut") bis 5 („sehr schlecht") die in Abb. 4.3 (links) dargestellten Noten erbracht haben. Da eine solche Urliste recht unübersichtlich ist, bietet es sich bei einer nicht allzu großen Anzahl an Erhebungseinheiten an, diese in eine Strichliste zu überführen bzw. die Daten von Beginn an als Strichliste zu erfassen (vgl. Abb. 4.3 rechts). Wenn man sich nur dafür interessiert, welche Ausprägung wie häufig vorkommt, wäre eine Strichliste durchaus geeignet. Allerdings geht dabei Information verloren. Im Beispiel wäre dies, wann die jeweilige Messung erfolgte, also in

	Proband	Note
1	1	1
2	2	3
3	3	2
4	4	4
5	5	1
6	6	1
7	7	5
8	8	2
9	9	3
10	10	1
11	11	2
12	12	5
13	13	1
14	14	2
15	15	3
16	16	2
17	17	1
18	18	2
19	19	3
20	20	4
21	21	4
22	22	2
23	23	1
24	24	2
25	25	3
26	26	1
27	27	4
28	28	1
29	29	5
30	30	1

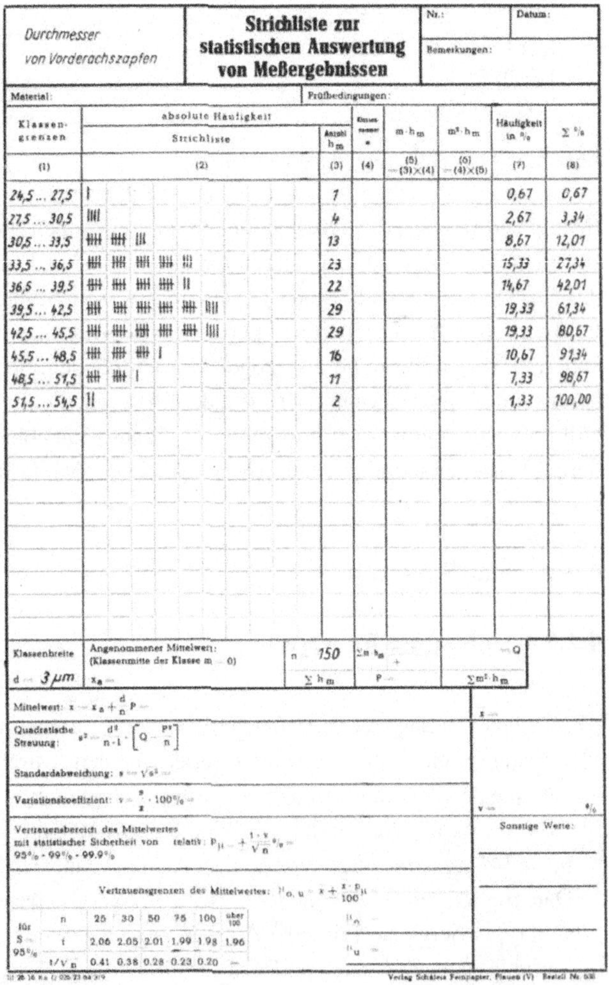

Durchmesser von Vorderachszapfen

Strichliste zur statistischen Auswertung von Meßergebnissen

Nr.: Datum: Bemerkungen:

Material: Prüfbedingungen:

Klassengrenzen (1)	Strichliste (2)	Anzahl h_m (3)	Klassennummer m (4)	$m \cdot h_m$ (5) = (3)×(4)	$m^2 \cdot h_m$ (6) = (4)×(5)	Häufigkeit in % (7)	Σ % (8)
24,5 … 27,5		1				0,67	0,67
27,5 … 30,5		4				2,67	3,34
30,5 … 33,5		13				8,67	12,01
33,5 … 36,5		23				15,33	27,34
36,5 … 39,5		22				14,67	42,01
39,5 … 42,5		29				19,33	61,34
42,5 … 45,5		29				19,33	80,67
45,5 … 48,5		16				10,67	91,34
48,5 … 51,5		11				7,33	98,67
51,5 … 54,5		2				1,33	100,00

Klassenbreite d = 3 µm; n = 150

Abb. 4.3 Beispielhafte Urliste in SPSS sowie händische Strichliste (Storm 1965, S. 73)

4.2 Deskriptive Statistik

welcher Reihenfolge die Striche hinzugefügt wurden. Im linken Beispiel könnte man hingegen jederzeit nachvollziehen, welcher konkrete Proband welche Note gegeben hat, solange die Reihenfolge der Fragebögen im Stapel unverändert bleibt. Da wir in der Folge SPSS zur Analyse der Häufigkeiten verwenden, können wir auf den Zwischenschritt einer Strichliste natürlich verzichten.

Beispiel

Wir interessieren uns für die Gesamtzufriedenheit mit einem bestimmten Produkt und befragen hierzu 30 Personen. Diese sollen ihre Zufriedenheit auf einer Skala von 1 („sehr gut") bis 5 („sehr schlecht") zum Ausdruck bringen. Die zugehörige Datei ist *Gesamtzufriedenheit.sav*. ◄

Es bietet sich an, zunächst einmal durch bloßes Zählen zu ermitteln, wie oft die Noten 1 bis 5 vergeben wurden (absolute Häufigkeiten). Zudem möchten wir wissen, wieviel Prozent der befragten Personen die jeweilige Note genannt haben (relative Häufigkeiten).

Wir öffnen zunächst die Datei *Gesamtzufriedenheit.sav*. Mit SPSS erhalten wir die gewünschten Daten sehr einfach, indem wir folgende Klickreihenfolge abarbeiten:

Analysieren -> Deskriptive Statistiken -> Häufigkeiten

In der sich öffnenden Dialogbox (vgl. Abb. 4.4) schieben wir die Variable „Note" in das noch leere Feld „Variable(n):" (❶).

Weitere Auswahloptionen sind im Moment noch nicht nötig; der Haken für das Anzeigen der Häufigkeitstabellen ist standardmäßig bereits gesetzt (❷). Durch einen Klick auf „OK" erhalten wir die gewünschte Häufigkeitstabelle (vgl. Abb. 4.5).

Der ersten Tabelle „Statistiken" (❶) entnehmen wir zunächst, dass wir 28 gültige und 2 fehlende Fälle im Datensatz haben. Offensichtlich haben zwei der befragten 30 Personen

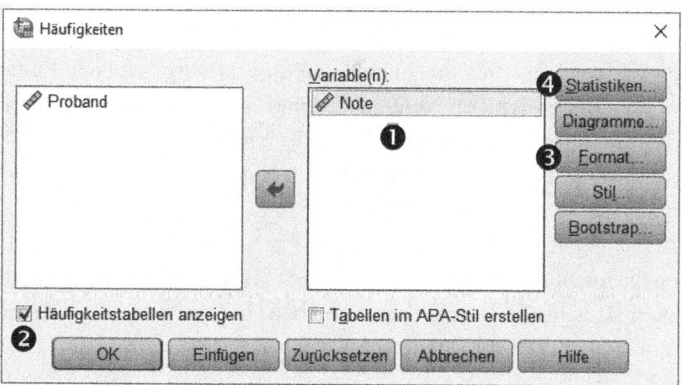

Abb. 4.4 Dialogbox „Häufigkeiten"

Statistiken

Note		❶
N	Gültig	28
	Fehlend	2

Note

❷		❸ Häufigkeit	❹ Prozent	❺ Gültige Prozente	Kumulierte ❻ Prozente
Gültig	1	10	33,3	35,7	35,7
	2	8	26,7	28,6	64,3
	3	5	16,7	17,9	82,1
	4	2	6,7	7,1	89,3
	5	3	10,0	10,7	100,0
	Gesamt	28	93,3	100,0	
Fehlend	System	2	6,7		
Gesamt		30	100,0		

Abb. 4.5 Häufigkeitstabelle

keine Note vergeben, das betreffende Feld blieb also leer. (Schauen wir im Datensatz nach, so sehen wir, dass dies die Probanden 20 und 27 betrifft).

Diese Information ist zusätzlich in der unteren Tabelle in Spalte ❸ enthalten. Auch dort finden wir in der Zeile „Gültig/Gesamt" 28 und in der Zeile „Fehlend" die restlichen 2 Probanden.

Wenden wir uns nun der unteren Tabelle im Detail zu:

- Spalte ❷:
  Hier finden wir zunächst die einzelnen Noten unserer vorgegebenen Fünfer-Skala. Allerdings werden nur diejenigen Noten aufgeführt, die mindestens einmal in der Urliste auftauchen. Hätte also beispielsweise keiner der Probanden eine 4 vergeben, würde die Zeile mit der 4 entfallen. Dies hat später noch Auswirkungen auf die grafischen Darstellungen.
- Spalte ❸:
  Hier stehen die *absoluten Häufigkeiten*. Von den 30 befragten Personen haben demnach zehn die Note 1, acht die Note 2 usw. vergeben. In Summe sind es 28 Personen. Zusammen mit den zwei fehlenden Antworten ergänzen sich diese zur Stichprobengröße von 30.

- Spalte ❹:
Diese Spalte beinhaltet die *relativen Häufigkeiten*. Die in Spalte ❸ aufgelisteten Werte werden durch die Stichprobengröße 30 geteilt. Als Ergebnis haben z. B. zehn von 30 Befragten eine 1 gegeben, das sind 1/3 oder 33,3 % aller Probanden. Insgesamt haben 28 von 30 Personen eine Note vergeben, weswegen in der Zeile „Gesamt" entsprechend 93,3 % ausgewiesen werden. Die restlichen zwei Personen tauchen als 6,7 % in der Zeile „Fehlend System" auf. Die Basis aller Prozentwerte in Spalte ❹ sind also die 30 befragten Personen.
- Spalte ❺:
Diese Spalte ist mit „Gültige Prozente" überschrieben. Gemeint sind wieder *relative Häufigkeiten;* dieses Mal ist die Basis jedoch nicht 30, also die Stichprobengröße, sondern 28, die Anzahl aller abgegebenen Urteile. Man interessiert sich somit lediglich dafür, wie viel Prozent der Probanden, die überhaupt eine Note vergeben haben, beispielsweise die Bestnote 1 gewählt haben. Typischerweise wird in einer wissenschaftlichen Arbeit diese Spalte herangezogen, da man sich jeweils für die Anteile innerhalb den Antwortenden interessiert. Daher ergänzen sich die Prozentzahlen auch direkt zu 100 %, ohne dass fehlende Werte Berücksichtigung finden. (Nach einer Klausur würde man beispielsweise analog das Ergebnis „100 % haben bestanden" publizieren, da man sich nur für diejenigen interessiert, die mitgeschrieben haben. Die Aussage „90 % haben bestanden und 10 % waren erkrankt" erscheint hingegen nicht zweckmäßig).

Für die spätere Dokumentation ist allerdings folgende Überlegung wichtig: Der Leser geht zunächst von einer Stichprobe von 30 aus, da ihm dies eingangs des empirischen Teils mitgeteilt wurde. Würde man nun z. B. lediglich schreiben, dass 35,7 % die Note 1 geben haben, rechnet er dies nun natürlich auf Basis von 30 Personen in eine absolute Häufigkeit um und kommt auf 10,71 Personen. Dies ist zum einen unmöglich, da das Ergebnis ganzzahlig sein muss, viel wichtiger ist aber, dass die tatsächliche absolute Anzahl dadurch überschätzt wird. Wir müssen also zusätzlich noch an einer geeigneten Stelle die Information liefern, dass bei *dieser* Frage nur 28 Antworten registriert wurden. Nun ergibt die Umrechnung in eine absolute Häufigkeit (mit minimalen Rundungsfehlern) 10 Personen, was korrekt ist. (Den genauen Prozentwert kann man im Übrigen ablesen, wenn man in Spalte ❺ doppelt auf die 35,7 klickt und in dem sich öffnenden Fenster dann nochmals auf dieselbe Zahl. Nun wird sie mit allen Nachkommastellen angegeben: 35,714285714285715).
- Spalte ❻:
Die letzte Spalte enthält die kumulierten Prozente. Wichtig zu wissen ist hier, dass sie auf der Spalte ❺, also den „gültigen Prozenten", basiert. Möchte man z. B. wissen, wie viele Probanden eine 2 oder besser vergeben haben, kann man dies in der zweiten Zeile mit 64,3 % ablesen. Dieser Wert setzt sich zusammen aus den 28,6 % Note 2 und 35,7 % Note 1.

Diese tabellarischen Ergebnisdarstellungen können mittels verschiedener Grafiken noch unterstützt werden. Hierzu begeben wir uns zurück in unsere Dialogbox „Häufigkeiten" (Abb. 4.4). Wir können hierzu entweder nochmals der Klickreihenfolge ***Analysieren ->***

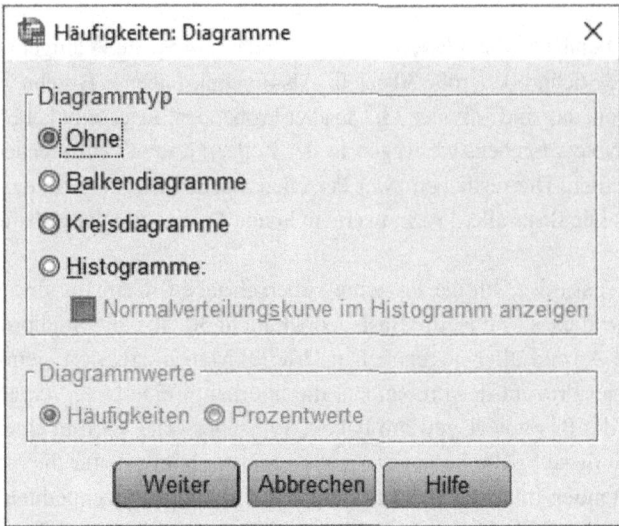

Abb. 4.6 Dialogbox „Häufigkeiten: Diagramme"

Deskriptive Statistiken -> Häufigkeiten folgen, oder wir nutzen das Icon „Zuletzt verwendete Dialogfelder aufrufen" (vgl. Abb. 2.10 ❹) und wählen den eben genutzten Eintrag „Häufigkeiten". Dort klicken wir auf „Diagramme ..." und erhalten eine neue Dialogbox, die einige Optionen zur Erstellung einfacher Grafiken bietet (Abb. 4.6).

Standardmäßig wird keine Grafik ausgegeben („Ohne"), was wir bei der Erstellung der Ergebnistabelle bereits beobachtet haben. In dieser Dialogbox können wir nun zwischen drei verschiedenen Grafiktypen wählen, wobei wir ganz unten („Diagrammwerte") noch zusätzlich entscheiden können, ob wir absolute („Häufigkeiten") oder relative Häufigkeiten („Prozentwerte") wünschen. Wir belassen es bei der Standardeinstellung „Häufigkeiten". In Abb. 4.7 sind die Ergebnisse der folgenden Optionen zusammengefasst.

- Balkendiagramme ❶: Diese Option führt zu einem einfachen Balkendiagramm, das in der Standardeinstellung die absoluten Häufigkeiten aus Spalte ❸ in Abb. 4.5 anzeigt. Allerdings werden dadurch nur die 28 Personen repräsentiert, die eine Note abgegeben haben. Die zwei fehlenden Fälle tauchen nicht auf, was in der späteren Dokumentation möglicherweise unerwünscht ist. (In diesem Fall könnten wir beispielsweise die fehlenden Werte im Datenblatt durch „97" („keine Angabe") ersetzen, wodurch die fehlenden Werte nun durch den entsprechenden Balken „keine Angabe" dargestellt werden). Diese Darstellung ist vor allem dann vorzuziehen, wenn man wissen möchte, welche Note am häufigsten (1) und welche am seltensten (4) vergeben wurde. (Bekannt sind derartige Grafiken u. a. von der Wahlberichterstattung, wenn die Stimmenanteile der einzelnen Parteien (dort dann in %) kommuniziert werden).
- Kreisdiagramme ❷: Ein Kreisdiagramm (manchmal auch als „Kuchendiagramm" bezeichnet), stellt die Häufigkeiten als relativen Anteil der Kreisfläche dar. Diese Form

4.2 Deskriptive Statistik

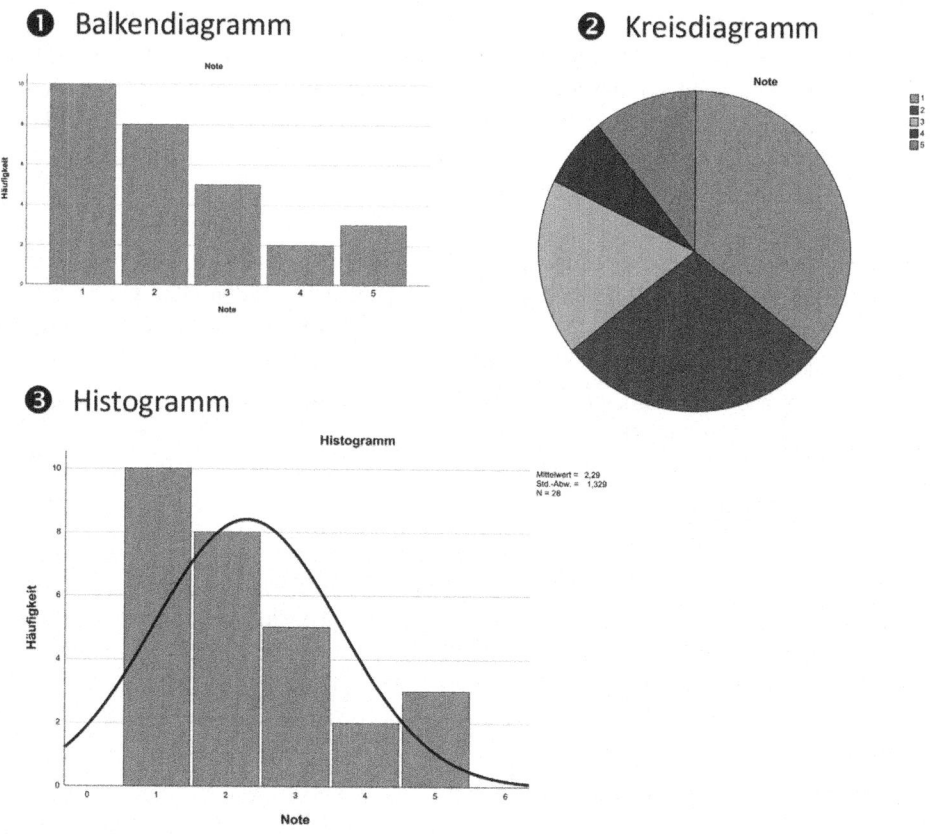

Abb. 4.7 Diagrammtypen

der Darstellung wird gewählt, wenn man z. B. zeigen möchte, dass über die Hälfte der Befragten die Note 2 oder besser gegeben hat, was man leicht daran erkennen kann, dass die beiden nebeneinanderliegenden Flächen für die Noten 1 und 2 über die Hälfte der Kreisfläche ausmachen. (Bei der Wahlberichterstattung wird diese Variante gewählt, wenn es um mögliche Koalitionen geht. Man erkennt analog, dass bestimmte Parteien zusammen über 50 % der Wählerstimmen auf sich vereinen und so eine regierungsfähige Mehrheit aufweisen).

- Histogramme ❸: Im Gegensatz zu Balkendiagrammen interessiert bei Histogrammen nicht die Höhe, sondern die Fläche der Balken. Somit ist diese Darstellung dann geeignet, wenn es sich nicht, wie in unserem Beispiel, um diskrete Werte handelt (dadurch unterscheidet es sich in unserem Beispiel nicht vom Balkendiagramm), sondern um Klassen, z. B. Einkommens- oder Umsatzklassen. Da diese Klassen in Fragebögen typischerweise unterschiedlich breit gewählt werden, wird der Balken dann z. B. breiter, dafür wird aber die Höhe proportional verringert. Zusätzlich kann man noch die Option „Normalverteilungskurve im Histogramm anzeigen" wählen. Diese zeigt an, wie die Werte verteilt sein müssten, wenn eine Normalverteilung vorliegen würde. Das ist eine

Möglichkeit, auf die wir an späterer Stelle bei der Prüfung auf Anwendungsvoraussetzungen zurückkommen werden. In unserem Beispiel kann man bereits erkennen, dass die Daten nicht symmetrisch, sondern deutlich linkssteil sind. Die Histogrammdarstellung in SPSS ist allerdings problematisch, da bei der Verwendung von klassifizierten Daten ohne händische Nacharbeiten Darstellungsfehler entstehen können (vgl. im Detail Janssen und Laatz 2017, S. 40 f.).

Im Untermenü „Format" der Dialogbox „Häufigkeiten" (vgl. Abb. 4.4 ❸) kann darüber hinaus die Reihenfolge der Merkmalsausprägungen geändert werden. Statt von 1 bis 5 erfolgt die Sortierung von 5 bis 1. Oder aber es kann nach aufsteigenden bzw. absteigenden Häufigkeiten sortiert werden. Dies ist praktisch, wenn man z. B. Häufigkeiten über die 16 Bundesländer ausweisen möchte, von dem Bundesland mit der höchsten bis zu demjenigen mit der geringsten Ausprägung.

4.2.2.2 Bivariate Analysen

> Betrachtet man nicht nur eine Variable, sondern zwei Variablen gleichzeitig, bewegt man sich im Bereich der *bivariaten* Analysen (lat. *bi:* zwei). Auch hier wird technisch gesprochen gezählt, nun aber geht es darum, wie viele der N Stichprobenelemente jeweils eine Kombination *zweier* Merkmalsausprägungen verschiedener Variablen auf sich vereinen. So interessiert man sich beispielsweise dafür, wie viele Probanden weiblich und gleichzeitig über 50 Jahre alt sind. Als Ergebnis erhält man typischerweise eine *Kreuztabelle*.

Bivariate Analysen werden häufig durchgeführt, wenn man zwei Merkmalsausprägungen gleichzeitig bei einem Probanden untersuchen will, z. B. das Geschlecht sowie die Parteienpräferenz. Die Ergebnisse liefern zunächst einen Überblick über die gemeinsamen Ausprägungen der beiden Variablen bei den befragten Personen. Darüber hinaus können diese aber auch zur Bildung von Hypothesen (im Rahmen der induktiven Analyse später auch zu deren Überprüfung) herangezogen werden. So könnte beispielsweise auffallen, dass eine Partei relativ viele männliche Wähler, eine andere hingegen relativ viele weibliche Wählerinnen aufweist oder Personen aus verschiedenen geografischen Gebieten unterschiedliche Kaufhäufigkeiten aufweisen.

Beispiel

Der Student Andreas untersucht in seiner Seminararbeit, wie sich die Kaufhäufigkeiten von Leberkässemmeln bzw. Leberkäswecken (LKW) in den Regionen Deutschland Nord, Mitte und Süd darstellen. Die beiden Variablen sind somit zum einen die Herkunft der Probanden (Nord, Mitte, Süd) sowie deren Kaufhäufigkeit (0-1, 2-3, 4 und mehr LKW pro Monat). Er speichert seine Ergebnisse im Datensatz *LKW.sav*. ◄

4.2 Deskriptive Statistik

Wir öffnen den Datensatz *LKW.sav*, der die (fiktiven) Daten von 1000 Probanden enthält. In der zweiten Spalte finden wir die *Region* (mit 1 = Nord, 2 = Mitte, 3 = Süd), in der dritten die *Kaufhäufigkeit* (mit 1 = 0-1 Stück, 2 = 2-3 Stück, 3 = 4 und mehr Stück je Monat). Die erste Spalte beinhaltet die laufende Nummer der befragten Probanden.

Um nun einen Überblick über die bivariate Verteilung zu erhalten, verwenden wir eine Kreuztabelle. Die beiden Variablen *Region* und *Kaufhäufigkeit* stehen dabei in den Zeilen bzw. den Spalten. Die Klickreihenfolge hierzu lautet:

Analysieren -> Deskriptive Statistiken -> Kreuztabellen …

Wir müssen in der sich daraufhin öffnenden Dialogbox lediglich noch angeben, welche Variable wir in den Zeilen und welche wir in den Spalten wünschen. Grundsätzlich ist man hier frei, denn es hat zunächst keinerlei Auswirkungen auf die Berechnungen. Allerdings soll an dieser Stelle ein praktischer Hinweis gegeben werden, der auf der Überlegung basiert, welche der beiden Variablen die höhere Zahl an Ausprägungen hat. In unserem Beispiel sind es jeweils drei Ausprägungen, daher sind wir völlig frei in unserer Entscheidung. Hätten wir allerdings anstatt der drei Regionen die 16 Bundesländer gewählt, so sähe die Sache etwas anders aus. In diesem Fall wäre es zweckmäßig, die Bundesländer in die Zeilen und die Kaufhäufigkeit in die Spalten zu schieben. Die Überlegung ist simpel. Zum einen möchte Andreas die Tabelle später möglicherweise in seine Arbeit einfügen. Da ein DIN-A4-Papier höher als breit ist, bringt er in den Zeilen viel mehr Ausprägungen unter, in unserem Beispiel die 16 Bundesländer, als in den Spalten. Die drei Ausprägungen der Kaufhäufigkeit passen dann noch problemlos dorthin. Aber auch auf dem Bildschirm kann es zweckmäßig sein, die Variable mit den wenigeren Merkmalsausprägungen in die Spalten zu schieben. So ist gewährleistet, dass alle Spalten auf den Bildschirm passen, wenn wir uns die Tabelle später im Viewer anschauen. Das Scrollen in der vertikalen sind wir gewohnt, wir praktizieren es täglich auf dem PC, aber auch auf dem Smartphone. Das horizontale Scrollen ist hingegen unüblich und kann auch in diesem Fall durch die geeignete Wahl der Zeilen- bzw. Spaltenzuordnung vermieden werden.

In unserem Beispiel entscheiden wir uns für *Region* in den Zeilen (❶) und *Kaufhäufigkeit* in den Spalten (❷) (vgl. Abb. 4.8) und bestätigen mit „OK". Als Ergebnis bekommen wir die gewünschte Tabelle (vgl. Abb. 4.9).

Wir können nun verschiedene Ergebnisse ablesen. In der oberen Tabelle in Abb. 4.9 finden wir den Hinweis, dass 1000 gültige Fälle vorliegen (❶). Wir haben also zu allen 1000 Probanden die Informationen zur Herkunft und ihrer individuellen Kaufhäufigkeit. Diese Zahl finden wir zudem ganz unten rechts (❷) in der unteren Tabelle. Die eigentlich gesuchten Daten, namentlich die absoluten bivariaten Häufigkeiten stehen in den einzelnen Feldern der Tabelle. So können wir beispielsweise ablesen, dass 200 Personen aus der Region „Nord" stammen und gleichzeitig 0-1 LKW je Monat kaufen (❸).

Interessant sind hier zudem die sogenannten *Randhäufigkeiten*. Diese stehen in der letzten Spalte bzw. der letzten Zeile. Hierbei handelt es sich im Grunde um die univariaten Betrachtungen der beiden Variablen. Von den 1000 befragten Personen stammen je 400

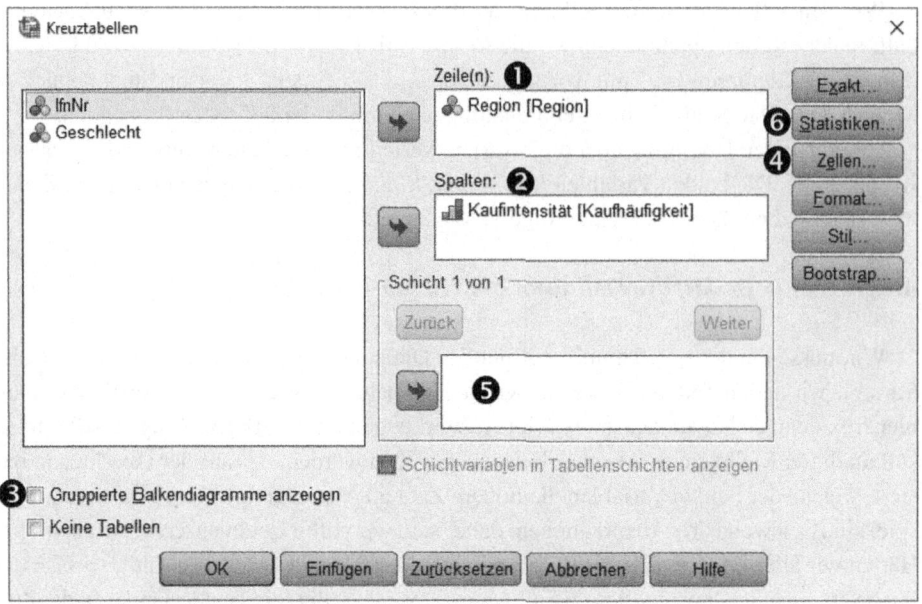

Abb. 4.8 Dialogbox „Kreuztabellen"

Zusammenfassung der Fallverarbeitung

	Fälle					
	❶ Gültig		Fehlend		Gesamt	
	N	Prozent	N	Prozent	N	Prozent
Region * Kaufintensität	1000	100,0%	0	0,0%	1000	100,0%

Region * Kaufintensität Kreuztabelle

Anzahl

		Kaufintensität			❹
		0-1	2-3	4 und mehr	Gesamt
Region	Nord	❸ 200	140	60	400
	Mitte	140	180	80	400
	Süd	60	80	60	200
Gesamt ❺		400	400	200	❷ 1000

Abb. 4.9 Kreuztabelle absolute Häufigkeiten

aus den Regionen „Nord" und „Mitte", die restlichen 200 aus der Region „Süd", unabhängig davon, wieviel sie jeweils kaufen (Spalte ❹). Umgekehrt gaben je 400 Personen an, „0-1" bzw. „2-3" LKW zu kaufen, die übrigen 200 Personen kaufen „4 und mehr" (Zeile ❺), dieses Mal jeweils unabhängig davon, woher sie kommen.

Neben den absoluten können – analog zur univariaten Analyse – auch hier *relative* Häufigkeiten berechnet werden, und zwar für alle Tabellenfelder. Darüber hinaus können aber auch *bedingte Häufigkeiten* bestimmt werden. So könnte man sich dafür interessieren, wie viel Prozent derjenigen Personen, die „0-1" LKW kaufen, aus der Region „Nord", „Mitte" oder „Süd" sind. Hierzu gehen wir zurück zur Dialogbox „Kreuztabellen" (Abb. 4.8) und klicken dort am rechten Rand auf die Schaltfläche „Zellen" (❹). In der sich öffnenden Dialogbox „Zellen anzeigen" (vgl. Abb. 4.10) setzen wir links unter „Prozentwerte" drei Haken bei „Zeilenweise", „Spaltenweise" und „Gesamtsumme" (❶). Damit erhalten wir zusätzlich zu den standardmäßig aktivierten beobachteten Häufigkeiten (❷) nun auch noch die relativen Häufigkeiten.

Die Ergebnisse finden sich in Abb. 4.11. Dabei handelt es sich um die uns schon bekannte Tabelle der absoluten Häufigkeiten (❶), nunmehr aber um die angeforderten drei Zeilen ergänzt.

Betrachten wir zunächst die zugehörigen relativen Häufigkeiten. Diese finden sich jeweils in den Zeilen „% der Gesamtzahl" (❷). Zum Beispiel entsprechen die 200 Personen der Kombination „Nord/0-1" also 20,0 % aller befragten Personen, diejenigen der Kombi-

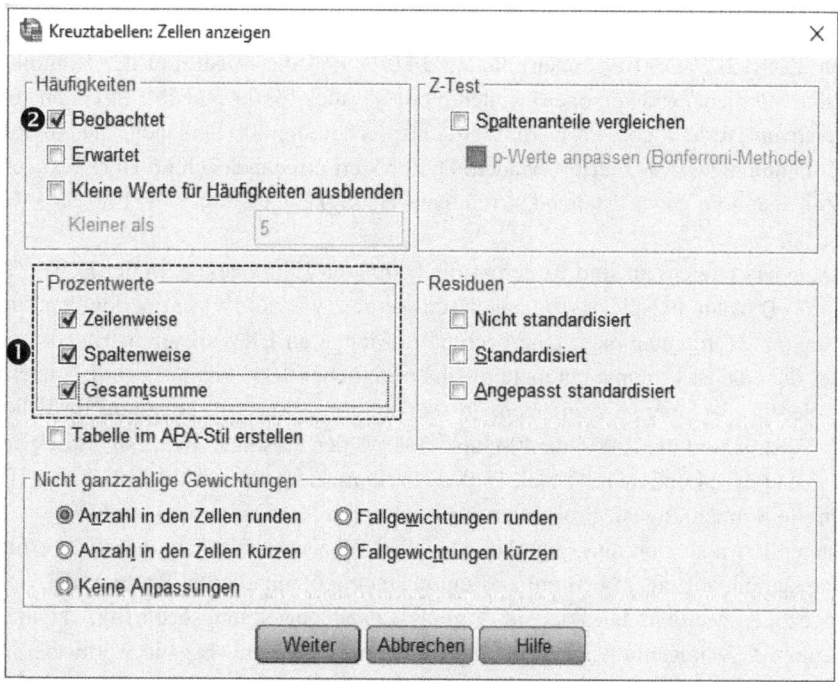

Abb. 4.10 Dialogbox „Kreuztabellen: Zellen anzeigen"

Region * Kaufintensität Kreuztabelle

			Kaufintensität 0-1	Kaufintensität 2-3	Kaufintensität 4 und mehr	Gesamt
Region	Nord	❶ Anzahl	200	140	60	400
		❸ % von Region	50,0 %	35,0 %	15,0 %	100,0 %
		❹ % von Kaufintensität	50,0 %	35,0 %	30,0 %	40,0 %
		❷ % der Gesamtzahl	20,0 %	14,0 %	6,0 %	40,0 %
	Mitte	Anzahl	140	180	80	400
		% von Region	35,0 %	45,0 %	20,0 %	100,0 %
		% von Kaufintensität	35,0 %	45,0 %	40,0 %	40,0 %
		% der Gesamtzahl	14,0 %	18,0 %	8,0 %	40,0 %
	Süd	Anzahl	60	80	60	200
		% von Region	30,0 %	40,0 %	30,0 %	100,0 %
		% von Kaufintensität	15,0 %	20,0 %	30,0 %	20,0 %
		% der Gesamtzahl	6,0 %	8,0 %	6,0 %	20,0 %
Gesamt		Anzahl	400	400	200	1000
		% von Region	40,0 %	40,0 %	20,0 %	100,0 %
		% von Kaufintensität	100,0 %	100,0 %	100,0 %	100,0 %
		% der Gesamtzahl	40,0 %	40,0 %	20,0 %	100,0 %

Abb. 4.11 Kreuztabelle absolute und relative Häufigkeiten

nation „Nord/2-3" (140 Personen) analog 14,0 % und diejenigen mit der Kombination „Nord/4 und mehr" (60 Personen) weiteren 6,0 %. Auch für die Randhäufigkeiten können die relativen Werte abgelesen werden. So entsprechen die 400 Personen, die aus Region Nord stammen, 40,0 % aller Probanden. Dieser Wert errechnet sich im Übrigen auch aus der Zeilensumme der vorstehenden relativen Häufigkeiten (20,0 % + 14,0 % + 6,0 % = 40,0 %).

Besonders interessant sind weiterhin die bedingten Häufigkeiten. In der Zeile „% von Region" (❸) kann beispielsweise abgelesen werden, wieviel Prozent derjenigen, die aus der Region „Nord" stammen, eine bestimmte Menge an LKWs kaufen. Hier ist zu beachten, dass die Basis nun nicht mehr die ursprünglichen 1000 Personen sind, sondern nur noch die 400 Personen, die angaben, aus der Region „Nord" zu kommen. Im Falle von „0-1" Stück wären dies 200 von 400, also 50,0 % der Personen, bei „2-3" Stück analog 35,0 % und bei „4 und mehr" Stück 15,0 %. In Summe ergeben sich natürlich nun 100 %, da wir die Betrachtung auf Probanden aus der Region Nord eingeschränkt haben.

Interessiert man sich hingegen dafür, wieviel Prozent derjenigen, die eine bestimmte Menge kaufen, aus einer bestimmten Region stammen, müssen die Werte in den Spalten herangezogen werden. Dies ist am Anfang etwas gewöhnungsbedürftig, da die Beschriftung „% von Kaufintensität" ebenfalls in den Zeilen steht (❹), die Werte aber in den Spalten abgelesen werden müssen. Im Beispiel sind daher die relevanten Werte umrandet. Betrachten wir beispielhaft die erste Spalte, die mit „0-1" Stück überschrieben ist. 200 und

4.2 Deskriptive Statistik

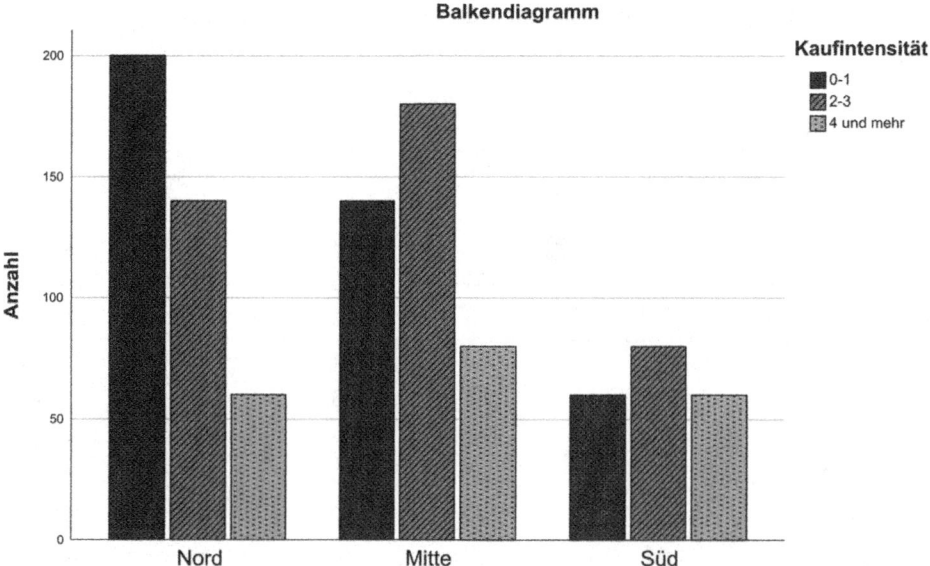

Abb. 4.12 Gruppiertes Balkendiagramm

damit 50,0 % dieser insgesamt 400 Personen (Randhäufigkeit der Spalte) stammen demnach aus der Region „Nord", 35,0 % aus der Region „Mitte" und 15,0 % aus der Region „Süd". In Summe ergeben sich auch hier wieder 100 %.

Als grafische Darstellung bietet SPSS die Möglichkeit, ein gruppiertes Balkendiagramm zu erstellen. Hierzu setzen wir unten links in der Dialogbox „Kreuztabellen" (Abb. 4.8) einen Haken bei „Gruppierte Balkendiagramme anzeigen" (❸). Auf der Abszisse wird die Region (die in den Zeilen steht) abgetragen, die Höhe der Balken gibt die jeweilige absolute Kaufhäufigkeit an (vgl. Abb. 4.12). Soll hingegen die Kaufhäufigkeit auf der Abszisse stehen, muss man diese zuvor in den Zeilen und die Region in den Spalten definieren.

Zuletzt sei noch auf die Bedeutung sogenannter „Kontrollvariabler" eingegangen werden. Im vorangegangen Beispiel könnte jemand einwenden, dass möglicherweise im Hintergrund noch andere Variablen Einfluss genommen haben. So könnte man beispielsweise vermuten, dass das Essverhalten auch vom Geschlecht abhängt. Möglicherweise ernähren sich Frauen eher gesundheitsbewusster als Männer, was sich in einem geringeren Konsum von LKWs niederschlägt. Um dies zu überprüfen, könnte man nun einerseits eine alternative Kreuztabelle aufstellen – dieses Mal mit dem Geschlecht anstatt der Region als unabhängiger Variablen. Alternativ können wir unser bestehendes Modell erweitern, indem wir das Geschlecht zusätzlich mitaufnehmen. Dazu gehen wir zurück zum Menu „Kreuztabellen" (Abb. 4.8) und verschieben dort die Variable „Geschlecht" in das Feld ❺. Dies könnten wir im Übrigen auch noch mit weiteren Variablen machen, wir belassen es hier aber beim Geschlecht. Die neue Tabelle ist jetzt zunächst nach Geschlecht unterteilt und erst innerhalb von weiblich/männlich jeweils nach regionaler Herkunft (vgl. Abb. 4.13). An

Region * Kaufintensität * Geschlecht Kreuztabelle

Anzahl

Geschlecht			Kaufintensität 0-1	2-3	4 und mehr	Gesamt
weiblich	Region	Nord	96	73	28	197
		Mitte	71	89	41	201
		Süd	❷ 27	44	31	102
	Gesamt		194	206	100	500
männlich	Region	Nord	104	67	32	203
		Mitte	69	91	39	199 ❶
		Süd	33	36	29	98
	Gesamt		206	194	100	500
Gesamt	Region	Nord	200	140	60	400
		Mitte	140	180	80	400
		Süd	60	80	60	200
	Gesamt		400	400	200	1000

Abb. 4.13 Kreuztabelle mit Kontrollvariabler „Geschlecht"

den Randhäufigkeiten kann man erkennen, dass jeweils 500 Personen männlich bzw. weiblich waren (❶). Vergleichen wir nun beispielhaft den Konsum in der Region „Nord" hinsichtlich des Geschlechts der Kunden, so können wir sehen, dass es keine gravierenden Unterschiede diesbezüglich zu geben scheint (❷). Auch in den anderen Regionen sieht das Bild ähnlich aus, sodass wir nach bloßem Augenschein den Einfluss des Geschlechts guten Gewissens als nicht vorhanden bzw. unbedeutend einstufen können.

4.2.3 Lagemaße

4.2.3.1 Modus

> Der *Modus* (auch Modalwert oder Dichtester Wert) bezeichnet diejenige Merkmalsausprägung, die am häufigsten vorkommt. Er ist für jedes Skalenniveau, also auch bereits für nominal skalierte Daten, geeignet.

Der Modus kann grundsätzlich immer bestimmt werden, da er für jedes beliebige Skalenniveau einsetzbar ist. Auch wenn z. B. Schulnoten auf einer Ordinalskala gemessen werden, ist es möglich und oftmals sinnvoll, den Modus anzugeben. Dieser wird in einem Balkendiagramm durch den höchsten Balken repräsentiert und zeigt bspw. auf, welche Note am häufigsten vorkam.

4.2 Deskriptive Statistik

Beispiel

In einer Befragung sind 20 Personen männlich, 40 weiblich und zwei bezeichnen sich als divers. Der Modus ist somit die Ausprägung „weiblich". ◂

Der Datensatz *Lagemaße.sav* enthält u. a. die Variable „Geschlecht". Wir öffnen ihn und gelangen über folgende, bereits bekannte Klickfolge zur Dialogbox (vgl. Abb. 4.4):

Analysieren -> Deskriptive Statistiken -> Häufigkeiten …

Dort wählen wir zunächst die interessierende Variable aus, in diesem Fall das Geschlecht. Nun klicken wir rechts auf die Schaltfläche „Statistiken" (❹). In der sich öffnenden Dialogbox (vgl. Abb. 4.14) werden rechts oben verschiedene Lagemaße angeboten. Im Moment wählen wir dort den „Modalwert" (Modus) (❶). Über „Weiter" und „OK" erhalten wir schließlich den Modus, den wir in Abb. 4.15 in der untersten Zeile der Tabelle „Statistiken" ablesen (❶). Er beträgt 0, was dem Geschlecht „weiblich" entspricht. Die größte Gruppe unter allen Befragten stellen somit die Frauen dar. Dies kann man im Übrigen auch deutlich an der Häufigkeitstabelle darunter erkennen, die standardmäßig mit ausgegeben wird (❷). Möchte man dies vermeiden, muss man in der Dialogbox „Häufigkeiten" den Haken bei „Häufigkeitstabellen anzeigen" entfernen (vgl. Abb. 4.4 ❷).

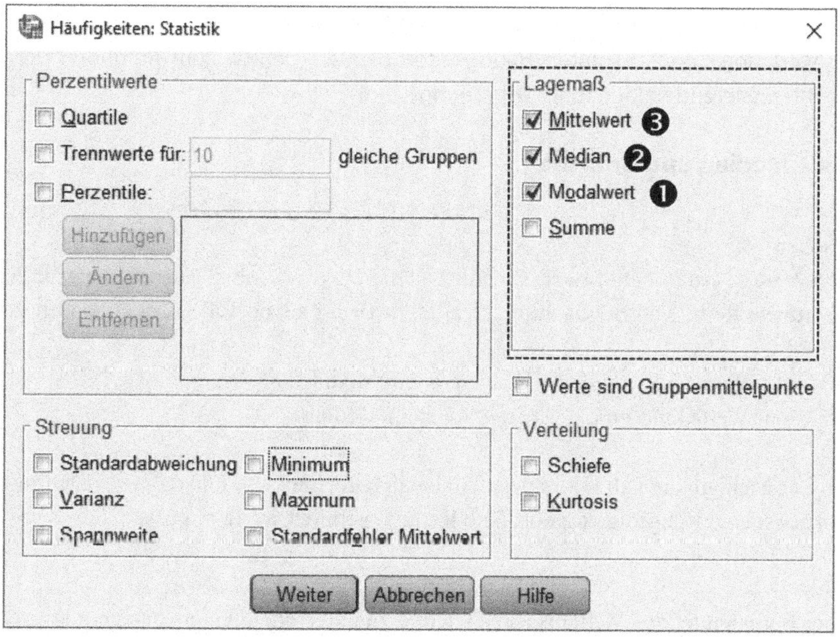

Abb. 4.14 Dialogbox „Häufigkeiten: Statistik"

Statistiken

Geschlecht

N	Gültig	62
	Fehlend	0
Modus		0	❶

Geschlecht

❷

		Häufigkeit	Prozent	Gültige Prozente	Kumulierte Prozente
Gültig	weiblich	40	64,5	64,5	64,5
	männlich	20	32,3	32,3	96,8
	divers	2	3,2	3,2	100,0
	Gesamt	62	100,0	100,0	

Abb. 4.15 Modus

Zu beachten ist, dass es mehrere Modi geben kann (SPSS zeigt dann nur den kleinsten an). Wären im vorangegangenen Beispiel jeweils 30 Personen männlich bzw. weiblich, so würden sich zwei Modi ergeben, nämlich „männlich" *und* „weiblich".

▶ An dieser Stelle soll auf ein typisches Missverständnis hingewiesen werden. Der Modus im vorstehenden Beispiel war „weiblich" und nicht etwa „40". Der höchste Wert unter den absoluten Häufigkeiten diente lediglich dem Auffinden der interessierenden Merkmalsausprägung.

4.2.3.2 Median und Quartile

Median

Der *Median* (auch Zentralwert genannt) ist diejenige Merkmalsausprägung, die eine geordnete Reihe von Beobachtungswerten in zwei gleiche Teile zerlegt. Damit gilt:

50 % der Werte sind *kleiner oder gleich* dem Median
50 % der Werte sind *größer oder gleich* dem Median.

Der Median kann ab Ordinalskalenniveau berechnet werden, da ja per Definition zunächst eine Rangfolge („geordnete Reihe") gebildet werden muss.

Bei der Berechnung des Medians ist es wichtig zu unterscheiden, ob eine gerade oder eine ungerade Zahl an Beobachtungswerten vorliegt.

4.2 Deskriptive Statistik

Beispiel für eine ungerade Anzahl an Beobachtungswerten

Bei einer *ungeraden* Anzahl an Beobachtungswerten liegt der Median bei der Ordnungszahl (n+1)/2. In der folgenden (bereits geordneten) Reihe von n = 9 Beobachtungswerten ist dies der fünfte Wert ((9+1)/2). Als Median ergibt sich der Wert 12.

$$5 \quad 6 \quad 9 \quad 10 \quad \underline{12} \quad 13 \quad 14 \quad 16 \quad 17 \quad ◂$$

Beispiel für eine gerade Anzahl an Beobachtungswerten

Liegt hingegen eine *gerade* Anzahl an Beobachtungswerten vor, so nimmt man typischerweise das arithmetische Mittel aus den Werten mit den Ordnungsnummern n/2 und (n/2)+1. Im folgenden Beispiel mit n = 10 wäre dies das Mittel aus den Werten 12 und 13, die der fünften (10/2) und sechsten ((10/2)+1) Ordnungszahl zugeordnet sind. Der Median wäre also 12,5.

$$5 \quad 6 \quad 9 \quad 10 \quad \underline{12} \quad \underline{13} \quad 14 \quad 16 \quad 17 \quad 18 \quad ◂$$

An der Definition kann man erkennen, dass im Beispiel mit einer geraden Zahl an Beobachtungswerten grundsätzlich jede Zahl zwischen 12 und 13 für den Median in Frage kommt, die 12 und 13 eingeschlossen. Die Aussage „50 % der Daten sind kleiner (größer) oder gleich dem Median" wäre stets richtig. Bei der Verwendung des arithmetischen Mittels handelt es sich also lediglich um eine Konvention. (Dies wird auch bei den folgenden „Quartilen" nochmals deutlich).

In SPSS ziehen wir wieder die Datei *Lagemaße.sav* heran, wählen dieses Mal nach Abarbeiten der Klickreihenfolge

Analysieren -> Deskriptive Statistiken -> Häufigkeiten ...

jedoch die Variable „Produktbewertung [Note]", die die Gesamtzufriedenheit der 62 Probanden mit einem Produkt zeigt (mit 1 = „sehr zufrieden" bis 5 = „sehr unzufrieden"). Da es sich bei der Note streng genommen um eine ordinal skalierte Variable handelt, kommt der Median zur Anwendung. In der Dialogbox „Häufigkeiten: Statistik" (vgl. Abb. 4.14) wählen wir dieses Mal unter den angebotenen Lagemaßen den Median (❷) und erhalten das in Abb. 4.16 dargestellte Ergebnis. Der Median beträgt demnach 2,00 (❶).

Abb. 4.16 Median

Statistiken

Produktbewertung

N	Gültig	62
	Fehlend	0
Median		2,00	❶

Dies bedeutet, dass je die Hälfte der Befragten die Note „2 oder besser" bzw. „2 oder schlechter" vergeben haben.

Anstatt eine Reihe in genau zwei Hälften zu teilen, was bei der Berechnung des Medians geschieht, kann man theoretisch beliebig viele Schnitte machen und so eine geordnete Reihe in k gleich große Teile zerlegen. Man kann sich die geordnete Reihe wie eine lange Teigrolle vorstellen, aus der man mit einem Schnitt zwei gleich große Brote, mit neun Schnitten hingegen zehn gleich große Brötchen backen kann.

> Unterteilt man eine geordnete Reihe in k gleiche Teile, so spricht man von *k-Quantilen (oder auch k-Perzentilen)*. Sonderfälle sind insbesondere das 2-Quantil (entspricht dem Median), die 4-Quantile („Quartile") sowie die 10-Quantile („Dezile").

Im Folgenden wollen wir uns neben dem bereits bekannten 2-Quantil (Median) noch die ebenfalls gebräuchlichen 4-Quantile (Quartile) anschauen. Die Idee ist grundsätzlich die gleiche wie beim Median. Wir ordnen die Beobachtungswerte und unterteilen die Reihe dieses Mal in vier gleiche Teile (lat. *quarta:* Viertel). Die Vorgehensweise soll wiederum an folgender Beobachtungsreihe mit n = 10 erläutert werden:

$$5 \quad 6 \quad 9 \quad 10 \quad 12 \quad 13 \quad 14 \quad 16 \quad 17 \quad 18$$

Man dividiert zunächst die Anzahl n aller Beobachtungswerte durch vier In diesem Fall ergibt sich 10/4 = 2,5. Das 1. Quartil wäre also der Wert bei der Ordnungszahl 2,5. Da diese jedoch nicht ganzzahlig ist, wählt man die nächsthöhere ganzzahlige Ordnungszahl. Das 1. Quartil liegt somit beim dritten Wert und beträgt 9.

Für die anderen beiden Quartile geht man analog vor. Wir beginnen zunächst mit dem 3. Quartil. Wir dividieren wieder n durch 4, nehmen dieses Mal das Ergebnis mal drei, da wir ja das dritte Quartil suchen. Es ergibt sich 7,5. Auch diese Ordnungszahl existiert nicht, wir nehmen daher erneut den nächsthöheren ganzzahligen Wert, also die 8. Damit nimmt das 3. Quartil den Wert 16 an.

Das zweite Quartil ergibt sich gemäß unserer Rechenvorschrift als n/4 multipliziert mit 2 (wir suchen nun das 2. Quartil). Hier ergibt sich nun eine Besonderheit, denn die sich ergebende Ordnungszahl ist genau 5. In einem solchen Fall, wenn eine Ordnungszahl ganzzahlig ist, wählt man nicht die ihr zugeordnete Ausprägung, sondern das arithmetische Mittel aus dieser und derjenigen bei der aktuellen Ordnungszahl plus eins. In unserem Beispiel berechnen wir also das Mittel der Werte 12 (Ordnungszahl 5) und 13 (Ordnungszahl 6). Das Ergebnis lautet 12,5. (Diese Vorgehensweise ist im Übrigen unmittelbar einleuchtend, da das 2. Quartil identisch mit dem Median ist und wir diesen im obigen Beispiel auf die identische Weise bestimmt haben!)

4.2 Deskriptive Statistik

Zusammenfassend erhalten wir somit:

1. Quartil: 9   (25 % der Werte sind kleiner/gleich 9 und 75 % der Werte sind größer/gleich 9)
2. Quartil: 12,5   (50 % der Werte sind kleiner/gleich 12,5 und 50 % der Werte sind größer/gleich 12,5)
3. Quartil: 16   (75 % der Werte sind kleiner/gleich 16 und 25 % der Werte sind größer/gleich 16)

Wir hatten für den Datensatz *Lagemaße.sav* bereits den Median berechnet, nun wollen wir auch noch die übrigen Quartile bestimmen. Hierzu wählen wir in der Dialogbox „Häufigkeiten: Statistik" (vgl. Abb. 4.17) dieses Mal in der Gruppe „Perzentilwerte" die Option „Quartile" aus (❶). (Alternativ könnten wir auch beliebige andere Trennungen, z. B. in 10 gleiche Teile (Dezile) wie standardmäßig direkt darunter angeboten, vornehmen).

Als Ergebnis erhält man die in Abb. 4.18 dargestellten Werte (❶). Das 1. Quartil (25 %) liegt folglich bei 1,00, das 2. Quartil (50 % = Median) bei 2,00 und das 3. Quartil (75 %) bei 3,00.

Eine Besonderheit ist bei der Verwendung von SPSS erwähnenswert, auch wenn praktisch unbedeutend: Sofern sich beim 1. bzw. 3. Quartil eine ganzzahlige Ordnungszahl ergibt, nimmt SPSS nicht wie oben beschrieben das arithmetische Mittel der beiden betreffenden Beobachtungswerte, sondern addiert zum kleineren Wert beim 1. Quartil 25 % sowie beim 3. Quartil 75 % der Differenz zum nächsten Beobachtungswert hinzu. Wären also bei-

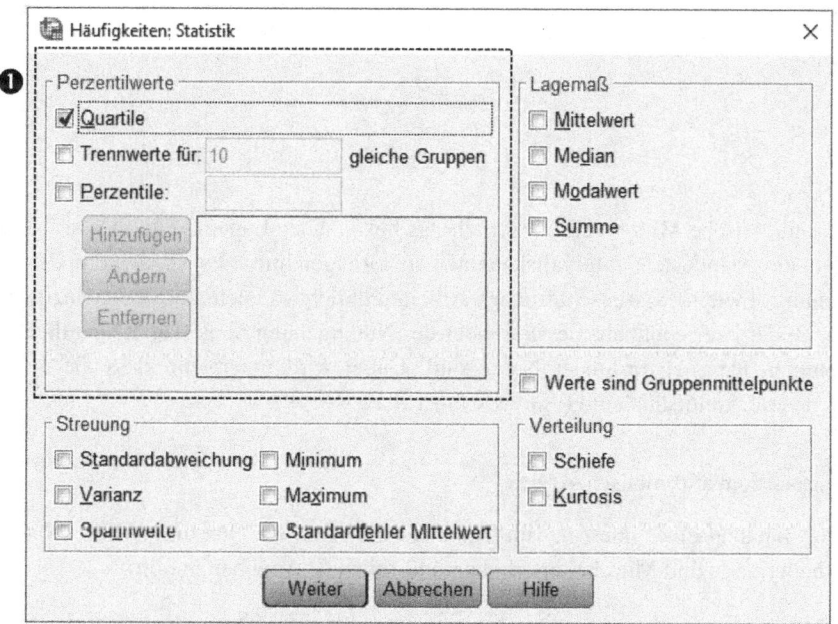

Abb. 4.17 Dialogbox „Häufigkeiten: Statistik"

Abb. 4.18 Quartile

Statistiken

Produktbewertung

N	Gültig	62
	Fehlend	0
Perzentile ❶	25	1,00
	50	2,00
	75	3,00

spielsweise die beiden relevanten Werte zur Bestimmung des 1. Quartals 5 und 6, so würde SPSS nicht 5,5, sondern eben nur 5,25 als 1. Quartil errechnen. Analog ergäbe sich das 3. Quartil in diesem Beispiel als 5,75. Dies Vorgehensweise entbehrt nicht einer gewissen Logik, ist aber eigentlich unüblich, jedoch wie erwähnt praktisch unbedeutend, da auch hier – wie beim Median – jeder Wert zwischen 5 und 6 in Frage kommt, ohne die Definition der Quartile zu verletzen.

4.2.3.3 Arithmetisches Mittel

Arithmetisches Mittel

Das arithmetische Mittel („Durchschnitt") ergibt sich als Summe aller Beobachtungswerte x_i und anschließende Division durch die Anzahl n der Beobachtungswerte. Es ist ab Intervallskalenniveau einsetzbar und errechnet sich formal als:

$$\bar{x} = \frac{1}{n} \sum_{i=1}^{n} x_i$$

Das arithmetische Mittel stellt sicherlich das bekannteste Lagemaß dar. Dabei ist zu beachten, dass mindestens Intervallskalenniveau vorliegen muss. Es ist jedoch in der Marktforschung sowie in wissenschaftlichen Arbeiten üblich, es auch auf Skalen anzuwenden, die z. B. der Zufriedenheitsmessung oder der Notengebung dienen und eigentlich streng genommen lediglich ordinaler Natur sind. Dabei wird unterstellt, dass die einzelnen Skalenwerte äquidistant sind (vgl. Abschn. 1.3.2.2).

Beispiel zum arithmetischen Mittel

Der Inhaber eines kleinen, mittelständischen Betriebs hat das Alter seiner Mitarbeiterinnen und Mitarbeiter erhoben und folgende Angaben notiert:

18   22   25   27   30   33   65

4.2 Deskriptive Statistik

Das arithmetische Mittel ergibt sich somit als:

$$\bar{x} = \frac{1}{7}(18 + 22 + 25 + 27 + 30 + 33 + 65) = 31{,}43 \text{ Jahre}$$

◄

Ein Problem bei der Verwendung des arithmetischen Mittels ist die Sensitivität im Hinblick auf Ausreißer. Im obigen Beispiel ist die Belegschaft im Schnitt plötzlich nur noch 25,8 Jahre alt, sobald der 65-jährige in den Ruhestand geht und noch kein Nachfolger eingestellt ist. Würde man hingegen den Median berechnen, läge dieser bei 27. Dabei spielt es keine Rolle, ob der älteste Mitarbeiter 50, 60 oder 70 Jahre alt ist. Der Median bleibt davon unbeeindruckt, da er stets bei 27 verharrt. Das arithmetische Mittel wächst hingegen mit zunehmendem Alter des betreffenden Mitarbeiters. Aus diesem Grunde wird empfohlen, neben dem arithmetischen Mittel auch noch zusätzlich den Median zu berechnen, da dies eine Möglichkeit ist, Ausreißer zu entdecken (vgl. Abschn. 4.2.6). Dies ist v. a. auch dann wichtig, wenn irgendwelche Zahlen im Rahmen von Interessenskonflikten von verschiedenen Personen oder Gruppen zur Untermauerung der eigenen Positionen eingesetzt werden. Hier lohnt sich das kritische Hinterfragen.

> **Beispiel**
>
> In der Praxis tauchen solche Probleme immer wieder auf. So berichtete der SWR am 13.04.2022 auf seiner Webseite (www.swr.de), dass die Stadt Heilbronn im Einkommensvergleich unter den deutschen Landkreisen auf Platz eins läge. Das Pro-Kopf-Einkommen (Arithmetisches Mittel!) beträgt demnach – bezogen auf das Jahr 2019 – 42.275 € pro Jahr, rund 5000 € mehr als die Einwohner aus dem Landkreis Starnberg (Oberbayern), das auf den zweiten Platz kam, und rund doppelt so viel wie das Pro-Kopf-Einkommen im Bundesschnitt. Dies liegt aber offensichtlich an nur einem einzigen Einwohner: Dem Milliardär Dieter Schwarz, dem Kopf der Schwarz-Gruppe, zu der u. a. LIDL gehört. Berechnet man deswegen ersatzweise den Median, so liegt Heilbronn immer noch gut im Rennen, sei aber weit von der Spitze entfernt. ◄

Kommen wir abschließend noch einmal auf unsere Datei *Lagemaße.sav* zurück. Sie enthält auch noch die demografische Variable „Alter". Wir interessieren uns für das arithmetische Mittel der Probanden. Die Berechnung ist zulässig, da das Alter verhältnisskaliert ist. Über die bekannte Klickreihenfolge

Analysieren -> Deskriptive Statistiken -> Häufigkeiten …

gelangen wir erst zur Auswahl der interessierenden Variablen (hier „Alter") und dann über die Schaltfläche „Statistiken …" zur Dialogbox „Häufigkeiten: Statistik" (vgl. Abb. 4.14). Hier wählen wir dieses Mal „Mittelwert" (❸). Gemeint ist das arithmetische Mittel. Wir klicken auf „Weiter" und anschließend auf „OK". Das Ergebnis ist in Abb. 4.19 (❶) dargestellt. Die 62 befragten Personen sind im Schnitt 40,45 Jahre alt.

Abb. 4.19 Arithmetisches
Mittel

Statistiken

Alter

N	Gültig	62
	Fehlend	0
Mittelwert		40,45 ❶

Lässt man übrigens den Haken vor „Häufigkeitstabellen anzeigen" in der Dialogbox „Häufigkeiten" stehen (vgl. Abb. 4.4 ❷), so bekommt man eine sehr lange Liste mit 40 Ausprägungen zwischen 18 und 78 Jahren. Die maximale absolute Häufigkeit einer identischen Altersangabe ist dabei 4 (33 Jahre), ansonsten zumeist nur 1 oder 2. An dieser Stelle wird nochmals deutlich, dass eine Häufigkeitsverteilung in der vorliegenden Form unzweckmäßig ist. Zuvor sollte eine Einteilung in Altersklassen erfolgen (vgl. das Beispiel in Abschn. 2.5.4).

4.2.4 Streuungsmaße

4.2.4.1 Spannweite

Neben den Lagemaßen sollte unbedingt mindestens ein Streuungsmaß berechnet werden. Leider ist selbst in Bachelorarbeiten häufig festzustellen, dass sich die Studierenden auf die Angabe von Häufigkeiten und arithmetischem Mittel beschränken. Dies führt in vielen Fällen zu Fehlinterpretationen. Bewertet eine Gruppe befragter Personen beispielsweise das Produktdesign im Schnitt mit 3,0 auf einer Notenskala von 1 bis 5, so steht die Frage im Raum, ob nun alle Personen das Produkt lediglich „befriedigend" bewertet haben oder aber ob die eine Hälfte sehr zufrieden (Note 1) und die andere Hälfte sehr unzufrieden ist (Note 5). Im ersten Fall sollte man über eine Veränderung des Produktdesigns nachdenken und es vielleicht etwas mehr dem Zeitgeist anpassen. Im zweiten Fall liegt eher der Fall unterschiedlicher Präferenzen, sprich Zielgruppen, vor. Hier könnte man erwägen, das Produkt in zwei verschiedenen Varianten anzubieten. Daher benötigt man neben dem Mittelwert ein geeignetes Streuungsmaß. Es gibt an, wie die Beobachtungswerte um den bereits berechneten Lageparameter verteilt sind.

> Das einfachste Streuungsmaß ist die *Spannweite* (auch *Range* genannt). Es berechnet sich aus der Differenz des größten und des kleinsten Beobachtungswertes. Hierfür muss die Variable zumindest Ordinalskalierung aufweisen.

Beispiel zur Spannweite

In einer Befragung wurde u. a. das Alter der Probanden erhoben. Folgende, bereits aufsteigend geordnete Liste ergab sich:

18   20   23   24   25   26   80

Die Spannweite errechnet sich als höchster Wert (80) minus niedrigster Wert (18), also 62. ◄

Im vorstehenden Beispiel offenbart sich sofort die augenscheinliche Schwäche dieses Streuungsmaßes. Ähnlich wie das arithmetische Mittel ist auch die Spannweite sehr sensibel hinsichtlich Ausreißern. Die befragten Personen sind alle sehr jung, mit Ausnahme der letzten Person. Diese führt zu dem großen Wert 62, was in Unkenntnis der einzelnen Werte schnell zum Schluss führen dürfte, dass das erreichte Altersspektrum sehr breit ist. Tatsächlich hat man jedoch insgesamt lediglich ein eher jüngeres Publikum erreicht.

Wir verwenden weiterhin den Datensatz *Lagemaße.sav* sowie die bekannte Klickreihenfolge

Analysieren -> Deskriptive Statistiken -> Häufigkeiten ...

Hier wählen wir die Variablen „Produktbewertung [Note]" und „Alter" aus. Außerdem entfernen wir dieses Mal den überflüssigen Haken „Häufigkeitstabellen anzeigen". Über die Schaltfläche „Statistiken" gelangen wir erneut zur Dialogbox „Häufigkeiten: Statistik". Hier interessieren wir uns in der Folge für das Auswahlfenster unten links, das mit „Streuung" überschrieben ist (vgl. Abb. 4.20). Dort wählen wir „Spannweite" (❶). Zusätzlich wählen wir noch die beiden Werte, aus denen sich die Spannweite berechnet, explizit aus, namentlich Minimum und Maximum (❷). Wir erhalten das in Abb. 4.21 dargestellte Ergebnis. Die Spannweite (jeweils basierend auf der Differenz von Maximum (❸) und Minimum (❹) beträgt bei der Produktbewertung 4 Notenschritte (5-1) (❶) und beim Alter 60 Jahre (78-18) (❷).

4.2.4.2 Interquartilsabstand

Der *Interquartilsabstand* (auch *Quartilsabstand* oder *Interquartilsbereich* genannt) basiert auf den schon bekannten Quartilen und errechnet sich als Differenz aus dem 3. und dem 1. Quartil. Er gibt somit die Streuung der „mittleren 50 % der Beobachtungswerte" an. Die 25 % kleinsten sowie die 25 % größten Werte bleiben also unberücksichtigt, wodurch der Einfluss von Ausreißern verhindert oder zumindest geschwächt wird. Voraussetzung ist mindestens Ordinalskalenniveau.

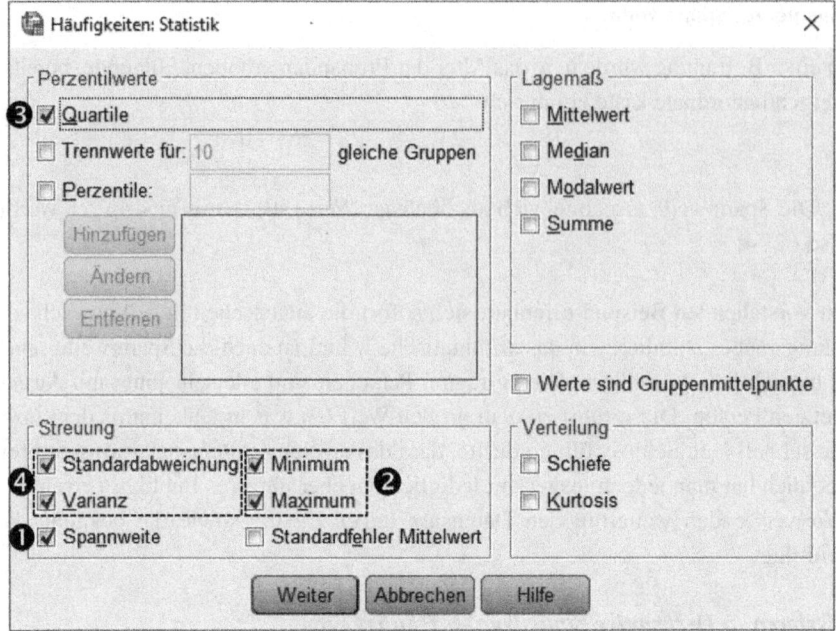

Abb. 4.20 Dialogbox „Häufigkeiten: Statistik"

Statistiken

		Produktbewertung	Alter
N	Gültig	62	62
	Fehlend	0	0
Spannweite		❶ 4	❷ 60
Minimum ❹		1	18
Maximum ❸		5	78
Perzentile	25	1,00	❻ 26,75
	50	2,00	38,50
	75	3,00	❺ 53,50

Abb. 4.21 Spannweite, Minimum und Maximum

Beispiel zum Interquartilsabstand

Die Studentin Bettina ist auf der Suche nach einer kleinen Ein-Zimmer-Wohnung in Berlin, wo sie in Kürze ihr Studium beginnen wird. Sie recherchiert in einem ersten Anlauf zehn in einem Immobilienportal angebotenen Angebote und notiert die Quadratmeterpreise, die sie aufsteigend ordnet:

50   120   129   130   133   140   150   151   160   450

4.2 Deskriptive Statistik

Das 1. Quartil liegt (mit 10/4 = 2,5) beim dritten Beobachtungswert, also 129 €/m² und das 3. Quartil entsprechend beim 8. Beobachtungswert, also 151 €/m². Der Interquartilsabstand beträgt somit 151–129 = 22 €/m². ◄

Im Beispiel variieren die mittleren 50 % der Werte also lediglich um 22 €/m², sodass die Eltern der Studentin, die die Wohnungsmiete übernehmen, entspannt abwinken und ihr völlig freie Hand in diesem Bereich lassen. Die ganz billigen Absteigen wollen sie ihr eh nicht zumuten, die ganz teuren Zimmer sind sie hingegen nicht bereit zu finanzieren. Daher einigen sie sich auf eine Wohnung im preislichen Mittelfeld. Und hier stellen sie nun fest, dass die in Frage kommenden Zimmer alle sehr ähnlich kosten werden.

Man erkennt hier, analog zum Median, dass Ausreißer weitgehend keine Rolle spielen, den Interquartilsabstand also nicht beeinflussen (sofern es sich nur um relativ wenige Ausreißer handelt). Im vorstehenden Beispiel könnte es sein, dass die billigste Wohnung gar keine heruntergekommene Wohnung in schlechter Lage ist. Stattdessen ist die Vermieterin selbst Studentin gewesen und bringt durch einen niederen Mietpreis ihre Solidarität zum Ausdruck. Umgekehrt könnte die teuerste Wohnung tatsächlich eine verwahrloste Ein-Zimmer-Wohnung sein, in der aber vor vielen Jahren einmal George Clooney genächtigt hat, weshalb nunmehr einige Personen fast jeden Preis bezahlen würden, um ebenfalls in diesem Zimmer zu wohnen. Die beiden Wohnungen beeinflussen den Interquartilsabstand jedoch beide nicht.

Analog zur Spannweite betrachten wir nun mittels SPSS erneut die Variablen „Produktbewertung [Note]" und „Alter" im Datensatz *Lagemaße.sav*. Der Interquartilsabstand kann in der bisher verwendeten Dialogbox „Häufigkeiten: Statistiken" (Abb. 4.20) nicht direkt ermittelt werden, allerdings können ganz oben links die Quartile angefordert werden (❸) und der Interquartilsabstand anschließend durch einfache Differenzbildung errechnet werden. In Abb. 4.21 lesen wir beispielsweise hinsichtlich des Alters 53,50 für das obere Quartil (75 %-Perzentil) ab (❺), das untere (25 %-Perzentil) wird mit 26,75 berechnet (❻). Der Interquartilsabstand beträgt somit 53,50 - 26,75 = 26,75. Für die Produktbewertung gilt analog 3,00 – 1,00 = 2,00. Es gibt jedoch auch einen direkten Weg zur Berechnung des Interquartilsabstands, den wir später in Abschn. 4.2.6 im Rahmen der „Explorativen Datenanalyse" kennenlernen werden.

4.2.4.3 Mittlere absolute Abweichung

Während die Spannweite lediglich von den zwei Extremwerten beeinflusst wird und bei der Berechnung des Interquartilsabstands auch nur 50 % aller Werte Eingang finden, berücksichtigt die Mittlere absolute Abweichung sämtliche Beobachtungswerte. Dabei interessiert man sich, wie stark sie um einen Lageparameter streuen. Da sich solche Differenzen gegenseitig auslöschen würden, weil einige Werte kleiner, andere hingegen größer als dieser Lageparameter sind, werden zunächst die Absolutbeträge der Differenzen bestimmt.

Mittlere absolute Abweichung (MAA)

Als *Mittlere absolute Abweichung (MAA)* wird die durchschnittliche absolute Abweichung aller Beobachtungswerte vom Lagemaß bezeichnet (zuweilen auch *MAD = Mean Absolute Deviation*). Als Lagemaße sind das arithmetische Mittel ($\bar{x}$) sowie der Median (m) üblich:

$$MAA = \frac{1}{n}\sum_{i=1}^{n}|x_i - \bar{x}|$$

$$MAA = \frac{1}{n}\sum_{i=1}^{n}|x_i - m|$$

Während die obere Formel nur für metrische Merkmale zulässig ist, kann die untere bereits ab Ordinalskalenniveau verwendet werden.

Beispiel zur mittleren absoluten Abweichung

Greifen wir das vorige Beispiel aus Abschn. 4.2.4.2 noch einmal auf, in dem die Studentin Bettina folgende Quadratmeterpreise für zehn Wohnungen ermittelt hat:

50   120   129   130   133   140   150   151   160   450

Das *arithmetische Mittel* $\bar{x}$ ergibt sich als 161,3. Für die MAA folgt daher:

$$MAA = \frac{1}{10}\left(|50 - 161{,}3| + |120 - 161{,}3| + \ldots + |450 - 161{,}3|\right) = 57{,}74$$

Im Durchschnitt weichen also die einzelnen Quadratmeterpreise um 57,74 € von ihrem arithmetischen Mittel ab.

Verwenden wir stattdessen den *Median* als Lageparameter, so berechnet sich dieser zunächst als:

$$m = \frac{133 + 140}{2} = 136{,}5$$

Für die MAA folgt somit:

$$MAA = \frac{1}{10}\left(|50 - 136{,}5| + |120 - 136{,}5| + \ldots + |450 - 136{,}5|\right) = 48{,}90$$

Die durchschnittliche Abweichung der Werte vom Median beträgt somit 48,90 €. ◀

4.2 Deskriptive Statistik

Für die MAA bietet SPSS keine direkte Berechnung an. Hier kann entweder auf Excel oder ein ähnliches Programm zurückgegriffen werden, oder man verwendet einen Onlinerechner, wie z. B. *Statologie (2024)*.

4.2.4.4 Varianz und Standardabweichung

Die MAA ist für praktische Anwendungen im Rahmen empirischer Arbeiten grundsätzlich geeignet, da sie unmittelbar einsichtig und zudem leicht zu berechnen ist. Möchte man hingegen im Rahmen statistischer Kalküle die Minimierung der Streuung erreichen, ist dieses Maß ungeeignet, da die Betragsfunktion nicht differenzierbar ist (vgl. Jeske 2017, S. 82). Dort wird stattdessen auf die Varianz bzw. Standardabweichung zurückgegriffen. Aufgrund der breiten Bekanntheit und Anwendung ist die Standardabweichung aber auch bei empirischen Arbeiten – und damit ebenso bei studentischen Ausarbeitungen – üblich. Auch verschiedene (kostenlose) Online-Befragungstools (z. B. surveymonkey.com) berechnen einige Kennzahlen automatisch, darunter üblicherweise die Standardabweichung als Streuungsmaß.

> **Varianz und Standardabweichung**
> Die *Varianz* (s^2) ist die durchschnittliche quadrierte Abweichung vom arithmetischen Mittel. Die *Standardabweichung (s)* errechnet sich anschließend als positive Wurzel aus der Varianz. Beide Streuungsmaße setzen mindestens Intervallskalierung voraus.
>
> $$s^2 = \frac{1}{n}\sum_{i=1}^{n}(x_i - \bar{x})^2$$
>
> $$s = \sqrt{\frac{1}{n}\sum_{i=1}^{n}(x_i - \bar{x})^2}$$

Während man bei der MAA die Absolutbeträge der Abstände zwischen dem jeweiligen Beobachtungswert und dem arithmetischen Mittel genommen hat, quadriert man diese Differenzen nun. Dies hat zum einen den – auch bei der MAA beabsichtigten – Effekt, dass sich die Abweichungen nicht gegenseitig auslöschen können, da die quadrierten Abstände stets positiv sind. Darüber hinaus ist die Funktion nun differenzierbar, was für spätere Anwendungen wichtig ist.

> **Beispiel zu Varianz und Standardabweichung**
>
> Kommen wir ein letztes Mal auf das Beispiel aus Abschn. 4.2.4.2 zurück. Die Quadratmeterpreise für zehn Wohnungen sind:
>
> 50 120 129 130 133 140 150 151 160 450

Das arithmetische Mittel ergibt sich, wie bereits zuvor berechnet, als 161,3. Für die Varianz folgt daher:

$$s^2 = \frac{1}{10}\left((50-161,3)^2 + (120-161,3)^2 + \ldots + (450-161,3)^2\right) = 10.095,41$$

Die Standardabweichung ist die positive Wurzel aus der Varianz und beträgt somit 100,48. ◄

Das Problem der Varianz als deskriptive Größe liegt in ihrer Einheit, denn durch die Quadrierung liegt auch das Ergebnis (hier bezüglich Preis in €) in quadrierter Form vor. Im vorangegangen Beispiel beträgt die Varianz 10.095,41 €^{2}. Die Standardabweichung hingegen hat wieder die gleiche Einheit wie die interessierende Variable Quadratmeterpreis, nämlich €.

Die häufig zu lesende Aussage, dass die Standardabweichung die „durchschnittliche Abweichung vom Mittelwert" sei, ist allerdings so nicht richtig, da durch das Quadrieren der Differenzen und Wurzelziehen aus der Gesamtsumme eine Verzerrung entsteht. Die Standardabweichung beträgt im vorstehenden Beispiel 100,48. Die tatsächliche durchschnittliche Abweichung vom Mittelwert haben wir bereits im Rahmen der MAA berechnet. Sie fällt mit 57,74 deutlich kleiner aus. In unserem Beispiel ist v. a. der hohe Ausreißerwert von 450 verantwortlich, der erst die Varianz und anschließend auch die Standardabweichung stark in die Höhe treibt. Bei der MAA fließt hingegen nur die einfache (absolute) Differenz ein.

Um auch noch ein Beispiel mit SPSS durchzuspielen, nehmen wir erneut die Datei *Lagemaße.sav* und wählen als Variable dieses Mal nur „Alter", da wir eine metrische Variable benötigen. In der Dialogbox „Häufigkeiten: Statistik" (Abb. 4.20) setzen wir schließlich je einen Haken unten links bei „Standardabweichung" und „Varianz" (❹) als gewünschte Streuungsmaße. Das Ergebnis findet sich in Abb. 4.22. Die Varianz beträgt 240,514 (❶), die Standardabweichung 15,509 (❷).

Abb. 4.22 Varianz und Standardabweichung

Statistiken

Alter		
N	Gültig	62
	Fehlend	0
❷ Std.-Abweichung		15,509
❶ Varianz		240,514

4.2 Deskriptive Statistik

An dieser Stelle ist es notwendig zu erwähnen, dass die Division durch die Anzahl aller Beobachtungswerte n nur für Totalerhebungen bzw. rein deskriptive Analysen gedacht ist. Bei den induktiven Verfahren (vgl. Abschn. 4.3) wird hingegen eine kleine Korrektur vorgenommen, es erfolgt stattdessen eine Division durch (n − 1) (vgl. Jeske 2017, S. 84 f.). Man bezeichnet das Resultat auch als *Stichprobenvarianz*. Wichtig zu wissen ist an dieser Stelle jedoch bereits, dass SPSS bei der Berechnung der Varianz und der Standardabweichung stets diese korrigierten Werte liefert (so auch in Abb. 4.22). Dort erfolgte also eine Division durch n − 1 = 61 anstatt n = 62. Für eine größer werdende Zahl an Beobachtungswerten wird diese Unterscheidung vom Ergebnis her immer unbedeutender, für wenige Beobachtungswerte ergeben sich allerdings nennenswerte Unterschiede. Für unser Rechenbeispiel mit den n = 10 Quadratmeterpreisen errechnet SPSS beispielsweise $s^2 = 11.217,12$ sowie $s = 105,91$. Die beiden Werte sind also deutlich höher als die zuvor händisch berechnete 10.095,41 für die Varianz bzw. 100,48 für die Standardabweichung. Im Beispiel in Abb. 4.22 würde man hingegen $s^2 = 236,63$ sowie $s = 15,38$ erhalten. Insbesondere die Standardabweichung ist hier in beiden Fällen recht ähnlich. Da man im Rahmen einer wissenschaftlichen Arbeit von Studierenden z. B. in den Wirtschaftswissenschaften eine Stichprobengröße von mindestens dieser Größenordnung (n = 62) erwarten kann, fallen die Unterschiede also praktisch kaum ins Gewicht.

4.2.4.5 Variationskoeffizient

> **Variationskoeffizient**
>
> Der *Variationskoeffizient* dient dazu, die Streuung von Datenreihen vergleichbar zu machen. Es handelt sich dabei um ein *relatives*, also maßstabsunabhängiges Streuungsmaß. Der Variationskoeffizient V ist definiert als
>
> $$V = \frac{s}{\overline{x}}$$
>
> und verlangt somit mindestens intervallskalierte Daten.

Beispiel zum Variationskoeffizienten

Zwei Forscher haben, ohne sich hinsichtlich der Vorgehensweise genau abzusprechen, die Körpergröße zweier jeweils zufällig ausgewählten Personengruppen gemessen. Der erste Forscher notiert die Körpergröße in Zentimeter und ermittelt folgende Datenreihe:

176 169 184 181 165 177 168   mit $\overline{x} = 174,29$ und $s = 6,58$

Der andere Forscher nutzt hingegen die Einheit Meter und kommt zu folgendem Ergebnis:

1,77 1,67 1,64 1,82 1,90 1,68 1,70   mit $\overline{x} = 1,74$ und $s = 0,087$

Auf den ersten Blick scheint die Körpergröße in der ersten Gruppe stärken zu streuen, was aber natürlich an der Einheit Zentimeter liegt. Berechnet man hingegen als relatives Maß den Variationskoeffizienten, so ergibt sich für die beiden Gruppen:

$$V_{cm} = \frac{6{,}584}{174{,}29} = 0{,}0378 \quad \text{sowie} \quad V_m = \frac{0{,}087}{1{,}74} = 0{,}0500$$

Die Körpergröße der zweiten Gruppe, bei der die Einheit Meter verwendet wurde, streut somit etwas stärker als die in der ersten Gruppe. ◄

Natürlich hätte man im vorstehenden Beispiel auch einfach bei einer Gruppe die Einheit durch Verschiebung des Kommas anpassen können. In anderen Fällen ist dies jedoch nicht ganz so einfach, wenn z. B. zwei Datenreihen Preise in verschiedenen Währungen beinhalten und kein amtlicher Wechselkurs bekannt ist. Oder aber, wenn zwei Datenreihen vorliegen, deren Werte sich naturgemäß aufgrund der dahinterstehenden Personen unterscheiden, z. B. hinsichtlich der Körpergröße von Erwachsenen und Grundschulkindern.

Der Variationskoeffizient ist in SPSS nicht implementiert, kann aber natürlich durch eine simple Division der beiden von SPSS bereitgestellten Werte s und $\bar{x}$ leicht berechnet werden.

4.2.5 Verteilungsmaße

4.2.5.1 Schiefe

Neben den dargestellten Lage- und Streuungsmaßen interessiert man sich manchmal auch dafür, ob die beobachteten Daten symmetrisch verteilt sind oder nicht.

Schiefe

Die *Schiefe* ist ein Maß für die Symmetrie einer Verteilung. Sie nimmt den Wert Null an, wenn eine perfekt symmetrische Verteilung der Daten vorliegt. Hingegen ist sie positiv (negativ), wenn die Verteilung linkssteil (rechtssteil) ist. Die Schiefe selbst ist nicht normiert, es kann also nur unterschieden werden, ob sie kleiner, gleich oder größer Null ist. Die zugrunde liegenden Daten müssen mindestens Intervallskalenniveau aufweisen. Die Schiefe berechnet sich als:

$$Schiefe = \frac{1}{n}\sum_{i=1}^{n}\left(\frac{x_i - \bar{x}}{s}\right)^3$$

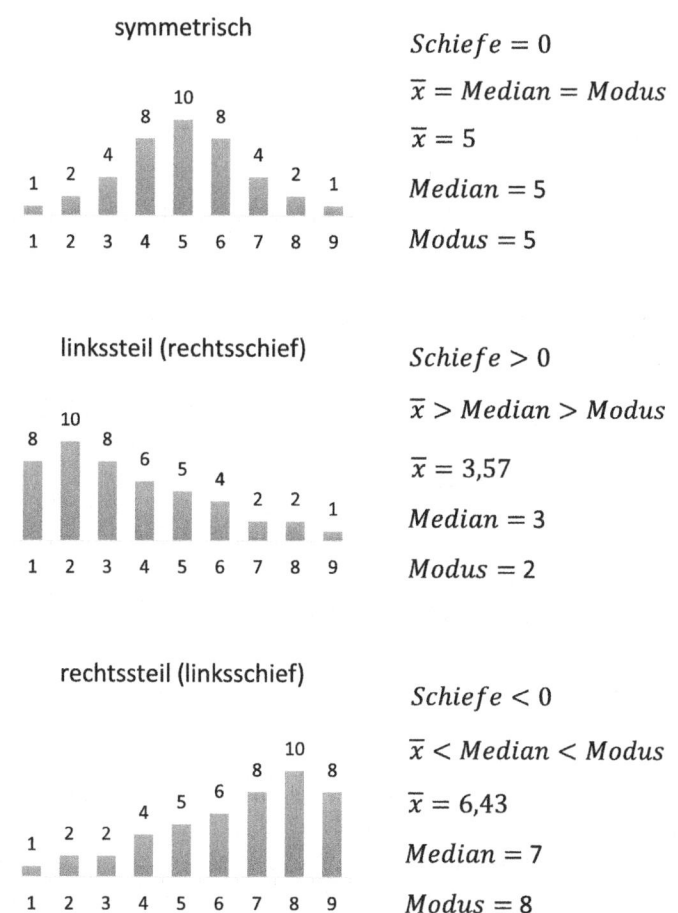

Abb. 4.23 Symmetrische und asymmetrische Verteilungen

Liegt eine unimodale Verteilung vor und sind die Daten exakt symmetrisch verteilt, so fallen Modus, Median und arithmetisches Mittel zusammen, und zwar an der Symmetrieachse. Ist die Funktion hingegen links- oder rechtssteil, so fallen die drei Lageparameter unterschiedlich aus. Daher ist die Schiefe durchaus eine interessante zusätzliche Kennzahl (vgl. Abb. 4.23).

In der Praxis findet man symmetrische Verteilungen beispielsweise bei der Untersuchung der Körpergröße von Menschen sowie Füllmengen in der Produktion. Linkssteile (bzw. rechtsschiefe) Verteilungen können hingegen bei der Betrachtung des Einkommens von Probanden beobachtet werden, wo viele relativ niedrige, aber auch einige wenige sehr hohe Einkommen auftreten. Umgekehrt verhält es sich bei rechtssteilen (bzw. linksschiefen) Verteilungen, die in der Praxis jedoch kaum vorkommen (vgl. Jeske 2017, S. 105 f.).

Wir greifen nochmals auf unsere Datei *Lagemaße.sav* zurück, arbeiten die nun schon hinlänglich bekannte Klickreihenfolge

Analysieren -> Deskriptive Statistiken -> Häufigkeiten ...

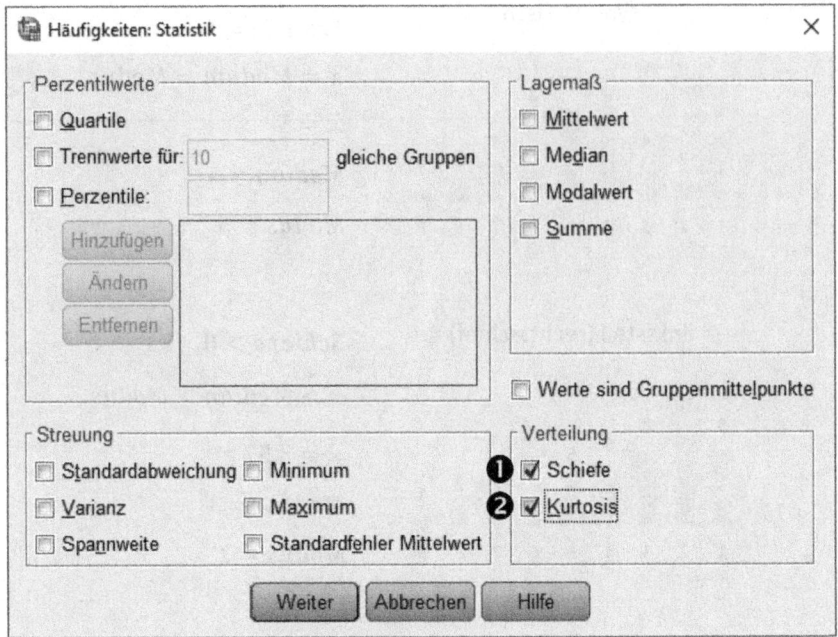

Abb. 4.24 Dialogbox „Häufigkeiten: Statistik"

ab und wählen als Variable „Produktbewertung [Note]" aus (dabei unterstellen wir erneut Intervallskalierung). Danach klicken wir auf die Schaltfläche „Statistiken …". Die Schiefe können wir in der sich öffnenden Dialogbox „Häufigkeiten: Statistiken" rechts unten im Feld „Verteilung" auswählen (vgl. Abb. 4.24 ❶).

Das Ergebnis kann in Abb. 4.25 oben abgelesen werden. Die Schiefe beträgt 0,935 (❶). Die Verteilung ist somit linkssteil (bzw. rechtsschief), was in der unteren Grafik recht gut zu erkennen ist.

4.2.5.2 Wölbung (Kurtosis)

Wölbung (Kurtosis)
Die *Wölbung* (auch Kurtosis genannt) ist ein Maß dafür, wie spitz bzw. flach eine (eingipflige) Häufigkeitsverteilung ist. Hierzu wird die Wölbung in den Außenbereichen mit der der theoretischen Normalverteilung verglichen (vgl. Jeske 2017, S. 115 ff.). Für diese ergibt sich Wölbung = 3. Häufig wird daher der sogenannte *Fischersche Exzess* betrachtet, der als Wölbung-3 definiert ist. Dadurch steht ein Exzess von Null für eine Häufigkeitsverteilung, deren Wölbung identisch mit der Normalverteilung ist. Für positive (negative) Werte ist sie hingegen vergleichsweise

4.2 Deskriptive Statistik

spitzer (flacher) und damit in den Außenbereichen höher (niedriger) (vgl. Jeske 2017, S. 115 f.). Formal berechnen sich Wölbung und Exzess wie folgt:

$$Wölbung = \frac{1}{n}\sum_{i=1}^{n}\left(\frac{x_i - \bar{x}}{s}\right)^4$$

$$Exzess = \frac{1}{n}\sum_{i=1}^{n}\left(\frac{x_i - \bar{x}}{s}\right)^4 - 3$$

Wir verwenden in SPSS nochmals die Datei *Lagemaße.sav*, klicken nacheinander auf

Analysieren -> Deskriptive Statistiken -> Häufigkeiten …

und wählen als Variable erneut „Produktbewertung [Note]" aus (wobei wir wiederum Intervallskalierung unterstellen). Danach klicken wir auf die Schaltfläche „Statistiken …" und fordern dieses Mal als Verteilungsmaß die „Kurtosis" an (vgl. Abb. 4.24 ❷). Anschließend klicken wir auf „Weiter" und wählen noch die Schaltfläche „Diagramme". In

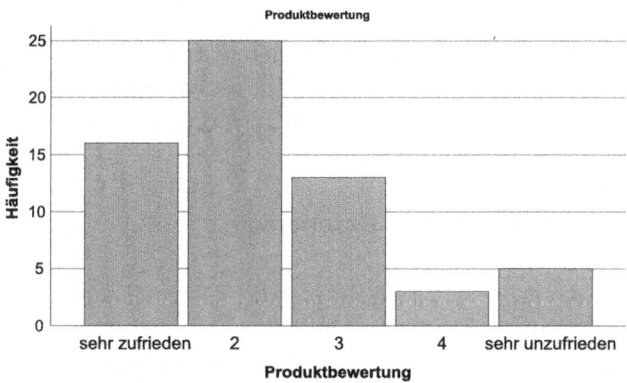

Abb. 4.25 Schiefe

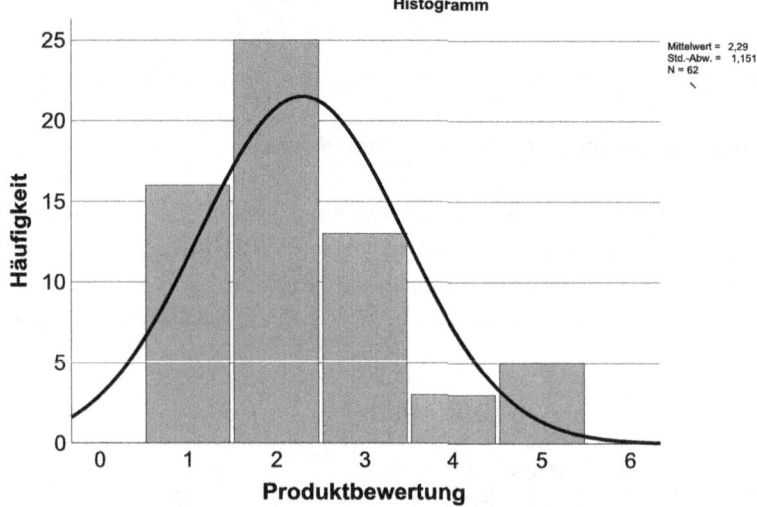

Abb. 4.26 Kurtosis

der sich öffnenden Dialogbox (vgl. Abb. 4.6) wählen wir „Histogramme" und setzen zusätzlich einen Haken direkt darunter bei „Normalverteilungskurve im Histogramm anzeigen". Danach bestätigen wir mit „Weiter" und „OK". Die gewünschten Ergebnisse finden sich in Abb. 4.26.

Die von SPSS ausgegebene Kurtosis entspricht formal dem Exzess. Der Wert 0,385 (❷) ist positiv, somit ist die Verteilung der Daten spitzer als eine zum Vergleich herangezogene Normalverteilung. Dies lässt sich in der angeforderten Grafik darunter recht gut erkennen.

4.2.6 Die Option „Explorative Datenanalyse"

Bisher haben wir die interessierenden Parameter der Lage, Streuung und Verteilung jeweils einzeln in den Menüs angefordert. Natürlich hätte man auch mehrere gleichzeitig auswählen können. So wird man neben der Schiefe üblicherweise auch die Kurtosis mit anklicken. Oder man wählt das arithmetische Mittel und den Median, verbunden mit der Standardabweichung und der Spannweite. Wie auch immer, man muss die einzelnen Haken händisch setzen.

4.2 Deskriptive Statistik

SPSS bietet nun eine sehr hilfreiche Möglichkeit, sich einen ersten Überblick über einen Datensatz zu verschaffen, die mit „Explorative Datenanalyse" bezeichnet ist. Der Name ist hier Programm: Die „Explorative Datenanalyse" liefert eine Tabelle mit einer Vielzahl an Kennzahlen, von denen wir die meisten bereits kennengelernt haben. Man erhält Informationen über verschiedene Lage- und Streuungsmaße, sodass man schnell eine bestimmte Vorstellung über die Verteilung der Daten bekommt, inklusive dem Vorliegen von Ausreißern.

Beispiel

Der Student Ralph hat im Rahmen seiner Masterarbeit eine Umfrage unter 150 Gästen eines Freizeitparks durchgeführt. Dabei ging es z. B. darum, mit welchem Verkehrsmittel diese angereist sind oder wie sie auf den Park aufmerksam geworden sind. Es wurden aber auch verschiedene Fragen gestellt, bei denen die Probanden die angebotenen Leistungen auf einer Skala von 1 = sehr zufrieden bis 6 = sehr unzufrieden bewerten mussten. Die Ergebnisse sind im Datensatz *Freizeitpark.sav* hinterlegt. Wir interessieren uns im Folgenden für die Altersverteilung der Probanden. ◄

Die Analyse kann erneut im Untermenü „Deskriptive Statistiken" angefordert werden:

Analysieren -> Deskriptive Statistiken -> Explorative Datenanalyse …

In der sich öffnenden Dialogbox (vgl. Abb. 4.27) wählen wir als Variable „Alter" (❶) und klicken danach auf „OK". Mehr brauchen wir zunächst nicht tun. Das Ergebnis findet sich in Abb. 4.28.

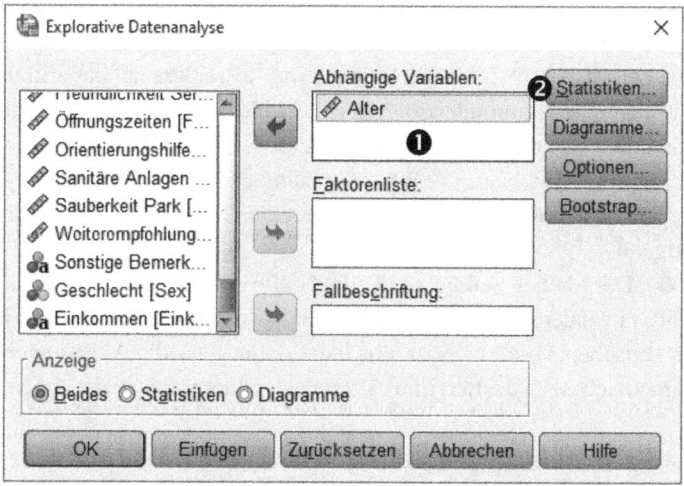

Abb. 4.27 Dialogbox „Explorative Datenanalyse"

Deskriptive Statistik

			Statistik	Standard Fehler ①
Alter	① Mittelwert		32,40	0,717
	② 95% Konfidenzintervall des Mittelwerts	Untergrenze	30,98	
		Obergrenze	33,82	
	③ 5% getrimmtes Mittel		31,98	
	④ Median		32,00	
	⑤ Varianz		77,020	
	Standard Abweichung		8,776	
	⑥ Minimum		18	
	Maximum		60	
	⑦ Spannweite		42	
	⑧ Interquartilbereich		12	
	⑨ Schiefe		0,557	0,198
	⑩ Kurtosis		0,249	0,394

Abb. 4.28 Explorative Datenanalyse für die Variable „Alter"

Die Tabelle in Abb. 4.28 liefert in der Spalte „Statistik" auf einen Blick eine Fülle interessanter Daten hinsichtlich der Variable „Alter":

- *Mittelwert* (①): Hierbei handelt es sich um das arithmetische Mittel. Die befragten Personen sind somit im Durchschnitt 32,40 Jahre alt.
- *95 % Konfidenzintervall des Mittelwerts* (②): Hierbei handelt es sich um ein Konstrukt aus der induktiven Statistik, auf das wir erst in Abschn. 4.3.2.2 eingehen werden. Es gibt einen Hinweis darauf, wie gut die Schätzung des Mittelwerts für die Beschreibung der Grundgesamtheit aller Freizeitparkbesucher ist.
- *5 % getrimmtes Mittel* (③): Um den Einfluss von Ausreißern auf das arithmetische Mittel zu eliminieren bzw. zumindest zu reduzieren, bleiben bei seiner Berechnung die 5 % ältesten und die 5 % jüngsten Personen unberücksichtigt. Mit 31,98 Jahren ist es fast identisch mit dem Mittelwert (32,40), es scheint also – wenn überhaupt – nur wenige Ausreißer im Datensatz zu geben bzw. Ausreißer nach oben und unten heben sich gegenseitig auf.
- *Median* (④): Der Median beträgt 32,00, die Hälfte aller Personen ist also kleiner gleich 32 Jahre alt, die andere Hälfte ist 32 Jahre oder älter. Der Median ist fast identisch mit dem arithmetischen Mittel (32,40), ein Indiz dafür, dass die Altersverteilung tendenziell symmetrisch sein dürfte. Eine Verzerrung durch Ausreißer scheint nicht vorzuliegen.
- *Varianz* und *Standardabweichung* (⑤): Die (Stichproben-)Varianz beträgt 77,020, die Standardabweichung, als positive Wurzel daraus, 8,776.
- *Minimum* und *Maximum* (⑥): Die jüngste befragte Person war 18, die älteste 60.
- *Spannweite* (⑦): Aus den beiden vorstehenden Werten ergibt sich somit eine Spannweite von 42 Jahren.

4.2 Deskriptive Statistik

- *Interquartilsbereich* (❽): Der Interquartilsbereich ist der Altersbereich der „mittleren 50 % Personen", wenn man die jeweils 25 % jüngsten bzw. ältesten Personen außer Acht lässt. Diese Altersspanne beträgt 12 Jahre. (Die Quartile selbst werden nicht ausgegeben, sie können aber in der Dialogbox „Explorative Datenanalyse" (vgl. Abb. 4.27) über den Button „Statistiken ..." (❷) bei Bedarf mit angefordert werden und betragen 27,00 bzw. 39,00).
- *Schiefe* (❾): Die Schiefe beträgt 0,557, sie ist somit positiv, was auf eine tendenziell linkssteile (rechtsschiefe) Altersverteilung hindeutet.
- *Kurtosis* (❿): Die Kurtosis (Wölbung) ist ebenfalls positiv, daher ist die Häufigkeitsverteilung des Alters etwas spitzer als eine Normalverteilung mit gleichem Mittelwert.

An dieser Stelle sei kurz noch auf die letzte Spalte hingewiesen, die mit „Standard Fehler" (①) überschrieben ist. Auch hier handelt es sich um einen Begriff, der in der induktiven Statistik an späterer Stelle eine Rolle spielt und auf den wir daher in Abschn. 4.3.2.1 zurückkommen werden.

Betrachten wir unser Ausgabefenster weiter. Unterhalb der eben besprochenen Tabelle finden wir ein sogenanntes „Stamm-Blatt-Diagramm" (vgl. Abb. 4.29).

> Ein *Stamm-Blatt-Diagramm* (englisch „Stem-and-leaf-plot", auch „Stengel-Blatt-Diagramm") ist ein semigrafisches Verfahren der Explorativen Datenanalyse für metrisch skalierte Daten. Es zeigt die Verteilung in der Weise, dass jedem Merkmalswert ein Stamm („Stem") und ein Blatt („Leaf") zugeordnet wird. Die Reihe an Blättern in Form von Ziffern hinter dem jeweiligen Stamm führt zu einer semigrafischen Häufigkeitsverteilung (vgl. Eckstein 2019, S. 100).

```
Alter Stengel-Blatt-Diagramm

Häufigkeit  Stem &  Blatt
    ❶        ❷    ❸
   9,00      1 .  889999999
  21,00      2 .  000001111112222333334
  32,00      2 .  55666777778888889999999999999999
  36,00      3 .  000000011112222333333333333333334444
  22,00      3 .  5566677777788899999999
  17,00      4 .  00001111111233344
   6,00      4 .  555579
   4,00      5 .  0023
   1,00      5 .  5
   2,00 Extremwerte (>=58)

Stammbreite:      10
Jedes Blatt:      1 Fälle
```

Abb. 4.29 Stamm-Blatt-Diagramm

Auf den ersten Blick sieht die Abbildung aus wie ein um 90° im Uhrzeigersinn gedrehtes Balkendiagramm. Tatsächlich erfüllt es eine vergleichbare Aufgabe im Rahmen der grafischen Interpretation der vorliegenden Daten. Die „Balkenbreite" wird hier jedoch durch Ziffern dargestellt, welche die „Blätter" basierend auf je einem „Stamm" beinhalten. Je mehr Blätter, desto breiter der Balken.

Das Diagramm ist wie folgt zu lesen: In der zweiten Spalte (❷) steht der Stamm. SPSS wählt hier die erste Ziffer der Altersangaben. Wir wissen bereits, dass die jüngste Person 18 („Minimum") und die älteste Person 60 Jahre („Maximum") ist. Die ersten Ziffern („Stamm") sind daher zunächst 1 bis 6. Allerdings sind die beiden ältesten Personen von SPSS als „Extremwerte" eingeordnet worden (den Grund erfahren wir an späterer Stelle), somit gibt es nur die Stämme 1 bis 5. In der letzten Spalte (❸) stehen die Blätter, in diesem Fall die zweite Ziffer der Altersangaben. Dadurch ist es möglich, die Altersangaben aller Probanden aus der Abbildung zu rekonstruieren, mit Ausnahme der Extremwerte. (Bei anderen Beispielen können – z. B. aufgrund von Klassenbildungen – teilweise nur ungefähre Werte abgelesen werden).

In der ersten Zeile können wir somit ablesen, dass zwei Personen 18 Jahre (Stamm=1, gefolgt von Blatt=8) und sieben Personen 19 Jahre (Stamm=1 und Blatt=9) alt sind. Insgesamt sind also neun Personen zwischen 18 und 19 alt. Dies entspricht der in der ersten Spalte (❶) dargestellten absoluten Häufigkeit. Weiterhin können wir der Abbildung z. B. entnehmen, dass vier Personen zwischen 50 und 53 Jahre alt sind. Die konkreten Alter dieser Probanden wären 50, 50, 52 und 53.

Als „Stammbreite" gibt SPSS den Wert 10 („Zehner", also Position 10^1) aus. Dies entspricht den Altersangaben 10, 20, 30, 40 und 50 Jahre, verfeinert durch die zweite Ziffer („Einer", 10^0). Jedes Blatt entspricht einem Fall, es gibt somit beispielsweise nur die eine Person, die mit 55 Jahren ausgegeben wird. Dass der Stamm in unserem Beispiel mehrfach in zwei Zeilen aufgeteilt wird, liegt daran, dass die Anzahl der Blätter zu groß ist.

Am Ende unseres Ausgabefensters finden wir schließlich ein sogenanntes „Boxplot". Um es interpretieren zu können, betrachten wir zunächst diese Darstellungsform allgemein (vgl. Abb. 4.30).

> Ein *Box-and-Whisker-Plot* („Schachtel-Barthaar-Diagramm"), kurz *Boxplot*, fasst wesentliche statistische Kenngrößen in einer einzigen Abbildung zusammen, namentlich: Minimum, Maximum, Median, unteres und oberes Quartil. Zusätzlich werden – sofern vorhanden – extreme Werte gesondert, sprich einzeln mit ihren konkreten Fallnummern ausgewiesen.

Die Grafik besteht aus der „Box" und je einem „Whisker" nach oben bzw. unten. Die Box ist nach unten und oben durch das untere sowie das obere Quartil begrenzt. Die Differenz dieser beiden Werte ist der Interquartilsbereich. Somit zeigt die Box die „mittleren 50 %" aller Werte (bisweilen auch als „Normalwerte" bezeichnet, vgl. Heimsch und Niederer 2022, S. 44), wenn man die 25 % kleinsten sowie die 25 % größten Werte abschneidet. Die horizontale Linie innerhalb der Box kennzeichnet den Median.

4.2 Deskriptive Statistik

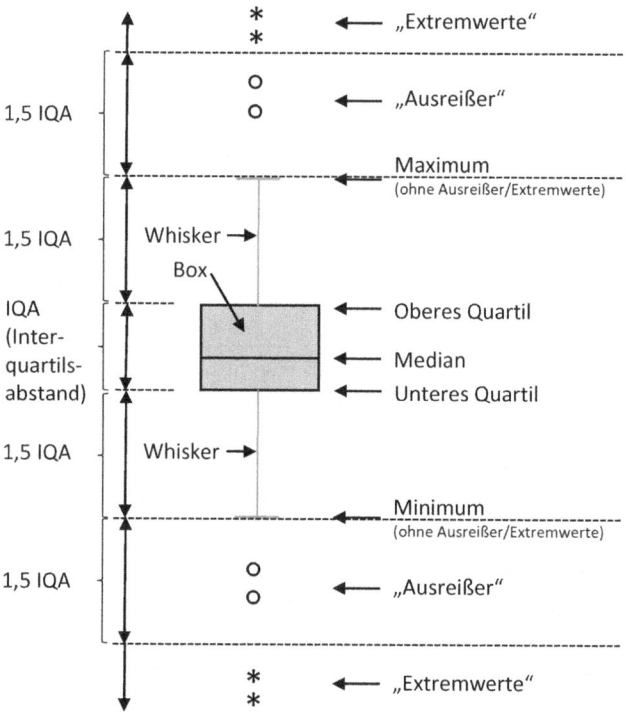

Abb. 4.30 Box-and-Whisker-Plot. (Nach Heimsch und Niederer 2022, S. 44)

Der untere Whisker endet prinzipiell beim Minimum, welches durch eine horizontale Linie nochmals hervorgehoben wird. Analog endet der obere Whisker zunächst beim Maximum. Hier ist nun eine Besonderheit in der Darstellung zu beobachten. Es ist üblich (und daher auch in SPSS so programmiert), dass der Whisker nicht beliebig lang werden darf, sondern maximal den 1,5-fachen Wert des Interquartilsabstands aufweist. Beträgt dieser beispielsweise 10, so darf der Whisker folglich maximal die Länge 15 haben. Alle Werte, die noch weiter von der Box entfernt liegen, werden entweder als „Ausreißer" oder „Extremwerte" bezeichnet. „Ausreißer" sind Werte, die zwischen dem 1,5- und dem 3-fachen des Interquartilsabstands oberhalb bzw. unterhalb der Box liegen. Sie werden jeweils individuell mittels eines kleinen Kreises sowie (in SPSS) der zugehörigen Fallnummer dargestellt. Als „Extremwerte" werden alle Fälle individuell ausgewiesen, die mehr als das 3-fache des Interquartilsabstands oberhalb bzw. unterhalb der Box liegen. Sie werden durch ein Sternchen veranschaulicht.

Kehren wir nun zu unserem Beispiel zurück (vgl. Abb. 4.31 sowie die zugehörigen Daten in Abb. 4.28). Die Box ist durch das untere Quartil (27) (❶) und das obere Quartil (39) (❷) begrenzt. Der Interquartilsabstand beträgt somit 12. Die horizontale Linie kennzeichnet den Median, dieser liegt bei 32 (❸). Das Minimum lesen wir mit dem Wert 18 (❹), das (tatsächliche) Maximum mit 60 als Ausreißerwert Nr. 143 (❺) ab. Die maximale

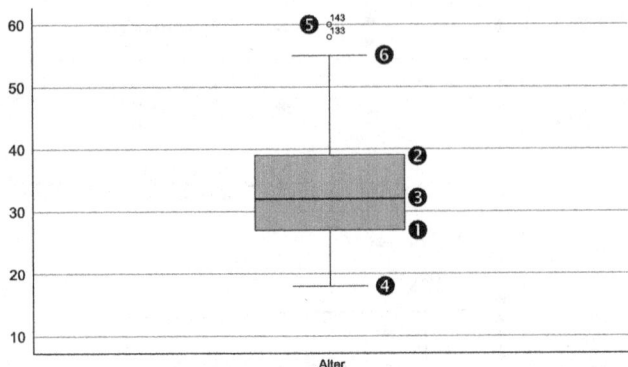

Abb. 4.31 Boxplot Altersverteilung

Länge der Whisker ist als das 1,5-fache des Interquartilsabstands definiert, also 1,5 × 12 = 18. Das Minimum liegt nahe genug an der Box, somit hat der untere Whisker lediglich die Länge 9 und endet beim Wert 18, dem echten Minimum des Datensatzes. Der obere Whisker hingegen kann selbst bei der maximal möglichen Länge von 18 die beiden Fallnummern 133 und 143 nicht einschließen. Er endet somit beim höchsten Wert, der keinen Ausreißer- bzw. Extremwert mehr darstellt. Dies ist beim Alter von 55 der Fall (❻). Die Fälle 133 und 143 werden daher als „Ausreißer" explizit dargestellt.

Beispiel

Boxplots sind insbesondere gut geeignet, um verschiedene Datenreihen miteinander zu vergleichen. Auch wenn die arithmetischen Mittelwerte zweier Gruppen identisch sind, können deutliche Unterschiede bei den vorstehenden Kenngrößen auftreten, die mittels Boxplots auf einen Blick erkennbar sind. Abb. 4.32 zeigt beispielhaft die Boxplots von je 50 Männern und Frauen hinsichtlich deren Einkommensverteilung (die zugrunde liegenden Daten finden sich in der Datei *Boxplot Alter Einkommen.sav*). Die arithmetischen Mittelwerte betragen 3147,25 € für die Männer und 3148,98 € für die Frauen. Da sich viele Studierende in ihren Arbeiten auf diese Kennzahl beschränken, kämen sie zunächst zum Ergebnis, dass Männer und Frauen quasi gleich viel verdienen. Betrachtet man nun aber die Boxplots, so kann man zunächst erkennen, dass die Spannweite zwischen den jeweiligen Whisker-Enden bei den Männern größer ist als die bei den Frauen. Zudem liegt die Box der Männer ein klein wenig oberhalb der Box der weiblichen Probandinnen. Bei den Frauen tauchen zwei Extremwerte nach unten auf (Fallnummern 2 und 14), bei den Männern gibt es derart „unterbezahlte" Personen nicht. Auf der anderen Seite finden wir bei den Männern einen Ausreißer (Fall 99) und einen Extremwert (Fall 100) nach oben, bei den Frauen hingegen 4 Extremwerte nach oben (Fälle 10, 11, 15 und 16). Obwohl die mittleren Einkommen also quasi identisch sind, kann hier nicht wirklich von gleichen Einkommensverhältnissen gesprochen werden. ◄

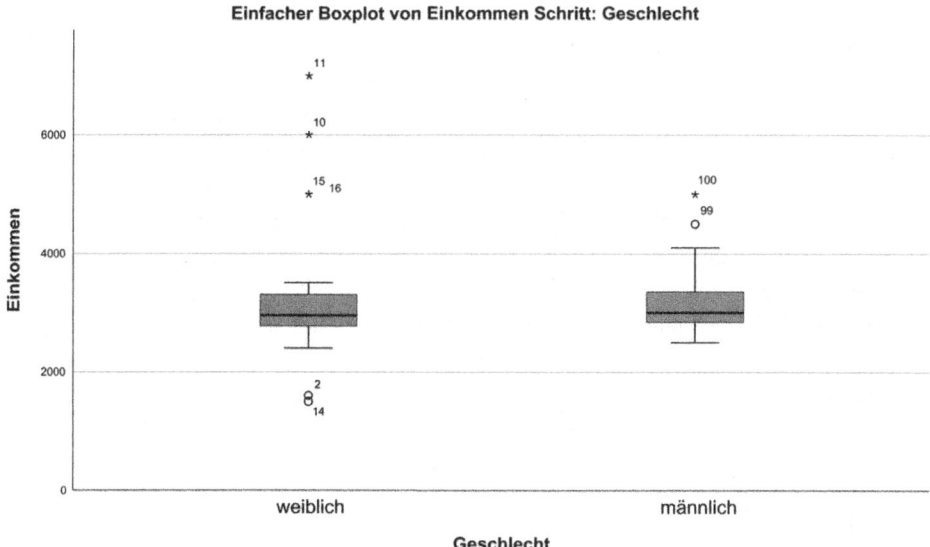

Abb. 4.32 Boxplots Geschlecht vs. Einkommen

4.3 Induktive Statistik

4.3.1 Einführung

Haben wir uns bisher lediglich auf die Beschreibung der *vorliegenden* Daten beschränkt, so kommt jetzt ein gänzlich neuer Gedanke ins Spiel. In einer wissenschaftlichen Arbeit von Studierenden wird zumeist keine Vollerhebung möglich bzw. sinnvoll sein, sondern die Analysen beschränken sich üblicherweise auf die Betrachtung von Stichproben. Möchte man z. B. die Zufriedenheit von Messebesuchern und Ausstellern ermitteln, könnte man – aufgrund der geringen Fallzahl – zumindest eine Vollerhebung der Aussteller erwägen. Die Befragung von vielen Tausend Besuchern ist hingegen schon aus technischen Gründen nicht möglich, statistisch darüber hinaus auch nicht sinnvoll. So wurden beispielsweise auf der „Touristik & Caravaning" in Leipzig, die vom 22. bis zum 26.11.2023 stattfand, 445 Aussteller, aber 54.853 Besucher ermittelt (vgl. fkm.de). Während die Aussteller in einer Datenbank erfasst sind und somit einfach per E-Mail ein Online-Fragebogen an diese verschickt werden könnte, sind die oftmals nicht registrierten Besucher ausschließlich während des Messebesuchs kontaktierbar. Hier wird man sich somit mit einer Stichprobe begnügen müssen. Die Idee ist nun, von den Ergebnissen der Stichproben auf die Grundgesamtheit hochzurechnen.

Induktive Statistik

Unter *induktiver Statistik* (auch *Inferenzstatistik* oder *schließende Statistik*) versteht man den Versuch, ausgehend vom Datenmaterial einer Stichprobe auf die Grundgesamtheit hochzurechnen. Dabei wird zwischen Schätzen und Testen unterschieden.

Beim *Schätzen* wird der gesuchte Parameter der Grundgesamtheit mittels eines Stichprobenergebnisses geschätzt. Hier können Punkt- oder Intervallschätzungen vorgenommen werden.

Beim *Testen* untersucht man, ob eine im Vorhinein aufgestellte Hypothese über die Grundgesamtheit anhand von Ergebnisses aus einer oder mehreren Stichproben aufrechterhalten werden kann oder verworfen werden muss.

So interessiert man sich z. B. für die durchschnittliche Zufriedenheit *aller* Besucherinnen und Besucher (Schätzen) oder aber für die Frage, ob es in der Grundgesamtheit Unterschiede zwischen zwei oder mehreren Gruppen gibt (Testen). Die Vermutung liegt z. B. nahe, dass ausländische Messebesucher eine höhere Zufriedenheit aufweisen, weil möglicherweise auch das attraktive Sightseeing-Programm in die Gesamtzufriedenheit einfließt, während inländische Besucher lediglich eine geringe Distanz zur Messe zurücklegen und ihrerseits die damit verbundenen Reisestrapazen in ihr Gesamturteil miteinbeziehen.

Das Problem der induktiven Statistik ist offensichtlich: Die Stichprobenergebnisse schwanken in Abhängigkeit von der Zusammensetzung der Stichprobe, also der Befragten. Je nachdem, welche Personen in die Stichprobe gelangen, wird das Ergebnis unterschiedlich ausfallen, da man das eine Mal ein paar sehr zufriedene Personen mehr in der Stichprobe hat, das andere Mal überproportional viele unzufriedene. Die Streuung dieser Stichprobenmittelwerte wird durch den *Zufallsfehler* beschrieben (vgl. Abschn. 1.3.1.4).

Auswirkung der Stichprobengröße auf den Zufallsfehler

Betrachten wir das Alter einer Gruppe von 200 Personen. Gesucht ist deren durchschnittliches Alter. Dieses ist in der Praxis natürlich unbekannt, wir erlauben uns hier aber einen kurzen Moment der Erleuchtung und notieren den tatsächlichen Altersdurchschnitt der Grundgesamtheit von 30 Jahren. Dieser wird typischerweise mit μ bezeichnet (im Abgrenzung zum arithmetischen Mittelwert der Stichprobe $\bar{x}$).

Ziehen wir nun theoretisch unendlich viele Stichproben vom Umfang n = 5 Personen (mit Zurücklegen), so werden die einzelnen Stichprobenmittelwerte der Altersangaben $\bar{x}$ um den tatsächlichen Wert von 30 streuen und dabei eine Glockenform annehmen (vgl. Abb. 4.33). Da die Wahrscheinlichkeit bei n = 5 doch recht groß ist, dass man die fünf ältesten bzw. die fünf jüngsten Probanden erwischt, sind dabei auch große

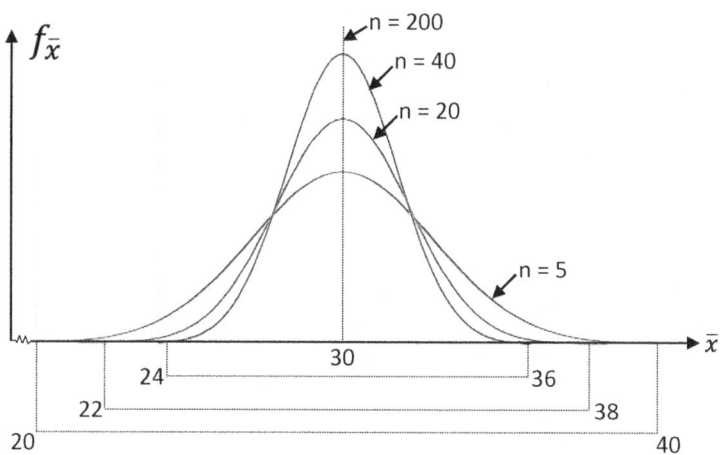

Abb. 4.33 Verteilung der Stichprobenmittelwerte für n = 5, 20, 40 und 200

Abweichungen vom tatsächlichen Mittelwert technisch möglich. Es resultieren in diesem Spezialfall z. B. die Extremwerte 20 und 40. Erhöht man nun die Stichprobengröße auf 20, so wird dieses Intervall, in dem die möglichen Stichprobenmittelwerte liegen können, kleiner. Selbst wenn der – nunmehr eher unwahrscheinlichere – Fall eintritt, dass die 20 jüngsten bzw. 20 ältesten Personen in die Stichprobe gelangen, werden die daraus resultierenden unteren und oberen Extremwerte nicht so weit auseinanderliegen wie bei der kleineren Stichprobe; z. B. umschließen sie nun nur noch ein Intervall von 22 bis 38. Der Grund ist, dass bei der Berechnung des Stichprobenmittels nun nicht nur die 5 jüngsten (ältesten) betrachtet werden, sondern noch weitere 15, die natürlich nun älter (jünger) als die bisherigen 5 sind und daher den Durchschnitt nach oben (unten) ziehen. Erhöht man die Stichprobengröße weiter (n = 40 etc.), so nähern sich diese beiden Grenzen immer weiter an. Im Extremfall, wenn man alle 200 Personen aus der Grundgesamtheit befragen würde (damit wäre es natürlich keine Stichprobe mehr), fallen sie zusammen. Man errechnet in diesem Fall zwangsläufig den tatsächlichen Wert aller Personen, nämlich 30.

Wenn nun aber das Intervall möglicher Stichprobenmittelwerte kleiner wird, steigt aufgrund der höheren Stichprobe nunmehr die Anzahl an Alterskombinationen, die zum tatsächlichen Durchschnittswert von 30 oder zumindest einem Wert in dessen unmittelbarer Nähe führen. Dadurch werden solch relativ genauen Werte also im Hinblick auf eine *einzelne* Stichprobenziehung immer wahrscheinlicher. Der Hochpunkt der Glockenkurve wandert somit nach oben. Man kann sich allerdings selbst bei großen Stichproben natürlich nicht sicher sein, ob man den tatsächlichen Wert erwischt hat. Die Wahrscheinlichkeit, dass man zumindest in dessen Nähe landet, ist dann jedoch relativ groß. Alleine dies sollte Motivation genug sein, in einer Bachelorarbeit eine entsprechend große Stichprobe anzustreben. ◄

Wie in Abb. 4.33 angedeutet, würde sich als Häufigkeitsverteilung (theoretisch) unendlich vieler Stichprobenmittelwerte vom Umfang n eine bestimmte empirische Verteilung ergeben. Eine solche Verteilung nennt man *Stichprobenkennwerteverteilung* („*sampling distribution*") (vgl. Döring 2022, S. 628). Für Stichprobenumfänge von ≥ 30 nähert sich diese immer mehr einer Normalverteilung an. Dies wird als zentrales Grenzwerttheorem bzw. zentraler Grenzwertsatz bezeichnet und wird im folgenden Abschnitt eine wichtige Rolle spielen.

▶ Der *zentrale Grenzwertsatz* besagt, dass sich Summe als auch arithmetisches Mittel von n unabhängigen und identisch verteilten Zufallsvariablen einer Normalverteilung annähern. Die ursprüngliche Variable muss nicht normalverteilt sein, für die Stichprobengröße wird typischerweise n ≥ 30 gefordert (bisweilen auch 40 (Kastner 2021, S. 152), 50 (Eckstein 2019, S. 230) oder mehr). Ein sehr anschauliches Tool, um die Verteilung von Stichprobenmittelwerten erfahrbar zu machen, findet sich bei Rice Virtual Lab (2024).

Dem Forscher bieten sich aufgrund der beschrieben Situation nun zwei Alternativen: Er kann ein Stichprobenergebnis als singulären Schätzwert für die Grundgesamtheit heranziehen und die damit verbundene Unsicherheit (zunächst) beiseiteschieben (Punktschätzung). Oder aber er dehnt das Stichprobenergebnis zu einem Intervall aus, wodurch die Schätzung nun zwar unscharf erscheint, dafür aber mit einer vorgegebenen Wahrscheinlichkeit den tatsächlichen Parameter der Grundgesamtheit überdeckt (Intervallschätzung).

4.3.2 Schätzen

4.3.2.1 Punktschätzung

▶ Nimmt man einen Stichprobenkennwert als Schätzwert für den unbekannten Parameter der Grundgesamtheit, so liegt eine *Punktschätzung* vor. Ein typisches Beispiel ist die Schätzung des tatsächlichen Mittelwerts der Grundgesamtheit µ durch das arithmetische Mittel $\bar{x}$ einer Stichprobe oder die Varianz σ^2 durch die Varianz s^2 der Stichprobe. In der Folge verwenden wir zur besseren Unterscheidung griechische Buchstaben für die Parameter der Grundgesamtheit und lateinische Buchstaben für die Kenngrößen der Stichprobe.

Beispiel zum arithmetischen Mittel („Durchschnitt")

Eine Befragung unter 10 zufällig ausgewählten Fachbesuchern einer Messe habe folgende Ergebnisse hinsichtlich der Frage nach der Verweildauer in Tagen ergeben:

1 4 2 5 3 4 2 6 3 3

Das arithmetische Mittel ergibt sich als $\bar{x} = 3,3$.

Die befragten Besucher verbringen also im Durchschnitt 3,3 Tage auf der Messe. Dieser Wert wird nun auf die Grundgesamtheit aller Fachbesucher hochgerechnet, und es wird somit davon ausgegangen, dass diese im Durchschnitt 3,3 Tage auf der Messe verweilen. ◄

In SPSS erhalten wir eine Punktschätzung z. B. im Rahmen der explorativen Datenanalyse. In unserem Freizeitparkbeispiel (vgl. Abb. 4.28) können wir als Schätzwerte für die Grundgesamtheit den Mittelwert mit 32,40, den Median mit 32,00 sowie die Standardabweichung mit 8,776 ablesen. Zugrunde lag eine Stichprobe mit n = 150 Probanden.

Das Problem der Punktschätzung liegt nun darin, dass verschiedene Stichproben zu verschiedenen Stichprobenmittelwerten und damit unterschiedlichen Schätzungen für die Grundgesamtheit führen. Da der echte Wert der Grundgesamtheit aber unbekannt ist, hat man zunächst keinen Anhaltspunkt, ob die Schätzung relativ präzise oder aber sehr ungenau ist (vgl. Abb. 4.33). Um trotzdem eine Tendenzaussage zur Genauigkeit machen zu können, werden nachfolgend zwei Möglichkeiten betrachtet.

1. *Betrachtung der Stichprobengröße*

    Es wurde zuvor bereits deutlich, dass eine Erhöhung der Stichprobengröße die unteren und oberen Grenzen der Verteilung des interessierenden Parameters (z. B. arithmetisches Mittel) aufeinander zulaufen lässt. Je umfangreicher die Stichprobe, desto größer ist darüber hinaus die Wahrscheinlichkeit, dass das gefundene Stichprobenergebnis zumindest nahe am wahren Wert der Grundgesamtheit liegt. Dies macht man sich am leichtesten wiederum an einem Beispiel deutlich: Bei einer Grundgesamtheit von 100 Personen können Mittelwerte auf Basis einer Stichprobe von n = 5 Personen sehr stark schwanken. Würde man hingegen eine Stichprobe von n = 99 Personen heranziehen (was natürlich unsinnig wäre), so läge jedes Ergebnis sehr nahe am wahren Wert. Das Verzerrungspotenzial des letzten fehlenden Wertes geht gegen Null. Es handelt sich hier somit um eine Abwägung zwischen Genauigkeit und Aufwand. Während der Forscher möglichst genaue Ergebnisse liefern will (große Stichprobe), möchte der Auftraggeber seine Kosten zumeist niedrig halten (kleine Stichprobe).

▶ Sogar Studierenden an der Dualen Hochschule, deren Arbeiten ein Problem aus ihrem jeweiligen Ausbildungsbetrieb in den Fokus nehmen, wird häufig die nötige finanzielle Unterstützung versagt. Hier sollte auf den Zielkonflikt Genauigkeit vs. Kosten hingewiesen werden (vgl. im Detail Burns und Bush 2014, S. 268 f.).

2. *Betrachtung des Standardfehlers*

    Im Rahmen der explorativen Datenanalyse (vgl. Abb. 4.28) hatten wir eine Kennzahl noch zurückgestellt, auf die wir nun zurückkommen, nämlich auf den sogenannten *Standardfehler*. Der Standardfehler ist ein Streuungsmaß und bezeichnet die Standardabweichung der (theoretisch unendlich vielen) Stichprobenergebnisse (z. B. Stichprobenmittelwert $\bar{x}$). Je kleiner der Standardfehler, desto näher liegen mögliche Stichprobenergebnisse tendenziell am wahren Wert. Dies hat wiederum mit der Stichprobengröße zu tun, wie wir an späterer Stelle noch sehen werden. In unserem Beispiel (Abb. 4.28) betrug der Standardfehler 0,717 Jahre, unsere Schätzung für den Altersdurchschnitt (32,40) ist somit schon recht präzise.

Punktschätzungen werden typischerweise für Anteilswerte, Lageparameter (z. B. arithmetisches Mittel) oder auch Streuungsparameter erstellt. Hier ist darauf zu achten, dass man sogenannte *erwartungstreue* Schätzungen vornimmt. Eine Schätzung ist dann erwartungstreu, wenn der Erwartungswert (theoretisch unendlich) vieler Stichprobenergebnisse dem wahren Wert der Grundgesamtheit entspricht. Das arithmetische Mittel ist solch ein erwartungstreuer Schätzer. Bei der Varianz (und damit auch der Standardabweichung) erfolgt hingegen eine kleine Korrektur. Hier wird statt durch n nur durch n − 1 geteilt (vgl. Tipp in Abschn. 4.2.4.4). SPSS liefert typischerweise bereits diese korrigierten Werte.

4.3.2.2 Intervallschätzung

Bei der Punktschätzung haben wir den gesuchten Wert der Grundgesamtheit durch einen entsprechenden Stichprobenwert geschätzt, z. B. das arithmetische Mittel. Auch wenn es sich bei diesem um einen erwartungstreuen Schätzer handelt, ist es unmittelbar einsichtig, dass ein *einzelner* Stichprobenkennwert $\bar{x}$ eher zufällig dem wahren Mittelwert der Grundgesamtheit μ entsprechen wird. In den meisten Fällen wird man einen Stichprobenmittelwert $\bar{x}$ erhalten, der mehr oder weniger weit von μ entfernt liegt. Die Unsicherheit hinsichtlich der Präzision der Schätzung ist somit nach wie vor groß. Als Alternative zur Punktschätzung wurde bereits 1937 vom dem Statistiker Jerzy Neyman die Intervallschätzung vorgeschlagen (vgl. Döring 2022, S. 628).

▶ Bei einer *Intervallschätzung* wird eine Punktschätzung zu einem symmetrischen Intervall ausgedehnt. Dieses Intervall wird so konstruiert, dass es mit einer vorgegebenen Wahrscheinlichkeit 1-α den wahren Wert der Grundgesamtheit überdeckt. Daher wird auch von einem *Konfidenzintervall* (engl. *confident:* zuversichtlich sein, Vertrauen haben) oder *Vertrauensintervall* gesprochen. Es ist somit das Komplement zum Signifikanzniveau α, welches die maximal zulässige Irrtumswahrscheinlichkeit bezeichnet und üblicherweise mit 5 % bzw. 1 % festgelegt wird (vgl. Döring 2022, S. 628). Üblich sind daher 95 %- bzw. 99 %-Konfidenzintervalle.

Um zu verstehen, wie ein solches Intervall gebildet wird, betrachten wir nochmals die Stichprobenkennwerteverteilung von $\bar{x}$. Ziehen wir theoretisch unendlich viele Stichproben vom Umfang n ≥ 30, so nähert sich deren Verteilung einer Normalverteilung an (vgl. Abb. 4.33). Diese interpretieren wir zunächst als Häufigkeitsverteilung. Werte in der Nähe des tatsächlichen Mittelwerts μ treten häufiger auf, weil auch die Kombinationsmöglichkeiten, die zum jeweiligen $\bar{x}$ geführt haben, häufiger sind als in den Randbereichen. Wir können diese Funktion nun aber auch als Wahrscheinlichkeitsfunktion interpretieren. Ein noch zu ermittelnder singulärer Stichprobenmittelwert $\bar{x}$ wird mit einer größeren Wahrscheinlichkeit in der Nähe von μ liegen und mit einer sehr geringen Wahrscheinlichkeit in

4.3 Induktive Statistik

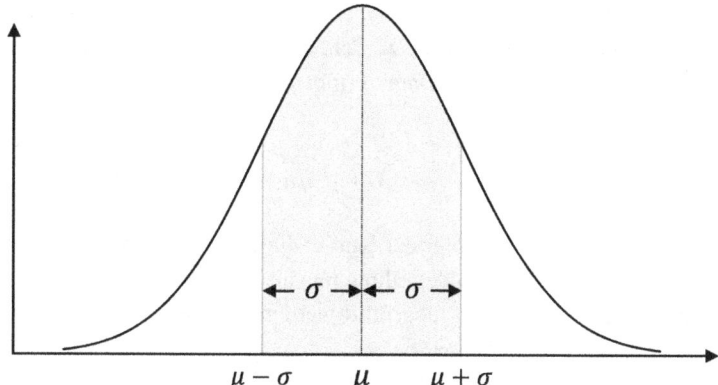

Abb. 4.34 Flächenbestimmung bei einer Normalverteilung

der Nähe der Extremwerte. Die Fläche unter der Verteilung ist auf 100 % normiert, sodass wir für jedes beliebige Intervall möglicher Stichprobenmittelwerte eine Wahrscheinlichkeit angeben können, die der Fläche unter der Kurve innerhalb dieses Intervalls entspricht.

Betrachten wir hierzu zunächst den allgemeinen Fall (vgl. Abb. 4.34). Jede Normalverteilung ist durch ihre zwei Parameter μ (Erwartungswert) und σ (Standardabweichung) eindeutig beschrieben. Dabei hat die Verteilung ihr Maximum bei μ, das gleichzeitig die Symmetrieachse darstellt. Berechnet man die Standardabweichung σ der zugrunde liegenden Variablen X, so liegen die Wendepunkte der Funktion genau bei $\mu - \sigma$ bzw. $\mu + \sigma$. Die Fläche unter dieser Kurve zwischen diesen beiden Grenzen beträgt ca. 68 %. Die Wahrscheinlichkeit, einen Stichprobenwert zu erhalten, der maximal ±σ vom wahren Mittelwert μ abweicht, ist somit angebbar.

In analoger Weise kann man die Fläche für jedes beliebige Intervall $\mu \pm a \cdot \sigma$ angeben. Für a = 2 erhält man beispielsweise eine Fläche von ca. 95 % und für a = 3 von ca. 99,7 %.

Kommen wir zu unserer Intervallschätzung für den Mittelwert zurück. Die Überlegung ist genau dieselbe, allerdings betrachten wir nun nicht einzelne Werte als Zufallsvariable, sondern die Verteilung des Stichprobenmittelwerts $\bar{x}$. Die Standardabweichung von $\bar{x}$ (den sogenannten Standardfehler) haben wir bereits im Rahmen der Punktschätzung (Abschn. 4.3.2.1) kennengelernt. Sie wird mit $\sigma_{\bar{x}}$ bezeichnet, um anzudeuten, dass es sich um die Standardabweichung (σ) des Stichprobenmittelwerts ($\bar{x}$) handelt. Wir können uns somit analog die Frage stellen, mit welcher Wahrscheinlichkeit wir einen Stichprobenmittelwert $\bar{x}$ zwischen $\mu - a \cdot \sigma_{\bar{x}}$ und $\mu + a \cdot \sigma_{\bar{x}}$ erhalten. Der Standardfehler $\sigma_{\bar{x}}$ wiederum errechnet sich aus der Standardabweichung der zugrunde liegenden Zufallsvariablen X und der Stichprobengröße n als:

$$\sigma_{\bar{x}} = \sqrt{\frac{\sigma^2}{n}} = \frac{\sigma}{\sqrt{n}}$$

Da σ zumeist nicht bekannt ist, greift man ersatzweise auf dessen Punktschätzung, also die Standardabweichung der Stichprobe zurück, die wir hier mit s bezeichnen (und folglich auch den Standardfehler selbst). Damit ergibt sich:

$$s_{\bar{x}} = \sqrt{\frac{s^2}{n}} = \frac{s}{\sqrt{n}}$$

Zur Bestimmung der Flächen unter der Kurve, die die Wahrscheinlichkeiten repräsentieren, muss die vorliegende Normalverteilung nun noch in eine Standardnormalverteilung mit den Parametern μ = 0 und σ = 1 überführt werden. Dies geschieht über folgende einfache Transformation („z-Transformation"):

$$z = \frac{\bar{x} - \mu}{\sigma_{\bar{x}}} \; bzw. \, (mit \; n \geq 30) \; z = \frac{\bar{x} - \mu}{s_{\bar{x}}}$$

Die Fläche unter der Kurve jeweils links von z kann man statistischen Tabellen entnehmen bzw. durch Programme wie Excel ausgeben lassen (der zugehörige Befehl lautet dort am Beispiel z = 2: „=STANDNORMVERT(2)" und liefert den Wert 0,97724987). Um nun beispielsweise die Fläche unter der Kurve zwischen $\bar{x} - 2 \cdot s_{\bar{x}}$ und $\bar{x} + 2 \cdot s_{\bar{x}}$ zu bestimmen, muss der Wert für z = 2 abgelesen werden und davon die Fläche links von z = − 2 abgezogen werden, die aufgrund der Symmetrieeigenschaft den Komplementärwert zur Fläche links von z = 2 darstellt. Zu Details wird hier auf die einschlägige Statistikliteratur verwiesen.

Wir haben bereits gesehen, wie wir die Fläche unter der Normalverteilungskurve bestimmen können, die angibt, mit welcher Wahrscheinlichkeit ein Stichprobenmittelwert $\bar{x}$ in ein bestimmtes Intervall fällt. Die Überlegung beim Konfidenzintervall ist nun genau umgekehrt. Man möchte, ausgehend von einer vorgegebenen Wahrscheinlichkeit (z. B. 95 %) die Grenzen des zugehörigen Intervalls bestimmen. Gesucht ist also (für n ≥ 30) dasjenige z, für das die Fläche unter der Kurve zwischen $\bar{x} - z \cdot s_{\bar{x}}$ und $\bar{x} + z \cdot s_{\bar{x}}$ genau 95 % beträgt. Dies ist der Fall für z = 1,96, eine Zahl, die es sich zu merken lohnt. Möchte man hingegen eine Trefferwahrscheinlichkeit von 99 % vorgeben, so muss z = 2,58 gewählt werden. In diesem Fall wird das zugehörige Intervall natürlich breiter und die Schätzung dadurch schwammiger. Das ist der Preis für die erhöhte Trefferwahrscheinlichkeit, wodurch sich ein Zielkonflikt ergibt: Je größer z, also je breiter ein Konfidenzintervall, desto wahrscheinlicher ist es, dass das gefundene Intervall den wahren Wert überdeckt. Umso sinnloser wird aber auch die Aussage. Wenn wir uns z. B. für die Durchschnittsgröße aller Kommilitoninnen und Kommilitonen unserer Hochschule interessieren, könnte ein 95 %-Konfidenzintervall von beispielsweise [73 kg; 77 kg] resultieren. Mit einer Wahrscheinlichkeit von 95 % überdeckt dieses Intervall den tatsächlichen (unbekannten) Durchschnittswert der Grundgesamtheit. Es verbleibt somit aber auch eine Wahrscheinlichkeit von je 2,5 %, dass der Wert noch kleiner bzw. noch größer ist. Um diese Unsicherheit zu senken, könnte man ein 99 %-Konfidenzintervall berechnen, das

4.3 Induktive Statistik

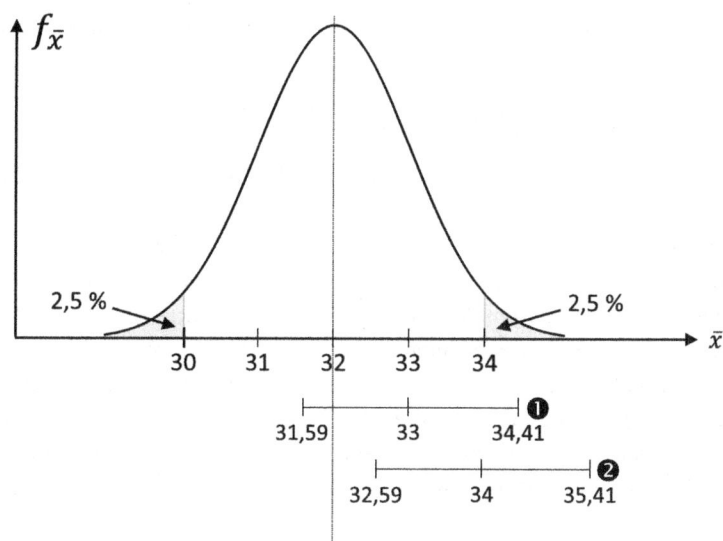

Abb. 4.35 Bildung von Konfidenzintervallen

dann z. B. [70 kg; 80 kg] lautet. Die Wahrscheinlichkeit, den tatsächlichen Wert zu überdecken, ist nun höher, aber bringt diese nun recht schwammige Schätzung einen inhaltlichen Fortschritt bzw. einen praktischen Nutzen?

In Abb. 4.35 ist noch einmal das Prinzip der Konfidenzintervalle dargestellt. Wir unterstellen zunächst wiederum einen erleuchteten Forscher, der trotz Heranziehung einer nur bescheidenen Stichprobe den wahren Altersdurchschnitt aller Freizeitparkbesucherinnen und -besucher kennt, nämlich 32. Dies entspricht dem wahren Wert μ der Grundgesamtheit und gleichzeitig dem Erwartungswert $E(\bar{x})$ theoretisch unendlich vieler Stichprobenmittelwerte.

Nun betrachten wir den Stichprobenwert $\bar{x}$ einer einzelnen Stichprobe, z. B. 33. Während ein unerleuchteter Forscher diese Punktschätzung für den Altersdurchschnitt als durchaus realistisch einstufen wird, ist sie in Wirklichkeit falsch. Der wahre Wert liegt ja bei 32. Nun aber wird die Punktschätzung in eine Intervallschätzung überführt, indem wir jeweils das 1,96 fache des Standardfehlers vom zuvor berechneten Stichprobenmittelwert $\bar{x} = 33$ abziehen bzw. hinzuzählen. Den Standardfehler habe unser Forscher mit 0,717 berechnet. Es ergibt sich somit folgendes 95 %-Konfidenzintervall:

$$[33 - 1{,}96 \cdot 0{,}717; 33 + 1{,}96 \cdot 0{,}717] = [31{,}59; 34{,}41]$$

Dieses Intervall ist in Abb. 4.35 als horizontale Linie verdeutlicht (❶). Während der Stichprobenmittelwert den tatsächlichen Mittelwert noch verfehlt hat, so überdeckt nun aber zumindest das gefundene Konfidenzintervall den tatsächlichen Mittelwert von 32. Man könnte also sagen: „Glück gehabt!"

Anders verhält es sich, wenn der Stichprobenmittelwert z. B. 34 betragen hätte. Das sich daraus ergebende Intervall (❷) wäre dann:

$$[34-1{,}96 \cdot 0{,}717; 34+1{,}96 \cdot 0{,}717] = [32{,}59: 35{,}41]$$

Nun überdeckt das Konfidenzintervall den tatsächlichen Wert *nicht*, obwohl man sich ja mit einer Wahrscheinlichkeit von 95 % etwas anderes erhofft hatte. Hier müsste man daher sagen: „Pech gehabt!"

Würde man nun theoretisch unendlich viele Stichproben ziehen und daraus ebenso viele Stichprobenmittelwerte $\bar{x}$ sowie Konfidenzintervalle $[\bar{x}-1{,},,96 \cdot 0{,},,717{,};,,\bar{x}+1{,},,96 \cdot 0{,},,717]$ berechnen, so würden 95 % dieser Intervalle den tatsächlichen Wert 32 überdecken, 5 % davon hingegen nicht. Genau das ist die Idee eines Konfidenzintervalls. Denn nun kann man umgekehrt sagen: Die Wahrscheinlichkeit, dass man bei *einer* Stichprobenziehung eines der „günstigen" Intervalle (❶) ermittelt hat, beträgt 95 %. Diese Wahrscheinlichkeit ist recht hoch, sodass man seinem gefundenen Intervall mit gutem Gewissen vertrauen kann, denn nur zu 5 % irrt man sich.

Betrachten wir abschließend erneut unser Zahlenbeispiel in Abb. 4.28. Dort hatten wir als Punktschätzung auf Basis von 150 Probanden einen Mittelwert von 32,40 (❶) abgelesen. Wir wollen diese nun zu einer Intervallschätzung ausdehnen. Wir benötigen neben dem Mittelwert wieder den Standardfehler, der sich in der Tabelle mit 0,717 in der letzten Spalte findet (①). (Er ist im Übrigen definiert als $s/\sqrt{n}$, also $8{,}776/\sqrt{150}$, was genau den Wert 0,717 liefert).

Unser 95 %-Konfidenzintervall ergibt sich somit als:

$$[32{,}40-1{,}96 \cdot 0{,}717; 32{,}40+1{,}96 \cdot 0{,}717] = [30{,}99: 33{,}81]$$

Mit einer Wahrscheinlichkeit von 95 % überdeckt das gefundene Intervall [30,99; 33,81] den tatsächlichen Mittelwert der Grundgesamtheit.

Diese händische Arbeit hätten wir uns nun sparen können, denn genau dieses Konfidenzintervall liefert uns SPSS in der zweiten Zeile von Abb. 4.28 (❷), die wir in Abschn. 4.2.6 zunächst zurückgestellt hatten. Die Untergrenze des 95 %-Konfidenzintervalls beträgt 30,98, die Obergrenze 33,82. Dieses Intervall ist bis auf die zweite Nachkommastelle, der Rundung geschuldet, mit unserem händisch errechneten Intervall identisch. Wir können somit im Rahmen der explorativen Datenanalyse unmittelbar den ersten drei Zeilen der Tabelle eine Punktschätzung (❶) sowie eine Intervallschätzung (❷) für den Mittelwert entnehmen.

Möchte man statt eines 95 %-Intervalls lieber ein 99 %-Intervall, so kann man den Prozentwert in der Dialogbox „Explorative Datenanalyse" (vgl. Abb. 4.27) über die Schaltfläche „Statistiken ..." (❷) ändern.

Bisher haben wir uns nur mit Mittelwerten beschäftigt. Analog hierzu kann man aber auch Punkt- und Intervallschätzungen für Anteilswerte in SPSS berechnen lassen. Dies funktioniert jedoch nur, wenn die Merkmalsausprägungen binär, also mit 0 oder 1 codiert

4.3 Induktive Statistik

Deskriptive Statistik

			Statistik	Standard Fehler
Persönliche Empfehlung	Mittelwert		❶ 0,33	0,038
	95% Konfidenzintervall des Mittelwerts	Untergrenze	0,25	
		Obergrenze	❷ 0,40	
	5% getrimmtes Mittel		0,31	
	Median		0,00	
	Varianz		0,221	
	Standard Abweichung		0,471	
	Minimum		0	
	Maximum		1	
	Spannweite		1	
	Interquartilbereich		1	
	Schiefe		0,747	0,198
	Kurtosis		-1,462	0,394

Abb. 4.36 Explorative Datenanalyse für Anteilswerte

sind. Im Datensatz *Freizeitpark.sav* betrachten wir hierzu beispielhaft die Variable F1_1. Hier geht es darum, ob man über eine persönliche Empfehlung auf den Park aufmerksam wurde (codiert mit ja = 1) oder nicht (nein = 0). Der Anteil der Personen, die mit „ja" geantwortet haben, entspricht somit dem arithmetischen Mittel aller Merkmalsausprägungen. Wir führen daher wieder eine explorative Analyse über

Analysieren -> Deskriptive Statistiken -> Explorative Datenanalyse …

aus, wählen als abhängige Variable „Persönliche Empfehlung [F1_1]" und klicken auf „OK". Das Ergebnis ist in Abb. 4.36 dargestellt.

Wir erhalten 0,33, also 33 % als Punktschätzung für die Bejahung der Frage nach persönlicher Empfehlung (❶) sowie ein 95 %-Konfidenzintervall von [0,25; 0,40] (❷). Mit einer Wahrscheinlichkeit von 95 % überdeckt also das Intervall 25 bis 40 % den wahren Anteilswert. An dieser Stelle wird die mit einer Punktschätzung verbundene Unsicherheit besonders deutlich, denn im Gegensatz zur Altersbetrachtung zuvor ist das Konfidenzintervall hier doch recht breit, trotz einer vermeintlich „großen" Stichprobe von n = 150.

Abschließend sei noch auf eine sprachliche Besonderheit hingewiesen. Es ist manchmal zu lesen, dass der wahre Wert mit einer Wahrscheinlichkeit von z. B. 95 % in einem bestimmten Intervall läge. Dazu muss konstatiert werden, dass der wahre Wert keine Zufallsvariable ist, sondern einen festen Wert darstellt. Er liegt also innerhalb des Konfidenzintervalls oder nicht, er ist jedoch nicht selbst mit einer Wahrscheinlichkeit verknüpft. Hingegen sind die Stichprobenmittelwerte und davon ausgehend die Grenzen des Konfidenzintervalls Zufallsvariable, da sie je nach Stichprobe unterschiedliche Werte annehmen. Von daher wäre es korrekt zu sagen, ein (zufällig) ermitteltes Konfidenzintervall überdeckt mit einer Wahrscheinlichkeit von 95 % den tatsächlichen Wert der Grundgesamtheit.

Bei Eckstein (2019, S. 259) findet sich eine sehr anschauliche Allegorie zu Punkt- und Intervallschätzungen. Man stelle sich vor, man ist beim Lernen auf eine Klausur total gestört vom ständigen Summen einer Fliege an der Wand neben einem. Aus Frust wirft man, ohne hinzusehen, einen Dartpfeil in Richtung des Geräusches. Theoretisch ist es möglich, die Fliege zu erwischen, praktisch jedoch extrem unwahrscheinlich. Genauso unwahrscheinlich ist es, über eine Stichprobe (zufällig) den genauen Mittelwert der Grundgesamtheit zu treffen. Verwendet man hingegen eine Fliegenklatsche, ist die Wahrscheinlichkeit, die Fliege zu treffen, natürlich größer. Und je größer die Fliegenklatsche ist, desto mehr steigt diese Wahrscheinlichkeit an. Interessiert man sich allerdings nach dem Verstummen des störenden Geräusches dafür, *wo genau* die Fliege denn gesessen hat, kann die Antwort nur lauten „irgendwo an der Wand unter der Fliegenklatsche". Ähnlich wie bei einer Intervallschätzung hat man nun zwar (hoffentlich) einen Treffer gelandet, die genaue Position der Fliege ist hingegen weithin unbekannt. (Um die Fliege nicht töten zu müssen, empfiehlt es sich in der Praxis, sie mit einem durchsichtigen Becher zu fangen; damit kennt man bei Interesse nun auch ihren tatsächlichen Standpunkt).

4.3.3 Testen

4.3.3.1 Grundidee statistischer Tests

Die Ausgangssituation beim Testen ist vergleichbar mit der beim Schätzen. In Ermangelung vollständiger Daten zur Grundgesamtheit versucht man, trotzdem Aussagen über diese zu treffen, allerdings wiederum lediglich auf Basis von Stichproben. Hier gilt natürlich analog zu Schätzungen, dass die erlangten Erkenntnisse mit Unsicherheit behaftet sind. So kann sich je nach Zusammensetzung der Stichprobe ergeben, dass Männer und Frauen im Durchschnitt gleichviel verdienen oder aber auch nicht. Man wird also v. a. bei kleinen Unterschieden sehr vorsichtig sein müssen, wenn man behauptet, man hätte eine empirische Bestätigung für vermutete Unterschiede gefunden. Und auch hier gilt: Je größer die Stichprobe(n), desto genauer in der Tendenz das Ergebnis; vollkommene Sicherheit kann aber nicht erreicht werden.

Gerade bei wissenschaftlichen Arbeiten von Studierenden ist häufig zu beobachten, dass nur eine (teilweise sehr kleine) Stichprobe von z. B. Kundinnen und Kunden befragt wird. Bei der anschließenden Auswertung wird dann jedoch durchgehend von „unsere Kunden bewerten uns im Durchschnitt mit der Note 1,7" oder ähnlichem berichtet, ohne explizit darauf hinzuweisen, dass sich die Ergebnisse zunächst nur auf die wenigen befragten Personen beziehen und ohne dass man irgendwelche statistischen Tests durchgeführt hat, die in der Folge hier vorgestellt werden und die die Aussagen in induktiver Hinsicht untermauern würden.

Ausgangssituation beim Testen ist eine Vermutung, die in Form einer *Hypothese* in den Raum gestellt wird. Mittels einer geeigneten Stichprobe versucht man nun, diese Hypothese zu untermauern, indem man zu Ergebnissen gelangt, die der geäußerten Vermutung entsprechen. Es gibt dann zunächst keinen Grund, seine Hypothese zu verwerfen, sondern man kann guten Gewissens weiter daran festhalten. Allerdings kann es auch sein, dass die Ergebnisse konträr zur aufgestellten Hypothese sind, sodass man diese daraufhin vorläufig verwirft.

> **Beispiel**
>
> Die Studentin Martina vermutet im Rahmen ihrer Bachelorarbeit, dass Männer und Frauen unterschiedliche Bewertungen hinsichtlich des Designs eines bestimmten Produkts abgeben. Eine Befragung von je 50 Männern und Frauen führt auf Basis einer Schulnotenskala zu einer durchschnittlichen Bewertung von 2,0 bei den Frauen und 3,5 bei den Männern. Somit fühlt sich Martina in ihrer Ansicht bestätigt und behauptet weiterhin, dass die Bewertung des Designs geschlechterabhängig ist. Diese Einschätzung dürften die meisten Außenstehenden abnicken, da diese Schlussfolgerung plausibel erscheint. Wie aber stellt sich die Situation dar, wenn die Frauen im Durchschnitt mit 2,0 und die Männer mit 2,1 bewerten? ◄

Das Problem steckt, wie bereits erwähnt, in der Hochrechnung von der Stichprobe auf die Grundgesamtheit. Je nach Stichprobenzusammensetzung kann es sein, dass man (zufällig) den korrekten Schluss aus dem Ergebnis zieht, es ist aber auch möglich, dass die Hypothese falsch ist und man einfach nur Pech bei der Wahl der Probanden hatte.

Ausgangspunkt statistischer Tests sind also Hypothesen.

▶ **Hypothese** Unter einer *Hypothese* versteht man einen vermuteten Zusammenhang zwischen zwei oder mehreren Variablen.

Man differenziert insbesondere zwischen *Unterschiedshypothesen* (z. B. „Männer und Frauen bewerten das Produktdesign unterschiedlich.") und *Zusammenhangshypothesen* (z. B. „Je älter die Konsumenten sind, desto markentreuer sind sie.").

Eine Hypothese heißt *ungerichtet*, wenn ein Unterschied vermutet wird, man aber noch keine Vorstellung von der Richtung hat (z. B. „Männer und Frauen bewerten das Produktdesign unterschiedlich.") bzw. *gerichtet*, wenn man eine begründete Ahnung über die Richtung hat (z. B. „Frauen bewerten das Produktdesign besser als Männer.").

Hat man genaue Vorstellungen über etwaige Differenzen, so spricht man von einer *spezifischen* oder *exakten* Hypothese (z. B. „Männer sind im Durchschnitt 5 cm größer als Frauen."), andernfalls liegt eine *unspezifische* oder *inexakte* Hypothese vor (z. B. „Männer sind im Durchschnitt größer als Frauen.").

Die grundsätzliche Vorgehensweise im Rahmen eines statistischen Hypothesentests wird im Folgenden anhand der typischen Schritte dargestellt (vgl. Abb. 4.37).

Schritt ① : Formulierung von H_1 und H_0

Am Beginn steht eine *Forschungshypothese H_1*, zuweilen auch Alternativhypothese genannt. Diese enthält den Effekt, den man vermutet und daher bestätigen möchte. In einer

Abb. 4.37 Ablaufschema eines Hypothesentests mit SPSS

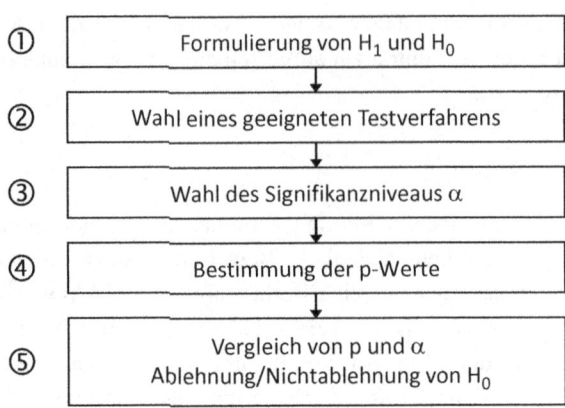

Bachelorarbeit könnte sich beispielsweise eine Studentin für die Frage interessieren, wie Touristen ihre Heimatstadt im Vergleich zu den Einheimischen insgesamt beurteilen. Da sie der Meinung ist, dass die Touristen vor allem die Schönheit der Stadt sehen, während die Einheimischen eher an Probleme hinsichtlich Verkehrsanbindung oder ungenügender Nahversorgung denken, stellt sie folgende Forschungshypothese auf:

H_1: „Die Gesamtzufriedenheit der Touristen ist höher als die der Einheimischen."

Dabei handelt es sich um eine *gerichtete* Hypothese. Die Gesamtzufriedenheit werde dabei auf einer Skala von 1 = gar nicht zufrieden bis 7 = sehr zufrieden gemessen.

Ein statischer Test funktioniert nun so, dass man nicht versucht, die H_1 zu bestätigen (bzw. zu verwerfen), sondern man formuliert zunächst die inhaltlich komplementäre Hypothese zu ihr, die sogenannte *Nullhypothese* H_0, und versucht, *diese* zu verwerfen. In unserem Beispiel lautet die Nullhypothese:

H_0: „Die Gesamtzufriedenheit der Touristen ist *nicht* höher als die der Einheimischen."

Die Grundidee ist also zu prüfen, ob ein Stichprobenergebnis zur H_0 passt oder unter der Prämisse der Gültigkeit der Nullhypothese so unwahrscheinlich ist, dass man stattdessen eher die H_1 vertritt und somit (vorläufig) an der ursprünglichen Forschungshypothese H_1 festhält.

Da bei statistischen Tests mit Stichproben gearbeitet wird, kann man jedoch *nicht* sagen, dass eine Hypothese richtig oder falsch ist, da andere Stichproben möglicherweise andere Ergebnisse geliefert hätten! Man kann Hypothesen daher nur aufgrund von Plausibilitätsüberlegungen weiterhin vertreten oder eben nicht. Vereinfacht kann man nur sagen, dass das Stichprobenergebnis tendenziell zur H_0 passt oder aber unter der Prämisse der Gültigkeit der H_0 als so unwahrscheinlich eingestuft wird, dass man stattdessen eher die H_1 favorisiert. Da man bei einem Test Vermutungen über Kennwerte der Grundgesamtheit anstellt, wird das Hypothesenpaar im vorstehenden Beispiel wie folgt *einseitig* formuliert:

$$H_1 : \mu_T > \mu_E$$
$$H_0 : \mu_T \leq \mu_E$$

Dabei bezeichnet μ_T den tatsächlichen (aber unbekannten) durchschnittlichen Zufriedenheitswert der Touristen, μ_E denjenigen der Einheimischen.

Hätte die Studentin hingegen nur die Vermutung, dass Touristen die Stadt insgesamt *anders* bewerten als die Einheimischen, so läge eine *zweiseitige* Hypothese vor, und es ergäbe sich somit folgendes Hypothesenpaar:

$$H_1 : \mu_T \neq \mu_E$$
$$H_0 : \mu_T = \mu_E$$

Die Unterscheidung einseitig bzw. zweiseitig ist dabei wichtig, wie wir an späterer Stelle noch sehen werden. Zumeist dürfte man eine Vorstellung von der Richtung haben (z. B. „Männer trinken im Durchschnitt mehr Bier als Frauen" aufgrund eigener Beobachtungen in der Stammkneipe oder – wie im vorangegangenen Beispiel – „Die Gesamtzufriedenheit der Touristen ist höher als die der Einheimischen" aufgrund der genannten Begründung), es gibt aber auch Fälle, in denen die Richtung unbekannt ist (z. B. „Männer bewerten unser Produktdesign anders als Frauen" – ob sie es ansprechender empfinden als Frauen oder nicht bleibt offen).

Schritt ② : Wahl eines geeigneten Testverfahrens

Je nach Fragestellung existieren diverse Testverfahren, die in *verteilungsgebundene* (oder *parametrische*) und *verteilungsfreie* (oder *nicht-parametrische*) Verfahren unterteilt werden. Verteilungsgebundene Verfahren setzen Normalverteilung der interessierenden Variablen voraus, die verteilungsfreien Verfahren hingegen nicht. Diverse Beispiele hierzu finden wir später v. a. im Rahmen der Mittelwerttests (Abschn. 4.3.3.4). Darüber hinaus ist es wichtig zu wissen, wie viele Variablen berücksichtigt werden, wie groß die Stichprobe ist und ob Varianzgleichheit bei verschiedenen Gruppen vorliegt.

Schritt ③ : Wahl des Signifikanzniveaus α

Wir haben bereits gesehen, dass die Entscheidung für oder gegen die Gültigkeit einer Hypothese nie mit absoluter Sicherheit getroffen werden kann, solange sie auf der Betrachtung von Stichproben basiert. Wenn man nun aufgrund der ausgewerteten Daten eine Nullhypothese verwirft, kann diese Entscheidung richtig oder falsch sein, auch wenn die Ergebnisse noch so eindeutig erscheinen mögen.

Dieses Problem wird in Abb. 4.38 veranschaulicht.

	Entscheidung *für* H₀ aufgrund Stichprobenergebnis	Entscheidung *gegen* H₀ aufgrund Stichprobenergebnis
H₀ ist *wahr*	korrekte Entscheidung ❶	Fehler 1. Art (α-Fehler) ❷
H₀ ist *falsch*	Fehler 2. Art (β-Fehler) ❸	korrekte Entscheidung ❹

Abb. 4.38 Fehlerarten

In der Grundgesamtheit ist eine Nullhypothese entweder wahr oder falsch. Wenn wir also alle Personen aus der Grundgesamtheit befragen würden, könnten wir mit Sicherheit sagen, ob beispielsweise Einheimische und Touristen die gleiche Gesamtzufriedenheit mit einer Stadt aufweisen oder nicht. Während wir uns mit viel Fantasie noch vorstellen können, dass die Befragung aller Einheimischen technisch realisierbar wäre, so dürfte die Befragung aller Touristen ein Ding der Unmöglichkeit sein. Aus diesem Grund können wir nur aufgrund von Stichprobenergebnissen eine Entscheidung treffen und hoffen, dass wir richtigliegen.

Entscheiden wir uns für die H₀ und ist sie in Wirklichkeit wahr, so haben wir eine korrekte Entscheidung getroffen (❶). Das gleiche gilt, wenn wir uns gegen die H₀ entscheiden und sie in Wahrheit tatsächlich falsch ist (❹). Beides fällt wieder einmal in die Kategorie „Glück gehabt", da wir ja eben nicht wissen, ob die H₀ wahr oder falsch ist.

Entscheiden wir uns andererseits gegen die H₀ und sie ist in Wahrheit richtig, so haben wir, ohne es zu wissen, einen Fehler gemacht (❷). Dieser wird *Fehler 1. Art* oder *α-Fehler* genannt. Haben wir uns hingegen für die H₀ entschieden, diese ist jedoch in Wahrheit falsch, so begehen wir einen *Fehler 2. Art* oder *β-Fehler* (❸). Da wir uns aufgrund unserer „deutlichen" Stichprobenergebnisse allerdings im Recht fühlen und die falsche Hypothese daher weiterhin in gutem Glauben vertreten, befinden wir uns nunmehr in der Kategorie „Pech gehabt".

Die Fehler 1. und 2. Art sind in Abb. 4.39 veranschaulicht. Dabei betrachten wir eine einseitige Fragestellung mit der Nullhypothese H₀: $\mu \leq \mu_0$.

Unter der Prämisse, dass die H₀ gültig ist, würde man also bei realisierten Stichprobenmittelwerten $\bar{x}$, die kleiner oder gleich dem vermuteten Mittelwert μ_0 sind, die H₀ annehmen. Aber auch für Stichprobenmittelwerte, die etwas oberhalb von μ_0 liegen, würden wir sie noch akzeptieren, da wir aufgrund des Zufallsfehlers den Annahmebereich bis zu $\bar{x}_{krit}$ ausgedehnt haben. Erst wenn dieser kritische Wert überschritten wird, lehnen wir die Nullhypothese ab, da es dann recht wahrscheinlich ist, dass die alternative Hypothese H₁ richtig ist. Die Wahrscheinlichkeit, dass dies eintritt und wir die Nullhypothese damit fälschlicherweise ablehnen, also einen Fehler 1. Art begehen, beträgt α und wird *Signifikanzniveau* genannt.

Betrachten wir nun den umgekehrten Fall, nämlich die fälschliche Annahme der H₀. Fällt unser Stichprobenmittelwert $\bar{x}$ in den Annahmebereich (wir beobachten folglich

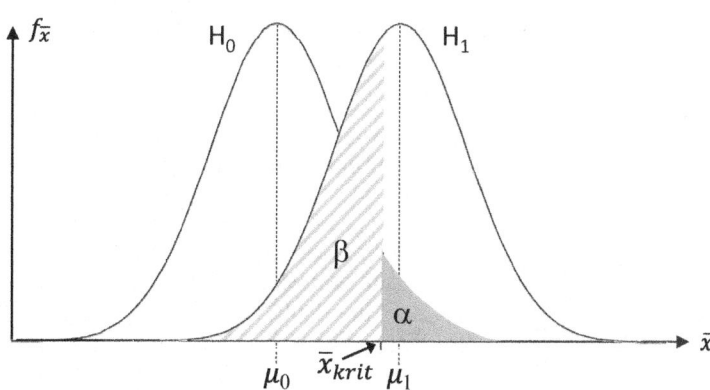

Abb. 4.39 Fehler 1. und 2. Art

$\bar{x} \leq \bar{x}_{krit}$), so nehmen wir die H_0 an, was plausibel erscheint. Tatsächlich gehören aber viele dieser Stichprobenergebnisse zur H_1-Verteilung, sie sind bei Gültigkeit der H_1 technisch möglich. Die Wahrscheinlichkeit, dass wir einen Stichprobenmittelwert $\bar{x}$ als Bestätigung unserer Nullhypothese ansehen und diese somit fälschlicherweise annehmen, beträgt β, wir begehen also einen Fehler 2. Art.

Hier kann man nun leicht erkennen, dass Fehler 1. und 2. Art nicht gleichzeitig reduziert werden können. Verkleinern wir α, so wandert $\bar{x}_{krit}$ auf der Abszisse nach rechts, wodurch die Fläche β größer wird. Umgekehrt gilt analog, dass eine Vergrößerung von α zu einer kleineren Fläche β führt. Man hat sich nun in der Statistik entschieden, den Fehler 1. Art zu begrenzen. Er wird zumeist mit α = 0,05 (5 %) angesetzt. Zuweilen findet man aber auch α = 0,01 (1 %). Während die Nullhypothese spezifisch formuliert ist, ist die Alternativhypothese H_1 häufig nur unspezifisch (der tatsächliche Wert „liegt irgendwo anders"). Die Nullhypothese wird daher stets verworfen, sobald ein Stichprobenmittelwert in den Ablehnungsbereich fällt, unabhängig von der tatsächlichen Lage der Verteilung der H_1. Die Höhe von β kann daher nur bei Vorliegen einer ebenfalls expliziten Alternativhypothese H_1 berechnet werden.

Ein kleineres α wird bevorzugt, wenn man große Bedenken hat, die Nullhypothese fälschlicherweise abzulehnen, weil dies möglicherweise schwerwiegende Konsequenzen hat. Man kann sich dies an einem Indizienprozess mit dem Vorwurf des Mordes verdeutlichen. Bevor ein Richter die Unschuldshypothese (hier analog zur H_0) verwirft, muss er sich schon sehr sicher sein, da er sonst einen Unschuldigen mindestens 25 Jahre hinter schwedischen Gardinen verschwinden lässt. Sein persönliches α dürfte daher eher im Promillebereich liegen.

Bisweilen findet man in Verbindung mit α = 0,05 die Bezeichnung „signifikant" und für α = 0,01 „hochsignifikant". Gemeint ist dabei, dass man sich bei α = 0,01 „sicherer" fühlt, wenn man die Nullhypothese ablehnt, weil die Wahrscheinlichkeit einer Fehlentscheidung geringer ist. Streng genommen geht es jedoch bei der Frage „signifikant oder nicht signi-

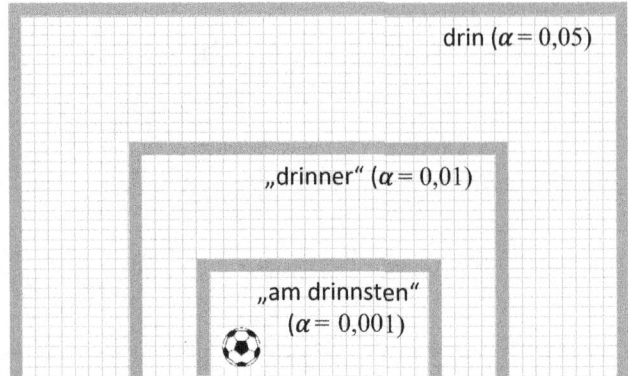

Abb. 4.40 Fußballtor und Signifikanz. (Nach Bühner und Ziegler 2017, S. 177)

fikant" um eine binäre Entscheidung. Ein Stichprobenwert fällt in den Ablehnungsbereich („signifikant") oder eben nicht („nicht signifikant"). Eine schöne Analogie findet sich bei Bühner und Ziegler (2017, S. 176 f.): Ein Fußball ist entweder im Tor oder nicht, unabhängig von der Größe des Tors. „Drin" ist ebenso wenig steigerungsfähig wie „signifikant" (vgl. Abb. 4.40).

Neben α und β wird häufig zusätzlich auf (1- β) geachtet, also die Wahrscheinlichkeit, eine falsche Nullhypothese auch als solche einzustufen und damit abzulehnen. Dies ist gleichbedeutend mit der Wahrscheinlichkeit, dass man zum Schluss gelangt, dass die erwartete H_1 gültig ist. Dieser Wert wird als *Power, Trennschärfe, Güte, Macht* oder *Teststärke* eines Tests bezeichnet. In Abb. 4.39 ist dies die verbleibende Fläche unter der Kurve für die H_1, rechts der Begrenzung von β, also rechts von $\overline{x}_{krit}$. Es wird häufig gefordert, dass ein nicht-signifikantes Ergebnis nur dann auch wirklich zur Annahme der Nullhypothese führen sollte, wenn gleichzeitig (1- β) ≥ 0,8 und somit β kleiner als 0,2 ist. Denn eigentlich will man zumeist ja die H_1 bestätigen, was mit einer relativ hohen Wahrscheinlichkeit möglich sein soll. Ansonsten beruht der Test möglicherweise auf einer zu geringen Datenbasis und wird als ungeeignet angesehen, sollte also nochmals wiederholt werden, dieses Mal aber mit einer größeren Stichprobe (vgl. Döring 2022, 657 ff.; Fiedler et al. 2012).

Schritt ④: Bestimmung der p-Werte

Bislang haben wir lediglich den Annahme- bzw. Ablehnungsbereich für unsere Testentscheidung festgelegt. Nun geht es darum, tatsächlich einen konkreten Stichprobenwert zu ermitteln, um daraufhin entscheiden zu können, ob wir eine Nullhypothese nun ablehnen oder nicht. Beim Befahren des Aufzugs unserer Hochschule sei uns beispielsweise aufgefallen, dass die Beladung auf 6 Personen oder 450 kg beschränkt ist. Während der Aufzug sich nach oben bewegt, rechnen wir aus, dass offensichtlich von einem durchschnittlichen Gewicht von 75 je Person ausgegangen wird. Das halten wir für eine Hochschule (im Gegensatz zu einer Sumo-Ringer-Schule) zwar für realistisch, machen uns aber trotzdem etwas Sorgen und beschließen, eine Befragung unter 100 zufällig ausgewählten Personen durchzuführen. Diese Befragung führt zu einem durchschnittlichen Gewicht in der Stichprobe von $\bar{x} = 77$ kg. Die Frage ist nun, ob dieser Stichprobenprüfwert bereits eine signifikante Abweichung von den angesetzten 75 kg darstellt, oder wir eher davon ausgehen sollten, dass die Abweichung nur zufällig ist, da einige Schwergewichte in die Zufallsstichprobe gelangt sein könnten. Die Antwort liefert uns der sogenannte p-Wert.

▶ Der *p-Wert* liefert die Wahrscheinlichkeit dafür, dass der gefundene Stichprobenprüfwert oder ein noch extremerer Wert unter Gültigkeit der Nullhypothese überhaupt möglich ist.

Schritt ⑤ : Vergleich von p und α -> Ablehnung/Nichtablehnung von H_0

Erwägen wir nun, die Nullhypothese zu verwerfen, so gibt p die tatsächliche Wahrscheinlichkeit für den Fehler 1. Art an, denn wir verwerfen die Nullhypothese, obwohl sie möglicherweise doch stimmt. Daraus ergibt sich folgende Entscheidungslogik für oder gegen die Annahme einer Nullhypothese:

$p \leq \alpha$: Ablehnung der H_0
$p > \alpha$: Annahme der H_0

Dies ist unmittelbar einsichtig: Wir wissen, dass wir immer mit einem Fehler 1. Art bei unserer Entscheidung leben müssen, daher haben wir diesen zuvor z. B. auf $\alpha = 0{,}05$, also 5 %, begrenzt. Liefert uns SPSS im Rahmen unseres statistischen Tests den Wert p = 0,02, oder 2 %, so gilt $p \leq \alpha$ und wir lehnen die Nullhypothese ab. Die Wahrscheinlichkeit, dass wir eine falsche Entscheidung treffen, liegt mit 2 % deutlich unterhalb unserer selbstgesetzten Toleranzgrenze von 5 %, sodass wir uns recht sicher sind, dass unsere Entscheidung richtig ist und wir daher nunmehr eher der Alternativhypothese H_1 vertrauen. Hätten wir hingegen p = 0,32 geliefert bekommen, so wäre die Wahrscheinlichkeit, dass unser Stichprobenprüfwert oder ein noch extremerer Wert unter der Prämisse der H_0 realistisch ist, so hoch, dass wir die Nullhypothese vorsichtshalber lieber nicht zurückweisen, da die Wahrscheinlichkeit, hierbei einen Fehler zu begehen, mit 32 % weit über unserer Toleranzgrenze von 5 % liegt. Der Grundsatz bei der Ablehnung einer Nullhypothese – was stets das Ziel ist – lautet also, diese nur dann abzulehnen, wenn man sich hinreichend sicher ist. Und das ist dann der Fall, wenn $p \leq \alpha$ gilt.

Interpretation des p-Wertes
In der Literatur wird die Entscheidung für die Ablehnung der H_0 unterschiedlich beschrieben. So findet sich auch *folgende* alternative Entscheidungsregel (z. B. bei Field et al. 2012):

$p < \alpha$: Ablehnung der H_0
$p \geq \alpha$: Annahme der H_0

Der Unterschied liegt dabei in der Verwendung des Gleichheitszeichens. Dies ist jedoch unerheblich, da wir, wenn wir von einer normalverteilten H_0 ausgehen, eine stetige Verteilung zugrunde legen. Die Wahrscheinlichkeit für einen ganz bestimmten Wert ist hier aber Null, sodass die Position des Gleichheitszeichens keine Rolle spielt.

Trotzdem macht $p < \alpha$ von daher Sinn, als dass SPSS standardmäßig nur zwei Nachkommastellen für den p-Wert liefert. Ein Wert von 0,05 könnte in Wirklichkeit auch für $p = 0,050002$ stehen, sodass man die Nullhypothese annehmen müsste. Dieses Problem stellt sich bei $p < \alpha$ somit nicht.

Im Folgenden sei noch auf typische Interpretationsfehler des p-Werts hingewiesen (vgl. hierzu v. a. Wasserstein und Lazar 2016):

- Auf keinen Fall bedeutet $p < \alpha$, dass die nunmehr abgelehnte Nullhypothese falsch ist. Das ist ja genau die Idee hinter dem Vergleich von p und α, nämlich, dass man den Unsicherheitsgrad begrenzt. Völlig sicher kann sich bei Heranziehung von Stichproben hingegen nie sein, hierzu wäre eine Vollerhebung von Nöten.
- Ebenso wäre es falsch zu sagen, dass p die Wahrscheinlichkeit für die Richtigkeit bzw. Unrichtigkeit einer Nullhypothese darstellt. Wir können lediglich sagen, dass die Hypothese aufgrund des vorliegenden Stichprobenergebnisses abgelehnt werden kann oder eben nicht. Es handelt sich also um eine ja/nein-Entscheidung, die davon abhängt, ob der Stichprobenprüfwert in den Ablehnungsbereich fällt oder nicht, was wiederum mit der Höhe von α zusammenhängt (vgl. auch Abb. 4.40). Genau genommen handelt es sich beim p-Wert um eine *bedingte* Wahrscheinlichkeit, nämlich die Wahrscheinlichkeit, dass ein Prüfwert (oder ein noch extremer Wert) unter der Annahme, die H_0 sei richtig, realisiert werden kann.
- Weiterhin darf der p-Wert nicht mit einer *Effektgröße* verwechselt werden (dazu später).
- Nicht zulässig ist eine *nachträgliche* Reduktion von α, um ein Ergebnis doch noch signifikant erscheinen zu lassen. Dies würde das Prinzip des Testens ad absurdum führen.

Zuletzt ist noch zu konstatieren, dass bei aller statistischen Genauigkeit eine praktische Entscheidungskonsequenz nicht unbedingt auf Basis eines p-Wertes getroffen werden sollte. Man stelle sich vor, p beträgt 0,0499, die H_0 wird unter $\alpha = 0,05$ verworfen und als Konsequenz wird ein Medikament zugelassen. Hätte man hingegen $p = 0,0501$ beobachtet, hätte man die H_0 beibehalten, und das Medikament wäre nicht zugelassen worden. Gerade bei solchen Grenzfällen sollten Pro und Contra einer Entscheidung sorgfältig abgewogen werden („"Content takes precendence over 'numbers'"" (Janssens et al. 2008, S. 261), vgl. auch Cohen 1988, S. 12).

An dieser Stelle soll kurz auf den sogenannten „Publication bias" eingegangen werden. Dieser beschreibt das Phänomen, dass vorrangig signifikante Ergebnisse publiziert werden, während nicht-signifikante Studien oftmals in der Schublade verschwinden. Diese „Grundhaltung" ist häufig auch bei Studierenden anzutreffen. Ähnlich wie das „only bad news is good news" unter Journalisten haben signifikante Resultate bei ihnen den Stempel „bessere Ergebnisse". Die Studierenden sind also enttäuscht, wenn sich ihre ursprüngliche Forschungshypothese nicht bestätigen lässt, und sie halten ihre Ergebnisse für nicht bedeutsam oder gar für überflüssig. Dies äußert sich häufig darin, dass nicht signifikante Ergebnisse spätestens im Schlusskapitel der wissenschaftlichen Arbeit mit Sätzen wie „Trotzdem wird sich dieses Phänomen in der Zukunft als immer bedeutender herauskristallisieren." in Frage gestellt werden. Man will einfach nicht wahrhaben, dass man sich möglicherweise geirrt hat und sieht keinen Sinn in der eigenen Arbeit. Dem muss man entgegenhalten, dass Forschungsergebnisse nicht in „gut" und „schlecht", sondern in „zutreffend" und „nicht zutreffend" eingeteilt werden sollten. Das Resultat einer Studie, dass es Unterschiede im Kaufverhalten zwischen Männern und Frauen hinsichtlich E-Autos gibt, ist nicht besser oder schlechter als das Alternativergebnis, dass es keine Unterschiede gibt. Denn beides hat unterschiedliche Konsequenzen für z. B. das Marketing der Hersteller.

Zuletzt sollen noch die sogenannten Effektgrößen bzw. Effektstärke vorgestellt werden.

▶ Unter einer *Effektgröße* (auch Effektstärke, engl. „effect size") versteht man ein (häufig standardisiertes) Maß für die praktische Bedeutung eines statistisch signifikanten Ergebnisses (vgl. Döring 2022, S. 655). (Die beiden Begriffe werden oftmals synonym verwendet, teilweise wird zwischen der Effektgröße (Maß/Kennzahl) und der Effektstärke (numerischer Wert der Kennzahl) unterschieden).

Führt ein Test zu einem statistisch signifikanten Ergebnis, so geht man häufig unbewusst davon aus, dass man etwas Bedeutendes herausgefunden hat. Insbesondere bei großen Stichproben erhält man aber auch dann ein signifikantes Ergebnis, wenn es zwar Unterschiede zwischen zwei Gruppen gibt, diese aber im Grunde unbedeutend sind. Nehmen wir an, eine Befragung von je 100 männlichen und weiblichen Kunden führt zu einer durchschnittlichen Zufriedenheit von 2,0 bei den Frauen und 2,1 bei den Männern. Dann kann man zwar möglicherweise beobachten, dass $p < \alpha$ ist und somit ein signifikanter Bewertungsunterschied zwischen Männern und Frauen besteht, in der Praxis ist ein solcher Unterschied (Effekt) aber quasi bedeutungslos. Der Auftraggeber der Studie wird dieses Ergebnis als „Beide Gruppen bewerten uns mit gut!" interpretieren. Wenn hingegen die Frauen eine durchschnittliche Bewertung von 2,0, die Männer aber von 3,0 aufweisen, so wird auch der Auftraggeber praktisch relevante Unterschiede für sich erkennen. In diesem Fall läge somit ein bedeutender Effekt vor. Die Frage ist nun, ab wann ein signifikanter Unterschied auch praktisch bedeutsam wird. Die Antwort liefert eine zusätzlich berechnete Effektgröße im Rahmen eines statistischen Tests. Leider gibt es hierzu, je nach Testverfahren, verschiedene Effektgrößen. Diese werden daher am Ende der jeweiligen Verfahren in den späteren Kapiteln vorgestellt. Obwohl sich in Anlehnung an Cohen (1988 sowie 1992) jeweils bestimmte Grenzen für schwache bzw. starke Effekte eingebürgert haben, sind diese trotzdem nur als grobe Richtlinien zu verstehen. Es bedarf also bei jeder Interpretation eines statistischen Tests auch eines gewissen Fingerspitzengefühls, wenn man die Testergebnisse in praktische Handlungsempfehlungen umsetzen möchte.

Zusammenhänge zwischen Signifikanzniveau, Power, Effektgröße und Stichprobengröße
Zwischen dem Signifikanzniveau α, der Power $1-\beta$, der Effektgröße sowie der Stichprobengröße n bestehen Interdependenzen. Sind drei der Größen bekannt, kann die vierte aus ihnen bestimmt werden. Dies kann z. B. mit dem Programm G*Power bewerkstelligt werden, auf das wir an späterer Stelle zurückkommen werden. So kann man u. a. sagen (jeweils ceteris paribus):

- Je größer α, desto kleiner β und desto größer somit die Power $1-\beta$ (vgl. Abb. 4.39). Je größer α ist, desto größer wird somit die Wahrscheinlichkeit, eine korrekte H_1 auch als solche zu erkennen.

- Je größer n, desto größer die Power $1-\beta$. Je höher die Stichprobengröße, desto „schmaler" werden z. B. die Verteilungen der Stichprobenmittelwerte, die Überlappungsbereiche von H_0 und H_1 werden geringer.
- Je größer die Stichprobe, desto eher kann auch ein kleiner (in der Grundgesamtheit tatsächlich existierender) Effekt entdeckt werden. Hier muss jedoch darauf hingewiesen werden, dass ein kleiner Effekt oftmals gar nicht praktisch relevant und somit für den Forscher uninteressant ist, die Studie aufgrund der hohen benötigten Stichprobe aber dadurch unnötig aufwändig und teuer wird.

4.3.3.2 Verfahrensüberblick

Die Welt statistischer Test ist vielfältig. Wir werden auch in späteren Kapiteln immer wieder damit konfrontiert werden, z. B. im Rahmen der Regressionsanalyse. In diesem Kapitel werden zunächst zwei Gruppen von Tests in den Vordergrund gestellt, die in studentischen Arbeiten – bei entsprechender Motivation der Studierenden – eine bedeutende Rolle spielen könnten. Dabei handelt es sich zum einen um den χ^2-Unabhängigkeitstest, der bereits für nominal skalierte Merkmale zum Einsatz kommen kann, und um die große Familie der Mittelwerttests. Letztere sind deswegen interessant, weil Studierende bei quantitativen Analysen zumeist mit Mittelwerten argumentieren, ohne aber gefundene Unterschiede ausreichend zu hinterfragen.

Abb. 4.41 zeigt die ausgewählten Verfahren im Überblick. Ist man auf der Suche nach einem passenden Verfahren, spielen folgende Überlegungen eine zentrale Rolle:

- Welches Skalenniveau liegt vor?
- Handelt es sich um eine, zwei oder mehr Stichproben?
- Sind die Stichproben voneinander abhängig oder unabhängig?
- Ist die abhängige Variable normalverteilt (und/oder es gilt $n \geq 30$) oder nicht?

Der χ^2-*Unabhängigkeitstest* kommt zum Einsatz, wenn man untersuchen möchte, ob zwei Variablen voneinander abhängig sind oder nicht. Dazu reicht bereits Nominalskalenniveau. So könnte uns z. B. interessieren, ob es einen Zusammenhang zwischen Geschlecht und Studienfachpräferenz gibt.

Die *Mittelwerttests* hingegen tun genau das, was ihr Name verspricht. Hier sollte im ersten Schritt geprüft werden, ob die abhängige Variable (also die, deren Mittelwert wir berechnen wollen) mindestens intervallskaliert (also metrisch) und normalverteilt ist (bzw. $n \geq 30$ ist). Ist dies der Fall, so können wir aus den Verfahren ❶-❺ auswählen. Im Zentrum steht das arithmetische Mittel. Können wir nicht von Normalverteilung (bzw. $n \geq 30$) ausgehen und/oder sind die Daten nur ordinal skaliert, sollten wir auf einen der jeweiligen Ersatztests ①-⑤ zurückgreifen. Hier wird als „Mittelwert" stattdessen die zentrale Tendenz auf Basis von Rängen betrachtet. Diese *nicht-parametrischen bzw. verteilungsfreien Tests* dienen dann jeweils als robusteres Ersatzverfahren. Der Prüfung auf Normalverteilung wird daher zu Beginn von Abschn. 4.3.3.4 ein eigener Abschnitt gewidmet.

4.3 Induktive Statistik

Verfahren	Beschreibung	Mindest-Skalenniveau	Parametrischer Test
χ^2-Unabhängigkeitstest	Prüfung auf (Un-)Abhängigkeit zweier klassierter Merkmale	Nominalskala	nein
Einfacher t-Test ①	Prüft, ob sich der Mittelwert der Grundgesamtheit signifikant von einem vorgegebenen Wert unterscheidet	Intervallskala	ja
Doppelter t-Test ②	Prüft, ob sich die Mittelwerte zweier voneinander unabhängiger Grundgesamtheiten signifikant unterscheiden	Intervallskala	ja
Differenzen-t-Test ③	Prüft, ob sich zwei Mittelwerte, die bei denselben Untersuchungseinheiten erhoben wurden, signifikant unterscheiden (v. a. Vorher-Nachher-Vergleich)	Intervallskala	ja
Einfaktorielle Varianzanalyse (ANOVA) ④	Prüft, ob sich die Mittelwerte von mehr als zwei voneinander unabhängigen Grundgesamtheiten signifikant unterscheiden (eine unabhängige Variable)	Intervallskala	ja
Einfaktorielle Varianzanalyse mit Messwiederholung ⑤	Prüft, ob sich die Mittelwerte von mehr als zwei voneinander abhängigen Grundgesamtheiten signifikant unterscheiden (eine unabhängige Variable)	Intervallskala	ja
Wilcoxon-Test für eine Stichprobe ①	Prüft, ob sich der Mittelwert der Grundgesamtheit signifikant von einem vorgegebenen Wert unterscheidet	Ordinalskala	nein
Mann-Whitney-U-Test ②	Prüft, ob sich die Mittelwerte zweier voneinander unabhängiger Grundgesamtheiten signifikant unterscheiden	Ordinalskala	nein
Wilcoxon-Test für 2 abhängige Stichproben ③	Prüft, ob sich zwei Mittelwerte, die bei denselben Untersuchungseinheiten erhoben wurden, signifikant unterscheiden (typischerweise Vorher-Nachher-Vergleich)	Ordinalskala	nein
Kruskal-Wallis-Test ④	Prüft, ob sich die Mittelwerte von mehr als zwei voneinander unabhängigen Grundgesamtheiten signifikant unterscheiden	Ordinalskala	nein
Friedman-Test ⑤	Prüft, ob sich mehr als zwei Mittelwerte, die bei denselben Untersuchungseinheiten erhoben wurden, signifikant unterscheiden (v. a. Vorher-Nachher-Vergleich)	Ordinalskala	nein

Abb. 4.41 Verfahrensüberblick

4.3.3.3 χ^2-Unabhängigkeitstest

> Der χ^2-*Unabhängigkeitstest* (gelesen: Chi-Quadrat-Unabhängigkeitstest) prüft, ob zwei kategoriale Erhebungsmerkmale voneinander unabhängig sind oder ob es einen Zusammenhang zwischen ihnen gibt. Dabei reicht bereits Nominalskalenniveau aus. Der Test prüft allerdings nur, ob man von einem Zusammenhang ausgehen kann oder nicht, gibt aber zunächst keine inhaltliche Richtung an.

Häufig ist man mit der Fragestellung konfrontiert, ob beispielsweise die Farbe eines Produktes, die Verpackungsform oder die Kaufhäufigkeit pro Monat vom Geschlecht der Kunden abhängig ist. Dabei handelt es sich um zwei Variable, an deren Skalenniveau keine Mindestansprüche gestellt werden, da bereits Nominalskalenniveau genügt. Die beteiligten Variablen liegen entweder bereits in natürlichen Klassen vor (z. B. „männlich/weiblich/divers") oder es werden vorab Klassen gebildet (z. B. „0 Stück /1-2 Stück/mehr als 2 Stück pro Monat" im Falle von Kaufhäufigkeiten).

Beispiel

Wir greifen das Beispiel aus Abschn. 4.2.2.2 nochmals auf, in dem die Frage aufkam, ob der Konsum von Leberkässemmeln bzw. Leberkäswecken (LKW) in Deutschland und die regionale Herkunft der Befragten zusammenhängen. Dabei wird unterschieden in die Regionen „Nord/Mitte/Süd" sowie die Kaufhäufigkeiten „0-1, 2–3, 4 und mehr LKWs je Monat". Die Ergebnisse finden wir wieder im Datensatz *LKW.sav*. ◀

Bislang haben wir nur die absoluten bzw. relativen Häufigkeiten betrachtet. Eine Aussage darüber, ob die beiden Variablen voneinander unabhängig sind oder nicht, konnten wir bisher aber nicht treffen. Hierzu verwenden wir nun den χ^2-Unabhängigkeitstest. Die Grundidee, die dahintersteht, ist, dass man die beobachteten Häufigkeiten je Tabellenfeld betrachtet und mit denjenigen Häufigkeiten vergleicht, die man theoretisch erhalten würde, wenn man von völliger Unabhängigkeit der beiden Variablen ausgehen könnte. Wenn nämlich beobachtete und (unter der Prämisse der Unabhängigkeit) erwartete Häufigkeiten jeweils identisch sind, gibt es keinen Grund an der Unabhängigkeit der beiden betrachteten Variablen zu zweifeln. Denn wir haben ja immer genau das beobachtet, was man unter der Unabhängigkeitsprämisse erwarten durfte.

Nun weichen aber vielleicht einige wenige beobachtete und erwartete Häufigkeiten voneinander ab. Werden wir die Unabhängigkeitsprämisse nun sogleich verwerfen? Vermutlich nicht, denn wir halten uns vor Augen, dass wir aufgrund der Stichprobenbetrachtung immer mit gewissen Schwankungen (Stichwort „Zufallsfehler") leben müssen. Das gleiche kann man sich am Beispiel eines Würfels vorstellen. Wenn wir diesen 600-mal werfen, werden wir je 100-mal eine Eins, eine Zwei usw. erwarten. Und natürlich

4.3 Induktive Statistik

auch 100-mal eine Sechs. Tatsächlich beobachten wir aber nur 97-mal die Sechs, dafür 102-mal die Eins. Ist der Würfel also gezinkt? Das wäre ein gewagter Verdacht. Auch hier würde man vermutlich den Zufallsfehler bemühen und zu bedenken geben, dass man ja „nur" 600-mal gewürfelt hat. Wir werden die Unabhängigkeitsprämisse also nur dann verwerfen, wenn die beobachteten Abweichungen auch statistisch signifikant sind.

Grundidee des χ^2-Unabhängigkeitstests
Der Grundgedanke ist, die Abweichungen der beobachteten Werte von den theoretisch zu erwartenden Werten zu betrachten. Hierzu bedient man sich folgender Formel:

$$\chi^2 = \sum_{i=1}^{I} \sum_{j=1}^{J} \frac{(B_{ij} - E_{ij})^2}{E_{ij}}$$

Im Zähler wird zunächst für jedes der k Felder der Kreuztabelle die Differenz zwischen dem jeweils beobachteten Wert B_{ij} sowie dem erwarteten Wert E_{ij} (unter der Prämisse der Unabhängigkeit) berechnet. Hierbei steht der Laufindex *i* für die Zeile, *j* für die Spalte. (Die erwarteten Häufigkeiten ergeben sich dabei jeweils als Produkt der beiden Randhäufigkeiten der beiden betrachteten Merkmalsausprägungen geteilt durch n). Würde man diese Abstände über alle Tabellenfelder aufsummieren, könnten sich positive und negative Abweichungen gegenseitig auslöschen, was nicht wünschenswert ist. Daher werden die Abstände zunächst quadriert, wodurch alle (nunmehr quadrierten) Differenzen einen positiven Wert bekommen. Durch das Quadrieren werden große Abweichungen zusätzlich stärker gewichtet. Anschließend wird die quadrierte Differenz nochmals an der erwarteten Häufigkeit E_{ij} relativiert. Der Hintergrund ist, dass beispielsweise eine (quadrierte) Differenz von 10 im Zähler bei einer erwarteten Häufigkeit von 5 eine sehr deutliche Abweichung darstellt, bei einer erwarteten Häufigkeit von 1000 hingegen eine eher unbedeutende. Erst jetzt werden die sich für die einzelnen Tabellenfelder ergebenden Werte aufsummiert. Die Doppelsumme ergibt sich aufgrund der Kreuztabelle, die aus I Zeilen und J Spalten besteht, wir summieren insgesamt also I x J =k Werte auf. Unmittelbar einsichtig ist, dass wir für $\chi^2 = 0$ von Unabhängigkeit ausgehen werden, da dieser Wert nur zustande kommen kann, wenn die beobachteten und die erwarteten Werte (unter der Prämisse der Unabhängigkeit) identisch sind und die Zähler aller Summanden somit Null werden. Je größer χ^2 jedoch ist, umso wahrscheinlicher wird es, dass wir die Nullhypothese der Unabhängigkeit verwerfen können. Gesucht ist also ein Grenzwert χ^2_{krit}. Unter der Nullhypothese folgt die obenstehende Summe einer χ^2-Verteilung mit (I − 1) x (J − 1) Freiheitsgraden (zu Details vgl. z. B. Mittag und Schüller 2020, S. 221 f.). Den kritischen Wert lesen wir daher in Tabellen der χ^2-Verteilung ab. Liegt unser mittels obiger Formel errechneter Testwert unter diesem kritischen Wert (bzw. entspricht er diesem gerade noch), werden wir die H_0 beibehalten, liegt er darüber, werden wir die Unabhängigkeitsvermutung verwerfen und stattdessen die H_1 favorisieren, also von Abhängigkeit ausgehen.

Mit SPSS kommen wir alternativ über den in Abb. 4.37 beschriebenen Weg schnell zu einer Entscheidung. Wir benötigen lediglich den p-Wert, den wir dann mit dem vorgegebenen Signifikanzniveau α vergleichen. Dazu klicken wir nacheinander auf:

Analysieren -> Deskriptive Statistiken -> Kreuztabellen ...

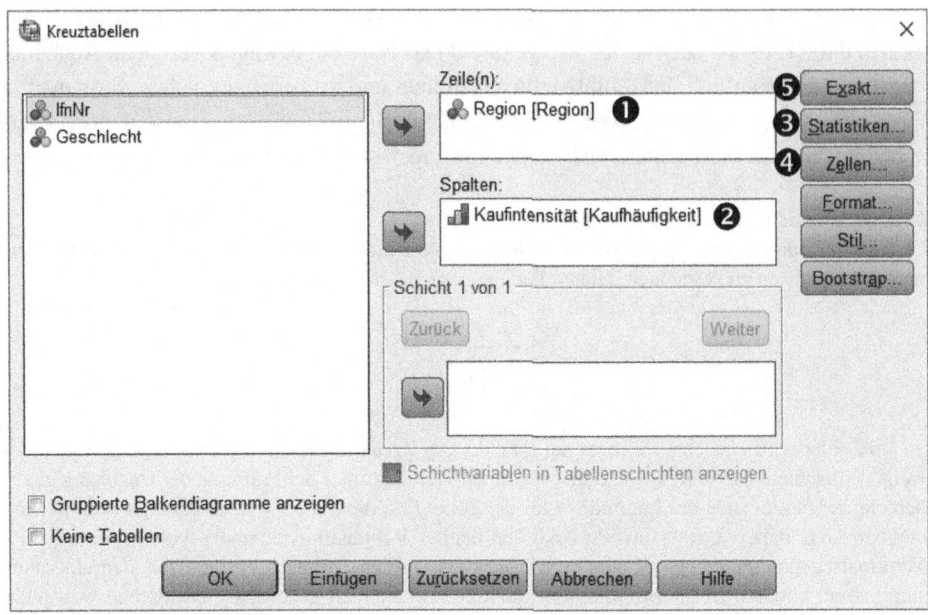

Abb. 4.42 Dialogbox „Kreuztabellen"

Das sich öffnende Menü (vgl. Abb. 4.42) kennen wir bereits aus der deskriptiven Statistik (vgl. Abschn. 4.2.2.2). Wir wählen die Variablen „Region" und „Kaufhäufigkeit" aus und bewegen sie in die Felder „Zeile(n)" (❶) bzw. „Spalten" (❷). Welche Variable wir wie zuordnen, ist zunächst beliebig, wenn wir nur der Frage nach Abhängigkeit bzw. Unabhängigkeit nachgehen. Es macht jedoch für die spätere Interpretation Sinn, die aus unserer Sicht unabhängige Variable (hier die Region) in die Zeile zu nehmen.

Um den χ^2-Test anzuwählen, klicken wir auf die Schaltfläche „Statistiken ..." (❸). Im sich öffnenden Untermenü (vgl. Abb. 4.43) wählen wir oben links „Chi-Quadrat" (❶) sowie „Phi und Cramer-V" (❷). Über „Weiter" und anschließend „OK" gelangen wir zum gewünschten Ergebnis (vgl. Abb. 4.44).

Unterhalb der bereits bekannten Kreuztabelle finden wir nun eine zusätzliche, mit „Chi-Quadrat-Tests" überschriebene Tabelle. Hier interessiert uns die erste Zeile, die mit „Pearson-Chi-Quadrat" bezeichnet ist. In der ersten Ergebnisspalte steht der Testwert 37,5, den wir über die obenstehende Formel mühsam hätten von Hand ausrechnen können. Daneben stehen die 4 Freiheitsgrade (*df*, englisch für „degrees of freedom"). Beides brauchen wir nicht, denn wir konzentrieren uns hier wiederum auf den p-Wert, der in der letzten Spalte mit <,001 angegeben wird (❶) (zu beachten ist hierbei, dass SPSS im Viewer zwar „<,001" ausgibt, über die Exportfunktion der Tabelle erfolgt jedoch eine Umwandlung in 0,000, was inhaltlich aber natürlich identisch ist). Mit <,001 < 0,05 gilt somit p < α. Wir können daher mit gutem Gewissen an der Gültigkeit der H_0: „Die Variablen sind voneinander unabhängig" zweifeln und stattdessen die H_1: „Es gibt eine Abhängigkeit zwischen den Variablen" favorisieren.

4.3 Induktive Statistik

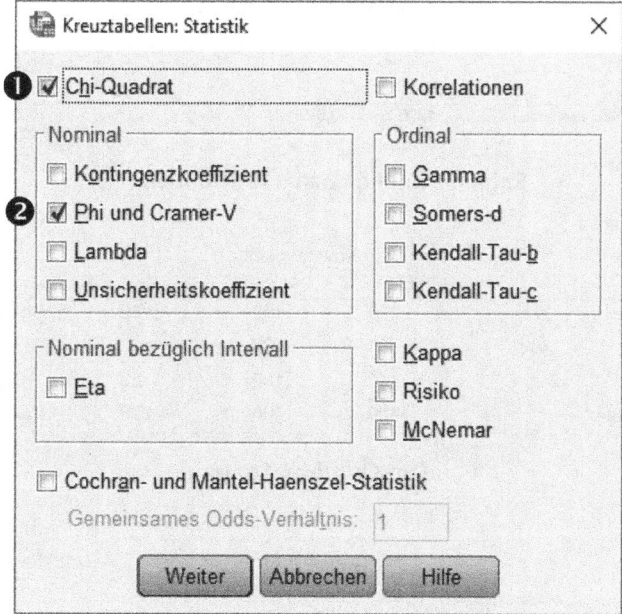

Abb. 4.43 Dialogbox „Kreuztabellen: Statistik"

Als *Effektgröße* kann hier der Phi-Koeffizient (Φ) herangezogen werden. Auf diesen Wert kommen wir an späterer Stelle noch genauer zu sprechen (vgl. Abschn. 4.4.1.4). Hier soll nur bemerkt werden, dass nach Cohen folgende Grenzen gelten (vgl. Cohen 1988, S. 223 ff.):

$$\Phi = 0,1 : \text{Kleiner Effekt}$$
$$\Phi = 0,3 : \text{Mittlerer Effekt}$$
$$\Phi = 0,5 : \text{Großer Effekt}$$

Somit würde in unserem Beispiel der Wert 0,194 (❸) zumindest einen kleinen Effekt andeuten.

Eigentlich ist Φ nur für 2×2-Tabellen gedacht, weshalb er zunächst in Cramers V (oder Cramers Φ') transformiert wird, indem durch $\sqrt{k-1}$ geteilt wird, wobei k den kleineren Wert der Anzahl Zeilen oder Spalten unserer Tabelle repräsentiert (in unserem Fall gilt k = 3). Auch diesen Wert finden wir in unserer Tabelle (0,194 $/\sqrt{3-1}$ = 0,137), er wird uns später noch begegnen (vgl. Abschn. 4.4.1.4). Für die Festlegung als Effektgröße erfolgt jedoch wieder die Rücktransformation in den Φ-Wert (vgl. Cohen 1988, S. 223), auf den sich die oben genannten Grenzen beziehen. Als Effektgröße lesen wir somit den Wert „Phi" (❸) ab.

Das Ergebnis sollte allerdings noch dahingehend überprüft werden, ob es insbesondere folgende Voraussetzungen erfüllt: Alle erwarteten Häufigkeiten sollten größer Null sein.

Zusammenfassung der Fallverarbeitung

	Fälle					
	Gültig		Fehlend		Gesamt	
	N	Prozent	N	Prozent	N	Prozent
Region * Kaufintensität	1000	100,0%	0	0,0%	1000	100,0%

Region * Kaufintensität Kreuztabelle

Anzahl

		Kaufintensität			Gesamt
		0-1	2-3	4 und mehr	
Region	Nord	200	140	60	400
	Mitte	60	80	60	200
	Süd	140	180	80	400
Gesamt		400	400	200	1000

Chi-Quadrat-Tests

	Wert	df	Asymptotische Signifikanz (zweiseitig)	
Pearson-Chi-Quadrat	37,500^a	4	<,001	❶
Likelihood-Quotient	36,494	4	<,001	
Zusammenhang linear-mit-linear	14,271	1	<,001	
Anzahl der gültigen Fälle	1000			

❷ a. 0 Zellen (0,0%) haben eine erwartete Häufigkeit kleiner 5. Die minimale erwartete Häufigkeit ist 40,00.

Symmetrische Maße

		❸ Wert	Näherungsweise Signifikanz
Nominal- bzgl. Nominalmaß	Phi	0,194	<,001
	Cramer-V	0,137	<,001
Anzahl der gültigen Fälle		1000	

Abb. 4.44 Ergebnisübersicht

Außerdem sollte die Anzahl der Zellen, die eine erwartete Häufigkeit von kleiner fünf beinhalten, 20 % aller Felder nicht überschreiten (vgl. Braunecker 2023, S. 159). In unserem Beispiel sind beide Voraussetzungen erfüllt. SPSS liefert in der Fußnote des χ^2-Tests (vgl. Abb. 4.44 ❷) den Hinweis, dass 0 Zellen eine erwartete Häufigkeit kleiner 5 haben und die minimale erwartete Häufigkeit 40,00 und damit größer Null ist. (Sind diese Voraussetzungen hingegen verletzt, sollte im Menü „Kreuztabellen" (vgl. Abb. 4.42) im Untermenü „Exakt" (❺) wiederum die Option „Exakt" ausgewählt werden. Dadurch wird im Ergebnis zusätz-

4.3 Induktive Statistik

lich der „Exakte Test nach Fisher" ausgegeben, dessen p-Wert dann zur Signifikanzprüfung herangezogen wird).

Bis jetzt haben wir allerdings nur herausgefunden, dass eine statistisch signifikante Abhängigkeit besteht. Welche Variable nun die unabhängige darstellt und in welche Richtung diese Abhängigkeit deutet, müssen wir noch interpretieren. Die unabhängige Variable in unserem Beispiel kann logischerweise nur die Region sein. Je nachdem, wo die Befragten wohnen, kaufen sie mehr oder weniger LKWs. Ein umgekehrter Einfluss wäre unsinnig. In welche Richtung bewegt sich aber nun dieser offensichtliche Unterschied? Hierzu benötigen wir neben den beobachteten auch noch die erwarteten Häufigkeiten sowie einen weiteren Test. Dieses erhalten wir jeweils, indem wir in der Dialogbox „Kreuztabellen" (vgl. Abb. 4.42) die Schaltfläche „Zellen" anklicken (❹) und in der sich öffnenden Dialogbox (vgl. Abb. 4.45) im Feld „Häufigkeiten" die Option „Erwartet" markieren (❶) sowie rechts im Feld „Z-Test" einen Haken bei „Spaltenanteile vergleichen" setzen (❷). Wir erhalten die in Abb. 4.46 dargestellte Tabelle.

Hier können wir nun eine gewisse Tendenz erkennen. In der Region Nord kaufen mehr Personen (200) als erwartet (160) nur 0-1 LKW, hingegen jeweils weniger als erwartet 2-3 bzw. 4 und mehr Stück. Das entspricht der Vermutung, dass im Norden eher relativ wenig LKWs gekauft werden. An den tiefgestellten Buchstaben in der ersten Zeile können wir zudem erkennen, dass ein signifikanter Unterschied zwischen den Kaufhäufigkeiten 0-1 (mit „a" bezeichnet) sowie den beiden anderen Spalten (jeweils „b") besteht. Offensichtlich werden in der Region Nord tatsächlich signifikant wenig LKWs (0-1) gekauft. In der

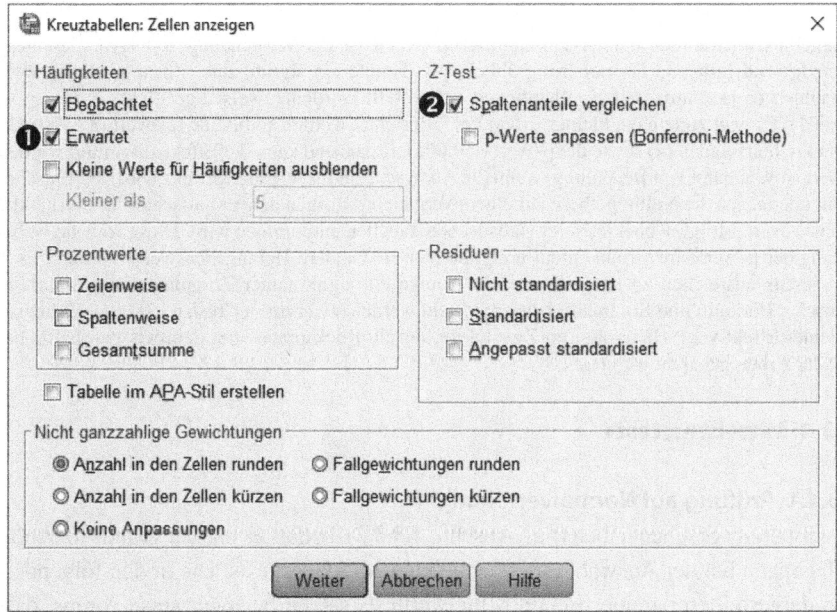

Abb. 4.45 Dialogbox „Kreuztabellen: Zellen anzeigen"

Region * Kaufintensität Kreuztabelle

			Kaufintensität			
			0-1	2-3	4 und mehr	Gesamt
Region	Nord	Anzahl	200$_a$	140$_b$	60$_b$	400
		Erwartete Anzahl	160,0	160,0	80,0	400,0
	Mitte	Anzahl	140$_a$	180$_b$	80$_{a,b}$	400
		Erwartete Anzahl	160,0	160,0	80,0	400,0
	Süd	Anzahl	60$_a$	80$_a$	60$_b$	200
		Erwartete Anzahl	80,0	80,0	40,0	200,0
Gesamt		Anzahl	400	400	200	1000
		Erwartete Anzahl	400,0	400,0	200,0	1000,0

Jeder tiefgestellte Buchstabe gibt eine Teilmenge von Kaufintensität Kategorien an, deren Spaltenanteile sich auf dem ,05-Niveau nicht signifikant voneinander unterscheiden.

Abb. 4.46 Beobachtete vs. erwartete Häufigkeiten

Region Mitte ist es eher umgekehrt, dort kaufen weniger Personen als erwartet (140 vs. 160) nur 0-1 Stück, hingegen mehr als erwartet (180 vs. 160) 2-3 Stück. Der Unterschied zwischen den ersten beiden Spalten ist signifikant („a" vs. „b"). Hier verschiebt sich also die Häufigkeit etwas mehr zu einer mittleren Kaufintensität von 2-3 Stück. In der Region Süd kann man schließlich erkennen, dass weniger Kunden als erwartet (60 vs. 80) 0-1 Stück kaufen, jedoch mehr als erwartet (60 vs. 40) sogar 4 oder mehr Stück. Die letzte Spalte unterscheidet sich dabei signifikant von den beiden anderen. Insgesamt kann man also das vermutete Süd-Nord-Gefälle recht gut erkennen.

Als Ergebnis im Rahmen der wissenschaftlichen Arbeit ist bei Verwendung von Hypothesentests zusammenfassend folgende Formulierung üblich: „Es konnte ein signifikanter Zusammenhang zwischen geographischer Herkunft und Kaufhäufigkeit festgestellt werden (zweiseitiger Test, χ^2 (4) = 37,500, p < 0,001). Es liegt zudem ein kleiner Effekt vor." Berichtet werden somit der Testwert (37,500), die Anzahl an Freiheitsgraden (4) sowie der p-Wert (< 0,001). Ergänzend kann der Effekt aufgeführt werden. Der Testwert ist v. a. dann von Bedeutung, wenn die Analyse „händisch" durchgeführt wird, die Entscheidung also für oder gegen die Nullhypothese auf einem Vergleich zwischen dem empirischen Testwert und einem kritischen Wert erfolgt, wobei letzterer statistischen Tabellen entnommen wird. Diese Angabe ist bei Verwendung der p-Werte im Grunde nicht nötig, da hier eine andere Herangehensweise vorliegt. Es würde daher bereits ausreichen zu konstatieren: „Es konnte ein signifikanter Zusammenhang zwischen geographischer Herkunft und Kaufhäufigkeit festgestellt werden (zweiseitiger Test, p < 0,001). Es liegt zudem ein kleiner Effekt vor." Hier sollte im Zweifel im Vorfeld Rücksprache mit dem wissenschaftlichen Betreuer der Arbeit gehalten werden.

4.3.3.4 Mittelwerttests

4.3.3.4.1 Prüfung auf Normalverteilung
Wie wir bereits gesehen haben (vgl. Abschn. 4.3.3.2), bedarf es einiger grundsätzlicher Vorüberlegungen bei der Auswahl eines geeigneten Mittelwerttests. Die in den folgenden Kapiteln dargestellten parametrischen Mittelwerttests setzen beispielsweise voraus, dass die abhängige Variable normalverteilt ist. Das Problem bei der Verwendung von Stichproben ist

4.3 Induktive Statistik

nun aber naturgemäß, dass wir die Verteilung der Daten in der Grundgesamtheit zumeist nicht kennen. Wären die zugrunde liegenden Daten in ihrer Grundgesamtheit normalverteilt, so könnten wir in der Regel auch Normalverteilung der Stichprobenfunktion annehmen, die bei vielen Verfahren (z. B. bei den vorliegenden Mittelwerttests) im Fokus steht (vgl. Janssen und Laatz 2017, S. 248). In anderen Ausgangsfällen können wir auf Grundlage des zentralen Grenzwertsatzes für Stichproben n ≥ 30 ebenfalls davon ausgehen, dass die Stichprobenfunktion zumindest annähernd normalverteilt ist (vgl. Döring 2022, S. 628 f.; Field et al. 2012, S. 169). Damit sind auch Wahrscheinlichkeitsaussagen über Stichprobenmittelwerte möglich, was uns im Folgenden ja besonders interessiert (vgl. Kohn und Öztürk 2022, S. 264). Insbesondere die nachstehenden t-Tests sind für Stichproben mit n ≥ 30 in der Regel unkritisch (vgl. Janczyk und Pfister 2020, S. 54). Es muss betont werden, dass sich der zentrale Grenzwertsatz nicht auf die ursprünglichen Daten bezieht, sondern (wie z. B. beim t-Test) auf die Verteilung der Stichprobenmittelwerte.

Die Prüfung auf Normalverteilung kann auf verschiedene Art und Weise erfolgen:

1. Grafische Überprüfung
2. Analytische Überprüfung

Beispiel

Die verschiedenen Möglichkeiten werden im Folgenden am Beispiel des Datensatzes *Schokolade.sav* demonstriert. Ein Schokoladenhersteller hat u. a. eine 100gr-Tafel Vollmilchschokolade im Programm. Aus technischen Gründen sind kleinere Schwankungen beim Gewicht der einzelnen Tafeln möglich. Er möchte nun überprüfen, ob das Gewicht einer Charge wenigstens um den erwarteten (und dem Kunden versprochenen) Wert von 100 g herum normalverteilt ist. Damit würde das Durchschnittsgewicht über die gesamte Charge 100 g betragen. Hierzu zieht er eine Stichprobe der Größe n = 31. ◄

Zunächst wenden wir uns einer ersten grafischen Variante zu. Hierzu klicken wir in SPSS auf:

Analysieren -> Deskriptive Statistiken -> Häufigkeiten

In der sich öffnenden Dialogbox wählen wir die einzig verfügbare Variable „Gewicht" aus. (Außerdem können wir unten links den Haken „Häufigkeitstabellen anzeigen" entfernen). Danach klicken wir auf „Statistiken…" und setzen je einen Haken bei „Mittelwert" (❶), „Schiefe" (❷) und „Kurtosis" („Wölbung") (❸) (vgl. Abb. 4.47 oben). Über „Weiter" kehren wir in die Dialogbox „Häufigkeiten" zurück und wählen nun noch „Diagramme". Dort markieren wir „Histogramme" sowie „Normalverteilungskurve im Histogramm anzeigen" (❹) (vgl. Abb. 4.47 unten).

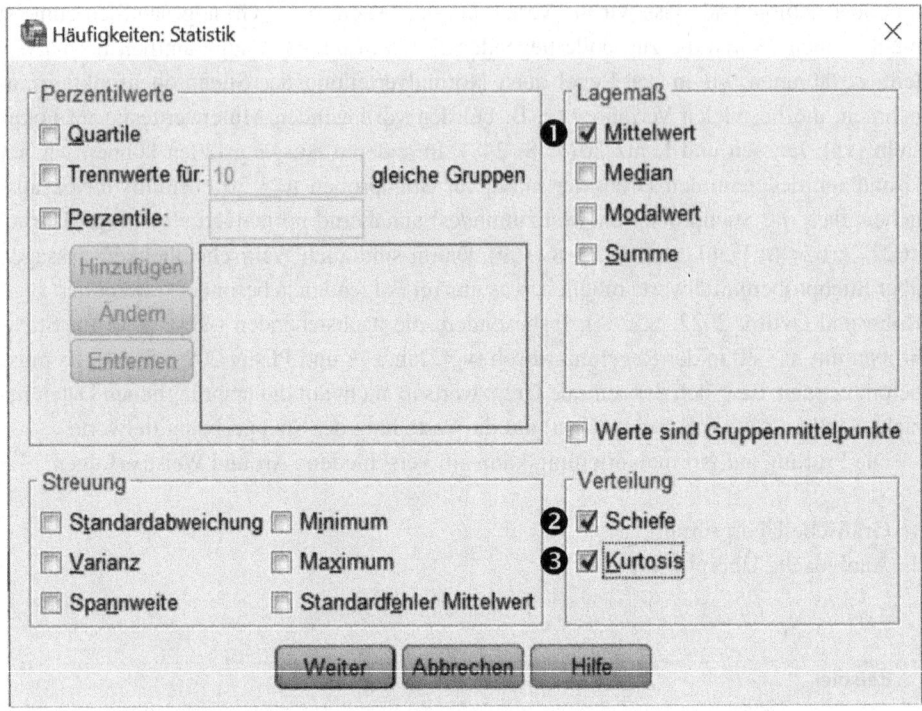
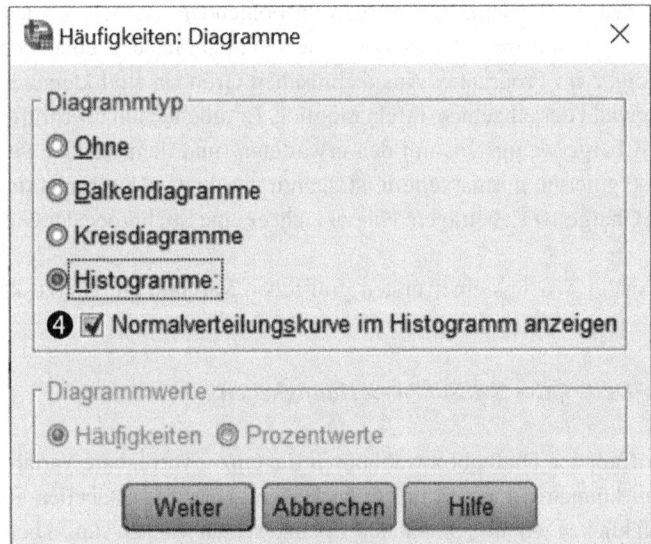

Abb. 4.47 Dialogboxen „Statistiken ..." und „Diagramme"

4.3 Induktive Statistik

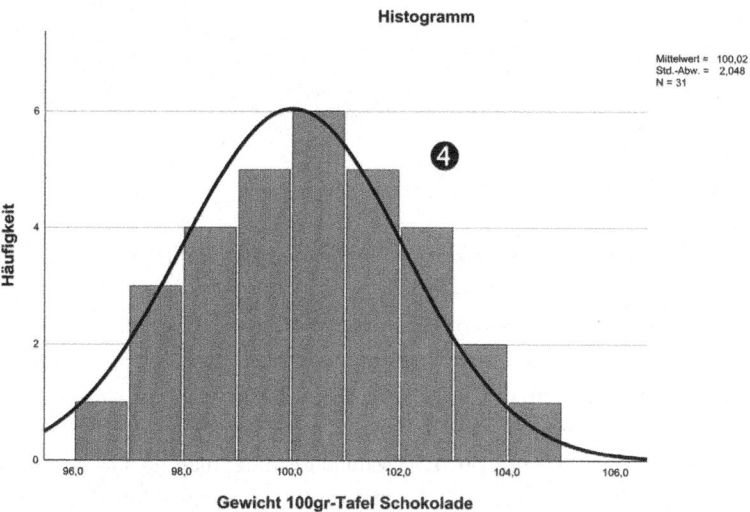

Abb. 4.48 Grafische Prüfung auf Normalverteilung

Die Ergebnisse finden sich in Abb. 4.48. In der oberen Tabelle lesen wir den Mittelwert mit 100,023 (Gramm) ab (❶). Das ist im Hinblick auf den Verpackungsaufdruck „100gr" schon einmal beruhigend. Weiter unten sehen wir „Schiefe 0,133" (❷) und „Kurtosis −0,273" (❸). Die Verteilung ist also – auf unsere Stichprobe bezogen – leicht linkssteil und die Spitze gegenüber der Normalverteilung etwas abgeflacht. Betrachten wir allerdings die Grafik (❹), so kann eine recht genaue Übereinstimmung der empirischen Werte mit der Normalverteilung erkannt werden. Die parametrischen Tests sind darüber hinaus für n ≥ 30 relativ robust, zumal wir uns in der Regel weniger für die Verteilung der Werte an sich als vielmehr für die Stichprobenverteilung interessieren (vgl. Janssen und Laatz 2017, S. 248).

Eine weitere Möglichkeit der Prüfung auf Normalverteilung besteht in der Heranziehung eines statistischen Tests. SPSS bietet hierbei den Kolmogorov-Smirnov- sowie den Shapiro-Wilk-Test an. Wir klicken nacheinander auf:

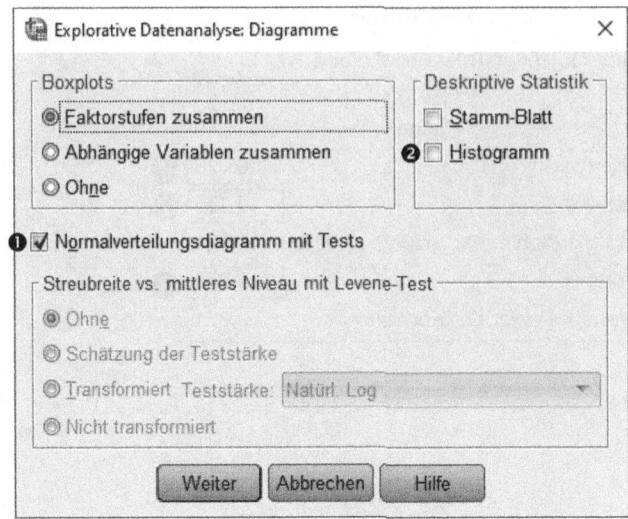

Abb. 4.49 Dialogbox „Explorative Datenanalyse: Diagramme"

Analysieren -> Deskriptive Statistiken -> Explorative Datenanalyse

In der sich öffnenden Dialogbox „Explorative Datenanalyse" klicken wir auf „Diagramme". Es öffnet sich eine weitere Dialogbox (vgl. Abb. 4.49). Dort wählen wir „Normalverteilungsdiagramm mit Tests" (❶). (Den Haken bei „Histogramm" (❷) können wir, wenn wir wollen, entfernen, da wir dieses schon zuvor angefordert hatten).

Die Ergebnisse sehen wir in Abb. 4.50. Zunächst findet man im Viewer die bereits bekannte Tabelle aus der explorativen Datenanalyse (vgl. Abschn. 4.2.6), die u. a. nochmals mit Mittelwert, Schiefe und Kurtosis aufwartet. Da wir diese bereits schon zuvor betrachtet haben, ignorieren wir die Tabelle an dieser Stelle und betrachten stattdessen die beiden angeforderten Tests auf Normalverteilung, zum einen den Kolmogorov-Smirnov-Test (❶), zum anderen den Shapiro-Wilk-Test (❷). Beiden Tests liegt die Nullhypothese zugrunde: „Die Daten sind normalverteilt." (Bühner und Ziegler 2017, S. 124). Die H_0 können wir bei beiden Tests nicht ablehnen, da SPSS einen p-Wert (Spalte „Signifikanz") von 0,200 bzw. 0,896 liefert. Somit können wir laut der beiden Tests von Normalverteilung ausgehen.

Die beiden Tests werden allerdings häufig kritisiert, da die zu prüfende Nullhypothese bei großen Stichproben bereits bei kleinen, aber praktisch eher unerheblichen, Abweichungen abgelehnt wird (vgl. Field et al. 2012, S. 182). Umgekehrt wird sie mit kleiner werdender Stichprobengröße n eher bestätigt (vgl. Janssen und Laatz 2017, S. 249 f.). Es wird daher von zu strenger Auslegung dieser Test gewarnt. Vielmehr sollte der Fokus auf den grafischen Analysen liegen. Betrachten wir daher unsere weiteren Ergebnisse.

Als nächstes sehen wir ein sogenanntes *Q-Q-Diagramm* (❸), wobei Q für Quantile steht. Hier werden die beobachteten Quantile denen gegenübergestellt, die bei einer

Tests auf Normalverteilung

	Kolmogorov-Smirnov[a] ❶			Shapiro-Wilk ❷		
	Statistik	df	Signifikanz	Statistik	df	Signifikanz
Gewicht 100gr-Tafel Schokolade	0,085	31	,200	0,983	31	0,896

*. Dies ist eine untere Grenze der echten Signifikanz.

a. Signifikanzkorrektur nach Lilliefors

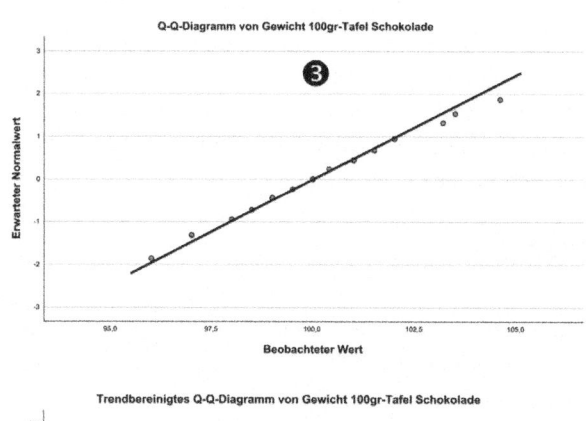

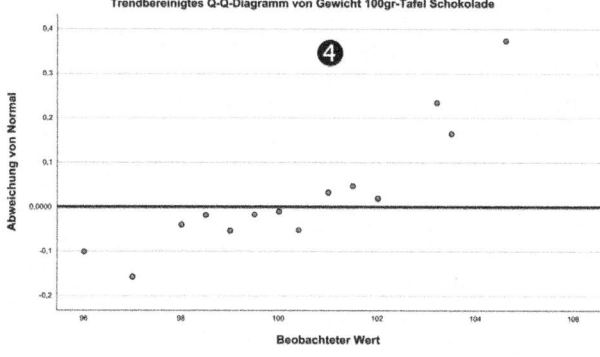

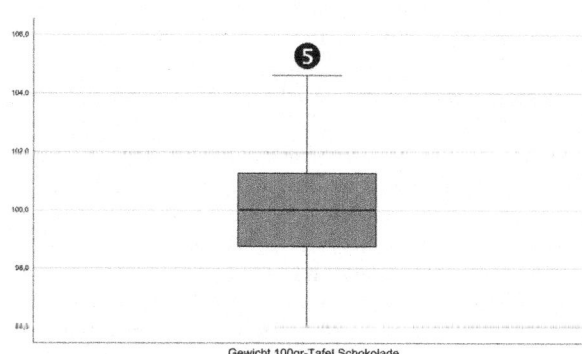

Abb. 4.50 Ergebnisse hinsichtlich Normalverteilung

Normalverteilung zu erwarten wären. Liegen alle Datenpunkte auf dieser Linie, kann daher von Normalverteilung ausgegangen werden. In unserem Beispiel ist dies durchaus der Fall, auch wenn die oberen drei Werte eine leichte Abweichung aufweisen. In der Grafik darunter finden wir ein trendbereinigtes Q-Q-Diagramm (❹), in dem die zuvor aufsteigende Gerade nunmehr parallel zur Abszisse verläuft. Insbesondere die Werte in der Mitte sollten auch hier nahe der Gerade liegen, was der Fall ist. In dieser Darstellungsvariante fallen die zuvor schon auffälligen Punkte noch mehr ins Auge, insgesamt können wir aber großzügig die Normalverteilungsprämisse im Raum stehen lassen. Als letztes wird uns noch ein Box-and-Whisker-Plot angeboten (❺). Dieses unterstützt uns durch seine augenscheinlich fast perfekte Symmetrie in unserer Interpretation, dass unser Datenmaterial hinreichend einer Normalverteilung entspricht, es also insbesondere keine nennenswerten Asymmetrien in der Verteilung gibt.

4.3.3.4.2 Einfacher t-Test

Der *einfache t-Test* überprüft, ob der unbekannte Mittelwert µ eines metrischen und als normalverteilt angenommenen Merkmals signifikant von einem vorgegebenen Vergleichswert μ_0 abweicht, wobei neben µ auch σ unbekannt ist.

Im Folgenden wird, stellvertretend für die nachfolgenden Tests, das grundlegende theoretische Konzept erläutert.

Grundidee des einfachen t-Tests
Dem einfachen t-Test liegt folgende Prüfgröße zugrunde:

$$t = \frac{\bar{x} - \mu_0}{s_{\bar{x}}}$$

Dabei steht $\bar{x}$ für den Mittelwert der Stichprobe, μ_0 für den Vergleichswert. Im Nenner sehen wir den Standardfehler $s_{\bar{x}}$, den wir aufgrund der Stichprobenbetrachtung nur über die Standardabweichung s der Stichprobe schätzen können. Er ergibt sich daher als $s/\sqrt{n}$ (vgl. Abschn. 4.3.2.2). Die Prüfgröße t folgt einer t-Verteilung (auch *Student-Verteilung* genannt) mit n − 1 Freiheitsgraden (wobei n = Stichprobengröße). Die t-Verteilung ist wie die Standardnormalverteilung symmetrisch um den Wert Null und nähert sich für große n der Standardnormalverteilung an. Für n ≥ 30 kann sie zumeist hinreichend durch diese approximiert werden. Für kleinere n ist sie hingegen im Vergleich zur Standardnormalverteilung zunehmend flacher und hat an den beiden Enden immer höhere Wahrscheinlichkeiten (im englischen auch als „heavy tails" bezeichnet) (vgl. z. B. Fahrmeir et al. 2016, S. 280 f.). Dies ist unmittelbar einleuchtend, denn für kleine Stichproben sind extreme Ausprägungen eines Stichprobenmittelwerts wahrscheinlicher als für große. Man konstruiert nun auch hier einen Annahme- und einen Ablehnungsbereich. Resultiert z. B. ein Stichprobenmittelwert $\bar{x}$, der identisch mit dem vorgegebenen Vergleichswert μ_0 ist, so gilt t = 0, da im Zähler ja $\bar{x} - \mu_0 = 0$ ist. Man würde in diesem Fall natürlich davon ausgehen, dass auch der wahre Parameter der Grundgesamtheit µ, den wir über $\bar{x}$ geschätzt haben, dem Vergleichswert μ_0 entspricht. Je größer t betragsmäßig

4.3 Induktive Statistik

jedoch ist, desto eher werden wir die Hypothese vertreten, dass es *Unterschiede* zwischen den beiden Werten gibt. Im Zähler steht die Differenz der beiden betrachteten Werte $\bar{x}$ und μ_0. Je größer diese Differenz (betragsmäßig) ist, umso wahrscheinlicher ist es, dass tatsächlich ein Unterschied besteht. Dies ist unmittelbar einsichtig. Im Nenner steht zunächst die Standardabweichung der Stichprobe (Standardfehler), die als Schätzung für die Standardabweichung in der Grundgesamtheit herangezogen wird. Je kleiner diese ist, desto größer wird t. Auch dies kann man sich sehr leicht verdeutlichen. Würden die Werte in der Grundgesamtheit im Extremfall gar nicht streuen, also für alle Probanden identisch ausfallen, wäre die Streuung Null (dies ist nur eine theoretische Überlegung, in diesem Fall wäre der Nenner Null und t damit nicht definiert). Damit kann aber für $\bar{x}$ immer nur der tatsächliche Mittelwert resultieren, völlig unabhängig davon, wer befragt wurde bzw. wie viele Probanden herangezogen wurden. Damit ist also jeder noch so kleine Unterschied nachweisbar. Ist die Streuung nur sehr klein, kann man ähnlich argumentieren. Sobald die Streuung jedoch groß ist, können je nach Stichprobe völlig verschiedene $\bar{x}$ resultieren, die einmal kleiner, ein anderes Mal größer und ein weiteres Mal identisch mit μ_0 werden. Somit würde man die Unterschiedshypothese eher verneinen, da keine deutliche Richtung erkennbar ist. Schließlich beeinflusst noch die Stichprobengröße n den t-Wert. Dadurch, dass n im Nenner des Nenners steht, steigt t für wachsende n. Auch das ist logisch, denn für wachsende n wird die Schätzung für $\bar{x}$ immer genauer, und wir werden bei großen Stichproben schon bei kleinen Mittelwertunterschieden geneigt sein, deren Existenz anzuerkennen. Übersteigt der sich nach obiger Formel ergebende t-Wert nun wieder einen kritischen Wert, so befinden wir uns im Ablehnungsbereich der H_0 und werden daher die H_1 favorisieren.

Dies soll nur einen kurzen Abriss über die dahinterstehende Idee des t-Tests darstellen. Durch die Betrachtung der p-Werte in den folgenden SPSS-Analysen brauchen wir uns mit der t-Verteilung an sich nicht weiter zu beschäftigen. Es sollte v. a. gezeigt werden, dass aufgrund der Unkenntnis über die Standardabweichung in der Grundgesamtheit statt der Normalverteilung die t-Verteilung herangezogen wird, deren Verlauf von der Stichprobengröße abhängt, für große n (d. h. n $\geq$ 30) jedoch gegen eine Standardnormalverteilung strebt.

Man könnte vermuten, dass der Name „Einfacher t-Test" darauf hindeutet, dass der Test einfach zu handhaben ist, was zu einer erhöhten Motivation unter den Studierenden führen könnte. Tatsächlich bezieht sich die Bezeichnung „einfach" aber darauf, dass wir nur eine Stichprobe betrachten. (Trotzdem ist der Test in der Tat zumindest vergleichsweise einfach, weil beispielsweise keine vorgeschaltete Varianzprüfung wie beim doppelten t-Test erfolgen muss).

Beispiel

Der Student Bastian hat im Rahmen seiner Bachelorarbeit eine Vollerhebung unter allen belgischen Kunden eines Unternehmens durchgeführt und für diese (auf einer Skala von 1 = sehr zufrieden bis 6 = sehr unzufrieden, die er als metrisch interpretiert) eine durchschnittliche Gesamtzufriedenheit von $\mu_0 = 2{,}8$ ermittelt. Nun möchte er wissen, ob die deutschen Kunden die gleiche oder aber eine von den Belgiern abweichende Zufriedenheit aufweisen. Er selbst vermutet letzteres. Da die vorliegende Datenbank eine sehr große Zahl an deutschen Kunden enthält, beschränkt er sich bei der Befragung der deutschen Kunden auf eine Stichprobe von 100 Personen. Deren jeweiligen Zufriedenheitswerte finden sich im Datensatz *t-Test einfach.sav*. ◄

Aufgrund der hohen Stichprobe (mit n = 100 deutlich größer als 30) verzichten wir an dieser Stelle auf den Test auf Normalverteilung und wenden uns direkt dem Mittelwerttest zu. Dazu klicken wir nacheinander auf:

Analysieren -> Mittelwerte und Proportionen vergleichen -> t-Test bei einer Stichprobe ...

Es öffnet sich eine Dialogbox (vgl. Abb. 4.51), in der wir zunächst die Variable auswählen, deren Mittelwert wir mit dem vorgegebenen Wert der belgischen Kunden vergleichen wollen. In diesem Fall ist dies die einzig verfügbare Variable „Preis-Leistungs-Verhältnis [Bewertung]" (❶). Anschließend ersetzen wir die „0" im Feld „Testwert" durch „2,8" (❷), dies ist der bekannte Mittelwert der belgischen Kunden, mit dem wir den Mittelwert der Probanden aus Deutschland vergleichen wollen. Direkt daneben sehen wir zudem, dass standardmäßig bereits ein Haken bei „Effektgrößen schätzen" gesetzt ist (❸).

Wir bestätigen mit „OK" und erhalten die in Abb. 4.52 dargestellten Ergebnisse. Der ersten Tabelle entnehmen wir, dass die gezogene Stichprobe vom Umfang n = 100 (❶) einen Stichprobenmittelwert von 3,00 aufweist (❷). Er ist also zunächst größer als der Vergleichswert, der uns in der nächsten Tabelle mit „Testwert = 2.8" nochmals in Erinnerung gerufen wird (❸), ebenso wie die sich aus den beiden Werten ergebende „Mittlere Differenz" auf Basis unserer Stichprobe (0,200) (❹).

Bevor wir nun die p-Werte betrachten, müssen wir zunächst unser Hypothesenpaar definieren. Da Bastian lediglich vermutet, dass die deutschen Kunden eine von den Belgiern abweichende Zufriedenheit aufweisen, liegt eine ungerichtete bzw. zweiseitige Hypothese vor. Damit erhalten wir:

$$H_1 : \mu \neq 2,8$$
$$H_0 : \mu = 2,8$$

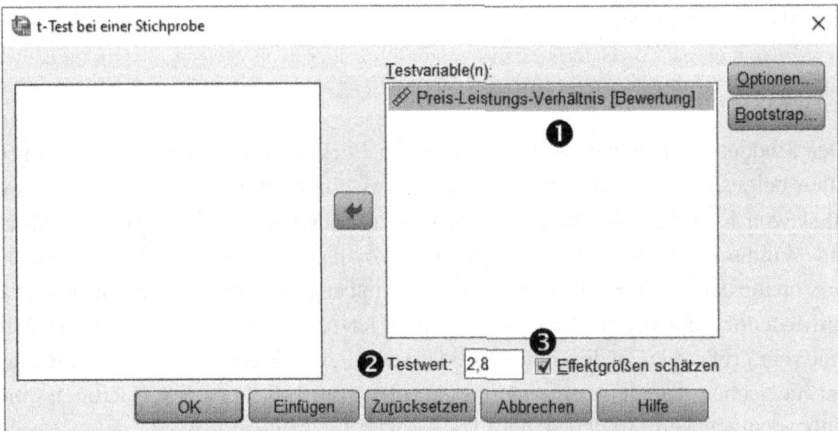

Abb. 4.51 Dialogbox „t-Test bei einer Stichprobe"

4.3 Induktive Statistik

Statistik bei einer Stichprobe

	N ❶	Mittelwert ❷	Std.-Abweichung	Standardfehler des Mittelwertes
Preis-Leistungs-Verhältnis	100	3,00	1,189	0,119

Test bei einer Stichprobe

Testwert = 2.8 ❸

	T	df	Einseitiges p ❻	Zweiseitiges p ❺	Mittlere Differenz ❹	95% Konfidenzintervall der Differenz ❼ Unterer Wert	Oberer Wert
Preis-Leistungs-Verhältnis	1,682	99	0,048	0,096	0,200	-0,04	0,44

Effektgrößen bei einer Stichprobe

		Standardisierer[a]	Punktschätzung	95% Konfidenzintervall Unterer Wert	Oberer Wert
Preis-Leistungs-Verhältnis	Cohen's d	1,189	0,168 ❽	-0,030	0,365
	Hedges' Korrektur	1,198	0,167	-0,029	0,362

a. Der bei der Schätzung der Effektgrößen verwendete Nenner.
Cohen's d verwendet die Standardabweichung einer Stichprobe.
Hedges' Korrektur verwendet die Standardabweichung einer Stichprobe und einen Korrekturfaktor.

Abb. 4.52 Ergebnisse des einfachen t-Tests

Nun können wir in der Spalte „Signifikanz – Zweiseitiges p" (❺) den p-Wert ablesen. Er beträgt 0,096 oder 9,6 % und ist damit deutlich größer als unsere Toleranzschwelle α, die wir wie üblich bei 5 % ansetzen. Somit müssen wir die H_0 annehmen. Die Abweichung von 0,2 unseres Stichprobenmittelwerts vom Testwert 2,8 ist nicht statistisch signifikant und wir gehen daher in der Folge davon aus, dass uns die deutschen Kunden nicht anders bewerten als die belgischen, also ein vergleichbares Zufriedenheitsniveau aufweisen.

Unterstützt wird dieses Ergebnis durch das „95 % Konfidenzintervall der Differenz" in den letzten beiden Spalten (❼). Mit „Differenz" ist $\bar{x} - \mu_0$ gemeint, die bei Gültigkeit der Nullhypothese ja Null betragen müsste. Mit einer Wahrscheinlichkeit von 95 % überdeckt das Intervall [− 0,04; 0,44] den wahren Wert der Differenz. Da die Null in diesem Intervall enthalten ist, unterstützt dies unter Ergebnis, dass es wohl keine Unterschiede gibt.

Überlegen wir noch, was passiert wäre, wenn Bastian anstatt von einer ungerichteten nunmehr von einer *gerichteten* Hypothese ausgegangen wären. Er hätte ja auch vermuten können, dass die deutschen Kunden das Unternehmen schlechter bewerten als die Belgier, weil sie in der Vergangenheit bereits häufig durch pingelige Beschwerden unangenehm auf sich aufmerksam gemacht haben. Damit hätten wir eine einseitige Fragestellung mit folgendem Hypothesenpaar:

$$H_1 : \mu > 2,8$$
$$H_0 : \mu \leq 2,8$$

Dieses Mal müssen wir unser Augenmerk auf den Wert in Spalte (❻) richten, die mit „Signifikanz – Einseitiges p" überschrieben ist. Dort finden wir zu unserer Überraschung den Wert p = 0,048 bzw. 4,8 %. Und damit liegt nunmehr ein *signifikantes Ergebnis* vor.

Dieses paradox erscheinende Ergebnis tritt deshalb auf, weil beim einseitigen Test der Ablehnungsbereich mit der gesamten Fläche von 5 % auf eine Seite konzentriert ist. Beim zweiseitigen Test verteilt er sich hingegen auf beide Seiten der Verteilung. Damit fällt ein Testwert bei der einseitigen Fragestellung natürlich früher in den Ablehnungsbereich und wir erhalten deshalb ein signifikantes Ergebnis. Es ist also wichtig, sich im Vorfeld darüber klar zu werden, ob man eine ein- oder zweiseitige Fragestellung untersuchen möchte. (Vereinzelt findet sich der „Vorwurf", dass ein Forscher, der eine zweiseitige Hypothese aufstellt, sich schlicht zu wenig mit der Sachlage beschäftigt hätte. Ansonsten wäre er in der Lage, Tendenzen zu erkennen und somit eine einseitige Hypothese zu formulieren. Dies mag im Einzelfall zutreffen, man kann aber genügend Beispiele konstruieren, wo eine zweiseitige Formulierung nötig ist, vgl. z. B. Abschn. 4.3.3.4.3).

In der unteren Tabelle finden wir schließlich die von SPSS automatisch mitgelieferte *Effektgröße*. Beim einfachen t-Test verwendet man typischerweise *Cohens d*, nach Jacob Cohen. Es handelt sich um eine standardisierte Größe, die angibt, um wie viele (je nach Ansatz einfache oder gepoolte) Standardabweichungen die Mittelwerte differieren. Somit erhalten wir ein dimensionsloses Maß, mit dem wir auch Ergebnisse verschiedener Studien vergleichen können. Cohen empfiehlt dabei folgende Interpretation im Sinne von Grenzen (vgl. Cohen 1988, S. 40):

$$d = 0,2 : \text{Kleiner Effekt}$$
$$d = 0,5 : \text{Mittlerer Effekt}$$
$$d = 0,8 : \text{Großer Effekt}$$

Unserer Tabelle können wir ein d von 0,168 entnehmen (❽) (dieses würde sich händisch aus der Differenz der beiden Mittelwerte, also 0,2, berechnen, geteilt durch die Standardabweichung, hier 1,189). Dieser Wert ist kleiner als 0,2 und deutet damit auf einen eher unbedeutenden Effekt hin. Der Unterschied ist (bei einseitiger Fragestellung) zwar statistisch signifikant, spielt aber in der Praxis keine Rolle. Wir erhalten in beiden Kundengruppen eine mehr oder weniger „befriedigende" Note, was das Unternehmen zu vergleichbaren Marketinganstrengungen hinsichtlich beider Kundengruppen motivieren sollte.

Interpretation von Effektgrößen
Die Empfehlungen von Cohen sind zwar dem Grunde nach willkürlich, aber auch nicht völlig beliebig gewählt. Cohen selbst sagt hierzu: „It must [..] be said that all conventions are arbitrary. One can only demand of them that they not be unreasonable." (Cohen 1988, S. 12). Und weiter: „'Small' effect sizes must not be so small that seeking them amidst the inevitable operation of measurement and experimental bias and lack of fidelity is a bootless task, yet not so large as to make them fairly perceptible to the naked observational eye" (Cohen 1988, S. 13). Die von Cohen vorgeschlagenen Werte werden häufig herangezogen, weil sie eben *Konventionen* repräsentieren, die einen gewissen Grad an allgemeiner Akzeptanz erreicht haben. Insbesondere in Grenzbereichen (z. B. bei einem p-Wert von 0,05 oder einem d von 0,5) warnt er daher auch vor zu strikter Auslegung und rät zu genauerem Hinsehen (Cohen 1988, S. 12). Oder mit den bereits zitierten Worten von Janssens et al. ausgedrückt: „Content takes precendence over 'numbers'" (Janssens et al. 2008, S. 261).

4.3 Induktive Statistik

So schlug beispielsweise Sawilowsky (2009, S. 599) erweiterte Grenzen (kursiv) für Cohens d vor:

$$d = 0.1 : \textit{very small}$$
$$d = 0.2 : \text{small}$$
$$d = 0.5 : \text{medium}$$
$$d = 0.8 : \text{large}$$
$$d = 1.2 : \textit{very large}$$
$$d = 2.0 : \textit{huge}$$

▶ **Ergebnisbericht** Zusammenfassend würde Bastian z. B. vermerken:
„Es konnte eine signifikant schlechtere Bewertung seitens der deutschen Kunden ermittelt werden (einseitiger Test, p = 0,048). Es liegt jedoch ein unbedeutender Effekt vor."

„Es konnte keine signifikant unterschiedliche Bewertung seitens der deutschen Kunden ermittelt werden (zweiseitiger Test, p = 0,096). Zudem liegt nur ein unbedeutender Effekt vor."

4.3.3.4.3 Doppelter t-Test

> Der *doppelte t-Test* (auch *t-Test für unabhängige Stichproben*) überprüft auf Basis zweier unabhängiger Stichproben, ob sich die unbekannten Mittelwerte zweier als metrisch und normalverteilt angenommener Merkmale signifikant unterscheiden, wobei jeweils neben μ auch σ unbekannt ist. Die Streuungen innerhalb der beiden Gruppen müssen dabei gleich sein.

Dies ist eine häufige Fragestellung im Rahmen empirischer und damit auch studentischer Arbeiten. Beispielsweise möchte eine Studentin im Rahmen ihrer Bachelorarbeit zum Stadtmarketing eine Befragung zur Gesamtzufriedenheit mit der betreffenden Stadt durchführen. Dabei sollen die Ergebnisse von Einheimischen und Touristen getrennt ausgewertet und anschließend miteinander verglichen werden.

Beispiel zum doppelten t-Test

Der Bürgermeister eines idyllischen Städtchens im Allgäu möchte gerne wissen, wie die Gesamtzufriedenheit mit der von ihm verwalteten Ortschaft ausfällt. Er beauftragt die duale Studentin Sabine, die während ihrer Praxisphase im Rathaus arbeitet, mit einer entsprechenden Befragung, die sie als Basis für ihre Seminararbeit nutzt. Er vermutet, dass die Touristen den Ort im Durchschnitt besser bewerten als Einheimische, da sie von der schönen Umgebung, den freundlichen Menschen und dem vielfältigen touristischen Angebot begeistert sind. Die Einwohner hingegen – so seine Überlegung – sind mit vielerlei Problemen wie hoher Grundsteuer, hohem Verkehrsaufkommen und anderem belastet, sodass deren Urteil – bei aller Heimatliebe – vermutlich nicht so wohlwollend ausfallen wird. Sabine führt in der Folge eine entsprechende Umfrage unter 150 zufällig ausgewählten Personen durch, in der u. a. die Frage nach der Gesamtzufriedenheit auf einer Skala von „1 = sehr zufrieden" bis „6 = sehr unzufrieden" sowie dem Status der Probanden (Tourist oder Einheimischer) gestellt werden. Ihre Ergebnisse finden sich im Datensatz *Stadtmarketing.sav*. ◄

Die Überlegung ist – analog zum einfachen t-Test –, ob sich nunmehr *zwei* Mittelwerte signifikant voneinander unterscheiden. Dieses Mal vergleichen wir daher *zwei Stichprobenmittelwerte* miteinander, die wir mit $\bar{x}_1$ für die Touristen und $\bar{x}_2$ für die Einheimischen bezeichnen. Der Bürgermeister hat bereits eine Vermutung hinsichtlich der Richtung des Unterschieds geäußert, nämlich, dass die Touristen die Stadt besser bewerten als die Einheimischen. Somit formuliert die Studentin Sabine folgendes Hypothesenpaar (einseitige Fragestellung) für die Grundgesamtheit aller Touristen bzw. Einheimischen:

$$H_1 : \mu_1 < \mu_2$$
$$H_0 : \mu_1 \geq \mu_2$$

Um dies zu überprüfen, wählen wir in SPSS den Test für zwei *unabhängige* Stichproben mittels:

Analysieren -> Mittelwerte und Proportionen vergleichen -> t-Test bei unabhängigen Stichproben …

Im sich öffnenden Dialogfeld (vgl. Abb. 4.53) verschieben wir die Variable „Gesamtzufriedenheit" in das Feld „Testvariable(n)" (❶), denn diese Ergebnisse stehen im Fokus.

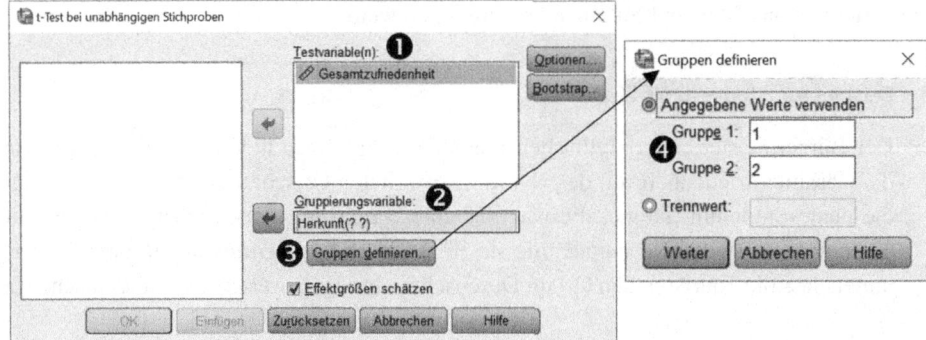

Abb. 4.53 Dialogboxen „t-Test bei unabhängigen Stichproben"

4.3 Induktive Statistik

Nun wollen wir aber, dass SPSS die Mittelwerte für beide Gruppen getrennt berechnet, sodass wir die aufgestellte Hypothese überprüfen können. Daher verschieben wir die Variable „Herkunft" in das Feld „Gruppierungsvariable:" (❷). An den beiden Fragezeichen hinter der Variablen können wir erkennen, dass SPSS noch weitere Informationen benötigt, nämlich, *welche* beiden Gruppen wir miteinander vergleichen wollen. Da wir nur zwei Gruppen unterschieden haben, erscheint diese Abfrage trivial, ist aber leider so programmiert. Daher klicken wir auf die Schaltfläche „Gruppen definieren …" (❸), woraufhin sich eine weitere Dialogbox öffnet. Dort tragen wir für „Gruppe 1" die Touristen, also „1", und für „Gruppe 2" die Einheimischen, also „2", ein (❹).

(Alternativ könnte man auch die Option „Trennwert" verwenden und dort „2" eintragen. Dies ist jedoch erst dann wirklich interessant bzw. nötig, wenn man mehrere Gruppen zu zwei größeren Gruppen zusammenfassen möchte, z. B. die elf alten Bundesländer in die eine Gruppe und die fünf neuen Bundesländer in die andere. Somit könnte man die Mittelwerte der alten und der neuen Bundesländer vergleichen, auch wenn man ursprünglich die Herkunft mit 1-16 codiert hat, wobei 1–11 für die alten und 12–16 für die neuen Bundesländer steht. Als Trennwert gibt man 12 ein. Personen mit dem Code ≥ 12 werden dann der Gruppe 2 zugeordnet und stehen somit für Personen aus den neuen Bundesländern. Die übrigen Personen finden sich folglich in Gruppe 1 und stammen aus den alten Bundesländern).

Wir klicken auf „Weiter", danach auf „OK" und erhalten die angeforderte Berechnung (vgl. Abb. 4.54).

Der oberen Tabelle können wir zunächst entnehmen, dass sich die befragen 150 Personen aus 83 Touristen und 67 Einheimischen zusammensetzen (❶). Die durchschnittliche

Gruppenstatistiken

Einheimisch/Tourist		N	Mittelwert	Std.-Abweichung	Standardfehler des Mittelwertes
Gesamtzufriedenheit	Tourist	83	2,20	0,934	0,103
	Einheimischer	67	2,45	1,063	0,130

Test bei unabhängigen Stichproben

		Levene-Test der Varianzgleichheit		t-Test für die Mittelwertgleichheit						95% Konfidenzintervall der Differenz	
		F	Sig.	T	df	Signifikanz Einseitiges p	Zweiseitiges p	Mittlere Differenz	Differenz für Standardfehler	Unterer Wert	Oberer Wert
Gesamtzufriedenheit	Varianzen sind gleich	3,334	,070	-1,489	148	,069	,139	-,243	,163	-,565	,080
	Varianzen sind nicht gleich			-1,469	132,79	,072	,144	-,243	,166	-,572	,086

Effektgrößen bei unabhängigen Stichproben

		Standardisierer[a]	Punktschätzung	95% Konfidenzintervall	
				Unterer Wert	Oberer Wert
Gesamtzufriedenheit	Cohen's d	0,994	-0,245	-0,567	0,079
	Hedges' Korrektur	0,999	-0,243	-0,564	0,079
	Glass' Delta	1,063	-0,229	-0,552	0,097

a. Der bei der Schätzung der Effektgrößen verwendete Nenner.
Für 'Cohen d' wird die zusammengefasste Standardabweichung verwendet.
Für die Hedges-Korrektur wird die zusammengefasste Standardabweichung mit einem Korrekturfaktor verwendet.
Für das Glass-Delta wird die Standardabweichung der Stichprobe der Kontrollgruppe (d. h. der zweiten Gruppe) verwendet.

Abb. 4.54 Ergebnisse des doppelten t-Tests

Gesamtzufriedenheit nach Gruppe findet sich in der nächsten Spalte (❷). Wir lesen 2,20 für die Touristen und 2,45 für die Einheimischen ab. Dies entspricht zunächst einmal der Vermutung des Bürgermeisters, nämlich, dass Touristen im Durchschnitt eine höhere Gesamtzufriedenheit äußern, also eine bessere Durchschnittsnote aufweisen.

An dieser Stelle endet leider in vielen studentischen Arbeiten die Auswertung, und es wird von einem „deutlichen Unterschied" zwischen den beiden Mittelwerten gesprochen, der augenscheinlich ja auch vorliegt. Allerdings müssen wir uns vor Augen führen, dass die Studentin nur mit Stichproben gearbeitet hat und somit je nach gezogener Stichprobe unterschiedliche Gruppenmittelwerte auftreten werden. Wir dürfen also nicht bei der deskriptiven Beschreibung verharren, sondern müssen den beobachteten Unterschied auf statistische Signifikanz überprüfen sowie abschließend noch die ausgewiesene Effektgröße interpretieren.

Bevor wir uns allerdings mit den Mittelwerten beschäftigen, müssen wir eine Voraussetzung für die Anwendung des doppelten t-Test überprüfen, nämlich, dass die Streuungen (hier die Varianzen) innerhalb der beiden Gruppen gleich sind. Dies geschieht im Hintergrund über den sogenannten *Levene-Test*, dessen Ergebnisse wir in der zweiten Tabelle links finden.

Die Nullhypothese lautet dabei: „Die Varianzen sind gleich". Diese Hypothese überprüfen wir anhand des p-Werts, den wir in der Spalte ❹ mit 0,070 ablesen. Dieser Wert ist mit 7 % größer als unser α, das wir standardmäßig mit 5 % ansetzen. Somit können wir die Nullhypothese annehmen und erfüllen damit die Voraussetzung für den t-Test. In der Folge sind daher nur noch die Werte in der oberen Zeile interessant, die links deshalb mit „Varianzen sind gleich" beschrieben ist. Wir können die untere Zeile somit in der Folge ignorieren und streichen sie an dieser Stelle. Das Ergebnis wird zudem optisch durch die relativ ähnlichen Standardabweichungen in den beiden Stichproben (Spalte ❸) untermauert. (Hätte die Überprüfung der Varianzen hingegen zum Ergebnis geführt, dass diese *nicht* gleich sind, würden wir die H₀ verwerfen und somit bei der Mittelwertprüfung stattdessen die untere Zeile heranziehen, die mit „Varianzen sind nicht gleich" beschrieben ist).

Nun erst können wir prüfen, welches Ergebnis die Studentin dem Bürgermeister präsentieren sollte. Da wir eine einseitige Fragestellung zugrunde gelegt haben, suchen wir den relevanten p-Wert im Rahmen des Mittelwerttests in der Spalte „Signifikanz – Einseitiges p" (❺). Wir lesen p = 0,069, also 6,9 % ab. Dieser Wert übersteigt unsere Toleranzgrenze von $\alpha = 0{,}05$ erneut, sodass wir auch dieses Mal die H₀: $\mu_1 \geq \mu_2$ annehmen. Sicherlich zur großen Überraschung des Bürgermeisters (und vermutlich auch der bisher eher deskriptiv argumentierenden Studentin) kann keine signifikant höhere Zufriedenheit bei den Touristen festgestellt werden.

▶ **Ergebnisbericht** In ihrer Seminararbeit formuliert Sabine somit:
„Es konnte keine signifikant unterschiedliche Bewertung (einseitiger Test) seitens Touristen und Einheimischen ermittelt werden (p = 0,069)."

4.3 Induktive Statistik

Hätte der Bürgermeister ursprünglich nur vermutet, dass Einheimische und Touristen die Stadt unterschiedlich bewerten, ohne aber eine Richtung anzugeben (möglicherweise überlagert ja auch Heimatliebe sämtliche Alltagsprobleme der Einheimischen), wäre der zweiseitige Test zu einem vergleichbaren Ergebnis gekommen, nämlich, dass es keine Unterschiede in der durchschnittlichen Gesamtzufriedenheit gibt (p = 0,139). Auch hier hätten wir die H_0 beibehalten.

▶ **Ergebnisbericht** In diesem Fall wäre Sabine zu folgendem Ergebnis gelangt:
„Es konnte keine signifikant unterschiedliche Bewertung (zweiseitiger Test) seitens Touristen und Einheimischen ermittelt werden (p = 0,139)."

Unterstützt wird das Ergebnis erneut durch das „95 % Konfidenzintervall der Differenz" in den letzten beiden Spalten (❻), das mit [− 0,565; 0,080] die Null erneut einschließt.

Betrachten wir abschließend noch die Effektgröße, hier wiederum Cohens d (❼), deren Betrag von 0,245 (das Vorzeichen ist unerheblich) einen kleinen Effekt andeutet (d > 0,2). Dies ist ein interessantes Ergebnis, da wir doch zuvor keinen signifikanten Unterschied ermittelt haben. Offensichtlich wird der Effekt selbst als nicht unbedeutend eingestuft, auch wenn der Unterschied (z. B. auf Basis zu geringer Stichprobengrößen) nicht signifikant ist. Der Bürgermeister könnte daher überlegen, ob er die Studie möglicherweise mit größeren Stichproben wiederholen lassen sollte.

Dieser Effekt wird in Abb. 4.55 verdeutlicht. Wäre die Studentin eine Stunde früher aufgestanden und hätte sie dadurch z. B. je 12 Personen pro Gruppe mehr befragt (❶), hätte sie z. B. dieses Ergebnis erhalten. Die Mittelwerte sind mit 2,21 und 2,46 (❷) fast gleich wie zuvor. Nunmehr ist deren Differenz allerdings – zumindest bei einseitiger Fragestellung – statistisch signifikant (p = 0,045) (❸). Cohens d ist im Betrag fast gleichgeblieben (0,259) (❹). Somit haben wir nun sowohl einen statistisch signifikanten Unterschied zwischen den Gruppen als auch einen (kleinen) Effekt.

Ermittlung der Power (1-β) mittels G*Power

Neben der Signifikanz und der Effektstärke wurde an früherer Stelle bereits darauf hingewiesen, dass auch die Power (1 − β) eines Tests Berücksichtigung finden sollte. Dabei wird häufig gefordert, dass diese mindestens 0,8 betragen sollte (vgl. Abschn. 4.3.3.1). Ein solcher sogenannter Post hoc-Test, also ein Test im Nachhinein, kann über die kostenlose Software G*Power einfach bewerkstelligt werden (vgl. auch Faul et al. 2007). Über den Link https://www.psychologie.hhu.de/arbeitsgruppen/allgemeine-psychologie-und-arbeitspsychologie/gpower gelangt man zur Seite der Universität Düsseldorf, wo man neben einer Programmbeschreibung auch die Möglichkeit zum kostenlosen Download bekommt.

Dort kann man nun für unser Beispiel aus Abb. 4.55 folgende Einstellungen vornehmen (vgl. Abb. 4.56).

❶ Test family: *t-tests*
❷ Statistical test: *Means: Difference between two independent means (two groups)*
❸ Type of power analysis: *Post hoc: Compute achieved power – given α, sample size, and effect size*

Danach geben wir die von SPSS zuvor berechneten Werte ein:

Gruppenstatistiken

Einheimisch/Tourist		N ❶	Mittelwert ❷	Std.-Abweichung	Standardfehler des Mittelwertes
Gesamtzufriedenheit	Tourist	95	2,21	0,886	0,091
	Einheimischer	79	2,46	0,997	0,112

Test bei unabhängigen Stichproben

		Levene-Test der Varianzgleichheit		t-Test für die Mittelwertgleichheit					95% Konfidenzintervall der Differenz	
		F	Sig.	T	df	Signifikanz Einseitiges p ❸ / Zweiseitiges p	Mittlere Differenz	Differenz für Standardfehler	Unterer Wert	Oberer Wert
Gesamtzufriedenheit	Varianzen sind gleich	3,404	,066	-1,702	172	,045 / ,091	-,243	,143	-,525	,039
	Varianzen sind nicht gleich			-1,693	157,686	,047 / ,094	-,243	,144	-,528	,042

Effektgrößen bei unabhängigen Stichproben

		Standardisierer[a]	Punktschätzung ❹	95% Konfidenzintervall	
				Unterer Wert	Oberer Wert
Gesamtzufriedenheit	Cohen's d	0,938	-0,259	-0,558	0,041
	Hedges' Korrektur	0,942	-0,258	-0,556	0,041
	Glass' Delta	0,997	-0,244	-0,544	0,058

a. Der bei der Schätzung der Effektgrößen verwendete Nenner.
Für 'Cohen d' wird die zusammengefasste Standardabweichung verwendet.
Für die Hedges-Korrektur wird die zusammengefasste Standardabweichung mit einem Korrekturfaktor verwendet.
Für das Glass-Delta wird die Standardabweichung der Stichprobe der Kontrollgruppe (d. h. der zweiten Gruppe) verwendet.

Abb. 4.55 Ergebnisse doppelter t-Test für größere Stichproben

❹ Effect size d: − 0.259 (hier ist das Vorzeichen mit anzugeben, um die korrekte Grafik anzuzeigen)
❺ Sample size group 1: *95*
❻ Sample size group 2: *79*

Standardmäßig ist ein einseitiger Test bereits voreingestellt („Tail(s) One") (❼), hier könnten man alternativ einen zweiseitigen Test anfordern. Der Wert für α ist mit 0,05 ebenfalls bereits vorgegeben. Diese beiden Felder können wir daher in unserem Beispiel überspringen.

Zuletzt klicken wir auf „Calculate" (❽). Als Ergebnis erhalten wir eine Power (1 − β) von 0,5197143 (❾). Dieser Wert ist kleiner als die erwünschten 0,8, daher sollten wir trotz Signifikanz und zumindest kleinem Effekt über eine erneute Untersuchung mit noch höheren Stichproben nachdenken. In der Grafik wird nochmals verdeutlicht, dass die niedrige Power aus dem hohen β-Fehler resultiert, der in diesem Fall als Komplementärwert zur Power 0,4802857 beträgt. Die Wahrscheinlichkeit, eine korrekte H_1 fälschlicherweise nicht zu favorisieren, liegt also bei rund 48 %. (Trotz der weiten Verbreitung solcher Post-hoc-Tests wird ihre Verwendung kritisch gesehen, vgl. Döring 2022, S. 793 sowie die dort angegebene Literatur).

G*Power liefert weiterhin *A-priori-Analysen* an. Bei vorgegebenem α, Mindestwert der gewünschten Power 1 − β sowie einer angestrebten Mindesteffektstärke kann *vor* Durchführung des t-Tests ein A-Priori-Test angefordert werden, der die dafür nötigen Stichprobenumfänge für die getätigten Vorgaben berechnet (vgl. Abb. 4.57). Dazu nehmen wir dieses Mal folgende Eintragungen vor:

❶ Test family: *t-tests*
❷ Statistical test: Means: *Difference between two independent means (two groups)*
❸ Type of power analysis: *A priori: Compute required sample size − given α, power, and effect size*

Anschließend tragen wir unsere relevanten Werte ein:

❹ Effect size d: − *0,2* [Mindestanforderung − kleiner Effekt] (aus grafischen Gründen analog negativ)
❺ Power (1 − β err prob): *0,8*
❻ Allocation ratio N2/N1: *1* [Standardeinstellung: Gleiche Stichprobengröße gefordert]

4.3 Induktive Statistik

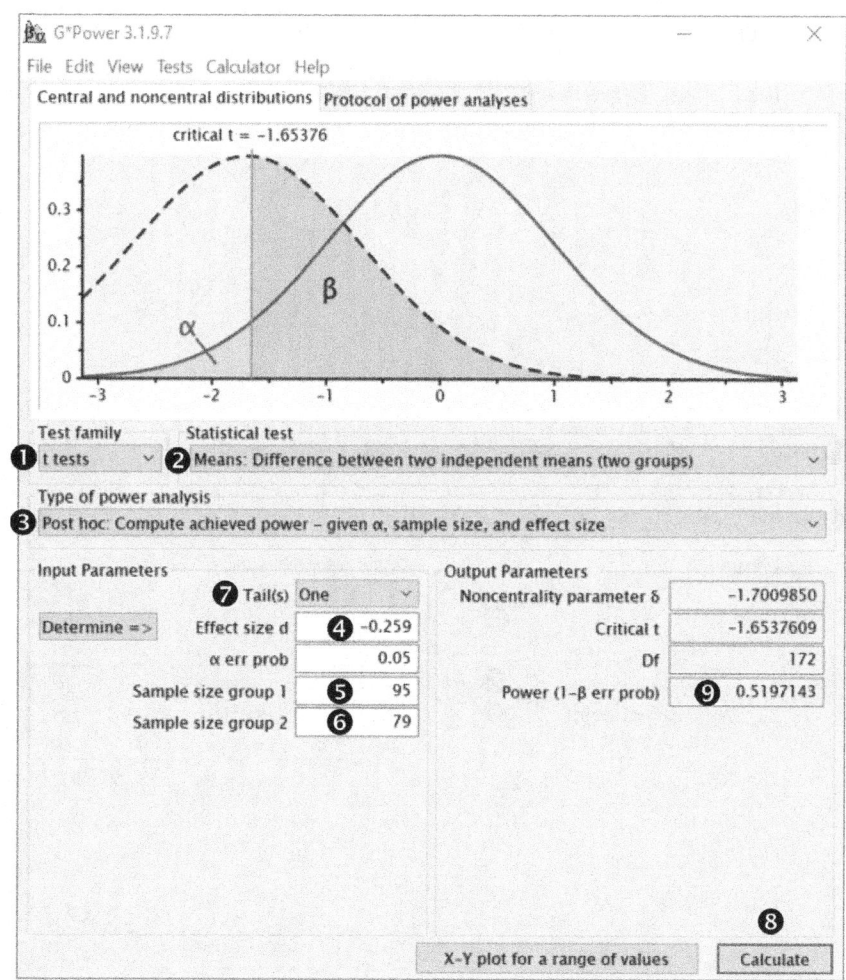

Abb. 4.56 Post hoc-Test mit G*Power

(Die „Allocation ratio" könnten wir z. B. in 1.5 ändern, wenn – aus welchen Gründen auch immer – die Stichprobengröße in der Gruppe 2 um 50 % höher sein sollte als in Gruppe 1).

Wir belassen es wiederum bei einem einseitigen Test und klicken abschließend auf „Calculate" (❼). Man erkennt an der Grafik im Vergleich zur Abbildung zuvor (vgl. Abb. 4.56), dass β nunmehr deutlich kleiner, 1 – β hingegen dementsprechend – wie gewünscht – größer (0,8) ist als zuvor. Wir erhalten allerdings eine geforderte Stichprobengröße pro Gruppe von 310 Personen, insgesamt sind also 620 Probanden zu befragen (❽). Ein für eine studentische Arbeit kaum realistisches Szenario …

Eine Alternative würde sich der Studentin bieten, indem sie lediglich anstrebt, einen mittleren Effekt aufzufinden, da sie einen kleinen Effekt eh für nicht praktisch relevant erachten würde. Ersetzt man in Abb. 4.57 den Wert für die Effektgröße (❹) durch – 0.5, so ergibt sich eine nunmehr deutlich verminderte Stichprobengröße von je 51 Probanden, insgesamt also 102. Sollte in der Realität tatsächlich ein kleiner Effekt bestehen, könnte sie diesen in ihrer Untersuchung dann natürlich nicht nachweisen, was aber aufgrund ihrer Prämisse auch nicht ihr Bestreben war.

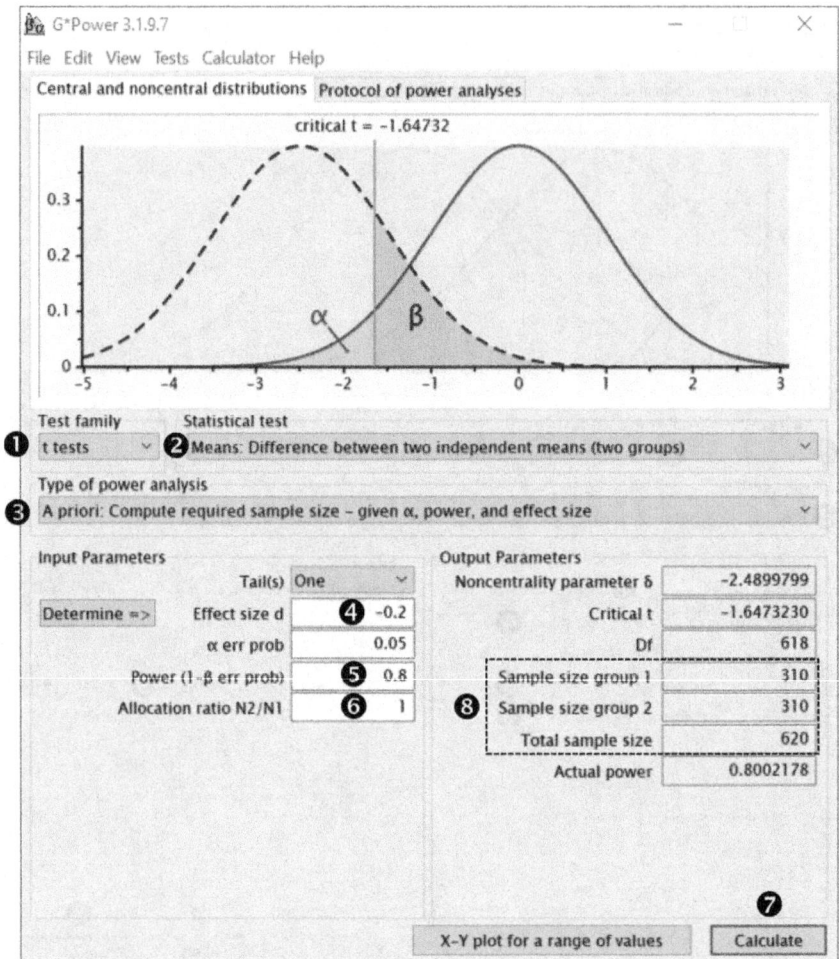

Abb. 4.57 A priori-Test mit G*Power

4.3.3.4.4 Differenzen-t-Test

> Der *Differenzen-t-Test* (auch *t-Test für abhängige Stichproben* oder *gepaarter t-Test*) überprüft auf Basis zweier *abhängiger* Stichproben, ob die Differenz der beiden Mittelwerte Null ist. Dabei handelt es sich häufig um Vor-Nachher-Messungen oder auch um Parallelmessungen, daher liegen die Messdaten paarweise vor. Für jede Person bzw. jeden Fall gibt es somit zwei Werte, weswegen von *abhängigen* Stichproben gesprochen wird.

4.3 Induktive Statistik

Der Differenzen-t-Test erfährt besonders in der Medizin häufige Anwendung. So kann z. B. getestet werden, ob sich der Blutdruck von Patienten nach einer entsprechenden Therapie geändert hat. Auch könnte man überprüfen, ob der Besuch eines Fitnessstudios nach einer bestimmten Zeit einen signifikanten Einfluss auf das Gewicht oder den BMI der Probanden hat.

> **Beispiel**
>
> Im Folgenden stellen wir uns ein – nicht ganz unrealistisches – Szenario vor, in dem eine Probeklausur in Statistik unter 40 zufällig ausgewählten Studierenden ein besorgniserregendes Resultat liefert. Als Konsequenz bietet der Dozent ein freiwilliges, abendfüllendes Klausurtraining an, an dem alle – nunmehr ebenfalls besorgten – 40 Studierenden hoch motiviert teilnehmen. Eine Woche später findet die eigentliche Klausur statt. Der Dozent möchte nun überprüfen, ob sich die Noten gegenüber der Probeklausur signifikant verbessert haben, der Zusatzabend für alle Beteiligten also nicht nur Zeitverschwendung war. In diesem Fall würde er vorschlagen, das Klausurtraining zukünftig zu institutionalisieren. Die Noten der beiden Klausuren finden sich im Datensatz *Statistikklausur.sav*. ◄

Betrachtet man die ersten Zeilen des Datensatzes, so erkennt man z. B., dass die erste Person in beiden Klausuren eine 2,0 geschrieben hat. Die zweite hat sich hingegen von 3,0 auf 2,3 verbessert, ebenso die dritte Person von 2,3 auf 1,7. Die nächste Person hat sich sogar von einer 5,0 auf eine 4,0 gerettet, die Klausur also nun doch bestanden. Es gibt aber auch vereinzelt Studierende, wie z. B. Nummer 27, die sich von 2,3 auf 2,7 leicht verschlechtert hat. Dies mag an der Tagesform, Nervosität oder den Aufgaben am Detail gelegen haben. Daher wird es im folgenden Test um zwei Dinge gehen: Zunächst wird im Rahmen des Differenzen-t-Tests überprüft, ob überhaupt Veränderungen gegenüber der Probeklausur beobachtet werden können (dabei interpretieren wir wie üblich die Notenskala als metrisch). Danach ist noch die Richtung der Veränderung interessant, die dieses Mal naturgemäß eine wichtige Rolle spielt.

Wir unterstellen, dass das Klausurtraining zu einer Notenverbesserung geführt hat und formulieren somit einen einseitigen Test (mit PK = Probeklausur und K = Klausur):

$$H_1 : \mu_K < \mu_{PK}$$
$$H_0 : \mu_K \geq \mu_{PK}$$

Nun klicken wir nacheinander auf:

Analysieren -> Mittelwerte und Proportionen vergleichen -> t-Test bei Stichproben mit paarigen Werten ...

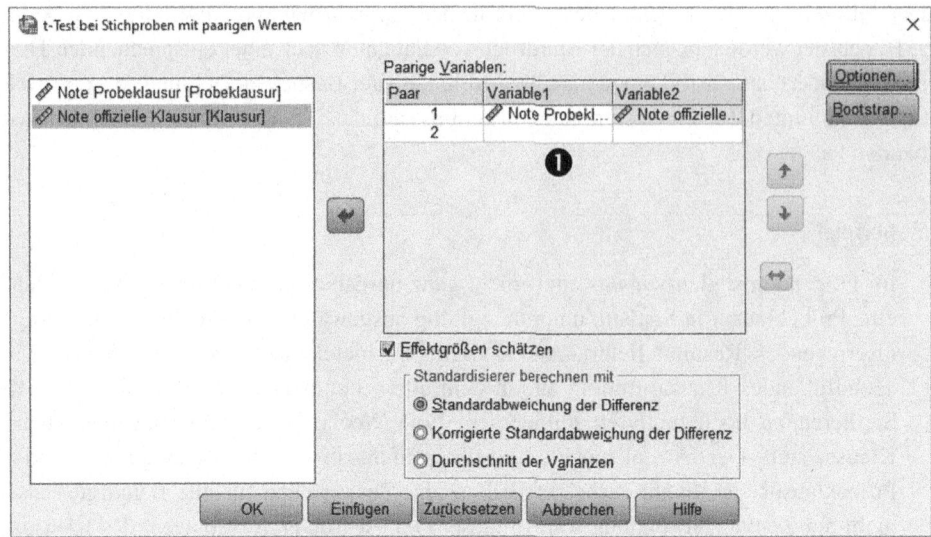

Abb. 4.58 Dialogbox „t-Test bei Stichproben mit paarigen Werten"

In der sich öffnenden Dialogbox (vgl. Abb. 4.58) müssen wir nun die beiden zu vergleichenden Variablen als Paar definieren. Wir schieben daher die Variablen „Note Probeklausur" und „Note offizielle Klausur" in das rechte Feld (❶). Die beiden zuerst gewählten Variablen werden automatisch als Paar (1) identifiziert. Danach bietet SPSS eine weitere Zeile für ein mögliches zweites Paar usw. Hier könnten wir z. B. später noch die Statistiknote mit der jeweiligen Mathematiknote der Studierenden vergleichen. In diesem Fall wäre es keine klassische Vorher-Nachher-Messung, sondern der Vergleich hätte eher den Charakter einer Parallelmessung, auch wenn die Klausuren vermutlich zu verschiedenen Zeitpunkten geschrieben werden.

Mehr brauchen wir nicht zu tun. Wir klicken auf „OK" und erhalten die in Abb. 4.59 dargestellten Ergebnisse.

In der ersten Spalte der obersten Tabelle stellen wir mit Erleichterung fest, dass sich die Durchschnittsnote in unserer Stichprobe von 2,940 in der Probeklausur auf 2,565 verbessert hat (❶). Ist dieser Unterschied aber auch signifikant, sodass zukünftig ein regelmäßiges Klausurtraining angeboten werden sollte? Hierzu schauen wir in die dritte Tabelle und finden in der Spalte „Signifikanz – Einseitiges p" den Wert $p < 0,001$ (❷). Somit haben wir für $\alpha = 0,05$ ein signifikantes Ergebnis. (Ein solches hätten wir sogar erhalten, wenn wir zuvor $\alpha = 0,01$ gesetzt hätten). Von daher können wir davon ausgehen, dass die Klausur signifikant besser ausgefallen ist als die Probeklausur, das zusätzliche Klausurtraining also zielführend war. Schauen wir uns zusätzlich noch das „95 % Konfidenzintervall der Differenz" in Spalte ❸ an. Dieses spannt sich von 0,2496 bis 0,5004, beinhaltet die Null dieses Mal also *nicht*. Dies untermauert unsere Argumentation eines erfolgreichen Klausurtrainings.

4.3 Induktive Statistik

Statistik bei gepaarten Stichproben

		Mittelwert ❶	N	Std.-Abweichung	Standardfehler des Mittelwertes
Paaren 1	Note Probeklausur	2,940	40	1,1211	0,1773
	Note offizielle Klausur	2,565	40	0,8906	0,1408

Korrelationen bei gepaarten Stichproben

		N	Korrelation ❺	Signifikanz Einseitiges p	Zweiseitiges p
Paaren 1	Note Probeklausur & Note offizielle Klausur	40	0,950	<,001	<,001

Test bei gepaarten Stichproben

		Gepaarte Differenzen ❸						Signifikanz ❷	
		Mittelwert	Std.-Abweichung	Standardfehler des Mittelwertes	95% Konfidenzintervall der Differenz Unterer Wert	Oberer Wert	T	df	Einseitiges p	Zweiseitiges p
Paaren 1	Note Probeklausur - Note offizielle Klausur	,3750	,3921	,0620	,2496	,5004	6,049	39	<,001	<,001

Effektgrößen bei Stichproben mit paarigen Werten

			Standardisierer[a]	Punktschätzung ❹	95% Konfidenzintervall Unterer Wert	Oberer Wert
Paaren 1	Note Probeklausur - Note offizielle Klausur	Cohen's d	0,3921	0,956	0,577	1,327
		Hedges' Korrektur	0,3998	0,938	0,566	1,302

a. Der bei der Schätzung der Effektgrößen verwendete Nenner.
Cohen's d verwendet die Standardabweichung einer Stichprobe der Mittelwertdifferenz.
Hedges' Korrektur verwendet die Standardabweichung einer Stichprobe der Mittelwertdifferenz und einen Korrekturfaktor.

Abb. 4.59 Ergebnisse Differenzen-t-Test

Schließlich schauen wir noch auf die Effektgröße, hier wiederum Cohens d. Es beträgt erstaunliche 0,956 (❹). Damit haben wir einen großen praktischen Effekt, was man an der Durchschnittsnote ja auch erkennt, denn die Studierenden haben sich im Schnitt in etwa von einer 3 auf eine 2-3 verbessert.

Zuletzt interessiert uns noch, ob sich zumindest die allermeisten Teilnehmer tendenziell verbessert haben, denn wir haben zuvor ja bereits gesehen, dass sich einige sogar verschlechtert haben. Hierzu ziehen wir den Korrelationskoeffizienten in der zweiten Tabelle heran (❺). Er beträgt 0,950. Den Korrelationskoeffizienten werden wir uns erst in Abschn. 4.4.1.2 genauer ansehen, aber so viel sei schon vorweggenommen: Er kann Werte zwischen − 1 und + 1 annehmen, wobei + 1 für einen perfekt positiven Zusammenhang steht. Aus unserem Ergebnis von + 0,95 können wir also folgern, dass Personen mit schlechten (guten) Noten in der Probeklausur auch in der echten Klausur eher schlecht (eher gut) abgeschnitten haben. Somit hat sich in der Struktur der Studierenden untereinander kaum etwas geändert; wer in der Probeklausur relativ gut (schlecht) war, schreibt auch später eine relativ gute (schlechte) Note. Allerdings hat sich das Notenniveau über die ganze Gruppe tendenziell erhöht – eine auch für den Dozenten erfreuliche Erkenntnis.

▶ **Ergebnisbericht** Der Dozent kommt folglich zum Schluss:
„Es konnte eine signifikante Verbesserung der Note festgestellt werden (p < 0,001). Zudem besteht ein großer Effekt (d = 0,956)."

Bei diesem Test wird, wie bereits erwähnt, geprüft, ob sich die Differenz der Mittelwerte von Null unterscheidet. In Hintergrund läuft daher im Grunde ein einfacher t-Test ab. Zum selben Ergebnis würde man gelangen, wenn man eine neue Variable „D = Probeklausur – Klausur" im Menü *„Transformieren ->Variable berechnen"* erzeugt und anschließend D in einem *einfachen* t-Test gegen den Wert 0 prüft. Das Ergebnis in Bezug auf die Signifikanz ist das gleiche, lediglich die Tabellen unterscheiden sich hinsichtlich des sonstigen Informationsgehalts (vgl. Janczyk und Pfister 2020, S. 59).

4.3.3.4.5 Einfaktorielle Varianzanalyse (ANOVA)

> Die *einfaktorielle Varianzanalyse* (englisch: Analysis of Variance (ANOVA)) dient der Prüfung auf Mittelwertunterschiede beim Vorliegen von mehr als zwei Gruppen. Die abhängige Variable ist dabei wiederum metrisch, die unabhängige Variable hingegen nominal skaliert.

Eine Varianzanalyse ist typisch im Rahmen von Experimenten, in denen beispielsweise der Einfluss verschiedener Werbeanzeigen, Newsletter-Varianten oder Regalplatzierungen auf den Absatz getestet wird. Bei nur zwei Gruppen würde zunächst ein t-Test genügen. Häufig nimmt man aber noch eine Kontrollgruppe hinzu, um Störgrößen zu identifizieren. Dadurch muss man die Mittelwerte von nunmehr drei Gruppen vergleichen. Hier kommt die Varianzanalyse zum Einsatz. Liegt nur eine unabhängige Variable (auch „Faktor" genannt) vor (z. B. verschiedene Anzeigenmotive), spricht man von einer einfaktoriellen Varianzanalyse. Würden wir noch eine zweite Variable hinzunehmen (z. B. die Platzierung der Anzeige ganz vorn oder ganz hinten in einer Zeitschrift), müsste man eine *mehrfaktorielle* (auch *Mehr-Weg-)Varianzanalyse* durchführen (vgl. hierzu z. B. Janssen und Laatz 2017, S. 365 ff.).

Grundidee der Varianzanalyse
Bei der Varianzanalyse geht es also um Mittelwertvergleiche bei Vorliegen von drei oder mehr Gruppen. Warum heißt das Verfahren aber Varianzanalyse? Das liegt an der Vorgehensweise des Tests. Im Vordergrund steht nämlich die Überlegung, dass signifikant unterschiedliche Mittelwerte zwischen den Gruppen dann festgestellt werden können, wenn die Streuung (daher „Varianz") zwischen den Gruppen (also den Gruppenmittelwerten) hinreichend groß ist. Diese Unterschiede könnte man der unabhängigen Variablen ursächlich zurechnen. Man kann diese Streuung also erklären, weil schließlich eine Gruppe einem anderen Stimulus ausgesetzt wurde als die andere. So könnte eine Gruppe beispielsweise einen Werbespot gezeigt bekommen haben, eine andere jedoch nicht. Dann erscheint es nur logisch, dass man im Durchschnitt in der Gruppe „Werbespot" einen höheren Absatz beobachtet als in der Vergleichsgruppe. Daher spricht man hier von der *„erklärten Streuung"*. Nun wird es aber in der Realität so sein, dass auch *innerhalb* der Gruppen eine Streuung zu beobachten ist. Dies liegt an bisher nicht berücksichtigten unabhängigen Variablen, z. B. der aktuellen Bedarfshäufigkeit. So könnte beispielsweise eine Person, die den Werbespot gesehen hat, kurz zuvor ihre Vorräte aufgefüllt haben und wird daher – trotz Werbespot – in der Folgezeit nichts oder nur wenige weitere Einheiten kaufen. Andere Personen haben den Einkauf noch vor sich und werden durch den Spot zusätzlich motiviert, viele Einheiten des beworbenen Produkts zu kaufen. Innerhalb der Gruppe kommt es also durch solch bisher nicht berücksichtigte Einflüsse ggf. zu einer großen Streuung. Das

4.3 Induktive Statistik

gleiche gilt analog für die Kontrollgruppe. Wenn also nur eine relativ geringe Streuung *zwischen* den Gruppen beobachtbar ist (was sich in geringen Mittelwertunterschieden ausdrückt), die Streuung *innerhalb* der Gruppen aber sehr groß ist, so wird man die Mittelwertunterschiede eher zurückhaltend bewerten. Als Maß dient daher folgendes Verhältnis:

$$F = \frac{erklaerte\,Streuung}{nicht\,erklaerte\,Streuung}$$

Je größer die *erklärte* Streuung (Streuung *zwischen* den Gruppen aufgrund des Einflusses der unabhängigen Variablen) in Relation zur *nicht erklärten* Streuung (Streuung *innerhalb* der Gruppen aufgrund sonstiger, unbekannter Einflüsse) also ist, umso eher würde man den Mittelwertunterschied dahingehend interpretieren, dass er aufgrund der unabhängigen Variablen entstanden ist und tatsächlich existiert. Ist der Quotient hingegen recht klein, so hat der Einfluss der nicht erklärten Streuung ein viel stärkeres Gewicht und man würde eher von einem zufällig zustande gekommenen Mittelwertunterschied ausgehen. Dieser Quotient folgt einer F-Verteilung (vgl. hierzu im Detail z. B. Bühner und Ziegler 2017, S. 256 ff.). Je größer F, desto größer ist das Verhältnis der erklärten zur nicht erklärten Streuung und umso wahrscheinlicher ist es folglich, dass wirklich Mittelwertunterschiede zwischen den Gruppen auf Basis der betrachteten unabhängigen Variablen bestehen. Dieser empirische F-Wert muss hierzu wieder einen kritischen F-Wert übersteigen, der statistischen Tabellen entnommen werden kann. In Abb. 4.62 kann man übrigens die erklärte Streuung (267,700) sowie die nicht erklärte Streuung (4,770) in der Spalte „Mittel der Quadrate" (❻) ablesen. In der nächsten Spalte (❼) finden wir den empirischen F-Wert von 56,120, der sich als Quotient aus den beiden vorgenannten Werten errechnet. Wir betrachten diese Vorgehensweise nicht weiter, da wir über SPSS wieder nach dem p-Wert entscheiden werden (zu Details vgl. bspw. Backhaus et al. 2023, S. 161 ff.).

Beispiel

Ein Online-Teeanbieter möchte den Absatz eines neu ins Sortiment aufgenommenen Tees namens „Bio Green" zu 100 g erhöhen und plant, einen geeigneten Newsletter an die registrierten Kunden zu verschicken. In der Folge erarbeitet Frank, der Sohn des Firmengründers, welcher das Problem in seine Bachelorarbeit integriert hat, zwei unterschiedliche Newsletter und legt diese seinem Vater zur Auswahl vor. Der erste Newsletter ist seriös formuliert und siezt den Leser, der zweite Entwurf ist etwas lockerer formuliert und verwendet das „Du" in der Kundenansprache. Der Chef kann sich auch nach langer Abwägung nicht für eine Variante entscheiden und schlägt daher vor, die beiden Newsletter an jeweils 30 zufällig ausgewählten Personen zu testen. Seine Frau stellt den Nutzen eines solchen Newsletters generell in Frage, sodass man sich darauf einigt, noch eine dritte Gruppe als Kontrollgruppe hinzuzunehmen. Daraufhin werden aus der Kundendatenbank 90 Personen zufällig gezogen. Je 30 von ihnen bekommen die Newsletter mit der internen Bezeichnung „Sie" und „Du", die übrigen 30 Personen bekommen keinen Newsletter. In den folgenden zwei Monaten werden nun die individuellen Käufe der 90 Probanden registriert und in die Datei *BioGreen.sav* eingetragen. ◄

Um eine einfaktorielle Varianzanalyse anzufordern, klicken wir auf:

Analysieren -> Mittelwerte und Proportionen vergleichen -> Einfaktorielle Varianzanalyse …

Wir gelangen in das erste Dialogfeld (vgl. Abb. 4.60), in dem wir zunächst festlegen, welches die abhängige bzw. unabhängige Variable sein soll. Aus der Logik ergibt sich, dass die Art des Newsletters die unabhängige Variable ist. Sie wird daher in das Feld „Faktor" verschoben (❶). Sie beeinflusst – so zumindest die Vermutung – die Nachfrage, daher ist die Anzahl gekaufter Packungen die abhängige Variable (❷).

Nun müssen bzw. können wir noch einige Optionen wählen. Dazu klicken wir auf die Schaltfläche „Optionen" (❸) und gelangen zur entsprechenden Dialogbox (vgl. Abb. 4.61). Dort setzen wir einen Haken bei „Deskriptive Statistik" (❶), um insbesondere die durchschnittliche Menge je Gruppe angezeigt zu bekommen, sowie bei „Test auf Homogenität der Varianzen" (❷). Die Varianzgleichheit in den drei Gruppen ist – analog zum doppelten t-Test – eine Anwendungsvoraussetzung und muss vorab geprüft werden. Danach klicken wir auf „Weiter" und „OK" und gelangen zum Ergebnisfenster (vgl. Abb. 4.62).

In der oberen Tabelle lesen wir in der Spalte „Mittelwert" (❶) zunächst die durchschnittliche Zahl gekaufter Packungen je Gruppe ab. Personen, die den Newsletter mit der Ansprache „Du" erhalten haben, kauften im Durchschnitt mit 10,80 Einheiten am meisten, Personen mit der Variante „Sie" etwas weniger (9,50) und Personen, die gar keinen Newsletter erhalten haben, am wenigsten (5,10). In Bezug auf die Stichprobe kann man also festhalten, dass der Newsletter in der Variante „Du" am erfolgreichsten war. Doch kann

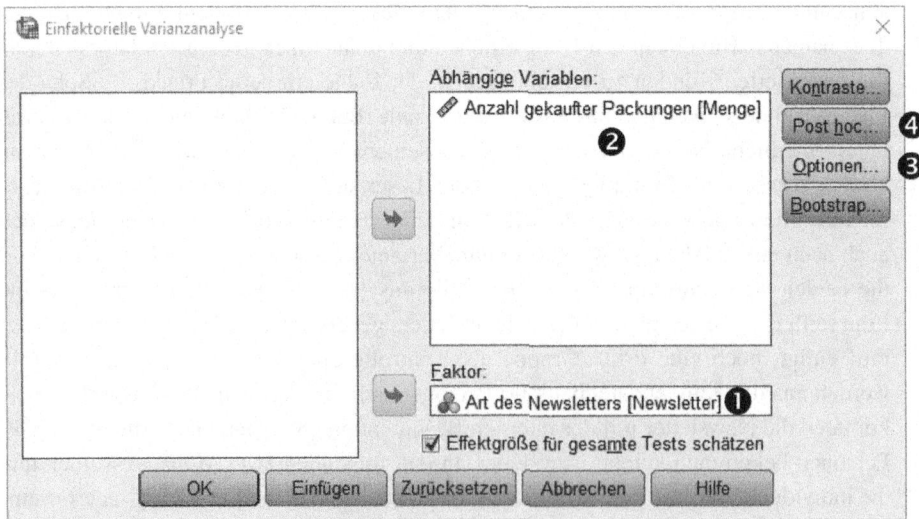

Abb. 4.60 Dialogbox „Einfaktorielle Varianzanalyse"

4.3 Induktive Statistik

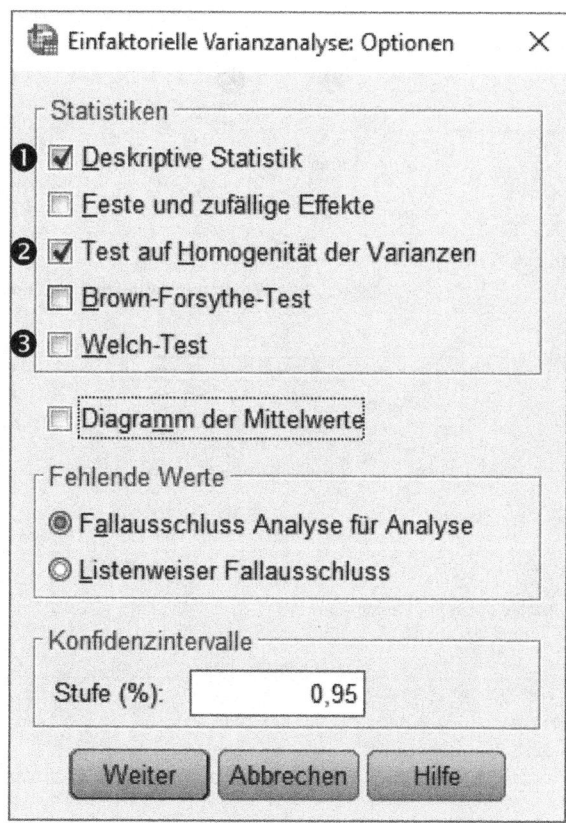

Abb. 4.61 Dialogbox „Einfaktorielle Varianzanalyse: Optionen"

man dieses Ergebnis auch auf die Grundgesamtheit übertragen? Hierzu führen wir eine ANOVA durch, sofern die Voraussetzung der Varianzgleichheit erfüllt ist.

Die Varianzgleichheit wird anhand der folgenden Tabelle überprüft, die mit „Tests der Varianzhomogenität" überschrieben ist. Da wir uns für die Mittelwertunterschiede interessieren, ist nur die erste Zeile relevant, die mit „Basiert auf dem Mittelwert" bezeichnet ist. Die Nullhypothese lautet dabei: „Die Varianzen sind gleich". In der letzten Spalte (❸) finden wir den p-Wert von 0,535, sodass wir für $\alpha = 0{,}05$ die Nullhypothese annehmen und daher von Varianzgleichheit ausgehen können.

In der nächsten Tabelle, die mit „ANOVA" betitelt ist, überprüfen wir nun die Mittelwerte. Die Nullhypothese lautet: „Die Mittelwerte sind gleich", es gibt also keine Unterschiede zwischen irgendwelchen Gruppen. Diese Hypothese können wir mit gutem Gewissen ablehnen, da der p-Wert in der letzten Spalte (❹) mit $< 0{,}001$ kleiner als ein Promille und damit deutlich kleiner als $\alpha = 0{,}05$ ist. Wir verwerfen also die H_0 zugunsten der Alternativhypothese H_1, die besagt, dass es sehr wohl Unterschiede gibt.

Zur Messung der Effektstärke wird bei der ANOVA häufig η^2 (Eta-Quadrat) verwendet, welches auch von SPSS berechnet wird. Es ergibt sich aus dem Quotient der erklärten Streuung und der Gesamtstreuung. Dabei wird dieser erklärende Effekt jedoch systema-

Deskriptive Statistik

Anzahl gekaufter Packungen

	N	❶ Mittelwert	Std.-Abweichung	❷ Std.-Fehler	95% Konfidenzintervall des Mittelwerts		Minimum	Maximum
					Untergrenze	Obergrenze		
Sie	30	9,50	2,064	0,377	8,73	10,27	6	13
Du	30	10,80	2,384	0,435	9,91	11,69	7	17
Keiner	30	5,10	2,090	0,382	4,32	5,88	2	12
Gesamt	90	8,47	3,268	0,344	7,78	9,15	2	17

Tests der Varianzhomogenität

		Levene-Statistik	df1	df2	❸ Sig.
Anzahl gekaufter Packungen	Basiert auf dem Mittelwert	0,629	2	87	0,535
	Basiert auf dem Median	0,347	2	87	0,708
	Basierend auf dem Median und mit angepaßten df	0,347	2	79,844	0,708
	Basiert auf dem getrimmten Mittel	0,602	2	87	0,550

ANOVA

Anzahl gekaufter Packungen

	Quadratsumme	df	❻ Mittel der Quadrate	❼ F	❹ Sig.
Zwischen den Gruppen	535,400	2	267,700	56,120	<,001
Innerhalb der Gruppen	415,000	87	4,770		
Gesamt	950,400	89			

ANOVA-Effektgrößen[a]

		❺ Punktschätzung	95% Konfidenzintervall	
			Unterer	Oberer
Anzahl gekaufter Packungen	Eta-Quadrat	0,563	0,416	0,654
	Epsilon-Quadrat	0,553	0,403	0,646
	Omega-Quadrat, fester Effekt	0,551	0,400	0,644
	Omega-Quadrat, Zufallseffekt	0,380	0,250	0,475

a. Eta-Quadrat und Epsilon-Quadrat werden basierend auf dem Modell mit festen Effekten geschätzt.

Abb. 4.62 Ergebnisse einfaktorielle Varianzanalyse

tisch überschätzt (vgl. Janczyk und Pfister 2020, S. 114) und sollte daher in Grenzfällen mit Vorsicht behandelt werden. Cohen bezeichnet diese Größe auch als „literally a generalization of the (point-biserial) r^2 […] where there are k = 2 populations" (Cohen 1988, S. 282). Wir finden den gesuchten Wert in der unteren, mit „ANOVA-Effektgrößen" überschriebenen, Tabelle. Dort lesen wir $\eta^2 = 0{,}563$ ab. Nach Cohen (1988, S. 284 ff. in Verbindung mit Table 8.2.2, S. 283 bzw. Formel (8.2.19), S. 281) sind folgende Grenzen üblich:

4.3 Induktive Statistik

0,01: Kleiner Effekt
0,06: Mittlerer Effekt
0,14: Großer Effekt

Im Beispiel liegt also ein großer Effekt vor.

Hätten wir die H_0 eben annehmen müssen, wäre unsere Analyse an dieser Stelle beendet. Wir haben jedoch festgestellt, dass es offensichtlich Unterschiede zwischen den Gruppen gibt. Beim t-Test war das insofern kein Problem, als dass nur zwei Gruppen betrachtet wurden und es daher klar war, zwischen welchen Gruppen der signifikante Unterschied bestand. Nun haben wir es aber mit drei (oder in anderen Fällen sogar mehr) Gruppen zu tun. Wir wissen somit nicht, ob es Unterschiede zwischen *allen* Gruppen gibt oder nur zwischen jeweils zwei davon. Bevor wir uns diesem Problem genauer widmen, schauen wir uns die Ergebnisse der drei Gruppen in Form eines Box-and-Whisker-Plots an. Dieses können wir einfach erstellen über

Grafik -> Boxplot -> [Einfach] -> [Definieren]

Wir gelangen zu einer Dialogbox (vgl. Abb. 4.63), in der wir die „Anzahl gekaufter Packungen [Menge]" als Variable (❶) und die „Art des Newsletters [Newsletter]" als Kategorienachse (❷) definieren. Nach Bestätigung mit „OK" wird uns die gewünschte Grafik angezeigt (vgl. Abb. 4.64).

Abb. 4.63 Dialogbox „Einfachen Boxplot definieren: Auswertung über Kategorien einer Variablen"

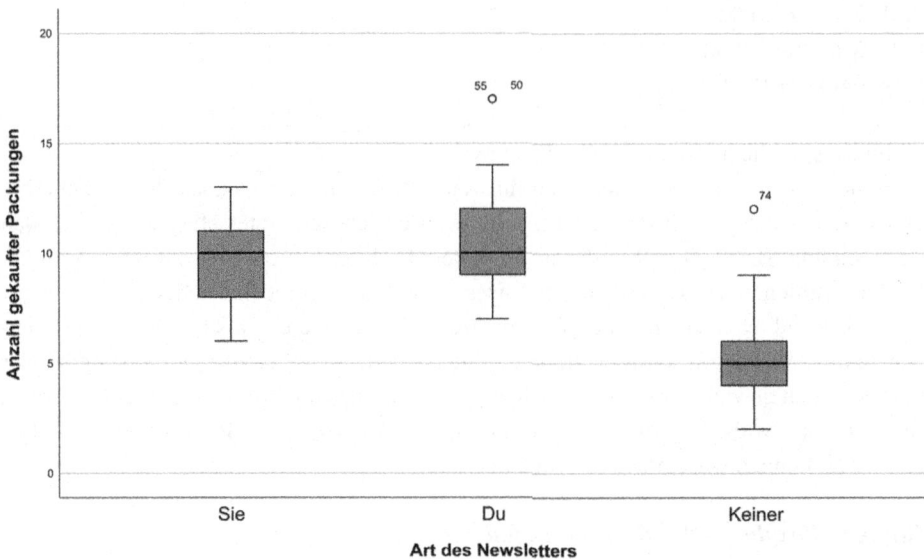

Abb. 4.64 Boxplot der Newsletter-Varianten „Sie" und „Du" sowie der Kontrollgruppe

Betrachtet man die Box-and-Whisker-Plots, so sind augenscheinlich zwei Vermutungen naheliegend:

1. Der Newsletter „Du" ist erfolgreicher als der Newsletter „Sie", und dieser ist wiederum erfolgreicher als kein Newsletter. Oder formal: $\mu_{Du} > \mu_{Sie} > \mu_{kein}$.
2. Der Versand eines Newsletters führt zu mehr Nachfrage als wenn darauf verzichtet wird. In welcher Form der Newsletter jedoch verschickt wird, ist unerheblich. Oder formal: $\mu_{Du} = \mu_{Sie} > \mu_{kein}$.

Dies sind zwei grundverschiedene Annahmen. Die Vermutung 1 unterstellt eine klare Rangfolge aller drei Optionen, wohingegen die Vermutung 2 nur die Vorteilhaftigkeit eines Newsletters an sich in den Vordergrund stellt. Dass die Gruppe ohne Newsletter augenscheinlich schlechter abschneidet, erscheint optisch recht deutlich. Hinsichtlich der Unterschiede zwischen den beiden Newsletter-Varianten ist dies jedoch anders. Die beiden Box-and-Whisker-Plots liegen recht nah beieinander und haben sogar augenscheinlich den gleichen Median (der in der Tat in beiden Fällen bei genau 10 Stück liegt).

Es erscheint nun naheliegend, die Gruppen paarweise auf signifikante Unterschiede zu untersuchen. Dazu könnte man ja einfach drei t-Tests durchführen: Gruppe 1 vs. Gruppe 2, Gruppe 1 vs. Gruppe 3 und Gruppe 2 vs. Gruppe 3. Das Problem dabei wäre jedoch, dass es zur sogenannten α-*Kumulation* kommen könnte. Denn bei jedem einzelnen Test legen wir ja ein α von 0,05 bzw. 5 % zugrunde. Man könnte sich nun fragen, wie groß die Wahrscheinlichkeit ist, dass mindestens einer dieser drei Tests fälschlicherweise als signifikant eingestuft wird. Die Wahrscheinlichkeit dafür ist der komplementäre Wert zur Wahrschein-

4.3 Induktive Statistik

lichkeit, dass *keiner* der Tests falsch signifikant eingestuft wird. Die Wahrscheinlichkeit, dass ein einzelner Test *nicht* fälschlicherweise als signifikant eingestuft wird, beträgt 0,95 (d. h. $1 - \alpha$). Die Wahrscheinlichkeit, dass dies für alle drei Tests gleichzeitig gilt, beträgt somit $0,95^3 = 0,8574$ oder 85,74 %. Somit beträgt die Wahrscheinlichkeit, dass mindestens einer der paarweisen Tests fälschlicherweise als signifikant eingestuft wird $1 - 0,8574 = 0,1426$ oder 14,26 %. Dieser Wert übersteigt das eigentlich zugrunde gelegte α von 5 % deutlich. Daher benötigen wir ein Verfahren, welches gewährleistet, dass jeder Test mit einem adjustierten α durchgeführt wird, welches kleiner als die ursprüngliche Vorgabe (hier 5 %) ist (vgl. Janczyk und Pfister 2020, S. 100). Solche Verfahren werden in SPSS unter der Bezeichnung „Post-hoc-Tests" angeboten.

Um nun auf paarweise Unterschiede zwischen den Gruppen zu testen, führen wir einen geeigneten „Post hoc-Test" durch. Hierzu gehen wir zurück in die Dialogbox „Einfaktorielle Varianzanalyse" (vgl. Abb. 4.60) und klicken auf die Schaltfläche „Post hoc …" (❹). Es öffnet sich eine Dialogbox mit einem reichhaltigen Angebot verschiedenster Tests (vgl. Abb. 4.65).

Hier sehen wir zunächst, dass die Verfahren in Gruppen angeordnet sind, die mit „Varianzgleichheit angenommen" bzw. „Keine Varianzgleichheit angenommen" überschrieben sind. Da wir zuvor im Rahmen des Tests auf Homogenität der Varianzen die Varianzgleichheit bestätigen konnten, wählen wir ein Verfahren aus der Gruppe „Varianzgleichheit angenommen" aus. Hier stehen viele verschiedene Verfahren zur Auswahl (zu

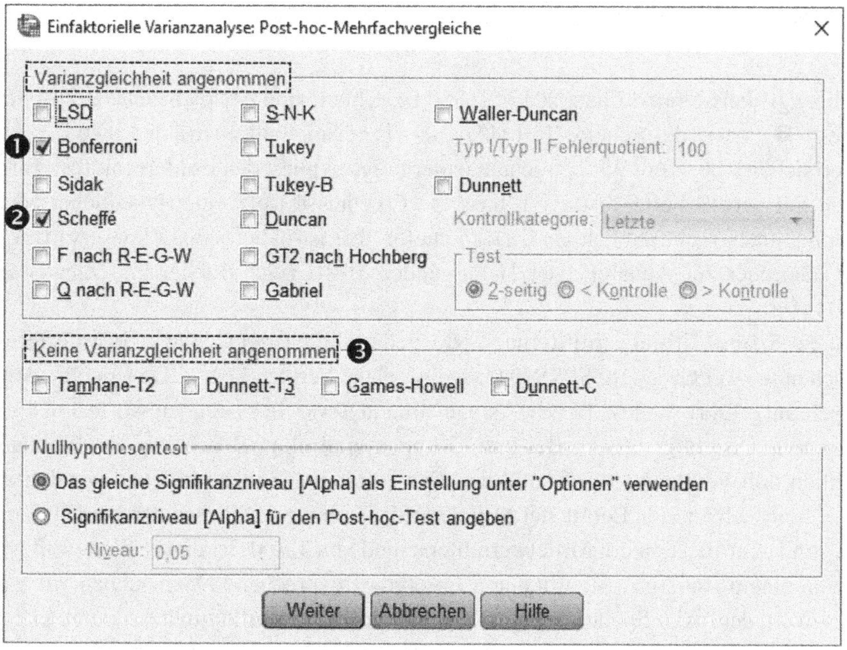

Abb. 4.65 Dialogbox „Einfaktorielle Varianzanalyse: Post-hoc-Mehrfachvergleiche"

Mehrere Vergleiche

Abhängige Variable:

(I) Art des Newsletters			Mittelwertdifferenz (I-J) ❶	Std.-Fehler	Sig.	95% Konfidenzintervall ❷	
						Untergrenze	Obergrenze
Scheffé	Sie	Du	-1,300	0,564	0,076	-2,70	0,10
		Keiner	4,400*	0,564	0,000	3,00	5,80
	Du	Sie	1,300	0,564	0,076	-0,10	2,70
		Keiner	5,700*	0,564	0,000	4,30	7,10
	Keiner	Sie	-4,400*	0,564	0,000	-5,80	-3,00
		Du	-5,700*	0,564	0,000	-7,10	-4,30
Bonferroni	Sie	Du	-1,300	0,564	0,071	-2,68	0,08
		Keiner	4,400*	0,564	0,000	3,02	5,78
	Du	~~Sie~~	~~1,300~~	~~0,564~~	~~0,071~~	~~-0,08~~	~~2,68~~
		Keiner	5,700*	0,564	0,000	4,32	7,08
	~~Keiner~~	~~Sie~~	~~-4,400*~~	~~0,564~~	~~0,000~~	~~-5,78~~	~~-3,02~~
		~~Du~~	~~-5,700*~~	~~0,564~~	~~0,000~~	~~-7,08~~	~~-4,32~~

*. Die Mittelwertdifferenz ist in Stufe 0.05 signifikant.

Anzahl gekaufter Packungen

Art des Newsletters		N	Untergruppe für Alpha = 0.05.	
			❸ 1	❹ 2
Scheffé[a]	Keiner	30	5,10	
	Sie	30		9,50
	Du	30		10,80
Sig.			1,000	0,076

Mittelwerte für Gruppen in homogenen Untergruppen werden angezeigt.
a. Verwendet Stichprobengrößen des harmonischen Mittels = 30,000

Abb. 4.66 Post hoc-Mehrfachvergleiche

Details vgl. Janssen und Laatz 2017, S. 356 f.). Üblich sind beispielsweise der Bonferroni-Test (❶) sowie der Scheffé-Test (❷), die wir beispielhaft auswählen. Die Ergebnisse finden sich in Abb. 4.66. Wir betrachten in der Folge explizit den Bonferroni-Test. Ein Vergleich mit dem Scheffé-Test zeigt, dass die Ergebnisse trotz unterschiedlicher Modellspezifikationen recht ähnlich sind. Der Scheffé-Test ist dabei jedoch konservativer, tendiert also eher zur Annahme der H_0 als andere Tests (vgl. Bühner und Ziegler 2017, S. 604 ff.).

In der Spalte „Mittelwertdifferenz" (❶) stehen die paarweisen Mittelwertdifferenzen zwischen je zwei Gruppen. SPSS listet sechs solche Vergleiche auf. Da jedoch jeder Test doppelt aufgeführt wird (z. B. „Sie vs. Du" und „Du vs. Sie") können wir je einen dieser Test unberücksichtigt lassen. Bei drei Gruppen sind ohne Beachtung der Reihenfolge lediglich drei Vergleiche durchzuführen. Die unnötigen Zeilen streichen wir daher und betrachten auch nur den Betrag der Mittelwertdifferenzen. Zwischen den beiden Gruppen „Sie" und „Du" besteht ein Mittelwertunterschied von 1,300. Ist dieser Wert groß genug, um von einem statistisch signifikanten Ergebnis zu sprechen? Dazu suchen wir wieder den p-Wert, der in der Spalte „Sig." (❷) zu finden ist. Die Nullhypothese lautet: „Die beiden Mittelwerte unterscheiden sich nicht." Da p = 0,071 größer als unser übliches α von

0,05 ist, müssen wir die H_0 annehmen. Zwischen den beiden Newsletter-Varianten besteht somit kein signifikanter Unterschied in ihrer Wirkung. Anders verhält es sich mit dem Vergleich „Sie vs. Keiner" in der nächsten Zeile. Der Mittelwertunterschied beträgt hier beachtliche 4,400 und ist aufgrund von p = 0,000 auch statistisch signifikant. Dies wird zusätzlich durch ein Sternchen hinter der Mitteldifferenz veranschaulicht: 4,400*. In der Fußnote der Tabelle wird auf eben dies hingewiesen. Wir können uns also den Umweg über den p-Wert sparen und einfach Ausschau nach dem Sternchen in Spalte ❶ halten. In der nächsten relevanten Zeile lesen wir ab, dass der Mittelwertunterschied „Du vs. Keiner" 5,700* beträgt. Auch hier markiert ein Sternchen den signifikanten Unterschied (p = 0,000).

Zusammenfassend scheint sich also die Vermutung 2 ($\mu_{Du} = \mu_{Sie} > \mu_{kein}$) zu bewahrheiten, nämlich dass es nicht egal ist, *ob* man einen Newsletter bekommt oder nicht. Für *welche Form* des Newsletters wir uns hingegen entscheiden, bleibt uns überlassen, da sie sich in ihrer Wirkung nicht signifikant unterscheiden.

In der Praxis stellt sich nun die Frage, welchen Newsletter man auswählen sollte. Aufgrund unseres Ergebnisses ist es egal, die Verantwortlichen könnten also nach eigenem Geschmack vorgehen. Man könnte allerdings auch argumentieren, dass es besser wäre, den Newsletter „Du" zu favorisieren. Zwar zeigte sich kein statistisch signifikanter Unterschied zwischen diesem und der „Sie"-Variante, trotzdem bleibt, wie bei jedem Test, eine gewisse Restwahrscheinlichkeit, dass man sich geirrt hat, wir die H_0 also fälschlicherweise angenommen haben. Daher könnte man diesen Restzweifeln begegnen, indem man die Variante „Du" wählt, die in der Stichprobe den höheren Wert erbracht hat. Sollte hingegen die Ansprache „Du" eher unüblich in der Kommunikation mit den Kunden sein, kann man – mit Hinweis auf fehlende Signifikanz – natürlich auch die Variante „Sie" präferieren. Dieser Fall ist v. a. dann interessant, wenn mit einer Alternative höhere Kosten verbunden wären. Dies ist bei dem Newsletter natürlich nicht der Fall, bei der Betrachtung zweier alternativer TV-Spots, die unterschiedliche Längen aufweisen, hingegen schon. Hier würde man bei fehlender Signifikanz den kürzeren – und damit im Hinblick auf die Ausstrahlung im TV günstigeren – Spot präferieren. Die geringeren Kosten wiegen hier schwerer als eine nicht erkannte, eher kleine Mittelwertdifferenz.

Als Bonus des Scheffé-Tests (der in unserem Beispiel zum grundsätzlich gleichen Ergebnis führt wie der Bonferroni-Test, nämlich $\mu_{Du} = \mu_{Sie} > \mu_{kein}$), bekommen wir am Ende unseres Viewerfensters eine sehr übersichtliche Tabelle, die nochmal einfacher zu interpretieren ist. Alle Mittelwerte, die sich *nicht signifikant* unterscheiden, werden dabei in derselben Untergruppe eingeordnet. *Signifikant* unterschiedliche Mittelwerte stehen hingegen in einer anderen Untergruppe. In der Untergruppe 1 finden wir daher nur den Mittelwert 5,10 („Keiner") (❸), in der Untergruppe 2 hingegen die beiden Mittelwerte der Newsletter „Sie" (9,50) und „Du" (10,80) (❹).

Sollte der Test auf Homogenität der Varianzen zum Ergebnis geführt haben, dass diese *nicht* gleich sind, kann alternativ ein *Welsh-Test* durchgeführt werden, der in der Dialogbox in Abb. 4.61 ausgewählt werden kann (❸). Außerdem muss bei den Post hoc-Tests (vgl. Abb. 4.65) ein entsprechendes Verfahren aus der Gruppe „Keine Varianzgleichheit angenommen" (❸) verwendet werden.

▶ **Ergebnisbericht** Unser Student könnte seinen Eltern demnach folgendes Ergebnis berichten:

„Es liegen signifikante Unterschiede hinsichtlich der Wirkung der Newsletter-Varianten (p < 0,001) sowie ein großer Effekt (η^2 =0,563) vor. Konkret bestehen die Unterschiede jedoch nur zwischen den Optionen Newsletter ja oder nein."

4.3.3.4.6 Einfaktorielle Varianzanalyse mit Messwiederholung

> Die *einfaktorielle Varianzanalyse* mit Messwiederholung untersucht Mittelwerte von drei oder mehr verbundenen bzw. abhängigen Gruppen auf Unterschiede. Die abhängige Variable ist dabei wiederum metrisch, die unabhängige Variable nominal skaliert.

Die Grundidee ist hier vergleichbar mit der einfaktoriellen Varianzanalyse mit voneinander unabhängigen Stichproben. Dabei handelt es sich um eine Verallgemeinerung des Differenzen-t-Tests für zwei abhängige Stichproben. Typische Anwendungen wären hier die Entwicklung von Studienleistungen auf Basis von Übungseinheiten oder des Körpergewichts, basierend auf regelmäßigen Besuchen eines Fitnessstudios, über mehrere Perioden hinweg.

Beispiel

Der Student Tim ist unzufrieden mit den Prüfungsplänen seiner Hochschule, die festlegen, dass Klausuren ausschließlich morgens ab 09.00 Uhr geschrieben werden. Daher möchte er im Rahmen seiner Studienarbeit untersuchen, wie die Konzentrationskurve seiner Kommilitonen über den Tag verläuft. Hierzu bittet er 15 zufällig ausgewählte Personen seines Semesters, an einem Konzentrationstest teilzunehmen, der einmal morgens um 09.00 Uhr, danach mittags um 12.00 Uhr und schließlich nochmals um 15.00 Uhr stattfindet. Für sein Experiment sucht er sich einen vorlesungsfreien Tag aus, sodass zwischen den einzelnen Tests keine zusätzlichen geistigen Belastungen entstehen können. Die Ergebnisse notiert er – in Prozentzahlen der korrekt gelösten Aufgaben – im Datensatz *Konzentrationstest.sav*. ◀

Tims zugrunde liegende Hypothese lautet, dass sich die Konzentrationsfähigkeit an den drei Zeitpunkten unterscheidet. Die Nullhypothese lautet somit, dass es *keine* Unterschiede gibt, es somit egal wäre, zu welcher Uhrzeit eine Klausur angesetzt wird.

Um eine einfaktorielle Varianzanalyse mit Messwiederholung durchzuführen, klicken wir nacheinander auf:

4.3 Induktive Statistik

Analysieren -> Allgemeines lineares Modell -> Messwiederholung ...

Es öffnet sich das in Abb. 4.67 dargestellte Dialogfeld. Dort definieren wir zunächst den „Innersubjektfaktor", den wir für unterschiedliche Ergebnisse verantwortlich machen. In unserem Fall ist dies die Uhrzeit, zu der der Test stattfindet. Wir benennen den vorgeschlagenen „Faktor1" daher in „Zeitpunkt" um (❶) und geben bei „Anzahl der Stufen" eine „3" ein (❷), da wir ja zu drei verschiedenen Zeitpunkten getestet haben. Wir bestätigen mit „Hinzufügen" (❸), woraufhin der Faktor „Zeitpunkt(3)" im Feld ❹ erscheint, und klicken abschließend auf „Definieren" (❺).

In der daraufhin erscheinenden Dialogbox (vgl. Abb. 4.68) wählen wir aus den im linken Feld angebotenen Variablen unsere drei Zeitpunkte „Morgens" „Mittags" und „Nachmittags" aus und schieben sie in das Feld „Innersubjektvariablen (Zeitpunkt):" (❶). (Hier finden wir also den zuvor definierten Faktor „Zeitpunkt"). Danach klicken wir auf den Button „Geschätzte Randmittel" (❷) und gelangen zur zugehörigen Dialogbox (vgl. Abb. 4.69). Dort schieben wir den Faktor „Zeitpunkt" in das Feld ❶ und setzen einen Haken bei „Haupteffekte vergleichen" (❷). Schließlich wählen wir bei „Anpassung des Konfidenzintervalls:" die häufig verwendete „Bonferroni"-Korrektur (❸). (Diese Ergebnisse benötigen wir ggf. für spätere Paarvergleiche bei Signifikanz des Modells. Die dafür erwartete Option „Post hoc ..." ist bei ausschließlicher Betrachtung der Innersubjektvariable nicht verfügbar. Sie wird erst bei Einbeziehung von Zwischensubjektfaktoren relevant, also Unterschieden zwischen *verschiedenen* Personen, was wir im vorliegenden Fall nicht betrachten).

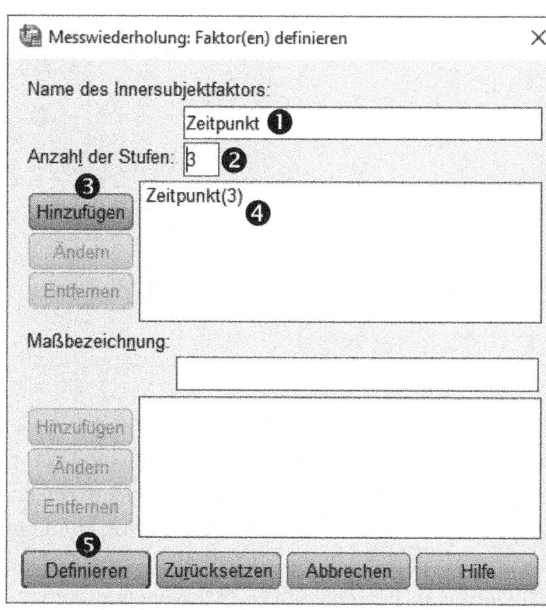

Abb. 4.67 Dialogbox „Messwiederholung: Faktor(en) definieren"

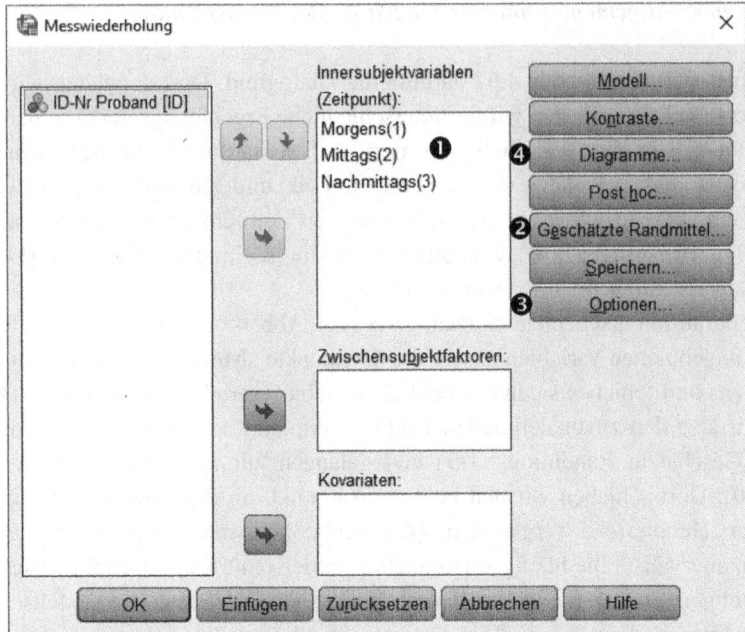

Abb. 4.68 Dialogbox „Messwiederholung"

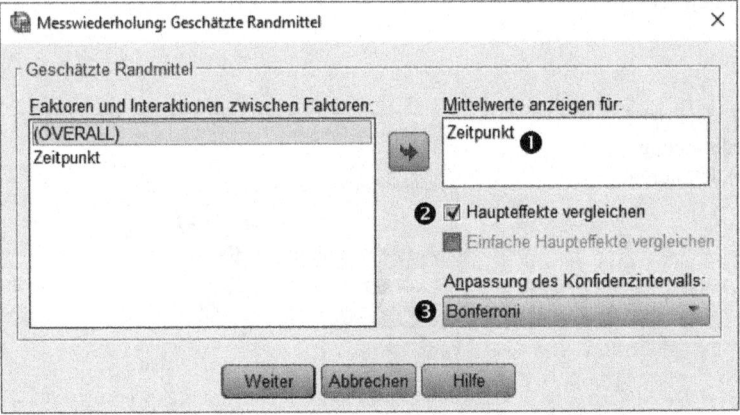

Abb. 4.69 Dialogbox „Messwiederholung: Geschätzte Randmittel"

Danach kehren wir mit „Weiter" zur vorigen Dialogbox (Abb. 4.68) zurück und klicken dort auf „Optionen …" (❸). Es öffnet sich die Dialogbox „Messwiederholung: Optionen" (Abb. 4.70 oben). Dort setzen wir je einen Haken bei „Deskriptive Statistiken" (❶), „Schätzungen der Effektgröße" (❷) sowie „Homogenitätstests" (❸). Letztere prüfen im Kern die Varianzgleichheit innerhalb der drei Zeitpunkte. Nach einem Klick auf „Weiter" wählen wir in der Dialogbox „Messwiederholung" (Abb. 4.68) noch die Option „Dia-

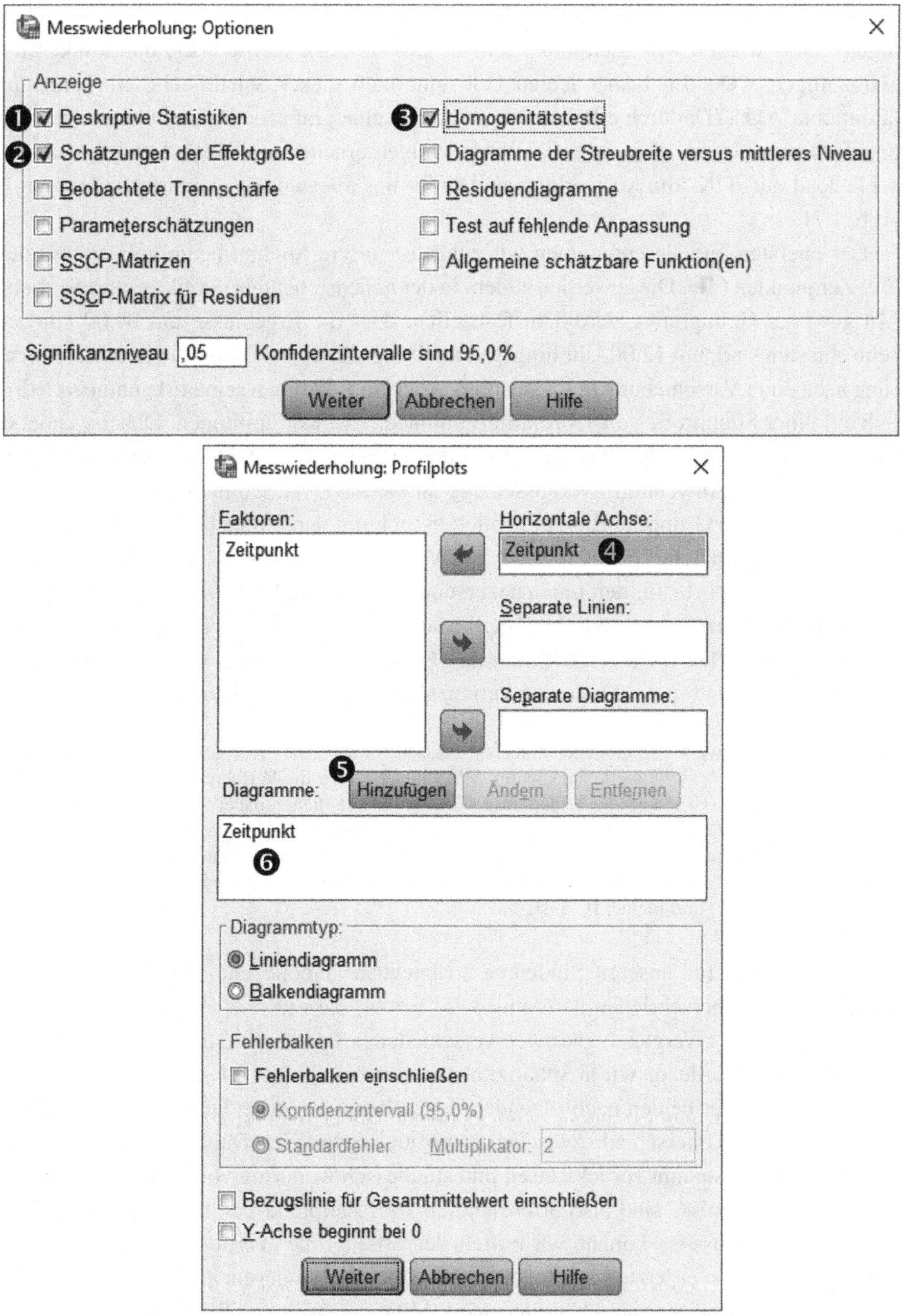

4.3 Induktive Statistik

Abb. 4.70 Dialogboxen „Messwiederholung: Optionen" und „Messwiederholung: Profilplots"

gramme ..." (❹). Wir gelangen zur Dialogbox „Messwiederholung: Profilplots" (Abb. 4.70 unten). Dort wählen wir „Zeitpunkt" für die „Horizontale Achse" (❹) und klicken auf „Hinzufügen" (❺). Im bisher leeren Feld unterhalb dieser Schaltfläche erscheint nun „Zeitpunkt" (❻). (Dadurch erhalten wir zusätzlich eine grafische Darstellung der unter ❶ angeforderten Gruppenmittelwerte). Wir bestätigen erneut mit „Weiter" und fordern abschließend mit „OK" die Auswertung an. Die für uns relevanten Ergebnisse finden sich in Abb. 4.71.

Der obersten Tabelle entnehmen wir zunächst unsere Stichprobenmittelwerte zu den drei Zeitpunkten (❶). Diese werden zudem in der nebenstehenden Grafik veranschaulicht. Mit gewisser Genugtuung wird Tim feststellen, dass die Ergebnisse um 09.00 Uhr am schlechtesten sind, um 12.00 Uhr hingegen am besten. Dies bekräftigt ihn in seiner Forderung nach einer Verschiebung der Klausuren. Allerdings beruhen seine Erkenntnisse lediglich auf einer Stichprobe von 15 Kommilitoninnen bzw. Kommilitonen. Daher wendet er sich nun der induktiven Analyse zu. Mittels der nachfolgenden Tabelle prüft er vorab eine bereits bekannte Anwendungsvoraussetzung an die ANOVA, nämlich die Varianzgleichheit innerhalb der Gruppen. Hierbei handelt es sich um den „Mauchly-Test auf Sphärizität", dem sinngemäß die Nullhypothese „Die Varianzen sind gleich" zugrunde liegt (unterhalb der Tabelle wird – für den Laien unverständlich – darauf hingewiesen, dass streng genommen die Korrelation zwischen den paarweisen Varianzdifferenzen der Gruppen untersucht wird). Da wir p = 0,079 ablesen (❷), können wir für α = 0,05 die Nullhypothese annehmen und in der Folge von Varianzgleichheit bzw. „Sphärizität" ausgehen.

Hätten wir die Nullhypothese hingegen ablehnen müssen, so hätte dies zu einer Korrektur geführt, wie auch in der Fußnote b. der Tabelle angedeutet. SPSS bietet hierzu die Verfahren „Greenhouse-Geisser" sowie „Huynh-Feldt (HF)" an. Die beiden ausgewiesenen Werte dienen dabei als Korrekturfaktoren für die Freiheitsgrade (df), was wir an dieser Stelle nicht zu vertiefen brauchen. Sollte der Mauchly-Test signifikant sein, werden uns diese beiden Varianten an späterer Stelle zur Interpretation mit angegeben. Interessant zu wissen ist lediglich, dass „Greenhouse-Geisser" dann eingesetzt werden sollte, wenn das ausgewiesene Epsilon (ε) dort kleiner 0,75 ist.

Nun folgt die für unseren Studenten spannendste Tabelle, die mit „Test der Innersubjekteffekte" überschrieben ist (damit wird betont, dass jeweils *eine* Person im Fokus steht und nicht der Vergleich *zwischen* verschiedenen Personen). Hier konzentrieren wir uns auf die erste Zeile, da wir ja Sphärizität angenommen haben (❸) (ansonsten hätte man stattdessen eine der beiden nachfolgenden Zeilen herangezogen). Die Nullhypothese lautet, dass es *keine* Unterschiede zwischen den Mittelwerten gibt. Diese kann Tim aufgrund p < 0,001 (❹) entspannt zurückweisen und stattdessen weiterhin von Unterschieden ausgehen. Die Ergebnisse sind also offensichtlich vom Zeitpunkt des Tests beeinflusst. Wie stark dieser Einfluss ist, können wir mittels der Effektgröße „Partielles Eta-Quadrat" bestimmen, die wir in er letzten Spalte finden (❺). Sie gibt wiederum an, welchen Anteil der Varianz vom Faktor „Zeitpunkt" erklärt wird. Mit einen Wert von 0,523 oder 52,3 % liegt der Wert nach Cohen deutlich im Bereich eines großen Effekts (vgl. Abschn. 4.3.3.4.5).

4.3 Induktive Statistik

Deskriptive Statistiken

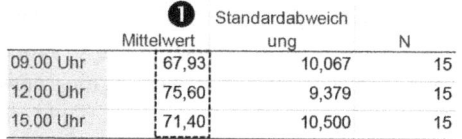

	Mittelwert	❶ Standardabweichung	N
09.00 Uhr	67,93	10,067	15
12.00 Uhr	75,60	9,379	15
15.00 Uhr	71,40	10,500	15

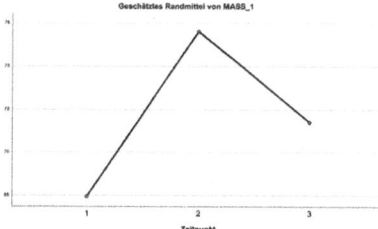

Mauchly-Test auf Sphärizität[a]

Maß:

					Epsilon[b]		
Innersubjekteffekt	Mauchly-W	Ungefähres Chi-Quadrat	df	❷ Sig.	Greenhouse-Geisser	Huynh-Feldt (HF)	Untergrenze
Zeitpunkt	0,677	5,076	2	0,079	0,756	0,828	0,500

Prüft die Nullhypothese, dass sich die Fehlerkovarianz-Matrix der orthonormalisierten transformierten abhängigen Variablen proportional zur Einheitsmatrix verhält.

a. Design: Konstanter Term
Innersubjektdesign: Zeitpunkt

b. Kann zum Korrigieren der Freiheitsgrade für die gemittelten Signifikanztests verwendet werden. In der Tabelle mit den Tests der Effekte innerhalb der Subjekte werden korrigierte Tests angezeigt.

Tests der Innersubjekteffekte

Maß:

Quelle		Typ III Quadratsumme	df	Mittel der Quadrate	F	❹ Sig.	❺ Partielles Eta-Quadrat
Zeitpunkt	❸ Sphärizität angenommen	442,178	2	221,089	15,330	<,001	0,523
	Greenhouse-Geisser	442,178	1,511	292,556	15,330	<,001	0,523
	Huynh-Feldt (HF)	442,178	1,655	267,140	15,330	<,001	0,523
	Untergrenze	442,178	1,000	442,178	15,330	0,002	0,523
Fehler(Zeitpunkt)	Sphärizität angenommen	403,822	28	14,422			
	Greenhouse-Geisser	403,822	21,160	19,084			
	Huynh-Feldt (HF)	403,822	23,173	17,426			
	Untergrenze	403,822	14,000	28,844			

Paarweise Vergleiche

Maß:

(I) Zeitpunkt		❼ Mittelwertdifferenz (I-J)	Std.-Fehler	❻ Sig.[b]	95% Konfidenzintervall für Differenz[b]	
					Untergrenze	Obergrenze
1	2	-7,667*	1,737	0,002	-12,386	-2,947
	3	-3,407*	1,162	0,030	-6,626	-0,308
2	1	7,667*	1,737	0,002	2,947	12,386
	3	4,200*	1,184	0,010	0,982	7,418
3	1	3,467*	1,162	0,030	0,308	6,626
	2	-4,200*	1,184	0,010	-7,418	-0,982

Basiert auf geschätzten Randmitteln

*. Die Mittelwertdifferenz ist in Stufe ,05 signifikant.

b. Anpassung für Mehrfachvergleiche: Bonferroni.

Abb. 4.71 Ergebnisse einfaktorielle Varianzanalyse mit Messwiederholung

Nun fehlt noch ein letzter Schritt. Zwar wissen wir nun, dass es signifikante Unterschiede je nach Zeitpunkt gibt, jedoch können wir noch nicht angeben, zwischen welchen dies jeweils der Fall ist. Dies führt uns zu den „Paarweisen Vergleiche" in der letzten Tabelle. Dort sehen wir, dass sämtliche Mittelwertdifferenzen signifikant sind. Wir erkennen es wieder daran, dass jeweils p < 0,05 ist (❻) bzw. alle in Spalte ❼ aufgeführten Mittelwertdifferenzen ein Sternchen (*) für Signifikanz auf dem 5 %-Niveau angehängt haben.

Somit kann Tim aufgrund seiner Ergebnisse dem Prüfungsamt selbstbewusst eine Verschiebung des jeweiligen Prüfungsbeginns auf 12.00 Uhr vorschlagen, da dort (laut der Mittelwerte in Spalte ❶) mit dem relativ besten Ergebnis zu rechnen sein wird. Sollte dies nicht möglich sein, so wäre der Termin um 15.00 Uhr die nächstbeste Option.

▶ **Ergebnisbericht** Dazu unterstreicht er seine Forderung mit folgendem Satz:
„Es konnte ein signifikanter Unterschied zwischen den Prüfungsergebnissen und dem Zeitpunkt der Prüfung festgestellt werden (p < 0,001), wobei signifikante Unterscheide zwischen allen Zeitpunkten bestehen. Zudem liegt ein großer Effekt vor ($\eta^2_{partiell} = 0{,}523$)."

4.3.3.4.7 Wilkoxon-Test für eine Stichprobe

Bei allen bisher vorgestellten Mittelwertvergleichen sind wir von der Prämisse der Normalverteilung (bzw. einer ausreichend großen Stichprobe) sowie metrischen (abhängigen) Variablen ausgegangen. Dies ist aber nicht immer der Fall. Gerade in den Sozialwissenschaften, aber auch in der Medizin, hat man es häufig mit vergleichsweise kleinen Stichproben zu tun. Man kann dann u. U. nicht mehr von Normalverteilung ausgehen bzw. greift aus „gefühlter Vorsicht" lieber auf ein robusteres nicht-parametrisches Verfahren zurück. Dort stehen nicht die Parameter einer bestimmten Verteilung im Vordergrund, sondern generelle Charakteristika, v. a. der Median, aber auch Quantile (vgl. Fahrmeir et al. 2016, S. 403). Zudem basieren solche Verfahren typischerweise nicht auf den eigentlichen Messdaten, sondern lediglich auf *Rängen* (vgl. Janssen und Laatz 2017, S. 632). Daher reicht für ihre Anwendung bereits Ordinalskalenniveau, welches – ganz korrekt betrachtet – auch bei den häufig verwendeten Skalenfragen (z. B. Schulnotenskalen) vorliegt.

> Der *Wilcoxon-Test für eine Stichprobe* ist ein nicht-parametrisches und damit verteilungsunabhängiges Ersatzverfahren für den einfachen t-Test. Hier reicht bereits Ordinalskalenniveau der abhängigen Variablen. Dabei wird überprüft, ob die Testvariable aus einer Grundgesamtheit mit vorgegebenem Median entstammt.

4.3 Induktive Statistik

> **Beispiel**
>
> Die Studentin Corinna jobbt am Wochenende in einem Museum und hat 20 zufällig ausgewählte Besucher einer Kunstausstellung nach ihrem Alter gefragt. Die Museumsleitung erhofft sich angesichts der Thematik der Ausstellung, dass der Median in der Grundgesamtheit aller Besucher bei in etwa 40 Jahren liegt (d. h. die Hälfte der Besucher sollte maximal 40 Jahre alt sein), was Corinna auf Basis ihrer Stichprobe testen soll. Ihre Ergebnisse hat Corinna im Datensatz *Museum.sav* abgespeichert. ◄

Die Ausgangshypothese H_1 unterstellt also, dass der Median 40 Jahre beträgt, die Nullhypothese geht somit von einem Wert ungleich 40 Jahren aus.

In der Folge verlassen wir unseren gewohnten Menüstrang, da wir nunmehr nichtparametrische Tests betrachten, die ebenfalls in einem eigenen Untermenü zusammengeführt sind. Um den Wilcoxon-Test für eine Stichprobe anzufordern, klicken wir daher nacheinander auf:

Analysieren -> Nicht parametrische Tests -> Eine Stichprobe ...

Wir gelangen zu den in Abb. 4.72 dargestellten Dialogboxen. In der oberen Box wählen wir zunächst den Reiter „Felder" (❶) aus. SPSS schlägt die in Frage kommenden Variablen im Feld „Testvariable:" (❷) vor. Gegebenenfalls müssen wir einige davon wieder in das linke Feld verschieben. In unserem Fall enthält der Datensatz nur die eine, uns interessierende, Variable „Alter". Anschließend wählen wir den Reiter „Einstellungen" (❸) und gelangen zur unteren Darstellung. Hier können wir nun den gewünschten Test auswählen, wenn der entsprechende Eintrag „Tests auswählen" (❹) aktiv ist. Wir klicken auf „Test anpassen" (❺) und setzen einen Haken bei „Median- und hypothetische Werte vergleichen (Wilcoxon-Test)" (❻). Hier tragen wir zuletzt noch den zu testenden Wert, nämlich den angestrebten Median 40, ein (❼). Anschließend fordern wir die Ergebnisse mit „Ausführen" (❽) an. Diese finden sich in Abb. 4.73.

Bereits in der ersten Tabelle finden wir das wichtigste Ergebnis. In der ersten Spalte wird die Nullhypothese noch einmal aufgeführt: „Der Median von Alter ist gleich 40" (❶). Diese Hypothese können wir aufgrund p = 0,034 ablehnen (❷), was SPSS uns in der letzten Spalte zudem explizit vorschlägt (❸). Den p-Wert finden wir außerdem erneut in der nächsten Tabelle (❹). Schließlich finden wir noch eine Grafik, die neben der Häufigkeitsverteilung den hypothetischen Median von 40 aufweist (❺) sowie den uns bisher unbekannten Median der Stichprobe (53) benennt und ebenfalls als vertikale Linie zeigt (❻). Die Grafik unterstützt den bereits ermittelten signifikanten Unterschied vom Median: Es sind deutlich weniger Personen im Alter von bis zu 40 Jahren im Museum als erwünscht. Die Ausstellung scheint somit mehrheitlich Besucher über 40 Jahren anzuziehen.

Schließlich können wir noch eine Aussage über die Effektstärke treffen. Hier bietet sich der sogenannte *Korrelationskoeffizient r* an (vgl. Abschn. 4.4.1.2). Er wird von SPSS in

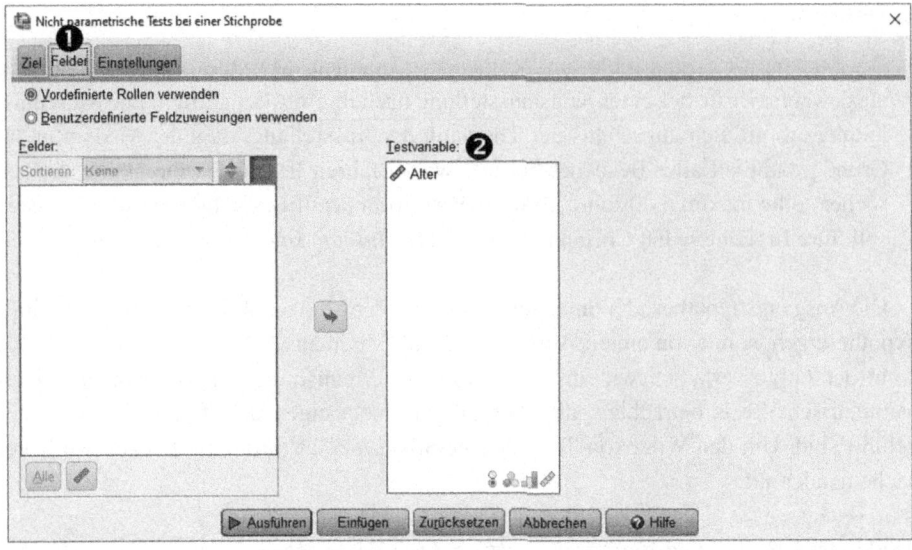

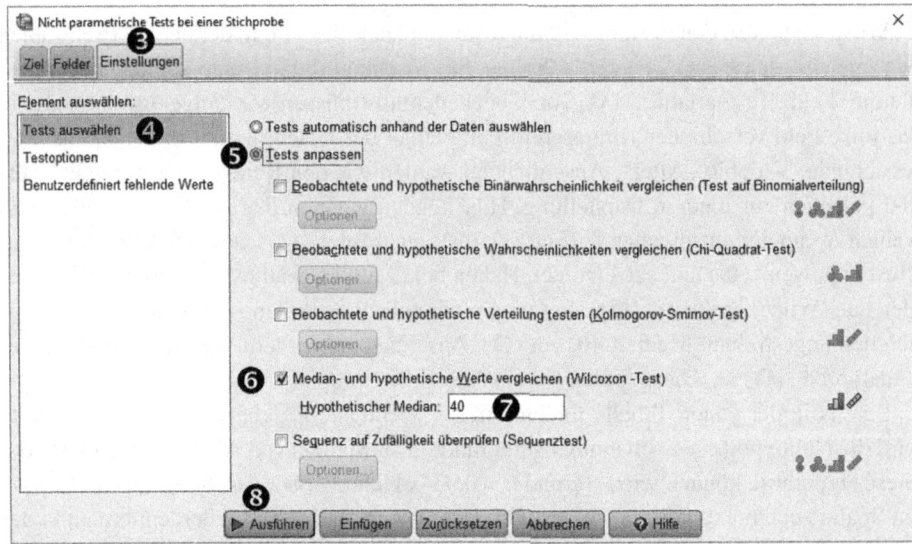

Abb. 4.72 Dialogbox „Nicht parametrische Tests bei einer Stichprobe"

diesem Zusammenhang nicht ausgegeben, allerdings können wir ihn über folgende Formel leicht händisch berechnen (vgl. Fritz et al. 2012, S. 12):

$$r = \left| \frac{z}{\sqrt{n}} \right|$$

4.3 Induktive Statistik

Hypothesentestübersicht

	Nullhypothese	Test	Sig.[a,b] ❷	Entscheidung
1	Der Median von Alter ist gleich 40.	Wilcoxon-Test bei einer Stichprobe	0,034	Nullhypothese ablehnen

❶ (Nullhypothese) ❸ (Entscheidung)

a. Das Signifikanzniveau ist ,050.
b. Asymptotische Signifikanz wird angezeigt.

Zusammenfassung des Wilcoxon-Tests bei einer Stichprobe

Gesamtzahl	20
Teststatistik	147,500
Standardfehler	24,802
Standardisierte Teststatistik	2,117 ❼
Asymptotische Sig. (zweiseitiger Test)	0,034 ❹

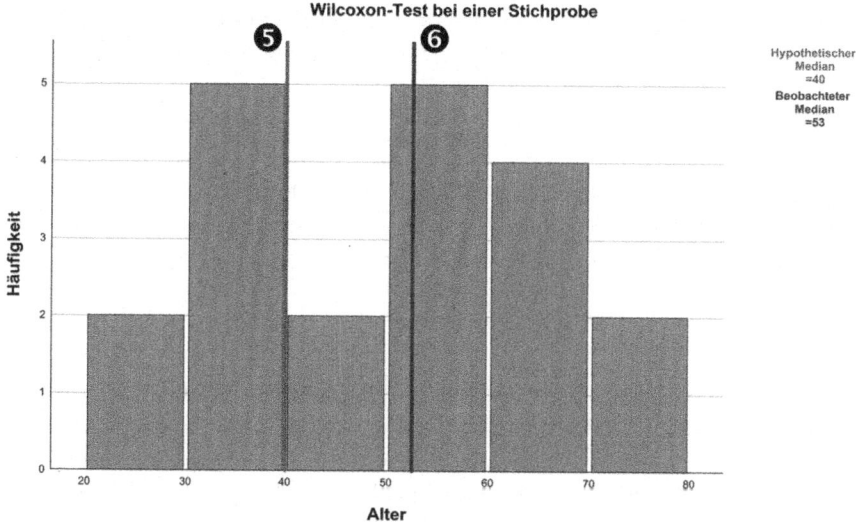

Abb. 4.73 Ergebnisse Wilcoxon-Test für eine Stichprobe

Dabei ist z die für den *relevanten,* sprich *signifikanten Paarvergleich* in Abb. 4.73 ausgewiesene „Standardisierte Teststatistik" (❼) und n die Anzahl der Probanden, hier 20 Personen. Daraus ergibt sich:

$$r = \left| \frac{-2{,}117}{\sqrt{20}} \right| = 0{,}473$$

Nach Cohen (1988, S. 79 ff.) sind folgende Konventionen für den Korrelationskoeffizienten als Effektgröße gebräuchlich:

$$0{,}1 \leq r < 0{,}3: \quad \text{schwacher Effekt}$$
$$0{,}3 \leq r < 0{,}5: \quad \text{mittlerer Effekt}$$
$$r \geq 0{,}5: \quad \text{starker Effekt}$$

Somit liegt ein mittlerer Effekt vor.

▶ **Ergebnisbericht** Corinna berichtet formal z. B. wie folgt:
„Es konnte eine signifikante Abweichung vom angestrebten Median von 40 Jahren festgestellt werden (zweiseitiger Test, p = 0,034). Der Median scheint sich oberhalb der erwarteten 40 Jahre zu befinden. Es kann ein mittlerer Effekt konstatiert werden."

4.3.3.4.8 Mann-Whitney-U-Test

Der *Mann-Whitney-U-Test* ist ein nicht-parametrisches und damit verteilungsunabhängiges Ersatzverfahren für den doppelten t-Test, also für zwei *unabhängige* Stichproben. Hier reicht bereits Ordinalskalenniveau der abhängigen Variablen. Dabei wird überprüft, ob zwei Verteilungen der entsprechenden Grundgesamtheiten in ihrer mittleren Lage übereinstimmen.

Der Mann-Whitney-U-Test sollte dann zum Einsatz kommen, wenn die zu vergleichenden Gruppen sehr klein sind und/oder keine Normalverteilung vorliegt. Der Test geht dabei so vor, dass er die mittleren Ränge miteinander vergleicht.

Beispiel

Die Medizinstudentin Heidrun hat im Rahmen einer Studie je 12 Studierende aus den Studiengängen Jura sowie BWL untersucht. Sie vermutet, dass deren Ruhepuls unmittelbar vor Beginn der mündlichen Bachelorprüfung im Gruppendurchschnitt unterschiedlich ist. Die ermittelten Werte trägt sie in die Datei *Ruhepuls.sav* ein. ◄

Da Heidrun nur eine sehr kleine Stichprobe je Gruppe betrachtet, verwendet sie an dieser Stelle den Mann-Whitney-U-Test. Ihre Hypothese (H_1) lautet: „Der mittlere Ruhepuls ist unterschiedlich." Sie testet daher die Nullhypothese: „Der mittlere Ruhepuls unterscheidet sich *nicht*."

Den Mann-Whitney-U-Test finden wir in SPSS über zwei Wege. Betrachten wir zunächst folgende Klickreihenfolge:

4.3 Induktive Statistik

Analysieren -> Nicht parametrische Tests -> Klassische Dialogfelder -> 2 unabhängige Stichproben ...

Wenn wir diesen Weg gehen, gelangen wir zu einer Dialogbox, welche der in Abb. 4.53 beim doppelten t-Test stark ähnelt. Hier müssen wir lediglich die Testvariable („Ruhepuls") (❶) sowie die Gruppierungsvariable („Studiengang") (❷) inklusive der beiden Codierungen (hier „0" für Jura und „1" für BWL) (❸) festlegen. Der Mann-Whitney-U-Test ist dabei standardmäßig schon ausgewählt (❹) (vgl. Abb. 4.74).

Alternativ können wir auch folgende Klickreihenfolge abarbeiten:

Analysieren -> Nicht parametrische Tests -> Unabhängige Stichproben ...

Wir gelangen zu einem vergleichbaren Menu wie zuvor beim Wilcoxon-Test für eine Stichprobe. Dort wählen wir zunächst wieder den Reiter „Felder", anschließend „Ruhepuls" als Testvariable (❶) und „Studiengang" als Gruppe (❷). Im Reiter „Einstellungen" markieren wir „Tests anpassen" (❸) und setzen einen Haken bei „Mann-Whitney-U-Test (2 Stichproben)" (❹) (vgl. Abb. 4.75).

Die Ergebnisse für diese Vorgehensweise finden sich in Abb. 4.76 (die Resultate der zuvor genannten alternativen Vorgehensweise sind etwas anders gestaltet, die wesentlichen Werte, v. a. die p-Werte, sind aber bei beiden Varianten enthalten).

In der obersten Tabelle wird uns nochmals die Nullhypothese in Erinnerung gerufen (❶). Die H_0, dass der Ruhepuls in beiden Gruppen identisch ist, müssen wir aufgrund

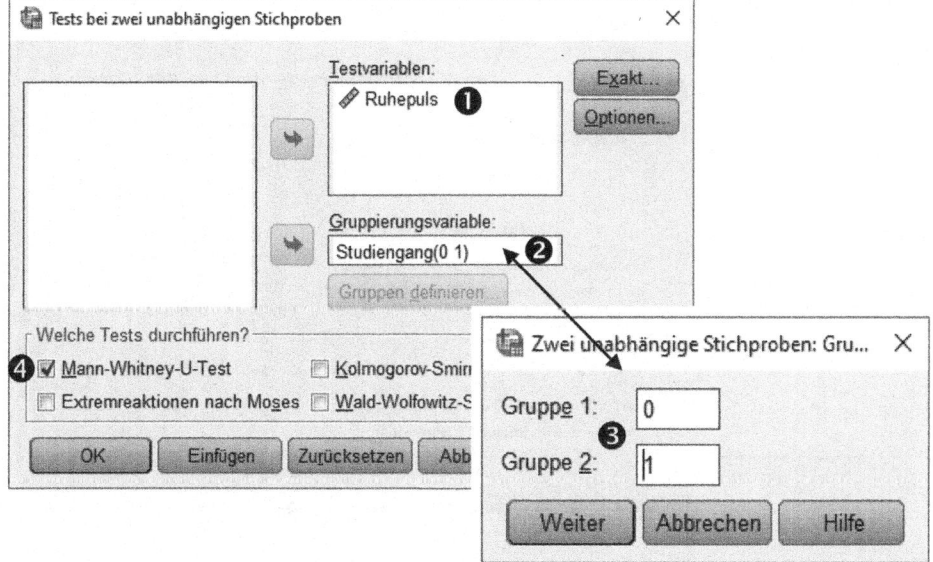

Abb. 4.74 Dialogbox „Tests bei zwei unabhängigen Stichproben"

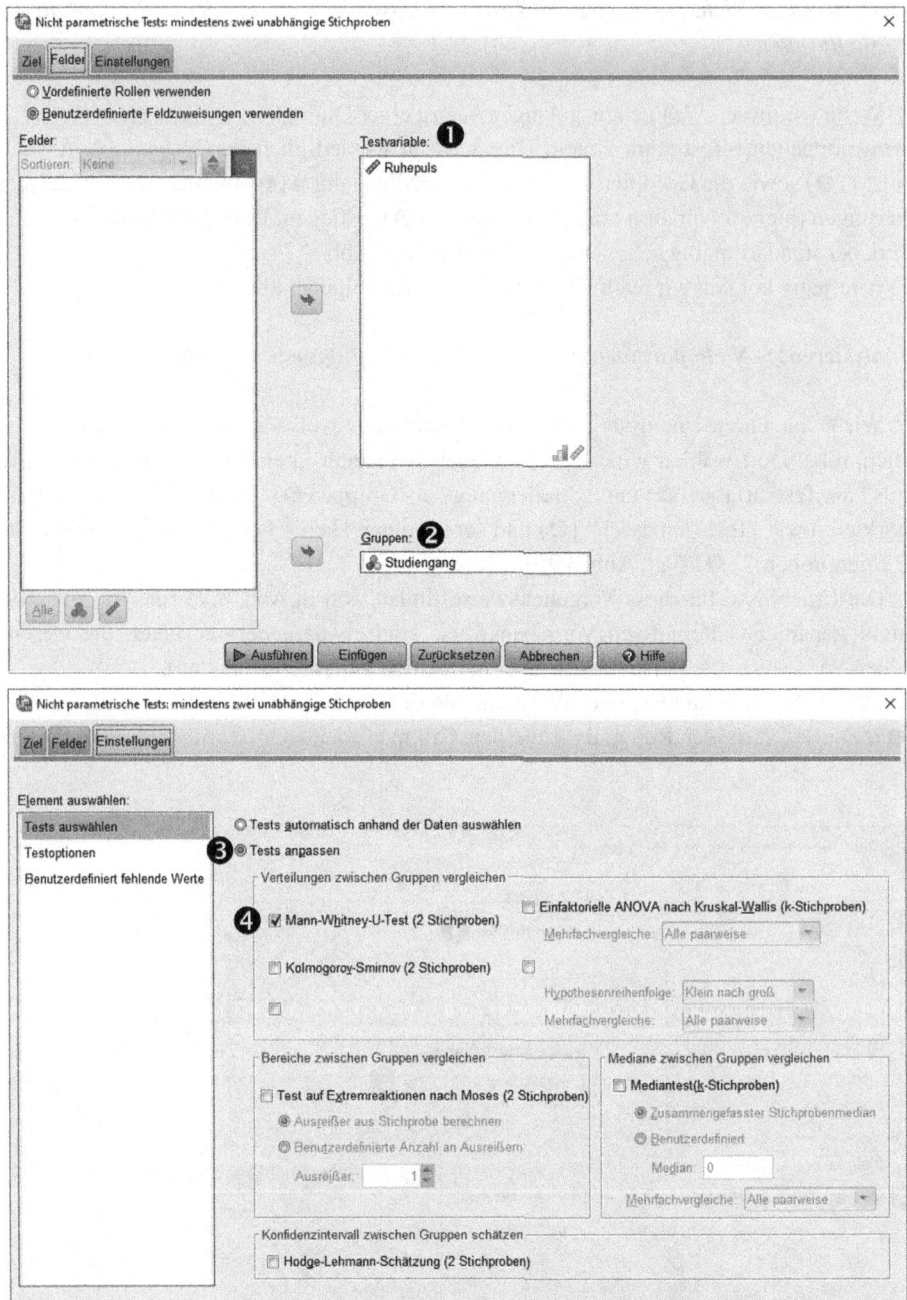

Abb. 4.75 Dialogbox „Nicht parametrische Tests mindestens zwei unabhängige Stichproben"

4.3 Induktive Statistik

Hypothesentestübersicht

	Nullhypothese	Test	Sig.[a,b]	Entscheidung
1	Die Verteilung von Ruhepuls ist über die Kategorien von Studiengang identisch.	Mann-Whitney-U-Test bei unabhängigen Stichproben	,143[c]	Nullhypothese beibehalten

❶ Nullhypothese ❷ Sig. ❸ Entscheidung

a. Das Signifikanzniveau ist ,050.
b. Asymptotische Signifikanz wird angezeigt.
c. Exakte Signifikanz wird für diesen Test angezeigt.

Zusammenfassung des Mann-Whitney-U-Tests bei unabhängigen Stichproben

Gesamtzahl	24
Mann-Whitney-U-Test	46,500
Wilcoxon-W	124,500
Teststatistik	46,500
Standardfehler	17,245
Standardisierte Teststatistik	-1,479
Asymptotische Sig. (zweiseitiger Test)	0,139
Exakte Sig.(zweiseitiger Test)	0,143 ❹

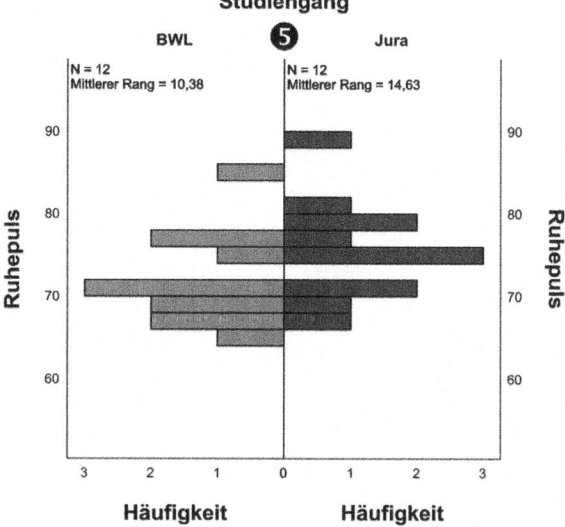

Abb. 4.76 Ergebnisse Mann-Whitney-U-Test

p = 0,143 (❷) beibehalten, was auch in der Spalte ❸ nochmals explizit angemerkt wird. Denselben Signifikanzwert finden wir nochmals in der nachstehenden Tabelle (❹).

Bei der Berechnung von Signifikanzen wird unterschieden, ob eine Gesamtstichprobe von n > 30 vorliegt oder nicht. Für kleine Stichproben (n ≤ 30), wird die „exakte Signifikanz" berechnet. Dies trifft in unserem Beispiel zu (n = 24). Der p-Wert für den exakten Test beträgt im Beispiel 0,143, was auch in der Fußnote c. der oberen Tabelle betont wird. Er beruht auf dem ausgewiesenen „Mann-Whitney-U-Test"-Wert (kurz „U-Wert") von 46,500. Für Stichproben n > 30 kann hingegen der U-Wert z-standardisiert werden, was einen Vergleich mit Werten der Standardnormalverteilung ermöglicht. In diesem Fall wird die „Asymptotische Signifikanz" ausgewiesen. (Sie wird in unserem Beispiel mit p = 0,139 berechnet, aufgrund n < 30 aber nicht zur Interpretation herangezogen). Für Stichproben > 30 weist SPSS *nur* diese aus, die exakte Signifikanz wird nicht angezeigt, ebenso entfällt die Fußnote c. in der oberen Tabelle.

In der Grafik finden wir schließlich die beiden Häufigkeitsdiagramme (links BWL, rechts Jura) mit den zugehörigen mittleren Rängen (❺). Bei BWL wären dies 10,38 und bei Jura 14,63. Trotz dieses – für das bloße Auge deutlich anmutenden – Unterschieds ist das Ergebnis *nicht* signifikant. Es kann auf Basis der verwendeten Stichprobe nicht davon ausgegangen werden, dass der Ruhepuls der Prüflinge studiengangsübergreifend unterschiedlich ist. Schaut man sich die zugehörigen Box-and-Whisker-Plots an (vgl. Abb. 4.77), mag man an diesem Ergebnis zweifeln. Man muss sich dann aber wiederum die beiden sehr kleinen Stichproben vor Augen halten.

Als Effektgröße berechnen wir wiederum den Korrelationskoeffizienten r (vgl. Abschn. 4.3.3.4.7). Er ergibt sich als:

$$r = \left| \frac{-1{,}479}{\sqrt{24}} \right| = 0{,}302$$

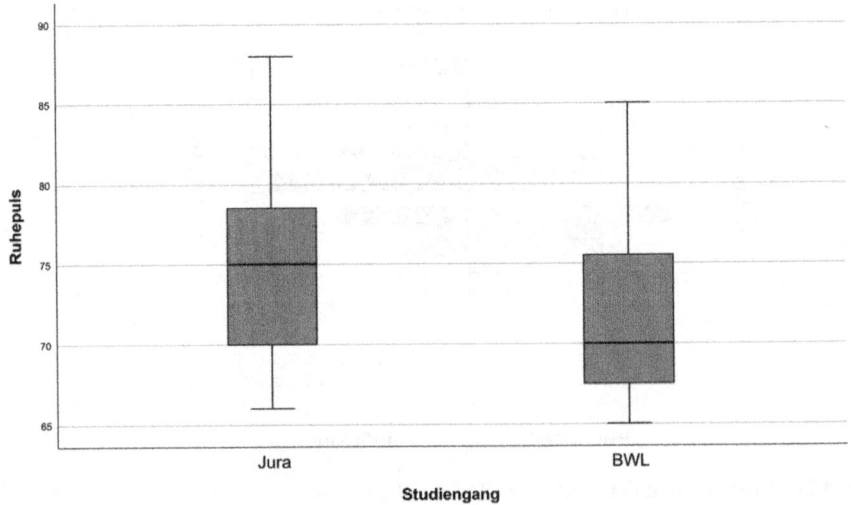

Abb. 4.77 Box-and-Whisker-Plots nach Studiengang

Dies wäre ein mittlerer Effekt, was die optische Analyse unterstreicht. Es sollte daher über eine Testwiederholung mit höherer Stichprobe nachgedacht werden.

▶ **Ergebnisbericht** Heidrun formuliert folgendes Ergebnis in ihrer Arbeit:
„Es konnte kein signifikanter Unterschied hinsichtlich Ruhepuls nach Studiengang festgestellt werden (zweiseitiger Test, p = 0,143). Allerdings konnte ein mittlerer Effekt beobachtet werden."

4.3.3.4.9 Wilcoxon-Test für 2 abhängige Stichproben

Der *Wilcoxon-Test für 2 abhängige Stichproben* ist ein nicht-parametrisches und damit verteilungsunabhängiges Ersatzverfahren für den Differenzen-t-Test, also für zwei *abhängige* Stichproben. Hier reicht bereits Ordinalskalenniveau der abhängigen Variablen. Dabei wird überprüft, ob zwei Verteilungen der entsprechenden Grundgesamtheiten in ihrer mittleren Lage übereinstimmen.

Eine typische Fragestellung in der Betriebswirtschaftslehre wäre beispielsweise, ob sich die Bewertungen eines Unternehmens durch (potenzielle) Kunden vor und nach einem Tag der offenen Tür bzw. einem vergleichbaren Event verändert, im besten Falle natürlich verbessert haben. Hierbei handelt es sich um eine Vorher-/Nachher-Messung bei den gleichen Personen, daher sprechen wir wieder von abhängigen bzw. gepaarten Stichproben.

Beispiel

Die Brauerei Häberle möchte erstmalig einen „Tag der gläsernen Brauerei" veranstalten. Neben einer Führung durch die Brauerei sollen die Gäste auch verschiedene Brauereierzeugnisse verkosten können sowie mit Mitarbeitern der Brauerei ins Gespräch kommen. Um den Erfolg zu messen, befragt der Student Clemens im Rahmen seiner Projektarbeit 20 zufällig ausgewählte Besucherinnen und Besucher beim Betreten des Geländes nach ihrer Gesamtzufriedenheit mit der Brauerei Häberle (gemessen auf einer Skala von „1 = sehr gut" bis „6 = ungenügend"). Danach bittet er sie, beim Verlassen des Geländes nochmals bei ihm am Tor vorbeizukommen. Zu diesem späteren Zeitpunkt werden die Personen dann ein zweites Mal zu ihrer Zufriedenheit befragt. Der Brauereiinhaber Häberle sen. hofft, dass durch den Besuch der Veranstaltung die Zufriedenheit mit der Brauerei gesteigert werden konnte und es somit lohnenswert erscheint, den „Tag der gläsernen Brauerei" auch zukünftig einmal jährlich durchzuführen. Allerdings erwägt er auch die Möglichkeit, dass sich die Zufriedenheit durch irgendwelche Faktoren verschlechtern könnte (z. B. durch eine durch das Sudhaus huschende Maus). Die Daten entnehmen wir dem Datensatz *Brauerei.sav*. ◀

Da die Stichprobe mit 20 Personen recht klein ist und auch Zweifel an einer Normalverteilung bestehen, beschließt Clemens nach sorgfältiger Durchsicht seiner Vorlesungsunterlagen zur Statistik, einen nicht parametrischen Test durchzuführen, in diesem Fall den Wilcoxon-Test für 2 abhängige Stichproben.

Der Hypothese des Firmenchefs, dass die Veranstaltung zu einer Veränderung der Zufriedenheit führt, steht folgende H_0 entgegen: „Es gibt keine Unterschiede der Zufriedenheit vor und nach dem Besuch der Veranstaltung."

Wir haben bei Verwendung von SPSS erneut die Wahl zwischen zwei verschiedenen Vorgehensweisen:

Analysieren -> Nicht parametrische Tests -> Klassische Dialogfelder -> Zwei verbundene Stichproben

Auf diesem Weg gelangen wir zu einer Dialogbox ähnlich der in Abb. 4.58, in der wir lediglich die beiden Variablen „Zufriedenheit vor Event" und „Zufriedenheit nach Event" als Testpaar definieren müssen (vgl. Abb. 4.78 ❶). Standardmäßig wird der Wilcoxon-Test bereits vorgeschlagen (❷), sodass wir nur noch mit „OK" bestätigen müssen.

Die Ergebnisse zeigt Abb. 4.79. In der Spalte ❶ finden sich die Häufigkeiten „Negativer Ränge" (hier war der Zufriedenheitswert nach dem Event kleiner – also auf der Notenskala *besser* – als zuvor), „Positiver Ränge" (hier hat sich der Zufriedenheitswert also verschlechtert, da die Note danach größer war) sowie der „Bindungen" (hier blieb die Bewertung unverändert). In der unteren Tabelle finden wir den p-Wert für einen zweiseitigen

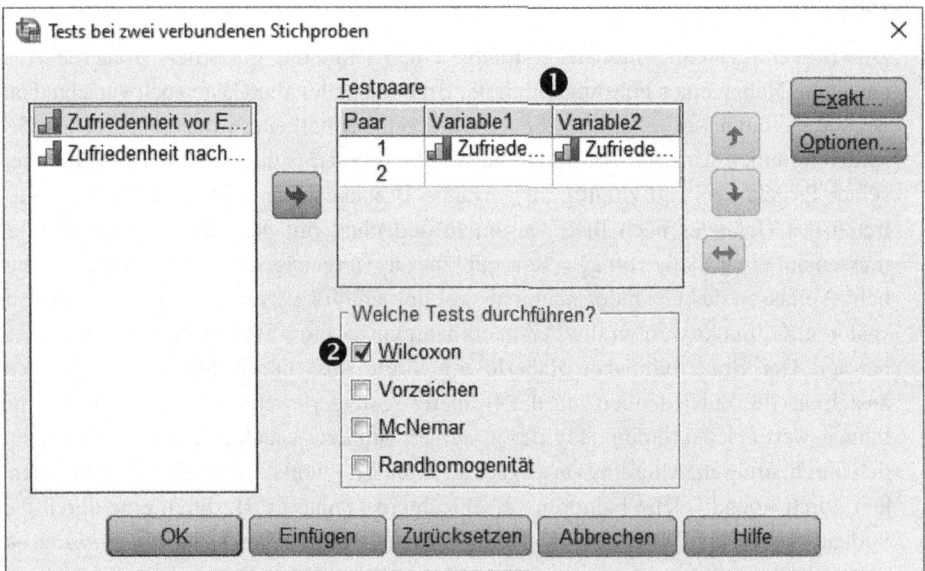

Abb. 4.78 Dialogbox „Test bei verbundenen Stichproben"

4.3 Induktive Statistik

Ränge

		N ❶	Mittlerer Rang	Rangsumme
Zufriedenheit nach Event - Zufriedenheit vor Event	Negative Ränge	7[a]	4,79	33,50
	Positive Ränge	1[b]	2,50	2,50
	Bindungen	12[c]		
	Gesamt	20		

a. Zufriedenheit nach Event < Zufriedenheit vor Event
b. Zufriedenheit nach Event > Zufriedenheit vor Event
c. Zufriedenheit nach Event = Zufriedenheit vor Event

Teststatistiken[a]

	Zufriedenheit nach Event - Zufriedenheit vor Event
Z	-2,226[b]
Asymp. Sig. (2-seitig)	0,026 ❷

a. Wilcoxon-Test
b. Basiert auf positiven Rängen.

Abb. 4.79 Ergebnisse Wilkoxon-Test (über klassische Dialogfelder)

Test, der mit 0,026 kleiner als 0,05 ist (❷). Der Event hat also zu einer signifikanten Veränderung der Zufriedenheit mit der Brauerei Häberle geführt. Die Veränderung ist aufgrund der überwiegend negativen Ränge als Erhöhung der Zufriedenheit interpretierbar.

Alternativ können wir folgende Klickreihenfolge abarbeiten:

Analysieren -> Nicht parametrische Tests -> Verbundene Stichproben ...

Wir gelangen zur inzwischen schon vertrauten Dialogbox in Abb. 4.80. Unter „Felder" (❶) wählen wir wieder „Zufriedenheit vor Event" und „Zufriedenheit nach Event" als „Testvariablen" aus (❷). (Für wen die auffällige, aber eigentlich unnötige Warnung oben rechts gedacht ist, erschließt sich hier nicht). Nach dem Wechsel zum Reiter „Einstellungen" klicken wir auf „Test anpassen" (❸) und setzen einen Haken bei „Wilcoxon-Test mit zugeordneten Paaren (2 Stichproben)" (❹). Anschließend starten wir die Auswertung über „Ausführen" (❺). Die Ergebnisse sind in Abb. 4.81 dargestellt.

In der ersten Tabelle finden wir die (zweiseitig formulierte) Nullhypothese, dass es keine Unterschiede in den Bewertungen vor und nach dem Event gibt (❶). Der uns aus dem zuvor begangenen Weg bereits bekannte p-Wert von 0,026 steht in Spalte ❷. Daraus folgt die Interpretation, dass die H_0 abgelehnt werden kann (❸). Dieser p-Wert findet sich neben einigen andere Kenngrößen auch nochmals in der nachstehenden Tabelle (❹). Schließlich verdeutlicht die Balkengrafik unser Ergebnis von links nach rechts gelesen op-

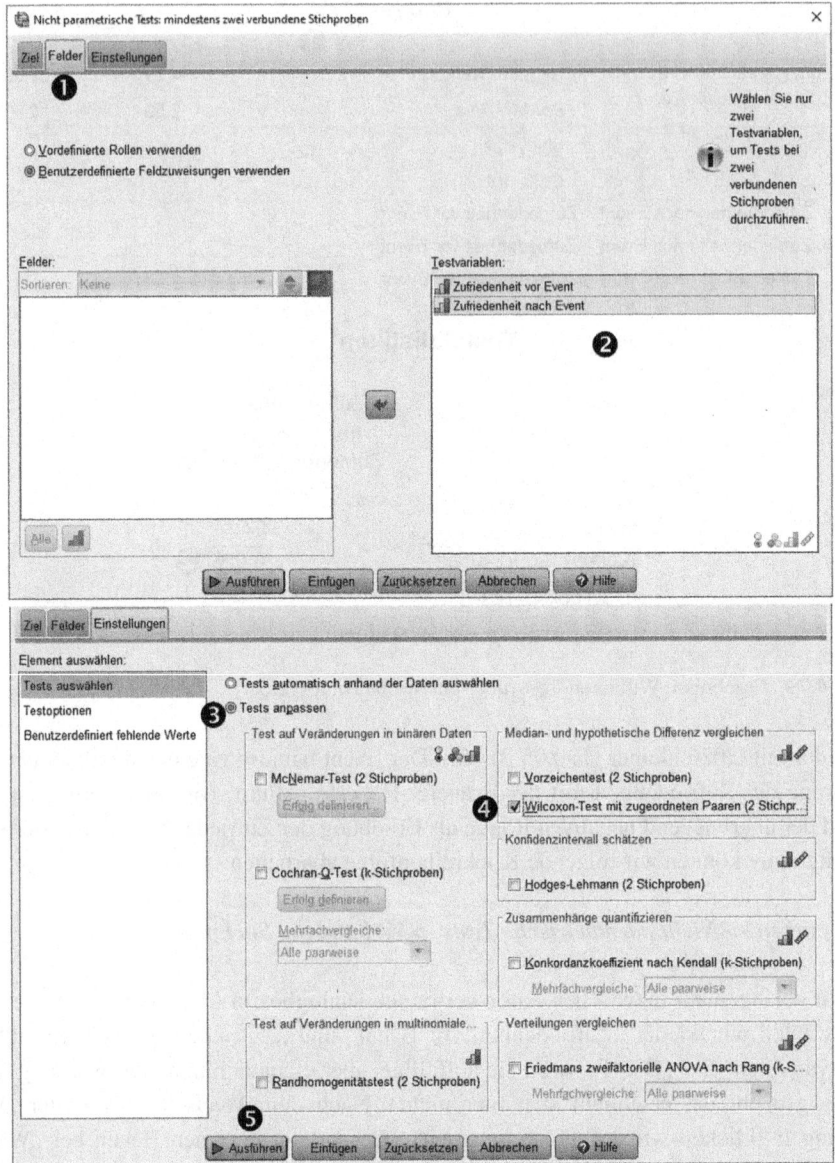

Abb. 4.80 Dialogbox „Nicht parametrische Tests mindestens zwei verbundene Stichproben"

tisch: Vier Personen gaben danach eine um zwei Skalenwerte bessere Note an (erster Balken „-2 = Negative Differenz"), drei Personen eine um einen Skalenwert bessere Note („-1 = Negative Differenz"), zwölf Personen änderten ihre Note nicht („0 = Bindungen") und nur eine Person gab eine um einen Skalenwert schlechtere Note nach dem Besuch ab

4.3 Induktive Statistik

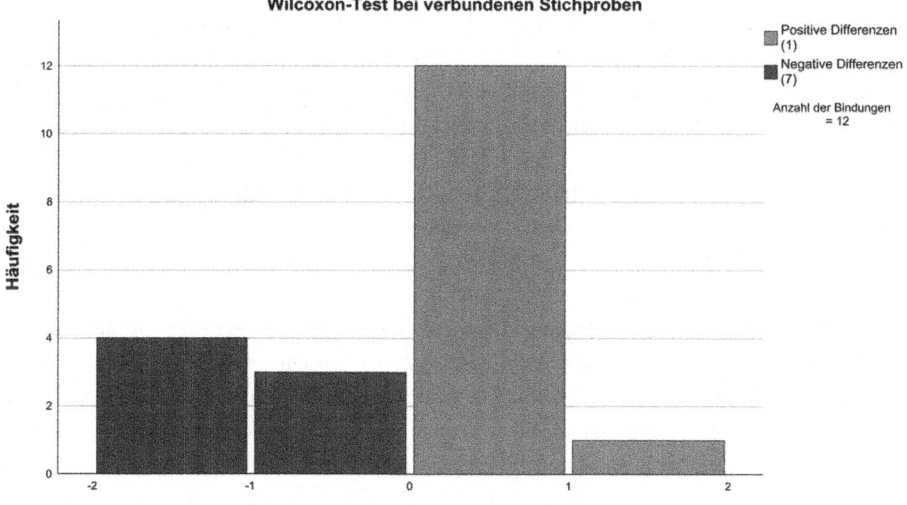

Abb. 4.81 Ergebnisse Wilkoxon-Test

(„+ 1 = Positive Differenz"). Die negativen Differenzen überwiegen also deutlich, was bei einer Notenskala eine tendenzielle Verbesserung bedeutet.

Schließlich können wir wieder den Korrelationskoeffizienten als Effektgröße bestimmen. Er ergibt sich als

$$r = \left|\frac{-2,226}{\sqrt{20}}\right| = 0,498$$

und liegt dabei an der Schwelle zu einem mittleren Effekt.

▷ **Ergebnisbericht** Clemens kann nun folgendes berichten:
„Es konnte eine signifikante Erhöhung der Zufriedenheit festgestellt werden (zweiseitige Fragestellung, p = 0,026). Dabei konnte ein annähernd mittlerer Effekt (r = 0,498) beobachtet werden."

4.3.3.4.10 Kruskal-Wallis-Test

> Der *Kruskal-Wallis-Test* (auch *Kruskal-Wallis-H-Test*) ist ein nicht-parametrisches und damit verteilungsunabhängiges Ersatzverfahren für die einfaktorielle Varianzanalyse auf Basis von Rängen. Daher reicht bereits Ordinalskalenniveau der abhängigen Variablen. Dabei wird überprüft, ob drei (oder mehr) Verteilungen der entsprechenden Grundgesamtheiten in ihrer mittleren Lage übereinstimmen.

Der Kruskal-Wallis-Test ist v. a. dann sinnvoll einsetzbar, wenn die typischen Anwendungsvoraussetzungen nicht erfüllt sind (Normalverteilung und metrische Variable), jedoch bei Betrachtung von drei Gruppen zumindest eine Stichprobe von n > 8 je Gruppe bzw. bei mehr als drei Gruppen n > 5 je Gruppe vorliegt (vgl. Janssen und Laatz 2017, S. 666). Grundsätzlich kann er auch bereits für zwei Gruppen eingesetzt werden, hier sollte allerdings auf den für diesen Fall konzipierten Mann-Whitney-U-Test (vgl. Abschn. 4.3.3.4.8) zurückgegriffen werden. Die Ergebnisse sind identisch.

Beispiel

In der Fakultät BWL taucht die Frage auf, wie viele Minuten ihre Studierenden pro Woche in der Bibliothek verbringen und ob es zudem Unterschiede zwischen Personen unterschiedlicher Studiendauer gibt. Daher werden je 10 Personen aus den ersten vier Semestern danach gefragt, wie viele Minuten sie durchschnittlich pro Woche in der Hochschulbibliothek verbringen. Die Ergebnisse finden sich im Datensatz *Bibliothek.sav*. ◀

Die Vermutung der Hochschulleitung lautet, dass es hinsichtlich der Besuchszeit Unterschiede über die Semester hinweg gibt. Die Nullhypothese unterstellt somit *keine* Unterschiede in der Besuchsdauer.

Die Stichprobengröße beträgt je Gruppe zehn Studierende, die zudem voneinander unabhängig sind. Damit erfüllen wir die wesentlichen Anwendungsvoraussetzungen für den Kruskal-Wallis-Test. Wir klicken nacheinander auf:

Analysieren -> Nicht parametrische Tests -> Unabhängige Stichproben ...

Wir gelangen in unser vertrautes Menü (vgl. Abb. 4.82). Dort legen wir im Reiter „Felder" (❶) die Variable „Besuchsdauer je Woche in Minuten" als „Testvariable" fest (❷)

4.3 Induktive Statistik

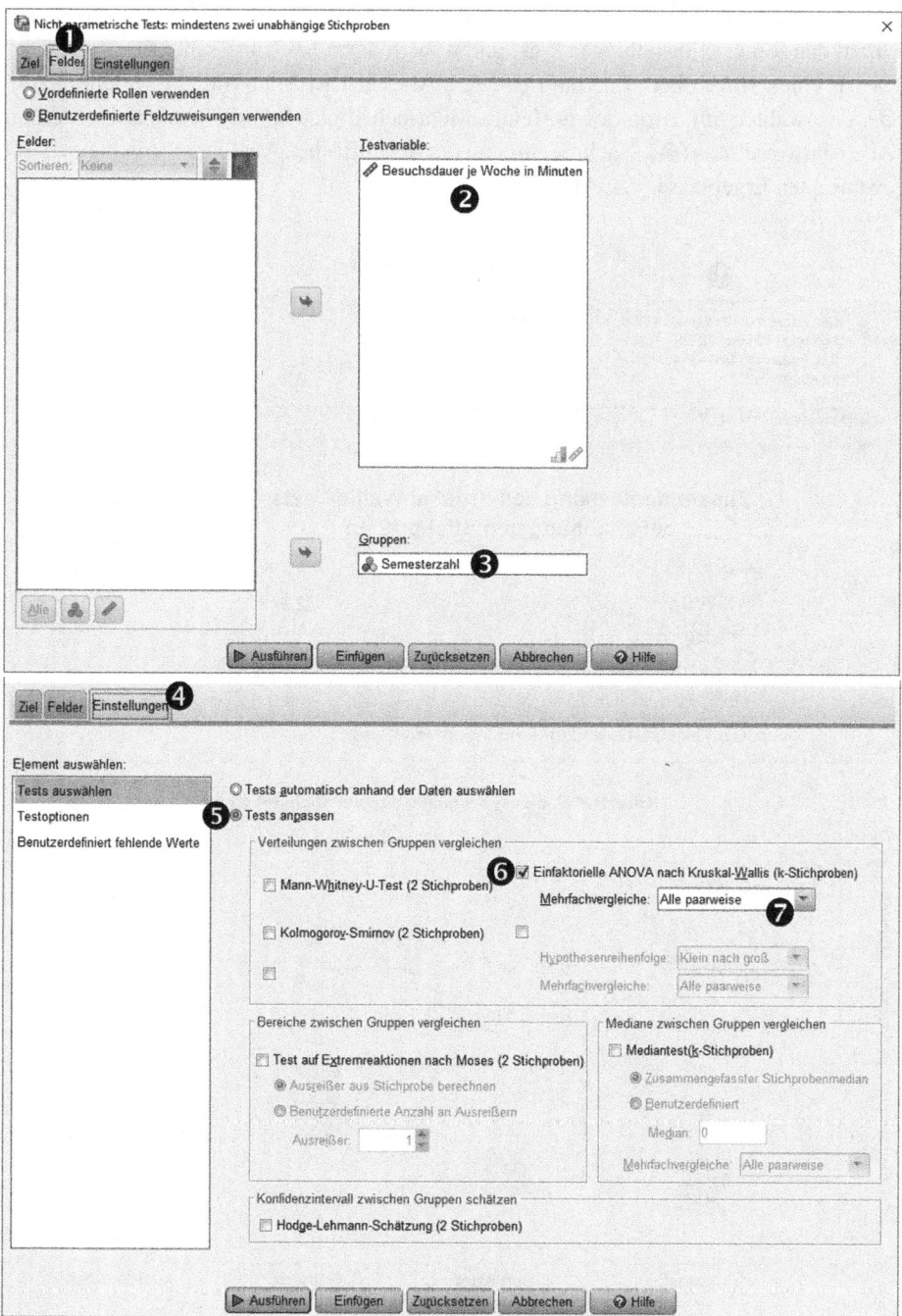

Abb. 4.82 Dialogbox „Nicht parametrische Tests: mindestens zwei unabhängige Stichproben"

und verschieben die Variable „Semesterzahl" in das Feld „Gruppen:" (❸). Danach klicken wir auf den Reiter „Einstellungen" (❹) und wählen dort „Test anpassen" (❺). Zuletzt setzen wir einen Haken bei „Einfaktorielle ANOVA nach Kruskal-Wallis (k-Stichproben)" (❻) und wählen im Drop-down-Menü „Mehrfachvergleiche" die Standardeinstellung „Alle paarweise" aus (❼). Nach Betätigung der Schaltfläche „Ausführen" erhalten wir die gewünschten Ergebnisse (vgl. Abb. 4.83).

Hypothesentestübersicht

	❶ Nullhypothese	Test	Sig.[a,b] ❷	❸ Entscheidung
1	Die Verteilung von Besuchsdauer je Woche in Minuten ist über die Kategorien von Semesterzahl identisch.	Kruskal-Wallis-Test bei unabhängigen Stichproben	<,001	Nullhypothese ablehnen

a. Das Signifikanzniveau ist ,050.
b. Asymptotische Signifikanz wird angezeigt.

Zusammenfassung des Kruskal-Wallis-Tests bei unabhängigen Stichproben

Gesamtzahl	40
Teststatistik	22,996[a]
Freiheitsgrad	3
Asymptotische Sig. (zweiseitiger Test)	<,001 ❹

a. Die Teststatistik wird für Bindungen angepasst.

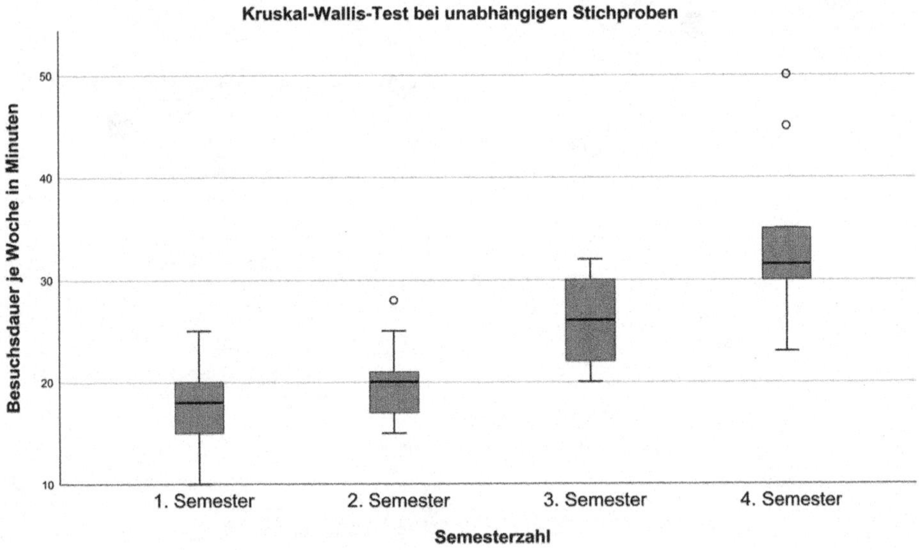

Abb. 4.83 Ergebnisse Kruskal-Wallis-Test

4.3 Induktive Statistik

Betrachten wir dort die Ergebnisse zunächst einmal grafisch in Form der präsentierten Box-and-Whisker-Plots. Wir erkennen, dass mit zunehmender Semesterzahl die Besuchslänge tendenziell ansteigt. Auch die einzelnen Mediane (erkennbar als horizontale Linie innerhalb der Box) sind unterschiedlich. Im zweiten und vierten Semester finden sich zudem einige Ausreißer nach oben. Der Verdacht, dass die Besuchsdauer der Bibliothek von der Studiendauer (gemessen in Fachsemester) abhängt, erhärtet sich also.

Nun schauen wir in der oberen Tabelle auf den eigentlichen Test. Die zugrunde liegende Nullhypothese, die „Es gibt keine Unterschiede zwischen den Gruppen" lautet (❶), können wir aufgrund von p < 0,001 (❷) zurückweisen, was in Spalte ❸ nochmals explizit formuliert ist. Der identische p-Wert taucht zudem nochmals in der nachstehenden Tabelle auf (❹). Nun haben wir – wie auch bei der einfaktoriellen Varianzanalyse – das Problem, dass wir zwar irgendwelche signifikanten Unterschiede gefunden haben, zwischen welchen Gruppen diese jedoch relevant sind, müssen wir mittels der zuvor angeforderten paarweisen Vergleiche überprüfen. Diese finden sich in Abb. 4.84.

In der Spalte ❶ sehen wir die relevanten p-Werte für die jeweiligen Paarvergleiche (hier wiederum inklusive einer – in der Fußnote a. erwähnten – Bonferroni-Korrektur). In der ersten Zeile steht z. B. der Wert für den Vergleich „1. Semester-2. Semester". Er ist mit 1,000 deutlich größer als 0,05, somit existiert kein signifikanter Unterschied zwischen Personen aus diesen beiden Semestern. Diese Vermutung hätte man auch bei der Betrachtung des Box-and-Whisker-Plots haben können. Ebenfalls nicht signifikant sind die Unterschiede zwischen dem 2. und 3. Semester (p = 0,162) sowie zwischen dem 3. und 4. Semester (p = 0,928). Hingegen liefern sämtliche anderen Paarvergleiche signifikante Werte. Zusammenfassend kann man somit erkennen, dass die Besuchszeiten in der Bibliothek tendenziell mit zunehmender Studiendauer ansteigen. Die Sprünge vom einen in das nächste Semester sind dabei jedoch nicht signifikant. Erst wenn man ein Semester überspringt (also z. B. das 1. mit dem 3. Semester vergleicht), kann man signifikante Unterschiede erkennen. Dies wird in der unteren Grafik auch nochmals veranschaulicht. Dort finden wir zudem an jedem Knotenpunkt den durchschnittlichen Rang der einzelnen Semester (❷). Je höher das Semester, desto höher ist auch dieser, was optisch wiederum mit dem Box-and-Whisker-Plot harmoniert.

Schließlich können wir noch eine Aussage über die Effektstärke treffen. Hier berechnen wir erneut, diesen Mal für jede Paarung, den Korrelationskoeffizient r:

$$r = \left| \frac{z}{\sqrt{n}} \right|$$

Dabei ist z die für den jeweiligen Paarvergleich in Abb. 4.84 ausgewiesene Standardteststatistik (❸) und n die Anzahl der Probanden, hier je Gruppe 10, insgesamt also 20 Personen je Paarvergleich. Daraus ergeben sich folgende Werte:

Paarweise Vergleiche von Semesterzahl

Sample 1-Sample 2	Teststatistik	Std.-Fehler	Standardteststatistik ❸	Sig.	Anp. Sig.[a] ❶
1. Semester-2. Semester	-3,000	5,199	-0,577	0,564	1,000
1. Semester-3. Semester	-14,500	5,199	-2,789	0,005	0,032
1. Semester-4. Semester	-21,900	5,199	-4,212	<,001	0,000
2. Semester-3. Semester	-11,500	5,199	-2,212	0,027	0,162
2. Semester-4. Semester	-18,900	5,199	-3,635	<,001	0,002
3. Semester-4. Semester	-7,400	5,199	-1,423	0,155	0,928

Jede Zeile prüft die Nullhypothese, dass die Verteilungen in Stichprobe 1 und Stichprobe 2 gleich sind.
Asymptotische Signifikanzen (2-seitige Tests) werden angezeigt. Das Signifikanzniveau ist ,050.

a. Signifikanzwerte werden von der Bonferroni-Korrektur für mehrere Tests angepasst.

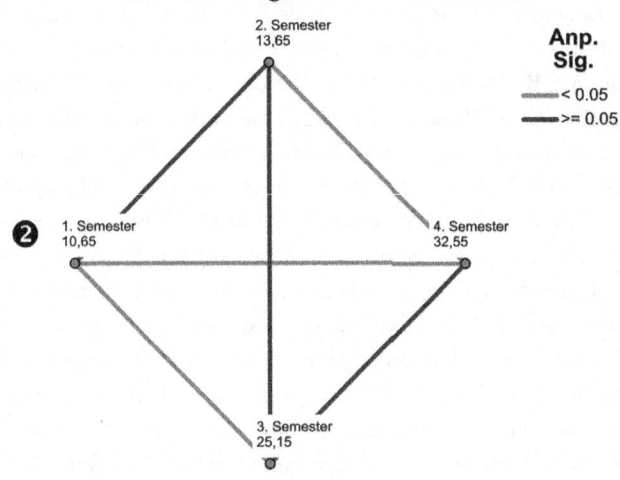

Abb. 4.84 Paarweise Vergleiche

$$1.\ vs.\ 2.\ Semester: r = \left|\frac{-0{,}577}{\sqrt{20}}\right| = 0{,}129$$

$$1.\ vs.\ 3.\ Semester: r = \left|\frac{-2{,}789}{\sqrt{20}}\right| = 0{,}624$$

$$1.\ vs.\ 4.\ Semester: r = \left|\frac{-4{,}212}{\sqrt{20}}\right| = 0{,}942$$

$$2.\ vs.\ 3.\ Semester: r = \left|\frac{-2{,}212}{\sqrt{20}}\right| = 0{,}495$$

$$2.\ vs.\ 4.\ Semester: r = \left|\frac{-3{,}635}{\sqrt{20}}\right| = 0{,}813$$

$$3.\ vs.\ 4.\ Semester: r = \left|\frac{-1{,}423}{\sqrt{20}}\right| = 0{,}318$$

Somit liegen bei allen zuvor als signifikant eingestuften Paarvergleichen (kursiv hervorgehoben) starke Effekte vor. Insbesondere die Diskrepanz zwischen dem 1. und dem 4. Semester ist besonders deutlich, was auch plausibel erscheint. Zwischen dem 1. und 2. Semester kann lediglich ein kleiner, zwischen 2. und 3. sowie zwischen 3. und 4. Semester jeweils ein mittlerer Effekt festgestellt werden.

Alternativer Weg in SPSS
Alternativ hätten wir den Kruskal-Wallis-Test auch über die alten Dialogfelder anfordern können: *Analysieren -> Nicht parametrische Tests -> Klassische Dialogfelder -> K unabhängige Stichproben ...*
Dort würden wir die Besuchsdauer als Testvariable sowie die Semesterzahl als Gruppierungsvariable festlegen und noch die zugehörige Spannweite (1 bis 4) definieren. Der Kruskal-Wallis-H-Test ist bereits voreingestellt. Wir erhalten dann jedoch lediglich die mittleren Ränge sowie den p-Wert. Da dieser hier kleiner als 0,001 ist, müssen wir nun noch die Einzelvergleiche anfordern, daher lohnt es sich, hier gleich die zuvor gezeigte Vorgehensweise zu verwenden, die die Einzelvergleiche bereits beinhaltet.
Die Verwendung dieses Wegs ist jedoch dann nötig, wenn die Voraussetzungen für die Mindeststichprobengröße nicht gegeben sind. In diesem Fall kann im Untermenü „Exakt ..." ein exakter Test angefordert werden (Standardeinstellung ist auch dort zunächst „Nur asymptotisch"). Bei typischen Anwendungen beispielsweise in der BWL (z. B. im Rahmen von Zufriedenheitsstudien) sollte man aber von ausreichend hohen Stichproben ausgehen können, die einen asymptotischen Test ermöglichen.

▶ **Ergebnisbericht** Wir halten als Ergebnis somit beispielsweise folgendes fest:
„Es kann ein signifikanter Unterschied aufgrund unterschiedlicher Studiendauer festgestellt werden (zweiseitiger Test, p < 0,001). Jedoch treten signifikante Unterschiede nur zwischen Studierenden auf, die mindestens zwei Semester trennt. Bei all diesen Unterschieden handelt es sich um starke Effekte."

4.3.3.4.11 Friedman-Test

> Der *Friedman-Test* ist ein nicht-parametrisches und damit verteilungsunabhängiges Ersatzverfahren für die einfaktorielle Varianzanalyse mit Messwiederholungen auf der Basis von Rangziffern. Daher reicht bereits Ordinalskalenniveau der abhängigen Variablen. Dabei wird überprüft, ob drei (oder mehr) Verteilungen der entsprechenden Grundgesamtheiten in ihrer mittleren Lage übereinstimmen.

Der Friedman-Test findet Anwendung, wenn drei oder mehr verbundene Gruppen miteinander verglichen werden sollen. Dies ist z. B. der Fall, wenn man den Ruhepuls einer zunächst untrainierten Person misst und diese Messung dann monatlich wiederholt, nachdem die Person sich in einem Fitness-Studio angemeldet hat. Oder aber eine Gruppe Studierender nimmt an einer neuartigen Online-Schulung teil, wobei in regelmäßigen Abständen die Erfolge über standardisierte Tests erhoben werden. Es handelt sich inhaltlich quasi um eine Erweiterung des Differenzen-t-Tests bei Vorher-Nachher-Messungen um weitere Perioden, allerdings in Form eines nicht-parametrischen, also verteilungsfreien Tests.

Beispiel

Da die Erstsemesterklausuren in Mathematik Grund zur Besorgnis geben, wird ein zeitlich vorgeschalteter Mathematik-Vorkurs angeboten. Die zehn Teilnehmer absolvieren dabei zu Beginn (t_0) einen Online-Test, bei dem maximal 100 Punkte zu erreichen sind. Danach bearbeiten sie im folgenden Monat eine Reihe von Modulen im Selbststudium. Anschließend erfolgt zum Zeitpunkt t_1 ein weiterer Test, der den erhofften Lernfortschritt eruieren soll. Danach findet eine Bearbeitung weiterer Module statt, was nach einem weiteren Monat (t_2) in einem abschließenden Test mündet. Die Hoffnung aller Beteiligten ist, dass der Mathematik-Vorkurs dahingehend erfolgreich war, als dass sich die Ergebnisse im Zeitablauf verbessert haben. Die jeweiligen Punktzahlen der zehn Personen zu den drei Zeitpunkten finden sich in der Datei *Klausurtraining.sav*. ◄

Im Beispiel haben wir es mit mehr als zwei verbundenen Stichproben zu tun. Aufgrund der kleinen Stichprobe verwenden wir vorsichtshalber den Friedman-Test. Wir klicken hierfür nacheinander auf:

Analysieren -> Nicht parametrische Tests -> Verbundene Stichproben ...

Wir gelangen ein letztes Mal in das bekannte Menü (vgl. Abb. 4.85). Wir wählen zunächst wieder den Reiter „Felder" (❶) und schieben die drei zur Verfügung stehenden Variablen „Start", „Nach 1 Monat" und „Nach 2 Monaten" in das Feld „Testvariablen:" (❷). Anschließend wechseln wir zum Reiter „Einstellungen" (❸), klicken dort auf „Tests an-

4.3 Induktive Statistik

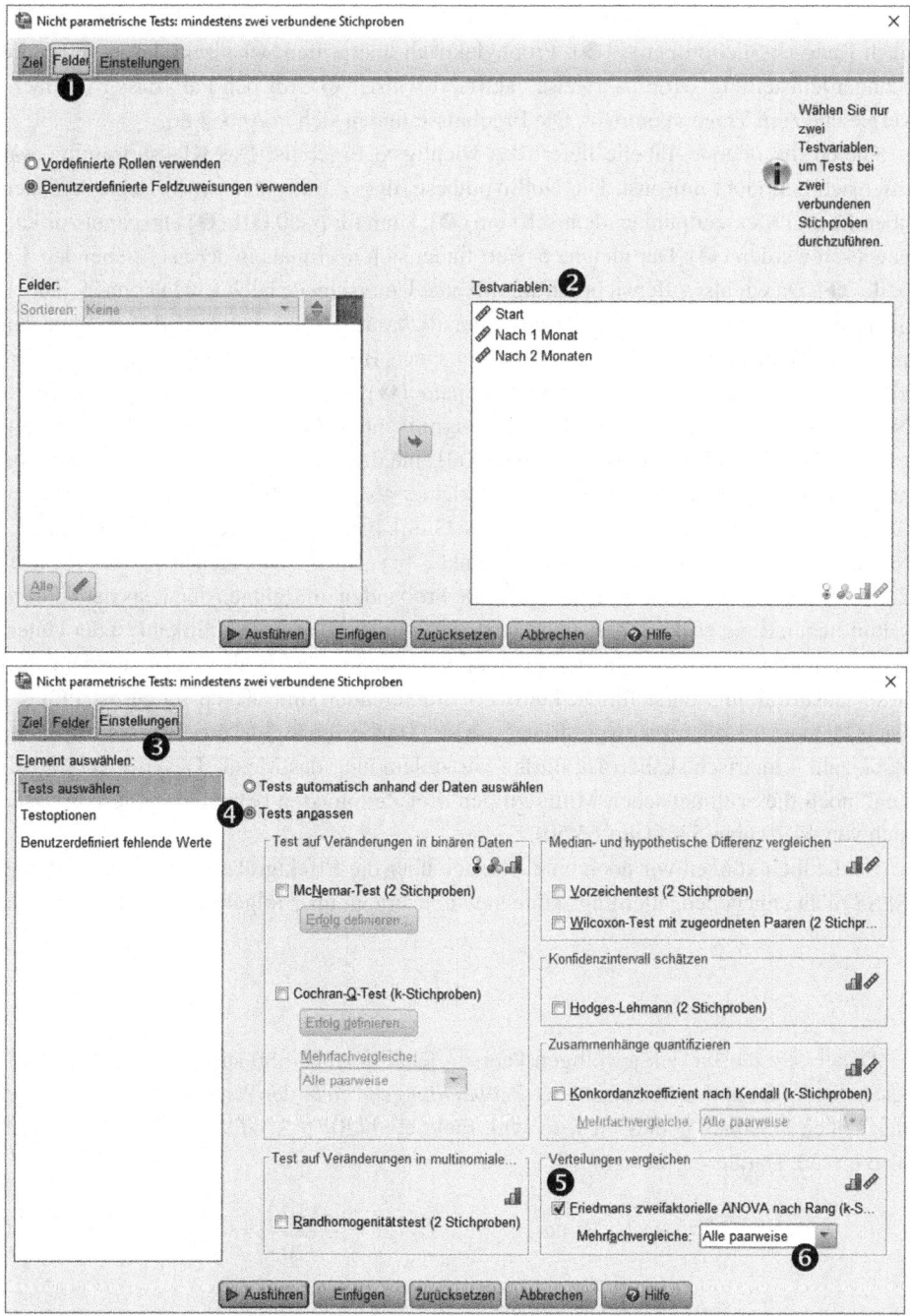

Abb. 4.85 Dialogbox „Nicht parametrische Tests: mindestens zwei verbundene Stichproben"

passen" (❹) und wählen schließlich unten rechts „Friedmans zweifaktorielle ANOVA nach Rang (k-Stichproben)" (❺). Prophylaktisch überprüfen wir direkt darunter, ob die Standardeinstellung „Alle paarweise" aktiviert wurde (❻), für den Fall, dass Mehrfachvergleiche zum Tragen kommen. Die Ergebnisse finden sich in Abb. 4.86.

Gleich die oberste Tabelle liefert das wichtigste Ergebnis: Das Klausurtraining war offensichtlich nicht umsonst. Die Nullhypothese, dass die Ergebnisse der zehn Personen über die drei Messzeitpunkte identisch sind (❶), kann für $p < 0{,}001$ (❷) entspannt zurückgewiesen werden (❸). Der gleiche p-Wert findet sich nochmals in der nachstehenden Tabelle (❹). Da wir also offensichtlich signifikante Unterschiede beobachten können, jedoch noch nicht wissen, ob die Veränderung monatlich auftrat oder nur irgendwann über den gesamten Betrachtungszeitraum, werfen wir einen Blick in die Tabelle „Paarweise Vergleiche". Ihr entnehmen wir in der letzten Spalte (❺), dass lediglich der Vergleich „Start-Nach 2 Monaten" mit $p = 0{,}000$ statistisch signifikant ausfällt. (Auffällig ist hier die Ausgabe des Werts 0,000 anstatt wie üblich $< 0{,}001$; inhaltlich ändert sich an der Interpretation natürlich nichts, der Wert ist in jedem Fall kleiner als 0,05; SPSS liefert durch Anklicken 0,000170982348699). Die darunter stehende Grafik beinhaltet schließlich noch die mittleren Ränge, die sich von „Start" zum Zeitpunkt t_0 bis „Nach 2 Monaten" (t_2) von 1,10 über 2,00 auf 2,90 erhöhen, was andeutet, dass die Probanden im Rahmen der Tests dem durchschnittlichen Rang nach im Zeitablauf immer besser abschnitten. Signifikant ist der Unterschied allerdings nur zwischen den Zeitpunkten t_0 und t_2, was ja aber das eigentliche Ziel des Klausurtrainings darstellt. Die künftigen Studierenden sind also besser gerüstet für das Fach Mathematik als noch zwei Monate zuvor. (Da die abhängige Variable – die erreichte Punktzahl – metrisch skaliert ist, dürfen wir zudem über das Menü „Deskriptive Statistiken" noch die arithmetischen Mittel zu den drei Zeitpunkten betrachten: Diese erhöhen sich von 44,70 über 53,80 auf 63,50).

Schließlich können wir noch eine Aussage über die Effektgröße treffen. Sie wird von SPSS nicht angegeben, allerdings können wir sie erneut über folgende Formel berechnen:

$$r = \left| \frac{z}{\sqrt{n}} \right|$$

Dabei ist z die für den jeweiligen Paarvergleich in Abb. 4.86 ausgewiesene Standardteststatistik (❻) und n die Anzahl der *Beobachtungen* (*nicht* der Personen, da zweimal bei den selben Personen gemessen wird (vgl. Field et al. 2012, S. 673), bei 10 Personen gilt also $n = 20$. Daraus ergibt sich:

$$\text{Start - Nach 1 Monat}: \quad r = \left| \frac{-2{,}012}{\sqrt{20}} \right| = 0{,}450$$

$$\textit{Start - Nach 2 Monaten}: \quad r = \left| \frac{-4{,}025}{\sqrt{20}} \right| = 0{,}900$$

$$\text{Nach 1 Monat - Nach 2 Monaten}: \quad r = \left| \frac{-2{,}012}{\sqrt{20}} \right| = 0{,}450$$

4.3 Induktive Statistik

Hypothesentestübersicht

	Nullhypothese	Test	Sig.[a,b] ❷	Entscheidung ❸
1	Die Verteilungen von Start, Nach 1 Monat und Nach 2 Monaten sind identisch.	Zweifaktorielle Varianzanalyse für Ränge nach Friedman bei verbundenen Stichproben	<,001 ❶	Nullhypothese ablehnen

a. Das Signifikanzniveau ist ,050.
b. Asymptotische Signifikanz wird angezeigt.

Zusammenfassung der zweifaktoriellen Varianzanalyse für Ränge nach Friedman bei verbundenen Stichproben

Gesamtzahl	10
Teststatistik	16,200
Freiheitsgrad	2
Asymptotische Sig. (zweiseitiger Test)	<,001 ❹

Paarweise Vergleiche

Sample 1-Sample 2	Teststatistik	Std.-Fehler	Standardteststatistik ❻	Sig.	Anp. Sig.[a] ❺
Start-Nach 1 Monat	-0,900	0,447	-2,012	0,044	0,133
Start-Nach 2 Monaten	-1,800	0,447	-4,025	<,001	0,000
Nach 1 Monat-Nach 2 Monaten	-0,900	0,447	-2,012	0,044	0,133

Jede Zeile prüft die Nullhypothese, dass die Verteilungen in Stichprobe 1 und Stichprobe 2 gleich sind. Asymptotische Signifikanzen (2-seitige Tests) werden angezeigt. Das Signifikanzniveau ist ,050.

a. Signifikanzwerte werden von der Bonferroni-Korrektur für mehrere Tests angepasst.

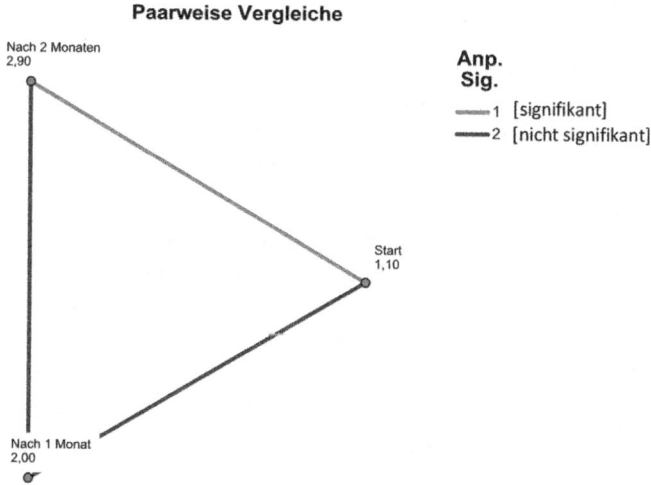

Abb. 4.86 Ergebnisse Friedman-Test

Danach können wir beim signifikanten Unterschied der beiden Gruppen „Start" und „Nach 2 Monaten" von einem starken Effekt ausgehen. Das Klausurtraining scheint also sehr zielführend zu sein. Bei den beiden anderen Gruppen liegt ein schwacher Effekt vor, der sich aber beide Male der Grenze zum mittleren Effekt nähert.

Alternative Vorgehensweise in SPSS
Alternativ hätten wir den Friedman-Test wiederum auch über die alten Dialogfelder anfordern können: *Analysieren -> Nicht parametrische Tests -> Klassische Dialogfelder -> K verbundene Stichproben …*
Dort würden wir die drei Variablen (t_0, t_1, t_2) als Testvariable festlegen. Der Friedman-Test ist bereits voreingestellt. Wir erhalten auch hier lediglich die mittleren Ränge sowie den p-Wert. Da dieser kleiner als 0,001 ist, müssen wir nun noch zusätzlich die Einzelvergleiche anfordern, daher lohnt es sich auch hier, gleich die zuvor gezeigte Vorgehensweise zu verwenden.

▶ **Ergebnisbericht** Der Dozent könnte somit der Verwaltung mit folgender Begründung eine Institutionalisierung des Klausurtrainings vorschlagen:
„Es konnten signifikant bessere Noten durch das Klausurtraining erreicht werden (p < 0,001), wobei nur der Vergleich zwischen Trainingsbeginn und Klausur selbst signifikant ist (p = 0,000). Dort liegt ein starker Effekt vor (r = 0,9)."

4.4 Ausgewählte Bi- und Multivariate Verfahren

4.4.1 Zusammenhangsanalyse

4.4.1.1 Überblick

In den vorausgegangenen Abschnitten standen *Unterschiede* im Vordergrund. Der Fokus lag dabei insbesondere darauf herauszufinden, ob es signifikante Unterschiede zwischen einzelnen Gruppen gab. So wurde beispielsweise untersucht, ob es hinsichtlich der Kaufhäufigkeit von LKWs („Leberkäswecken") darauf ankommt, aus welcher Region die Käufer stammen. Wir haben daher zunächst geprüft, ob es *überhaupt* Unterschiede gibt.

Eine quasi gegensätzliche Betrachtungsweise liegt den *Zusammenhangsmaßen* zugrunde. Hier geht es eben nicht um Unterschiede an sich, sondern um die Stärke möglicher *Zusammenhänge* zwischen zwei oder mehr Variablen. So ist z. B. die Hypothese naheliegend, dass es einen starken (negativen) Zusammenhang zwischen dem Preis eines Produktes und der nachgefragten Menge gibt. Oder man könnte einen (positiven) Zusammenhang zwischen den Klausurnoten einer bestimmten Person in Mathematik und Statistik vermuten.

Im Folgenden werden verschiedene Zusammenhangsmaße vorgestellt, die je nach Skalenniveau der betrachteten Variablen zum Einsatz kommen. In Abb. 4.87 findet sich ein Überblick über gebräuchliche Koeffizienten für Zusammenhänge zwischen zwei Variablen. Darüber hinaus existiert für verschiedene Sonderfälle eine Vielzahl weiterer Zusam-

4.4 Ausgewählte Bi- und Multivariate Verfahren

X \ Y	metrisch	ordinal	nominal
metrisch	Korrelationskoeffizient nach Bravais-Pearson		
ordinal		Rangkorrelationskoeffizient nach Spearman	
nominal			Cramers V, Kontingenzkoeffizient C

Abb. 4.87 Überblick über typische Zusammenhangsmaße

menhangsmaße, die auch in SPSS implementiert sind. So kann beispielsweise für den Zusammenhang von nominalen und metrischen Variablen der eta-Koeffizient herangezogen werden (vgl. z. B. Janssen und Laatz 2017, S. 268 f.).

Für zwei metrische Variablen können wir den Korrelationskoeffizienten nach Bravais-Pearson heranziehen. Ist mindestens eine Variable nur ordinal skaliert, greifen wir z. B. auf den Rangkorrelationskoeffizienten nach Spearman zurück. Ist hingegen mindestens eine Variable lediglich nominal skaliert, kommt u. a. der Kontingenzkoeffizient C in Betracht. Sind die Variablen nicht metrisch, spricht man auch von *kategorialen Variablen*, da diese bereits in natürliche Kategorien, wie z. B. Geschlecht oder Wohnort, eingeteilt sind. Wird der Zusammenhang einer metrischen mit einer nicht-metrischen Variablen untersucht, wird die metrische Variable zunächst künstlich in Kategorien eingeteilt. Aus der metrischen Variablen „Einkommen in €" wird dann z. B. die ordinale/kategoriale Variable „Einkommensklasse" mit Ausprägungen wie „unter 1000 €", „1000 bis unter 2000 €" usw.

4.4.1.2 Korrelationskoeffizient nach Bravais-Pearson

▶ **Korrelationskoeffizient nach Bravais-Pearson** Der *Korrelationskoeffizient nach Bravais-Pearson* (auch Produkt-Moment-Korrelationskoeffizient) eignet sich für die Überprüfung auf *lineare Zusammenhänge* zwischen zwei metrisch skalierten Variablen und wird üblicherweise mit r bezeichnet. Er errechnet sich aus dem Quotient der Kovarianz zweier Variabler X und Y sowie deren individuellen Standardabweichungen:

$$r = \frac{\frac{1}{n}\sum(x_i - \bar{x})(y_i - \bar{y})}{\sqrt{\frac{1}{n}\sum(x_i - \bar{x})^2}\sqrt{\frac{1}{n}\sum(y_i - \bar{y})^2}} = \frac{\text{cov}_{xy}}{s_x \cdot s_y}$$

r ist dabei definiert im Wertebereich $-1 \leq r \leq +1$.

Liegen zwei metrische Variablen vor, kann der Korrelationskoeffizient nach Bravais-Pearson als Zusammenhangsmaß herangezogen werden. Voraussetzung ist, dass die Daten einen tendenziell *linearen* Zusammenhang aufweisen. Hierzu bietet es sich an, zuvor von SPSS ein Streudiagramm zeichnen zu lassen. Der Korrelationskoeffizient kann Werte zwischen − 1 und + 1 annehmen. Dabei bedeutet r = 0, dass kein Zusammenhang vorliegt, wohingegen + 1 einen perfekt positiven und − 1 einen perfekt negativen Zusammenhang repräsentieren. Mit anderen Worten: Der Absolutbetrag von r gibt die *Stärke* des Zusammenhangs an (mit $0 \leq |r| \leq 1$), das Vorzeichen hingegen dessen *Richtung*.

Beispiel

Der Veranstalter der Messe „Tiny Home" vermutet einen linearen Zusammenhang zwischen dem Eintrittspreis und der Besucherzahl, d. h. je niedriger der Ticketpreis, desto mehr Besucher erwartet er. Um dies zu überprüfen, bittet er seinen dualen Studenten Jens im Rahmen dessen Projektarbeit um Überprüfung seiner Vermutung. In der Datei *Tiny Home.sav* findet dieser u. a. die Besucherzahlen sowie die Ticketpreise der vergangenen zehn Messen. ◄

Zunächst lassen wir uns ein Streudiagramm der Ticketpreise und der Besucherzahlen erstellen, um die Daten auf einen tendenziell linearen Zusammenhang zu überprüfen. Dazu klicken wir auf:

Grafik -> Streu-/Punktdiagramm ... -> [Einfaches Streudiagramm] -> [Definieren]

Wir gelangen zu der in Abb. 4.88 dargestellten Dialogbox. Dort verschieben wir „Besucherzahl [Besucher]" in das Feld „Y-Achse" (❶) sowie „Ticketpreis [Preis]" in das Feld „X-Achse" (❷). Nach Bestätigen mit „OK" erhalten wir das in Abb. 4.89 dargestellte Ergebnis.

Wenn wir das Streudiagramm betrachten, können wir einen recht deutlich linear fallenden Trend erkennen. Daher können wir ruhigen Gewissens den gewünschten Korrelationskoeffizienten anfordern. Wir erhalten ihn über die Klickreihenfolge:

Analysieren -> Korrelation -> Bivariat ...

In der sich öffnenden Dialogbox „Bivariate Korrelationen" (Abb. 4.90) verschieben wir die beiden interessierenden Variablen „Besucherzahl [Besucher]" und „Ticketpreis [Preis]" in das Feld „Variablen" (❶). Der von uns gewünschte Korrelationskoeffizient „Pearson" ist bereits voreingestellt (❷), sodass wir nur noch mit „OK" bestätigen müssen. Das Ergebnis finden wir in Abb. 4.91.

Der Korrelationskoeffizient beträgt r = − 0,885 (❶), es handelt sich also um den vermuteten stark negativen Zusammenhang zwischen Ticketpreis und Besucherzahl. Dieser ist zudem signifikant von Null verschieden (❷), laut Fußnote sogar für α = 0,01. (Die Werte erscheinen aufgrund der spiegelbildlichen Betrachtung in der Tabelle doppelt, was

4.4 Ausgewählte Bi- und Multivariate Verfahren

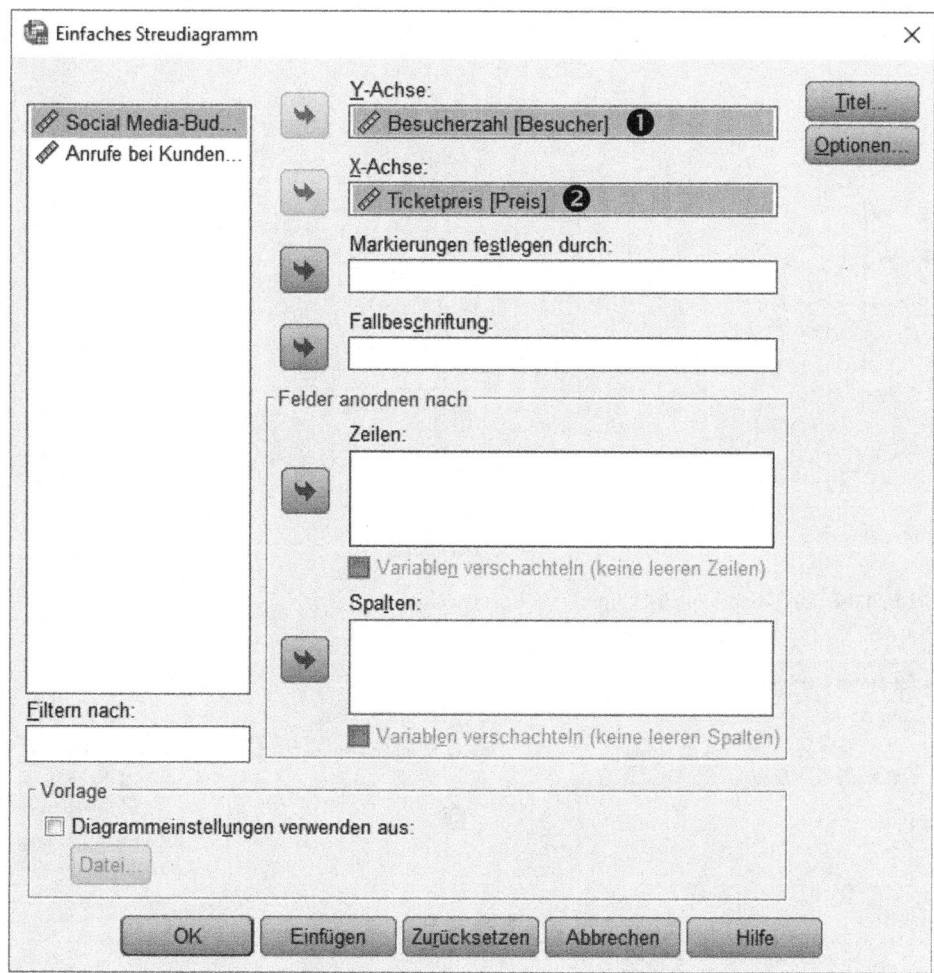

Abb. 4.88 Dialogbox „Einfaches Streudiagramm"

wir bei Bedarf in der Dialogbox (Abb. 4.90) durch Setzen eines Hakens bei „Nur das untere Dreieck anzeigen" (❸) vermeiden können).

Der Korrelationskoeffizient r ist gleichsam bereits eine *Effektgröße*, da sein Betrag zwischen 0 und 1 definiert ist. Wir haben die Richtgrößen (vgl. Cohen 1988, S. 79 ff.) bereits an früherer Stelle kennengelernt, wiederholen sie hier aber nochmals mit Betragsstrichen. Es gilt:

$$0{,}1 \leq |r| < 0{,}3: \quad \text{Schwacher Effekt}$$
$$0{,}3 \leq |r| < 0{,}5: \quad \text{Mittlerer Effekt}$$
$$|r| \geq 0{,}5: \quad \text{Starker Effekt}$$

Es handelt sich bei unserem signifikanten Ergebnis von r = − 0,885 also zudem um einen starken Effekt, was man anhand des Streudiagramms bereits vermuten durfte.

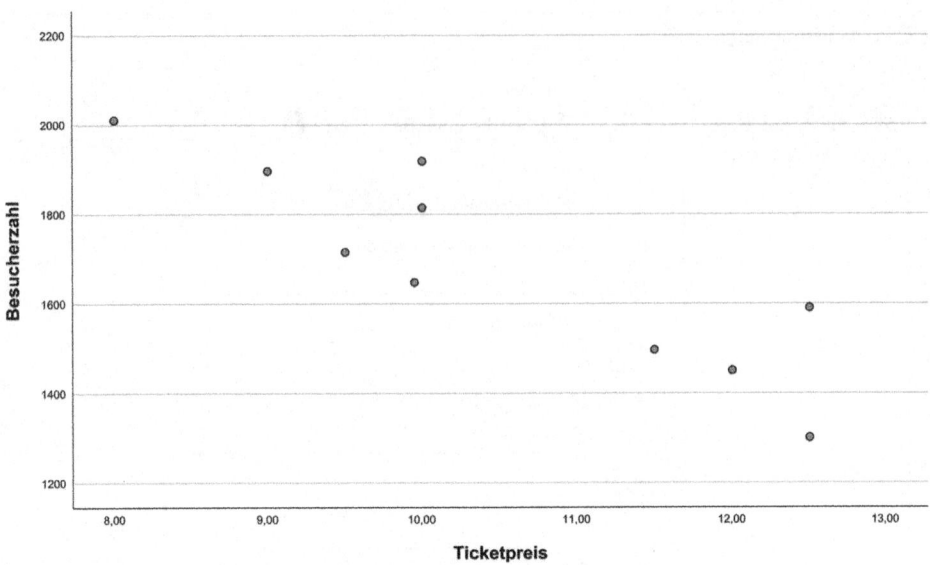

Abb. 4.89 Streudiagramm Ticketpreis vs. Besucherzahl

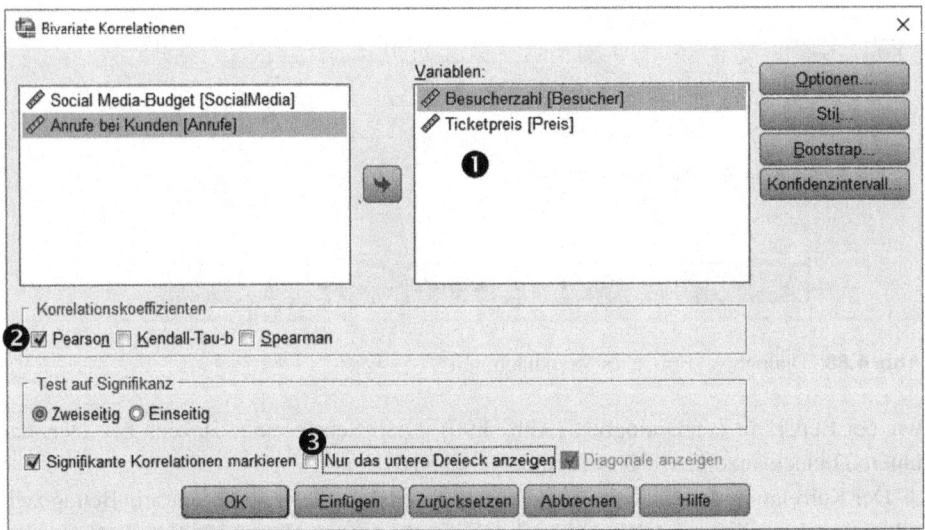

Abb. 4.90 Dialogbox „Bivariate Korrelationen"

Kausalität und Scheinkorrelation

Bei der Betrachtung von Zusammenhängen müssen wir deutlich zwischen *Korrelation* und *Kausalität* unterscheiden. Die *Korrelation* sagt uns nur, dass ein gewisser statistischer Zusammenhang zwischen zwei Variablen vorliegt. Ob dieser jedoch auch *kausal* ist, müssen wir durch Vorab-Überlegungen überprüfen. In unserem Beispiel erscheint es logisch, dass ein geringerer Ticketpreis zu mehr Besuchern führt (und umgekehrt). Der daraufhin ermittelte Zusammenhang ist also signifikant und augenscheinlich auch kausal. Streng genommen wissen wir in der Praxis allerdings nicht,

4.4 Ausgewählte Bi- und Multivariate Verfahren

Korrelationen

		Besucherzahl	Ticketpreis
Besucherzahl	Pearson-Korrelation	1	❶ -,885**
	Sig. (2-seitig)		❷ 0,001
	N	10	10
Ticketpreis	Pearson-Korrelation	-,885**	1
	Sig. (2-seitig)	0,001	
	N	10	10

**. Die Korrelation ist auf dem Niveau von 0,01 (2-seitig) signifikant.

Abb. 4.91 Korrelationskoeffizient nach Bravais-Pearson

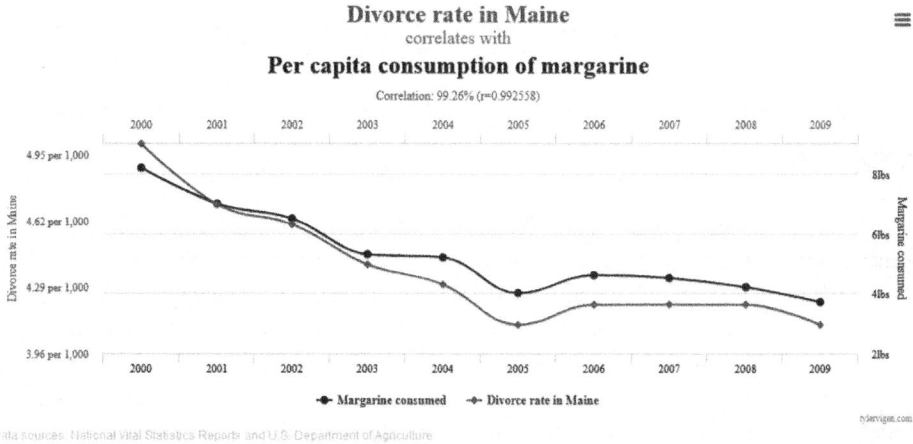

Abb. 4.92 Scheinkorrelation. (Quelle: https://www.tylervigen.com/spurious-correlations, Stand: 15.08.2024)

ob der Preis wirklich einen Einfluss hat. Es kann auch sein, dass andere Variablen, wie z. B. das Wetter, ursächlich für die Schwankungen bei den Besucherzahlen verantwortlich sind. Aufgrund logischer Überlegungen zweifeln wir jedoch nicht am Einfluss des Preises, insbesondere dann nicht, wenn zukünftige Preisänderungen abermals die Besucherzahl in die erwartete Richtung verschieben.

Ganz anders verhält es sich bei sogenannten *Scheinkorrelationen*, die mehr oder weniger offensichtlich sind. Man könnte z. B. den Wortschatz von Kindern mit ihrer Körpergröße korrelieren und würde vermutlich eine hohe positive Korrelation feststellen. Dabei handelt es sich allerdings um keine direkte Kausalität, denn weshalb sollte die Körpergröße den Wortschatz beeinflussen? Tatsächlich steckt im Hintergrund die latente Variable „Alter", die sowohl mit der Körpergröße als auch mit dem zunehmenden Wortschatz durch langjähriges Lernen positiv korreliert ist (vgl. Fahrmeir et al. 2016, S. 141 f.).

Sehr anschauliche Beispiele für völlig absurde und damit offensichtliche Scheinkorrelationen finden sich auf der Seite https://www.tylervigen.com/spurious-correlations von Tyler Vigen, der schlicht aus Spaß verschiedene Datensätze einer Korrelationsanalyse unterzog und dabei auf die abenteuerlichsten Scheinkorrelationen gestoßen ist. So ermittelte er beispielsweise r = 0,9926 für die Korrelation zwischen der Scheidungsrate in Maine sowie dem Pro-Kopf-Verbrauch an Margarine (Abb. 4.92). Man darf wohl ohne Expertenwissen von einer Scheinkorrelation ausgehen.

4.4.1.3 Rangkorrelationskoeffizient nach Spearman

▶ **Rangkorrelationskoeffizient nach Spearman** Der *Rangkorrelationskoeffizient nach Spearman* eignet sich für die Überprüfung auf monotone Beziehungen zwischen zwei mindestens ordinal skalierten Variablen. Liegt lediglich Ordinalskalierung vor, so können die bisher verwendete Kovarianz sowie die Standardabweichungen nicht berechnet werden, da diese jeweils metrisches Skalenniveau voraussetzen. Daher verwendet der Spearmansche Rangkorrelationskoeffizient Ränge ($R(x_i)$ bzw. $R(y_i)$) anstatt der eigentlichen Merkmalsausprägungen x_i bzw. y_i. Somit ergibt sich:

$$r_S = \frac{\frac{1}{n}\sum\left(R(x_i) - \overline{R(x)}\right)\left(R(y_i) - \overline{R(y)}\right)}{\sqrt{\frac{1}{n}\sum\left(R(x_i) - \overline{R(x)}\right)^2}\sqrt{\frac{1}{n}\sum\left(R(y_i) - \overline{R(y)}\right)^2}}$$

r_s ist dabei wiederum definiert im Wertebereich $-1 \leq r \leq +1$. Weiterhin gilt:

$$\overline{R(x)} = \overline{R(y)} = (n+1)/2$$

Sofern die betrachteten Variablen lediglich ordinalskaliert sind, kann u. a. der Spearmansche Rangkorrelationskoeffizient herangezogen werden. Da er aufgrund der Verwendung von Rängen unempfindlich bezüglich Ausreißern ist, kann er in solchen Fällen auch für metrisch skalierte Variablen herangezogen werden. Hierzu werden die metrischen Ausprägungen durch Rangzahlen ersetzt, aus den Ausgangswerten (20, 40, 30, 100) werden dann z. B. die Ränge (4, 2, 3, 1) Wesentlich ist, dass es sich um monotone Beziehungen handelt, was wir wiederum vorab mit einem Streudiagramm überprüfen können.

> **Beispiel**
>
> Es soll überprüft werden, ob die Note in der Mathematikklausur mit der individuellen Vorbereitungszeit in Verbindung gebracht werden kann. Die Vermutung steht im Raum, dass die Note mit zunehmendem Lernaufwand (in Stunden) besser wird. Dazu werden bei zehn zufällig ausgewählten Studierenden deren Mathematiknote sowie die individuelle Vorbereitungszeit erhoben. Die Daten finden sich in der Datei *Matheklausur.sav* ◀

Zunächst lassen wir uns wieder ein Streudiagramm zeichnen. Wir gehen analog wie in Abb. 4.88 vor, dabei verschieben wir die Mathematiknote in das Feld „Y-Achse" und den Lernaufwand in das Feld „X-Achse". Wir erhalten das in Abb. 4.93 dargestellt Streudiagramm.

Man erkennt eine gewisse Tendenz, nämlich, dass sich mit zunehmendem Lernaufwand die Note in Mathematik verbessert. Dies überprüfen wir nun anhand des Rangkorrelationskoeffizienten nach Spearman. Dabei interpretieren wir den Lernaufwand ebenfalls als nur ordinal. Hierzu öffnen wir die entsprechende Dialogbox (Abb. 4.94) über

4.4 Ausgewählte Bi- und Multivariate Verfahren

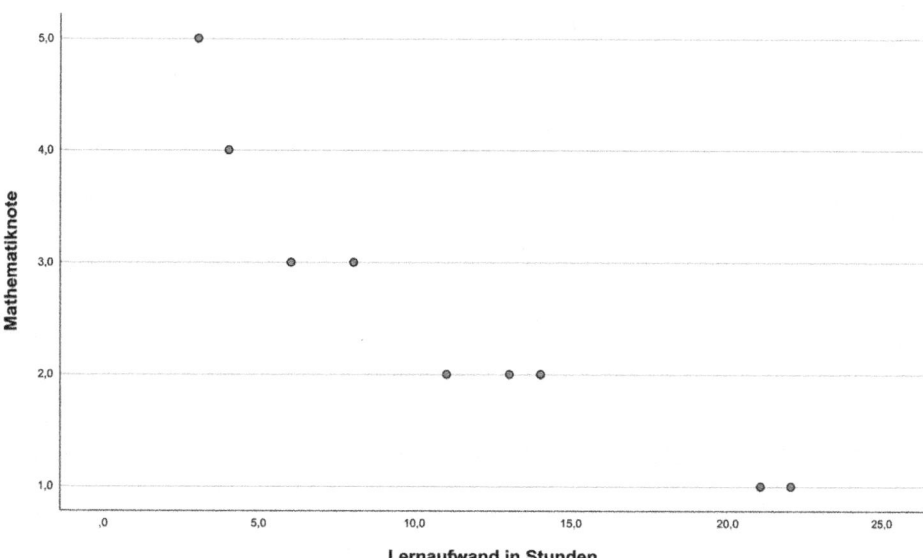

Abb. 4.93 Streudiagramm Mathematiknote vs. Lernaufwand (in Stunden)

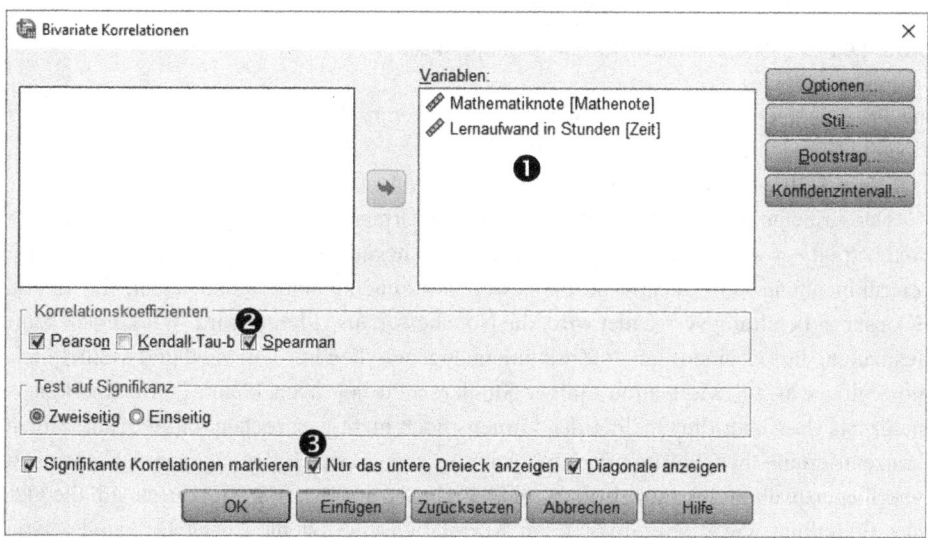

Abb. 4.94 Dialogbox „Bivariate Korrelationen"

Analysieren -> Korrelation -> Bivariat ...

und wählen zunächst die beiden zur Verfügung stehenden Variablen aus (❶). Danach setzen wir einen Haken bei „Spearman" (❷). Den standardmäßig gesetzten Haken bei „Pearson" könnten wir jetzt entfernen, wir lassen ihn hier aber zu Vergleichszwecken zu-

Korrelationen

		Mathematiknote	Lernaufwand in Stunden
Mathematiknote	Pearson-Korrelation	--	
	N	10	
Lernaufwand in Stunden	Pearson-Korrelation	❸ -,935**	--
	Sig. (2-seitig)	<,001	
	N	10	10

**. Die Korrelation ist auf dem Niveau von 0,01 (2-seitig) signifikant.

Korrelationen

			Mathematiknote	Lernaufwand in Stunden
Spearman-Rho	Mathematiknote	Korrelationskoeffizient	--	
		Sig. (2-seitig)		
		N	10	
	Lernaufwand in Stunden	Korrelationskoeffizient	❶ -,966**	--
		Sig. (2-seitig)	❷ <,001	
		N	10	10

**. Die Korrelation ist auf dem 0,01 Niveau signifikant (zweiseitig).

Abb. 4.95 Rangkorrelationskoeffizient nach Spearman

nächst stehen. Dieses Mal setzen wir zudem zur Veranschaulichung noch einen Haken bei „Nur das untere Dreieck anzeigen" (❸).

Wir bestätigen mit „OK" und erhalten das in Abb. 4.95 dargestellte Ergebnis.

Der gesuchte Korrelationskoeffizient nach Spearman findet sich in der unteren Tabelle und beträgt $r_s = -0{,}966$ (❶). Damit liegt ein stark negativer (und zudem signifikanter (❷)) Zusammenhang vor. Negativ deshalb, weil mit zunehmender Stundenzahl, die für die Klausurvorbereitung verwendet wird, die Note besser, also kleiner wird. Wir können somit festhalten, dass es einen starken Zusammenhang zwischen Lernaufwand und Mathematiknote gibt, was zur Motivation einiger Studierenden beitragen könnte. (Anzumerken ist natürlich, dass über die Qualität des Lernens noch nicht gesprochen wurde: Eine Stunde konzentrierten Übens dürfte effizienter sein als zwei Stunden den eigenen Aufschrieb zu überfliegen, während immer ein Auge auf das Handy schielt). Als Effektgröße gilt die gleiche Einteilung wie schon zuvor beim Korrelationskoeffizienten nach Bravais-Pearson, somit können wir von einem starken Effekt sprechen.

Betrachten wir – nur zu Vergleichszwecken – auch noch den Korrelationskoeffizienten nach Bravais-Pearson in der oberen Tabelle, der $r = -0{,}935$ beträgt (❸). Seine Verwendung könnten wir zunächst dadurch rechtfertigen, als dass der Lernaufwand in Stunden eine metrische Variable darstellt und wir die Note – wie in der Praxis häufig vorzufinden – als intervallskaliert, und damit ebenfalls metrisch, interpretieren. Allerdings folgt der Verlauf der Punkteschar in Abb. 4.93 augenscheinlich keinem linearen Trend, wodurch

4.4 Ausgewählte Bi- und Multivariate Verfahren

die wesentliche Anwendungsvoraussetzung für den Korrelationskoeffizienten nach Bravais-Pearson verletzt ist. Somit liefert der Rangkorrelationskoeffizient hier den geeigneten Wert. Er deutet auf einen fast perfekten, monoton fallenden Zusammenhang zwischen den betrachteten Variablen hin.

4.4.1.4 Phi-Koeffizient, Cramers V und Kontingenzkoeffizient C

Überblick

Ist mindestens eine der betrachteten Variablen lediglich nominalskaliert, so kann zunächst nur eine Aussage über die Stärke eines Zusammenhangs (sofern er existiert) getroffen werden, nicht aber über die Richtung. SPSS bietet hierzu mehrere Zusammenhangsmaße an, u. a. die folgenden (vgl. Janssen und Laatz 2017, S. 269 f.):

1. *Phi-Koeffizient* (Φ-Koeffizient): Er ist nur für 2x2-Tabellen geeignet und berechnet sich formal als:

$$\Phi = \sqrt{\frac{\chi^2}{n}}$$

Der Wertebereich liegt bei $0 \leq \Phi \leq 1$ und ist bei 2x2-Tabellen identisch mit dem Korrelationskoeffizienten nach Bravais-Pearson.

2. *Cramers V:* Dieser Koeffizient ist auch für größere Tabellen geeignet, die zugehörige Formel lautet:

$$V = \sqrt{\frac{\chi^2}{n(k-1)}}$$

Dabei steht k für den kleineren Wert der Anzahl Spalten oder Zeilen. Cramers V kann Werte zwischen 0 und 1 annehmen.

3. *Kontingenzkoeffizient C nach Pearson:* Auch dieser Koeffizient ist für größere Tabellen geeignet:

$$C = \sqrt{\frac{\chi^2}{\chi^2 + n}}$$

Der Koeffizient C liegt im Wertebereich $0 \leq C < 1$, er kann also nicht den Wert 1 erreichen, was für die Interpretation ungeeignet ist. Daher wird er oftmals normiert, indem man ihn durch den maximalen Wert C_{max}, den C überhaupt annehmen kann, dividiert. Dieser maximale Wert berechnet sich als:

$$C_{max} = \sqrt{\frac{k-1}{k}}$$

Dabei bezeichnet k wiederum das Minimum der Anzahl an Spalten oder Zeilen. Damit gilt für den korrigierten Kontingenzkoeffizienten nach Pearson:

$$C_{korr} = \sqrt{\frac{\chi^2}{\chi^2 + n}} \cdot \sqrt{\frac{k}{k-1}} \; mit \; 0 \leq C_{korr} \leq 1$$

Insbesondere Cramers V und der (korrigierte) Kontingenzkoeffizient nach Pearson können bei vielen studentischen Fragestellungen Anwendung finden. Durch die Normierung auf das Intervall [0; 1] kann das Ergebnis analog zum Korrelationskoeffizienten nach Bravais-Pearson interpretiert werden: Je größer der Koeffizient, desto stärker der Zusammenhang.

Beispiel

Die Studentin Nicole interessiert sich in ihrer Abschlussarbeit dafür, ob es einen Zusammenhang zwischen dem präferierten Musikstil und dem Bildungsabschluss in der Altersgruppe 40 bis 60 Jahre gibt. Hierzu befragt sie 100 zufällig ausgewählte Erwachsene entsprechenden Alters auf einer Musikmesse. Dabei unterscheidet sie beim Musikstil zwischen Metal, Pop und Volksmusik, beim Bildungsabschluss zwischen Bachelor, Master und Promotion. Die Daten fasst sie im Datensatz *Musikstile.sav* zusammen. ◄

Beim Musikstil handelt es sich deutlich um eine nominal skalierte Variable, da es hier ausschließlich um den persönlichen Geschmack geht. Beim Bildungsabschluss könnte man eine Rangfolge von Bachelor über Master bis hin zur Promotion unterstellen. Man könnte allerdings auch umgekehrt argumentieren, dass ein Bachelor der „bessere" Abschluss ist, weil man danach produktiv ins Berufsleben einsteigt, während ein Masterstudent noch weitere Jahre auf Kosten der Eltern das Hochschulleben genießt. Von daher wollen wir die Abschlüsse in der Folge ebenfalls als lediglich nominal skaliert betrachten.

Der Weg zu den gesuchten Koeffizienten führt über die (bereits aus Abschn. 4.2.2.2 bekannte) Klickreihenfolge

Analysieren -> Deskriptive Statistiken -> Kreuztabellen ...

4.4 Ausgewählte Bi- und Multivariate Verfahren

zur Dialogbox „Kreuztabellen" (vgl. Abb. 4.8). Dort verschieben wir die Variable „Präferierter Musikstil" in das Feld „Zeile(n):" (❶) und die Variable „Abschluss" in das Feld „Spalten:" (❷). Danach klicken wir auf die Schaltfläche „Statistiken" (❻) und setzen in der sich öffnenden Dialogbox (vgl. Abb. 4.96) jeweils einen Haken bei „Kontingenzkoeffizient" (❶) und „Phi und Cramer-V" (❷) sowie zusätzlich noch bei „Chi-Quadrat" (❸).

Anschließend klicken wir auf „Weiter" danach auf „OK" und erhalten die in Abb. 4.97 dargestellten Ergebnisse.

Der obenstehenden Kreuztabelle (❶) entnehmen wir zunächst die bivariaten absoluten Häufigkeiten der befragten 100 Personen. So hatten beispielsweise 12 der befragten Metalheads einen Masterabschluss.

In der folgenden, mit „Symmetrische Maße" überschriebenen Tabelle finden wir die gesuchten Kontingenzkoeffizienten. Da wir eine 3x3-Tabelle vorliegen haben, betrachten wir Phi zunächst nicht weiter, da dieser Wert für 2x2-Tabellen gedacht ist. Der Wert für Cramers V wird mit 0,229 ausgegeben (❷), der Kontingenzkoeffizient mit 0,308 (❸). Letzteren Wert können wir noch händisch wie folgt in den *korrigierten* Koeffizienten umwandeln:

$$C_{korr} = C \cdot \sqrt{\frac{k}{k-1}} = 0,308 \cdot \sqrt{\frac{3}{3-1}} = 0,377$$

Allerdings kann es sein, dass dieser Zusammenhang aufgrund der stichprobenbasierten Untersuchung zufällig zustande gekommen ist. Wir überprüfen dies anhand des Wertes in

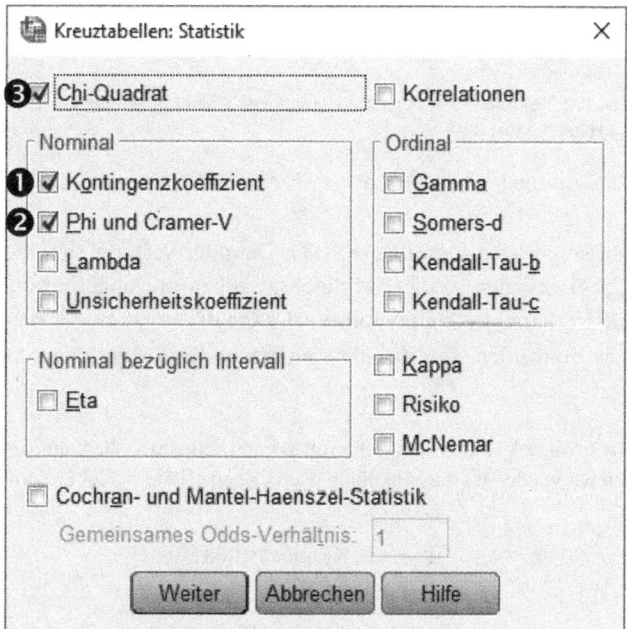

Abb. 4.96 Dialogbox „Kreuztabellen: Statistik"

Präferierter Musikstil * Abschluss Kreuztabelle

Anzahl ❶

		Abschluss			Gesamt
		Bachelor	Master	Promotion	
Präferierter Musikstil	Metal	9	12	7	28
	Pop	20	19	4	43
	Volksmusik	20	7	2	29
Gesamt		49	38	13	100

Symmetrische Maße

		Wert	Näherungsweise Signifikanz
Nominal- bzgl. Nominalmaß	Phi	❻ 0,324	0,033
	Cramer-V	❷ 0,229	0,033 ❹
	Kontingenzkoeffizient	❸ 0,308	0,033
Anzahl der gültigen Fälle		100	

Chi-Quadrat-Tests

	Wert	df	Asymptotische Signifikanz (zweiseitig)
Pearson-Chi-Quadrat	10,495ª	4	0,033 ❺
Likelihood-Quotient	10,204	4	0,037
Zusammenhang linear-mit-linear	8,665	1	0,003
Anzahl der gültigen Fälle	100		

a. 2 Zellen (22,2%) haben eine erwartete Häufigkeit kleiner 5. Die minimale erwartete Häufigkeit ist 3,64.

Abb. 4.97 Ergebnisse Kontingenzanalysen

der Spalte „Näherungsweise Signifikanz" (❹). Dahinter verbirgt sich nichts anderes als der p-Wert des χ^2-Tests, den wir zu Vergleichszwecken mit angefordert haben (❺). Da p = 0,033 < 0,05 ist, kann die Nullhypothese der Unabhängigkeit der betrachteten Variablen zurückgewiesen werden. Der Zusammenhang ist somit signifikant.

Effektgröße
Wenn wir die beiden Werte V und C als Effektgrößen interpretieren wollen, um sie besser einordnen zu können, greifen wir wieder auf die Einteilung nach Cohen (1988, S. 224 f.) zurück. Dort gilt (vgl. Abschn. 4.3.3.3):

$$\Phi = 0,1 : \text{Kleiner Effekt}$$
$$\Phi = 0,3 : \text{Mittlerer Effekt}$$
$$\Phi = 0,5 : \text{Großer Effekt}$$

4.4 Ausgewählte Bi- und Multivariate Verfahren

Dabei gelten folgende Zusammenhänge (Cohen 1988, S. 222 f.):

$$\Phi = \sqrt{\frac{C^2}{1-C^2}} = \sqrt{\frac{0,308^2}{1-0,308^2}} = 0,324$$

$$\phi = V \cdot \sqrt{k-1} = 0,229 \cdot \sqrt{3-1} = 0,324$$

Somit können wir die Effektgröße einfach über den Phi-Koeffizient interpretieren, der in Abb. 4.97 mit ausgegeben wird (❺). Mit Φ = 0,324 liegt ein mittlerer Effekt vor.

Zuletzt wäre noch zu überprüfen, in welche Richtung der Zusammenhang tendiert, denn darüber sagen die errechneten Koeffizienten aufgrund der fehlenden Rangfolge nichts aus. Dazu können wir uns neben den beobachteten auch noch die erwarteten Häufigkeiten ausgeben lassen, indem wir über die Schaltfläche „Zellen ..." (vgl. Abb. 4.42 ❹) die Dialogbox „Kreuztabellen: Zellen anzeigen" anfordern (vgl. Abb. 4.45) und dort je einen Haken bei „Erwartet" (❶) sowie bei „Spaltenanteile vergleichen" (❷) setzen. Als Ergebnis erhalten wir die in Abb. 4.98 erscheinenden Ergebnisse. Offensichtlich finden sich beispielsweise mehr promovierte Personen unter den Metalheads als erwartet (❶). Unter den Volksmusik-Fans werden hingegen relativ viele Bachelorabschlüsse registriert (❷).

4.4.2 Regressionsanalyse

4.4.2.1 Grundgedanke

Im vorigen Kapitel haben wir uns mit der Ermittlung von Zusammenhängen beschäftigt. Dabei ging es zunächst nur darum, *ob* ein Zusammenhang vorliegt und – wenn ja – wie

Präferierter Musikstil * Abschluss Kreuztabelle

			Abschluss			
			Bachelor	Master	Promotion	Gesamt
Präferierter Musikstil	Metal	Anzahl	9$_a$	12$_{a,b}$	7$_b$	28
		Erwartete Anzahl	13,7	10,6	3,6	28,0
	Pop	Anzahl	20$_a$	19$_a$	4$_a$	43
		Erwartete Anzahl	21,1	16,3	5,6	43,0
	Volksmusik	Anzahl	20$_a$	7$_b$	2$_{a,b}$	29
		Erwartete Anzahl	14,2	11,0	3,8	29,0
Gesamt		Anzahl	49	38	13	100
		Erwartete Anzahl	40,0	38,0	13,0	100,0

Jeder tiefgestellte Buchstabe gibt eine Teilmenge von Abschluss Kategorien an, deren Spaltenanteile sich auf dem ,05-Niveau nicht signifikant voneinander unterscheiden.

Abb. 4.98 Beobachtete vs. erwartete Häufigkeiten

stark er ist. Häufig interessiert man sich jedoch auch dafür, ob eine bestimmte Variable eine andere *erklärt* und somit ggf. zusätzlich deren Ausprägung vorhersagen kann. In Abschn. 4.4.1.2 hatten wir beispielsweise einen starken Zusammenhang zwischen Ticketpreis und Besucherzahl ermittelt, ausgedrückt durch r = − 0,885 (vgl. Abb. 4.91). Der Veranstalter möchte nun von Jens wissen, mit wie vielen Besuchern er rechnen kann, wenn er einen ganz bestimmten Eintrittspreis verlangt.

Grundsätzlich kann man folgende allgemeine Gleichung zur Prognose von Werten heranziehen (vgl. Field et al. 2012, S. 246):

$$\text{outcome}_i = (\text{model}) + \text{error}_i$$

Die Idee dahinter ist, dass wir ein Modell (model) benötigen, das den Zusammenhang zwischen einer abhängigen Variablen (outcome) und einer (oder mehreren) unabhängigen Variablen bestmöglich beschreibt. Da wir kaum in der Lage sein werden, alle relevanten Einflüsse abzubilden, bleibt stets noch eine gewisse Ungenauigkeit (error), da die Prognose mehr oder weniger verzerrt sein wird. Eine Möglichkeit bietet hierzu das weite Feld der Regressionsanalyse. Wir werden uns in der Folge auf die lineare Regression beschränken. Zu den anderen Verfahren sei auf die breite Spezialliteratur verwiesen.

4.4.2.2 Lineare Einfachregression

Ersetzen wir in der vorstehenden Formel „outcome" durch die abhängige Variable Y sowie „(model)" durch eine lineare Funktion und „error" durch e („Fehlerterm") so erhalten wir auf Basis einer einzigen unabhängigen Variablen:

$$Y = b_0 + b_1 X + e$$

Wir vermuten also einen linearen Zusammenhang zwischen der unabhängigen Variablen X und der abhängigen Variablen Y. Da wir uns zunächst nur auf eine erklärende Variable beschränken, werden wir jedoch in der Regel feststellen, dass wir beim Einsetzen eines empirisch bekannten X-Wertes in eine solche streng lineare Beziehung nicht exakt den (ebenfalls bekannten) Y-Wert erhalten, da es noch andere Einflussgrößen gibt, die unser Ergebnis verzerren. Diesen Einfluss korrigieren wir formal mit *e*.

> **Grundgedanke der Regressionsanalyse**
> Ziel der *einfachen, linearen Regressionsanalyse* ist die Beschreibung der *Art* des Zusammenhangs zwischen einer unabhängigen und einer abhängigen Variablen über eine Schätzgerade der Form:
>
> $$\hat{Y} = b_0 + b_1 X$$

4.4 Ausgewählte Bi- und Multivariate Verfahren

> Dabei bedeuten:
> $\hat{Y}$: Schätzwert für Y
> X : Unabhängige Variable
> b_0 : Ordinatenabschnitt
> b_1 : Steigung
>
> Die Gleichung beinhaltet wohlgemerkt nun den auf der Geraden liegenden Schätzwert $\hat{Y}$ und nicht mehr den tatsächlich beobachteten Wert Y. Dadurch entfällt der Fehlerterm e.

Wir wollen uns zunächst das Grundprinzip grafisch veranschaulichen. In Abb. 4.99 ist ein Streudiagramm für zwei Variablen X und Y dargestellt. Augenscheinlich besteht ein deutlich positiver, linearer Zusammenhang zwischen ihnen. Für eine Prognose von Y durch einen beliebigen Wert von X ist diese Punkteschar aber ungeeignet, da sie ja nur einige wenige, bereits beobachtete Punkte wiedergibt. Daher versuchen wir, deren tendenziellen Verlauf durch eine Gerade bestmöglich anzupassen. Eine solche Gerade ist in der Abbildung skizziert. Was bedeutet aber nun „bestmöglich"? Wir könnten die Gerade auch steiler einzeichnen oder parallel nach oben oder unten verschieben. Wir würden dann andere Geraden erhalten. Welche davon ist nun die „beste"? Offensichtlich brauchen wir ein Kriterium dafür, wie groß b_0 und b_1 sein müssen, denn über diese beiden Parameter (Ordinatenabschnitt und Steigung) ist die Lage einer Geraden eindeutig definiert.

Als Ansatz wählt man die „*Methode der kleinsten Quadrate*". Die Idee ist zunächst, dass man für einen bestimmten Wert x_i die Summe der Abstände zwischen dem jeweils zugehörigen, tatsächlich beobachteten Wert y_i und dem (mittels der noch unbekannte Geraden) geschätzten Wert $\hat{y}_i$ minimieren möchte. Diese Abstände bezeichnen wir als e_i, das entspricht unseren Fehlertermen (auch „Residuen" genannt). Es ist offensichtlich, dass die Gerade hierzu mitten durch die Punkteschar gelegt werden muss. Dazu minimiert man die Summe der quadrierten Abstände zwischen y_i und $\hat{y}_i$ (daher auch die Bezeichnung „Methode der kleinsten Quadrate"), sodass folgender Ansatz entsteht:

Abb. 4.99 Grundgedanke der Regressionsanalyse

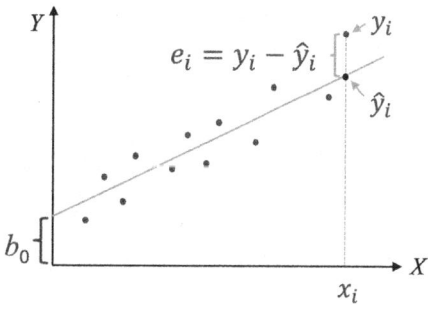

$$\sum_i e_i^2 = \sum_i (y_i - \hat{y}_i)^2 \to \min!$$

Die Werte y_i sind dabei bekannt, nicht aber die Werte $\hat{y}_i$. Daher ersetzen wir $\hat{y}_i$ durch die rechte Seite der Regressionsgeraden, nämlich $b_0 + b_1 x_1$ und erhalten:

$$\sum_i e_i^2 = \sum_i (y_i - b_0 - b_1 x_i)^2 \to \min!$$

Damit sind mit x_i und y_i jeweils numerisch bekannte Wertepaare in der Gleichung enthalten. Unbekannt sind b_0 und b_1, aber genau diese beiden Parameter sind ja gesucht. Da es sich um eine Minimierungsaufgabe handelt, leitet man nun die Gleichung partiell nach b_0 und b_1 ab, setzt beide Ergebnisse gleich Null und erhält dadurch zwei Gleichungen mit zwei Unbekannten, sodass sich die optimalen Werte für b_0 und b_1 errechnen lassen. Die beiden beeindruckenden Formeln ersparen wir uns an dieser Stelle, wir lassen hier natürlich SPSS für uns arbeiten.

Beispiel

Wir greifen unser Beispiel aus Abschn. 4.4.1.2 nochmals auf und betrachten den Zusammenhang zwischen den Ticketpreisen sowie den Besucherzahlen für die „Tiny Home", die im Datensatz *Tiny Home.sav* aufgeführt sind. Der Projektleiter vermutet einen negativ fallenden Zusammenhang, den wir zuvor mit r = − 0,885 ja bereits bestätigen konnten. Nun sucht der Student Jens eine Regressionsgerade, die die empirische Punkteschar bestmöglich charakterisiert und somit den Projektleiter in die Lage versetzt, für beliebige Preise die Besucherzahl abzuschätzen. ◄

Die Regressionsanalyse hat eine hohe Bedeutung, weswegen ihr in SPSS ein eigener Menüpunkt gewidmet ist. Wir klicken nacheinander auf:

Analysieren -> Regression -> Linear ...

Es öffnet sich die in Abb. 4.100 dargestellte Dialogbox. Dort tragen wir „Besucherzahl [Besucher]" im Feld „Abhängige Variable:" (❶) und „Ticketpreis [Preis]" im Feld „Unabhängige Variable(n):" ein (❷). Mehr brauchen wir zunächst nicht zu tun (für spätere Zwecke klicken wir aber hier bereits noch auf die Schaltfläche „Diagramme" (❸) und wählen danach „Kollinearitätsdiagnose" aus). Wir klicken auf OK und erhalten das in Abb. 4.101 dargestellte Ergebnis.

Zunächst richten wir unser Augenmerk auf die unterste Tabelle. Ihr entnehmen wir die beiden gesuchten Regressionskoeffizienten b_0 = 3057,143 (❶), hier korrekt als „(Konstante)" bezeichnet, sowie den Wert b_1 = − 130,876 (❷), der hinter dem Variablennamen „Ticketpreis" zu finden ist. Somit lautet unsere gesuchte Regressionsgerade:

4.4 Ausgewählte Bi- und Multivariate Verfahren

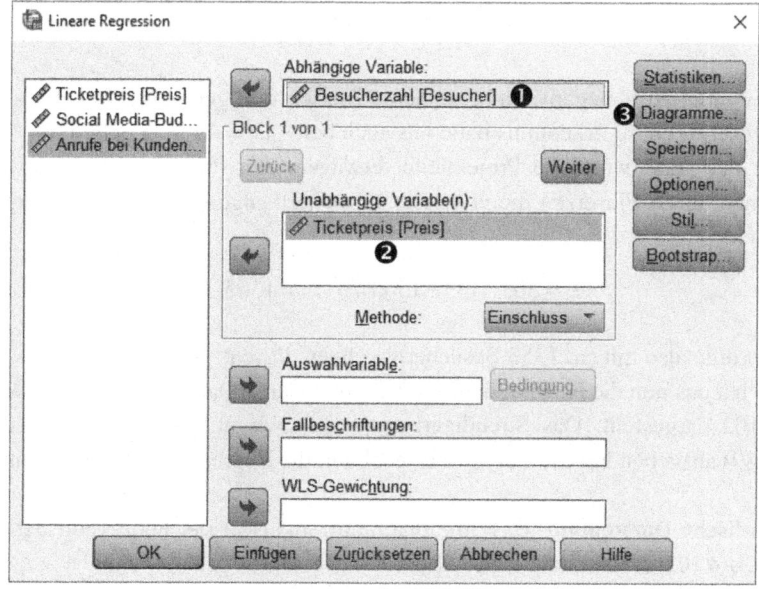

Abb. 4.100 Dialogbox „Lineare Regression"

Modellzusammenfassung

Modell	R ❼	R-Quadrat ❸	Korrigiertes R-Quadrat	Standardfehler des Schätzers
1	,885[a]	0,783	0,756	113,158

a. Einflußvariablen : (Konstante), Ticketpreis

ANOVA[a]

Modell		Quadratsumme	df	Mittel der Quadrate ❺	F ❻	Sig. ❹
1	Regression	369157,710	1	369157,710	28,830	<,001[b]
	Nicht standardisierte Residuen	102438,690	8	12804,836		
	Gesamt	471596,400	9			

a. Abhängige Variable: Besucherzahl
b. Einflußvariablen : (Konstante), Ticketpreis

Koeffizienten[a]

Modell		Nicht standardisierte Koeffizienten		Standardisierte Koeffizienten		
		Regressionskoeffizient B	Std.-Fehler	Beta ❽	T	Sig.
1	(Konstante)	❶ 3057,143	258,304		11,835	<,001
	Ticketpreis	❷ -130,876	24,375	-0,885	-5,369	<,001 ❾

a. Abhängige Variable: Besucherzahl

Abb. 4.101 Ergebnis Regressionsanalyse

$$\hat{Y} = 3057{,}143 - 130{,}876\,X$$

Wie erwartet ist b_1 negativ, da bei höheren Preisen weniger Besucher erwartet werden und umgekehrt. Diese Erkenntnis hatte uns auch bereits r = − 0,885 geliefert.

Sollte der verantwortliche Projektleiter erwägen, den Preis auf 13,- € zu erhöhen, könnte man durch Einsetzen die erwartete Besuchermenge schätzen. Diese ergäbe sich demnach als:

$$\hat{Y} = 3057{,}143 - 130{,}876 \cdot 13 = 1355{,}755$$

Man würde also mit ca. 1355 Besuchern rechnen dürfen.

SPSS hat uns nun die bestmögliche Gerade für unseren Datensatz geliefert. Diese ist in Abb. 4.102 dargestellt. Das Streudiagramm haben wir uns bereits an früherer Stelle (Abb. 4.89) ausgeben lassen, hier wird es noch um die Regressionsgerade ergänzt.

▶ **Grafische Darstellung** Das Streudiagramm inklusive der Regressionsgerade (Abb. 4.102) erhält man in SPSS über

Grafik -> Diagrammerstellung ... -> [OK]

Dort wählt man in der Galerie „Streu-/Punktdiagramm" und anschließend das einfache Streudiagramm in der oberen Reihe links, welches man in das freie

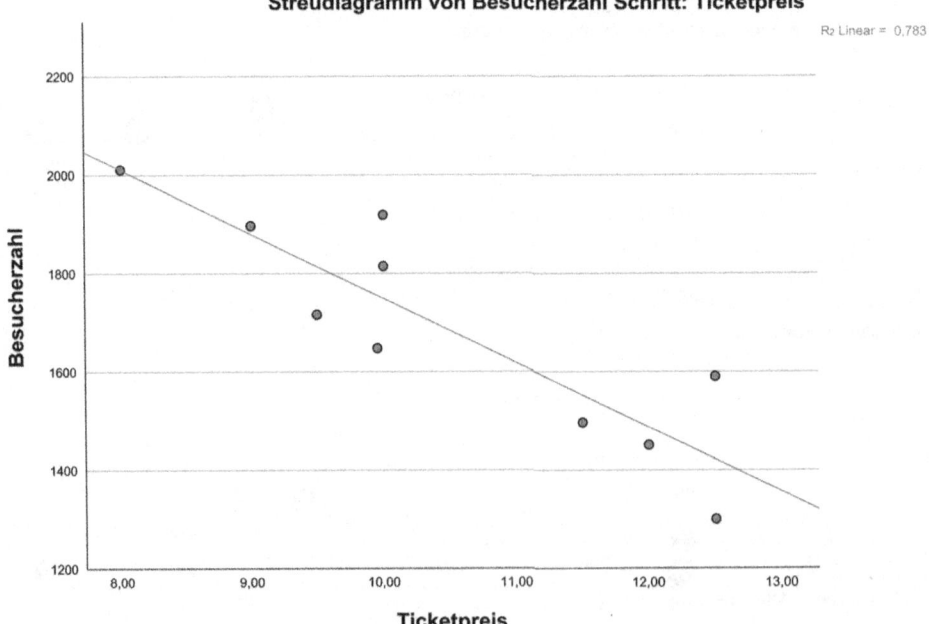

Abb. 4.102 Streudiagramm mit Regressionsgeraden

4.4 Ausgewählte Bi- und Multivariate Verfahren

Feld nach oben zieht. Nachdem man noch den Ticketpreis auf die X-Achse und die Besucherzahl auf die Y-Achse gezogen hat, setzt man unten rechts in der Dialogbox einen Haken bei „Lineare Anpassungslinien – Gesamt".

Das Ergebnis sieht augenscheinlich zufriedenstellend aus, doch wie gut erklärt die Regressionsgerade den Verlauf tatsächlich? Einen ersten Anhaltspunkt liefert uns r = − 0,885, was auf einen starken, negativen Zusammenhang hindeutet. Typischerweise wird jedoch noch ein anderes Maß zur Prüfung der Güte einer Regressionsgeraden herangezogen, nämlich das sogenannte Bestimmtheitsmaß.

▶ **Bestimmtheitsmaß** R^2 Das *Bestimmtheitsmaß* R^2 überprüft die Güte einer Regressionsgeraden und ergibt sich formal als

$$R^2 = \frac{\sum(\hat{y}_i - \bar{y})^2}{\sum(y_i - \bar{y})^2} = \frac{\textit{erklärte Streuung}}{\textit{Gesamtstreuung}}$$

mit: $0 \leq R^2 \leq 1$

Hinter diesem zunächst verwirrend erscheinenden Ausdruck verbirgt sich – analog zur Varianzanalyse (Abschn. 4.3.3.4.5) – eine Streuungszerlegung in die erklärte und nicht erklärte Streuung. Wir können erklären, dass $\hat{y}$ nicht konstant einen Wert $\bar{y}$ annimmt, sondern mit zunehmendem x immer kleiner wird, da wir einen linear fallenden Verlauf beobachtet haben. Das ist die *erklärte Streuung*, sie beruht auf dem Einfluss der unabhängigen Variablen und befindet sich im Zähler. Was wir hingegen *nicht* verstehen, ist, warum die über die Regressionsgerade geschätzten $\hat{y}$-Werte von den tatsächlich beobachteten Werten y_i in den meisten Fällen abweichen. Dies ist die *nicht erklärte Streuung*, hierfür sind offensichtlich noch weitere, im Modell unberücksichtigte, Einflussgrößen verantwortlich. Während wir bei der Varianzanalyse das Verhältnis zwischen erklärter und nicht erklärter Streuung betrachtet hatten, bilden wir dieses Mal das Verhältnis aus erklärter Streuung zur Gesamtstreuung und erhalten somit einen Wert zwischen 0 und 1 bzw. 0 und 100 %. Je näher R^2 sich dem Wert 1 nähert, desto höher ist der Anteil der erklärten Streuung. Im Idealfall liegen alle Punkte auf der Geraden, wodurch die erklärte Streuung mit der zu erklärenden Gesamtstreuung identisch ist, dort gilt $R^2 = 1$.

Die Bezeichnung R^2 ist dabei nicht ganz zufällig, denn wir erhalten den gleichen Wert, wenn wir den Korrelationskoeffizient r nach Bravais-Pearson quadrieren (zum Beweis vgl. Fahrmeir et al. 2016, S. 151).

Das Bestimmtheitsmaß R^2 können wir der oberen Tabelle in Abb. 4.101 entnehmen (❸). Es beträgt $R^2 = 0{,}783$ (bzw. 78,3 %) und deutet auf einen recht hohen Zusammenhang hin. Über die Richtung sagt das Bestimmtheitsmaß nichts aus, wir wissen aber bereits über die negative Steigung der Regressionsgeraden (❷), dass der Zusammenhang negativer Natur ist. In der nächsten Tabelle, die mit „ANOVA" überschrieben ist, wird nun noch die Nullhypothese „Das Bestimmtheitsmaß $R^2 = 0{,}783$ ist zufällig entstanden und in Wahrheit gleich Null" überprüft. Da p < 0,001 ist (❹), kann diese abgelehnt und von einem signifikanten Zusammenhang ausgegangen werden. (Dieser Test ist deswegen nötig, weil beim Konstruieren einer Gerade durch eine Punkteschar einige Punkte mehr oder weniger zwangsläufig „zufällig" auf der Gerade liegen werden, wodurch ein zumindest kleiner Zusammenhang suggeriert und über $R^2 > 0$ auch ausgegeben wird). Der Spalte (❺) können im Übrigen noch die erklärte Streuung (369.157,710) sowie die nicht erklärte Streuung (12.804,836) entnommen werden (hier wurde zuvor eine Division durch die Freiheitsgrade vorgenommen). Deren Quotient ist F = 28,830 (❻). Die erklärte Streuung ist also knapp 29-mal größer als die nicht erklärte Streuung, wodurch wir p < 0,001 erhalten haben. (Das Bestimmtheitsmaß R^2 selbst berechnet sich aus der Quadratsumme der Regression (369.157,710) geteilt durch die Quadratsumme Gesamt (471.596,400)).

Interpretation des Bestimmtheitsmaßes
In Spalte (❼) finden wir darüber hinaus den uns bereits bekannten Korrelationskoeffizienten r nach Bravais-Pearson. Hier muss man allerdings aufpassen, da SPSS diesen als positive Wurzel aus R-Quadrat (❸) ausgibt. Dadurch fehlt das Minus vor dem Koeffizienten. Wenn man also in der wissenschaftlichen Arbeit neben R^2 auch r berichten möchte, muss auf das Vorzeichen geachtet und es notfalls ergänzt werden. Dazu kann man entweder auf die Steigung der Funktion hinweisen oder aber den Korrelationskoeffizienten zusätzlich separat berechnen lassen (vgl. Abschn. 4.4.1.2).

Hinsichtlich der Höhe von R^2 gibt es keine klaren Aussagen darüber, was ein „gutes R^2" ist. In der Physik erwartet man typischerweise höhere Werte als in den Wirtschaftswissenschaften, ebenso bei experimentellen Daten im Vergleich zu Beobachtungsdaten. Daher ist man v. a. auf Erfahrungswerte oder Vergleiche mit ähnlichen Fragestellungen angewiesen (vgl. Backhaus et al. 2023, S. 90). Trotzdem finden sich bei Cohen wiederum Richtgrößen, wobei man hier R^2 bereits als Effektgröße interpretieren kann (vgl. Cohen 1988, S. 413 f.):

$$R^2 = 0{,}0196 : \text{Kleiner Effekt}$$
$$R^2 = 0{,}13 : \text{Mittlerer Effekt}$$
$$R^2 = 0{,}26 : \text{Großer Effekt}$$

Alternativ wird auch f^2 berichtet, welches sich wie folgt berechnet:

$$f^2 = \frac{R^2}{1 - R^2}$$

Hier gilt entsprechend (vgl. Cohen 1988, S. 413 f.):

$$f^2 = 0{,}02 : \text{Kleiner Effekt}$$
$$f^2 = 0{,}15 : \text{Mittlerer Effekt}$$
$$f^2 = 0{,}35 : \text{Großer Effekt}$$

In unserem Beispiel resultierte ein R^2 von 0,783 – bzw. $f^2 = 3{,}61$ –, was einem großen Effekt entspricht.

Betrachten wir nun noch die Spalte ❽: Hier finden wir die „Standardisierten Koeffizienten" oder auch „Beta-Koeffizienten". Dieser Wert drückt aus, wie groß der Zusammenhang einer unabhängigen Variablen (hier der Ticketpreis) mit der abhängigen Variablen ist. Da wir nur eine unabhängige Variable berücksichtigt haben, entspricht dieser dem Korrelationskoeffizienten $r = -0{,}885$. Der Einfluss des Ticketpreises ist also hoch, er erklärt aber den Zusammenhang nicht vollständig. Der Ticketpreis hat zudem einen signifikanten Einfluss auf die Besucherzahl, was wir der unteren Zeile in Spalte ❾ entnehmen können. Es gilt somit, dass wir die Nullhypothese „Der Koeffizient b_1 ist zufällig zustande gekommen und in Wahrheit gleich Null" aufgrund $p < 0{,}001$ entspannt ablehnen können. Wer den Viewerinhalt aufmerksam betrachtet hat, hat gemerkt, dass dieser Signifikanzwert identisch mit demjenigen in Spalte ❹ ist, wo die grundsätzliche Eignung der Regressionsgeraden an sich überprüft wurde. Dass die beiden Signifikanzen identisch sind, ist natürlich logisch, da es nur eine unabhängige Variable im Modell gibt. Wenn deren Einfluss statistisch signifikant ist, so gilt dies auch für das Modell an sich in gleicher Weise (der genauere Wert von p beträgt beide Male 0,000670151243931). Die Prüfung des Koeffizienten b_1 kann dahingehend interpretiert werden, dass man die Hypothese „Die Punkteschar weicht nur zufällig von einer Parallelen zur Abszisse ab [dies impliziert $b_1 = 0$]." gerne zurückweisen möchte, was hier deutlich gelungen ist.

4.4.2.3 Multiple Regression

Multiple Regression
Durch die Hinzunahme weiterer Variablen gelangt man zu einer *multiplen Regression*. Dazu erweitert man die Formel um beliebig viele weitere Summanden entsprechend der Anzahl der zusätzlich aufgenommenen unabhängigen Variablen:

$$\hat{Y} = b_0 + b_1 X_1 + b_2 X_2 + b_3 X_3 + \ldots + b_n X_n$$

Dabei bedeuten:
$\hat{Y}$: Schätzwert für Y
X_i : Unabhängige Variablen (i = 1, ..., n)
b_0 : Ordinatenabschnitt
b_i : Partielle Steigungen

Beispiel

Bisher haben wir nur den Zusammenhang zwischen den Ticketpreisen sowie den Besucherzahlen für die „Tiny Home" untersucht. Der Projektleiter möchte nun die Prognose dadurch verbessern, dass er weitere unabhängige Variablen miteinbezieht. Er entscheidet sich für das Social-Media-Budget sowie die Zahl der Anrufe bei potenziellen, aus vorigen Veranstaltungen bekannten Besuchern. Die zugehörigen Daten finden sich ebenfalls im Datensatz *Tiny Home.sav*. ◄

In SPSS müssen wir nun zusätzlich die beiden Variablen „SocialMedia" (X_2) und „Anrufe" (X_3) in das Feld „Block 1 von 1" verschieben (vgl. Abb. 4.103). Danach klicken wir auf „OK" und erhalten den in Abb. 4.104 dargestellten Output.

Wir sehen einen auf den ersten Blick ähnlichen Output wie zuvor. In der obersten Tabelle erinnert uns SPSS zunächst daran, dass wir ein Modell mit drei unabhängigen Variablen spezifiziert haben (❶).

In der nächsten Tabelle finden wir wieder unser R^2. Da wir nun aber mehr als eine unabhängige Variable betrachten, sollten wir das sogenannte „korrigierte R^2" in Spalte ❷ heranziehen.

Korrigiertes R^2

Der Hintergrund ist die Abwägung zwischen Einfachheit und Komplexität (vgl. im folgenden Backhaus et al. 2023, S. 94 ff.). Anstatt alle verfügbaren unabhängigen Variablen „auf Verdacht" in das Modell zu integrieren („kitchen sink regression"), sollte die Auswahl auf logischen bzw. theoretischen Überlegungen beruhen. Mit jeder unabhängigen Variablen, die hinzugefügt wird, wird sich R^2 vergrößern, die Erklärungsgüte jedoch nicht zwangsläufig. Zudem können zufällige Einflüsse eine Rolle spielen wie auch mögliche Korrelationen der unabhängigen Variablen untereinander. Daher wird folgende Korrektur vorgenommen:

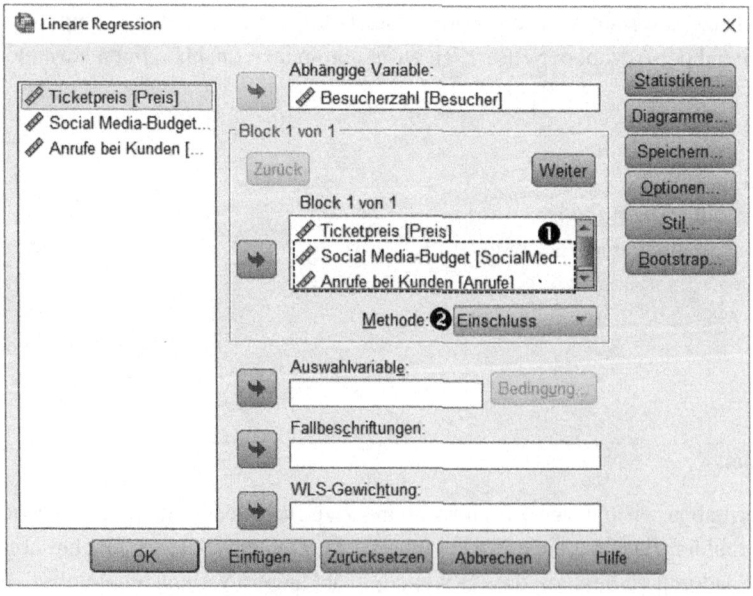

Abb. 4.103 Dialogbox „Lineare Regression"

4.4 Ausgewählte Bi- und Multivariate Verfahren

Aufgenommene/Entfernte Variablen[a]

Modell	Aufgenommene Variablen	Entfernte Variablen	Methode
1	Anrufe bei Kunden, Social Media-Budget, Ticketpreis[b]		Einschluß

❶

a. Abhängige Variable: Besucherzahl
b. Alle gewünschten Variablen wurden eingegeben.

Modellzusammenfassung

Modell	R	R-Quadrat	Korrigiertes R-Quadrat ❷	Standardfehler des Schätzers
1	,957[a]	0,916	0,874	81,227

a. Einflußvariablen: (Konstante), Anrufe bei Kunden, Social Media-Budget, Ticketpreis

ANOVA[a]

Modell		Quadratsumme	df	Mittel der Quadrate	F	Sig. ❸
1	Regression	432009,093	3	144003,031	21,826	,001[b]
	Nicht standardisierte Residuen	39587,307	6	6597,885		
	Gesamt	471596,400	9			

a. Abhängige Variable: Besucherzahl
b. Einflußvariablen: (Konstante), Anrufe bei Kunden, Social Media-Budget, Ticketpreis

Koeffizienten[a]

Modell		Nicht standardisierte Koeffizienten Regressionskoeffizient B	Std.-Fehler	Standardisierte Koeffizienten Beta	T	Sig. ❺	Kollinearitätsstatistik Toleranz	VIF ❻
1	(Konstante)	2052,116	480,519		4,271	0,005		
	Ticketpreis ❹	-99,844	22,065	-0,675	-4,525	0,004	0,629	1,590
	Social Media-Budget	0,317	0,103	0,438	3,086	0,022	0,693	1,443
	Anrufe bei Kunden	3,867	2,523	0,236	1,533	0,176	0,589	1,698

a. Abhängige Variable: Besucherzahl

Abb. 4.104 Ergebnisse Regression – Methode „Einschluss"

$$R^2_{korr} = 1 - \frac{N-1}{N-J-1}\left(1-R^2\right)$$

Dabei sind N die Stichprobengröße und J die Anzahl der unabhängigen Variablen. In unserem Beispiel gilt somit:

$$R^2_{korr} = 1 - \frac{10-1}{10-3-1}(1-0,916) = 0,874$$

Das korrigierte Bestimmtheitsmaß wird dabei c. p. mit zunehmender Anzahl der unabhängigen Variablen immer kleiner.

Der Wert $R^2_{korr} = 0,874$ liefert ein sehr gutes Ergebnis, und das Modell als Gesamtes ist darüber hinaus signifikant (❸).

In Spalte ❹ finden wir schließlich die Regressionskoeffizienten b_i, die wir nur noch zur gesuchten Regressionsfunktion zusammensetzen müssen. Es ergibt sich:

$$\hat{Y} = 2052,116 - 99,844 \cdot X_1 + 0,317 \cdot X_2 + 3,867 \cdot X_3$$

Mit R^2 bzw. R^2_{korr} haben wir bereits die Erklärungsgüte des gesamten Modells getestet und sind zu einem signifikanten Ergebnis gekommen. Im Vergleich zu vorhin, als wir nur eine unabhängige Variable betrachtet haben, kann es nun aber sein, dass einzelne unabhängige Variable einen echten Mehrwert bringen, andere das Modell jedoch eher stören. Daher betrachten wir nun auch noch die einzelnen Signifikanzen in Spalte ❺ in der unteren Tabelle. Die erste Zeile mit der Konstanten interessiert uns wieder nicht, sondern lediglich die drei umrandeten Werte. Dabei stellen wir fest, dass der Ticketpreis mit p = 0,004 und das Social Media-Budget mit p = 0,022 jeweils einen signifikanten Beitrag leisten, während für die Anrufe beim Kunden ein nicht-signifikanter Wert von 0,176 abgelesen werden muss. Offensichtlich stört diese letzte Variable eher, und wir entfernen sie im Folgenden aus dem Modell. Das würde nun aber bedeuten, dass wir erneut ein alternatives Modell rechnen müssten, dieses Mal ohne die Variable „Anrufe".

Das Ganze hätten wir von Anfang an einfacher haben können, denn SPSS bietet mehrere Möglichkeiten im Rahmen einer multiplen Regression, also einer Situation mit mehr als einer unabhängigen Variablen. Hierzu schauen wir nochmals in Abb. 4.103. Unterhalb des Blocks mit den unabhängigen Variablen steht standardmäßig die Methode „Einschluss" (❷). Dies bedeutet eine explizite Aufforderung an SPSS, das bestmögliche Modell unter Einschluss aller drei eingetragenen unabhängigen Variablen (❶) zu berechnen. Es gibt jedoch noch vier weitere Optionen, die beim Klicken auf das Pull-Down-Menü „Methode" (❷) zur Verfügung stehen:

- *Schrittweise:* Es werden sukzessive neue unabhängige Variablen hinzugenommen, dabei wird stets gleichzeitig geprüft, ob eine zuvor aufgenommene Variable wieder entfernt werden sollte.
- *Entfernen:* Dieses Verfahren erfordert zunächst eine weitere Modellspezifikation, ansonsten erfolgt eine Fehlermeldung. Anschließend werden ausgehend von einem Ausschlusskriterium aus allen Variablen sukzessive einzelne Variablen entfernt, wenn sich dadurch eine Verbesserung ergibt. Ausgeschlossene Variablen bleiben dabei endgültig außen vor.
- Rückwärts: Gestartet wird mit allen unabhängigen Variablen, danach werden sukzessive einzelne Variablen entfernt, wenn sich dadurch eine Verbesserung ergibt. Ausgeschlossene Variablen bleiben in der Folge wiederum endgültig unberücksichtigt.
- *Vorwärts:* Die Variablen werden schrittweise hinzugefügt, wenn sich dadurch eine Verbesserung ergibt. Bereits aufgenommene Variablen bleiben dabei bis zum Schluss erhalten.

Die Grundidee ist dabei immer dieselbe. SPSS geht sukzessive vor, nimmt dabei nach jeder Berechnung eine neue Variable auf bzw. entfernt eine von ihnen, bis das jeweils bestmögliche Modell zur Verfügung steht. Wir wählen für unser Beispiel die Option „Schrittweise" aus dem Pull-Down-Menü ❷. Danach starten wir die Auswertung mit Klick auf „OK" und gelangen zu den Ergebnissen in Abb. 4.105.

Die interessanteste Tabelle ist hier zunächst die zuoberst stehende. Dort wird dokumentiert, wie SPSS vorgegangen ist: Als erstes wurde nur der Ticketpreis (❶) aufgenommen (Modell 1). Das überrascht nicht, denn er hatte sich zuvor ja bereits als bedeutsame Variable empfohlen. Danach wurde ein Modell 2 gerechnet und das Social Media-Budget *zusätzlich* mit aufgenommen (❷). Die Spalte daneben, die mit „Entfernte Variablen" überschrieben ist (❸), bleibt leer. Demnach enthält das Modell 2 nunmehr die beiden genannten Variablen. Danach wurde noch ein drittes Modell gerechnet, offensichtlich hat aber die Hinzunahme der noch verbleibenden Variable „Anrufe" die Modellgüte wieder verschlechtert, sodass SPSS das Modell 3 in der Tabelle erst gar nicht anbietet.

Wir schauen nun in der zweiten Tabelle jeweils auf das korrigierte R^2 (❹) in Verbindung mit dem Signifikanztest für die beiden Modelle als Ganzes (❺). Beide p-Werte sind deutlich kleiner als 0,05, es liegt somit bei beiden Modellen statistische Signifikanz vor.

In der letzten Tabelle finden wir schließlich die Koeffizienten für die beiden in Frage kommen Modellgleichungen. Da das korrigierte R^2 von Modell 2 (0,850) größer ist als dasjenige von Modell 1 (0,756), liegt es nahe, das Modell 2 zu präferieren. Da dieses aber zwei unabhängige Variablen beinhaltet, prüfen wir diese vorsichtshalber nochmals auf Signifikanz (❻). Beide Werte sind mit < 0,001 bzw. 0,044 kleiner als 0,05. Damit entscheiden wir uns für Modell 2 und stellen nach Spalte ❼ folgende Regressionsgleichung auf:

$$\hat{Y} = 2700{,}203 - 119{,}369 \cdot X_1 + 0{,}236 \cdot X_2$$

Für die nächste Messe könnte unser Student Jens – bei Vorgabe des Eintrittspreises sowie des Social Media-Budgets – eine Prognose über die zu erwartende Besucherzahl erstellen.

Betrachten wir abschließend noch die Beta-Koeffizienten (❽). Der Ticketpreis hat mit − 0,807 offensichtlich einen deutlich stärkeren Einfluss als das Social Media-Budget (0,326). Das Vorzeichen hat hierbei keine Bedeutung, es deutet lediglich die Richtung des Einflusses an. Die Stärke wird hingegen analog zum Korrelationskoeffizienten r durch den Betrag der beiden Werte ausgedrückt. Es wäre also zu empfehlen, eher den Eintrittspreis zu senken als das Social Media-Budget zu erhöhen.

Anwendungsvoraussetzungen der Regressionsanalyse

Die Anwendung des linearen Regressionsmodells auf unser Beispiel ist mit SPSS denkbar einfach. Man benötigt nur wenige Mausklicks. Es gilt allerdings, einige Voraussetzungen zu überprüfen, um die Ergebnisse wie gezeigt interpretieren zu dürfen. Die wesentlichen sind (vgl. Backhaus et al. 2023, S. 101 ff.; Field et al. 2012, S. 271 ff.):

Aufgenommene/Entfernte Variablen[a]

Modell	Aufgenommene Variablen	Entfernte Variablen	Methode
1	Ticketpreis ❶		Schrittweise Selektion (Kriterien: Wahrscheinlichkeit von F-Wert für Aufnahme <= ,050, Wahrscheinlichkeit von F-Wert für Ausschluß >= ,100).
2	Social Media-Budget ❷	❸	Schrittweise Selektion (Kriterien: Wahrscheinlichkeit von F-Wert für Aufnahme <= ,050, Wahrscheinlichkeit von F-Wert für Ausschluß >= ,100).

a. Abhängige Variable: Besucherzahl

Modellzusammenfassung

Modell	R	R-Quadrat	Korrigiertes R-Quadrat	Standardfehler des Schätzers
1	,885[a]	0,783	0,756 ❹	113,158
2	,940[b]	0,883	0,850	88,712

a. Einflußvariablen : (Konstante), Ticketpreis
b. Einflußvariablen : (Konstante), Ticketpreis, Social Media-Budget

ANOVA[a]

Modell		Quadratsumme	df	Mittel der Quadrate	F	Sig. ❺
1	Regression	369157,710	1	369157,710	28,830	<,001[b]
	Nicht standardisierte Residuen	102438,690	8	12804,836		
	Gesamt	471596,400	9			
2	Regression	416507,159	2	208253,579	26,462	<,001[c]
	Nicht standardisierte Residuen	55089,241	7	7869,892		
	Gesamt	471596,400	9			

a. Abhängige Variable: Besucherzahl
b. Einflußvariablen : (Konstante), Ticketpreis
c. Einflußvariablen : (Konstante), Ticketpreis, Social Media-Budget

Koeffizienten[a]

Modell		Nicht standardisierte Koeffizienten RegressionskoeffizientB	Std.-Fehler	Standardisierte Koeffizienten Beta ❽	T	Sig. ❻	Kollinearitätsstatistik Toleranz	VIF ❾
1	(Konstante)	3057,143	258,304		11,835	<,001		
	Ticketpreis	-130,876	24,375	-0,885	-5,369	<,001	1,000	1,000
2	(Konstante)	2700,203	249,365		10,828	<,001		
	Ticketpreis ❼	-119,369	19,676	-0,807	-6,067	<,001	0,943	1,060
	Social Media-Budget	0,236	0,096	0,326	2,453	0,044	0,943	1,060

a. Abhängige Variable: Besucherzahl

Abb. 4.105 Ergebnisse Regression – Methode „Schrittweise"

1. *Die abhängige und die unabhängige Variable sind metrisch*
   Dies trifft auf alle betrachteten Variablen in unserem Beispiel zu.
   (Ausnahmen sind sogenannte „Dummy-Variablen", dabei handelt es sich um binäre Kategorien wie z. B. „Kunde/Nichtkunde" als unabhängige Variablen; hierauf wird hier nicht näher eingegangen (vgl. z. B. Field et al. 2012, S. 302 ff.)).
2. *Linearität in den Parametern kann unterstellt werden*
   Diese Prämisse trifft auf den Preis zu, was wir beim ersten Modell sehen konnten. Für die beiden anderen Einflussvariablen Variablen kann man bei Betrachtung der individuellen Streudiagramme ebenfalls zumindest annähernd lineare Muster erkennen.
3. *Die unabhängige Variable hat eine Varianz größer Null*
   Die unabhängige Variable muss über eine gewisse Streuung verfügen, z. B. darf der Ticketpreis nicht jedes Mal gleich sein, was im Beispiel der Fall ist.
4. *Keine perfekte Multikollinearität*
   Dieser schwer aussprechbare Begriff meint einfach nur, dass die unabhängigen Variablen keine perfekte Korrelation untereinander aufweisen dürfen. Vollständige Unabhängigkeit ist gar nicht unbedingt erwünscht, denn sonst hätte man auch für jede Variable eine individuelle Regressionsgerade errechnen können. Vollständige Korrelation tritt hingegen dann auf, wenn zwei Variablen das gleiche beinhalten, man also z. B. die Körpergröße sowohl in m als auch in cm als Variablen definiert. In diesem Fall liegt ein deutlicher Fehler in der Modellspezifikation vor. Die Multikollinearität wird üblicherweise mit dem sogenannten „Variance Inflation Factor" (VIF) überprüft, den wir z. B. in Abb. 4.105 in der letzten Spalten der untersten Tabellen finden (❾). Der VIF sollte dabei bestenfalls kleiner 5, auf alle Fälle aber kleiner 10 sein. Im Beispiel ist dies für beide unabhängigen Variablen erfüllt.
5. *Der Fehlerterm ist normalverteilt mit einem Erwartungswert von Null*
   Dies bedeutet im Grunde nichts anderes, als dass sich positive und negative Abweichungen – gegenüber den über die Regressionsgerade prognostizierten Werten – gegenseitig aufheben. Hier sind grafische Analyse wie Q-Q-Diagramme zur Überprüfung geeignet (Abb. 4.50).
6. *Der Fehlerterm hat eine konstante Varianz (Homoskedastizität)*
   Hier ist v. a. eine grafische Überprüfung angeraten (vgl. hierzu Janssens et al. 2008, S. 146 ff.). Dazu lässt man sich am besten im Untermenü „Diagramme" (vgl. Abb. 4.100 ❸) ein Streudiagramm der Z-standardisierten Residuen (*ZRESID) auf der Y-Achse sowie der z-standardisierten Prognosewerten (*ZPRED) auf der X-Achse ausgeben. Das sich ergebende Streudiagramm sollte im besten Fall kastenförmig sein, also keine auffälligen Muster wie einen sich nach links oder rechts öffnenden Trichter oder eine Raute ergeben. Dies ist im vorliegenden Fall relativ gut gegeben.

4.4.3 Faktorenanalyse

Häufig werden in studentischen Arbeiten im Bereich der BWL Kundenzufriedenheitsstudien durchgeführt, die auf einem Fragebogen basieren, der bis zu mehreren Dutzend Unterfragen zu verschiedenen Aspekten der Kundenzufriedenheit enthalten kann. Dabei werden verschiedene Fragen zum Preis, zum Personal, zur Qualität etc. gestellt. Die deskriptive Auswertung einer solch großen Anzahl an Fragen führt zu einer kaum überschaubaren Liste an Häufigkeiten, Mittelwerten usw., ohne dass man auf den ersten Blick erkennen kann, wo besondere Stärken oder Schwächen liegen. Es wäre also praktisch, wenn man diese Liste etwas komprimieren könnte und das Ganze ohne allzu großen Informationsverlust.

> **Faktorenanalyse – Grundidee und Formen**
>
> Die *Faktorenanalyse* ist ein Instrument der multivariaten Datenanalyse, die darauf abzielt, eine Vielzahl an Variablen zu einigen wenigen Variablen („Faktoren") zusammenzufassen. Dies wird dadurch erreicht, dass man die Korrelationen zwischen den einzelnen Variablen untersucht und so geeignete Variablenbündel findet. Man unterscheidet zwei Arten von Analysen:
>
> *Explorative Faktorenanalyse:* Häufig hat man eine Vielzahl an Variablen im Datensatz und versucht, irgendeine Struktur zwischen ihnen zu erkennen. Man hat weder eine Vorstellung über mögliche Zusammenhänge, noch über die Anzahl der zu extrahierenden Faktoren. Durch die Analyse werden dann teilweise überraschende Zusammenhänge zwischen den – über den Fragebogen verteilten – Variablen entdeckt (lat. *explorare:* erforschen), die man im Vorhinein noch gar nicht erwogen hatte.
>
> *Konfirmatorische Faktorenanalyse:* Hier hat man bereits eine Vermutung, welche übergeordneten Konstrukte vorliegen und wie viele Faktoren somit zugrunde gelegt werden sollten. Die Analyse hilft daher, die zuvor unterstellten Zusammenhänge zu bestätigen (lat. *confirmare:* bestätigen).

Wir werden uns in der Folge mit der explorativen Faktorenanalyse beschäftigen, da sie den häufigeren Fall in Projekt-, Bachelor- oder Masterarbeiten darstellen dürfte. Beginnen wir wieder mit einem Beispiel, das im Rahmen einer Bachelorarbeit bearbeitet werden könnte.

Beispiel zur explorativen Faktorenanalyse

Der im Technikmarkt „Jupiter" arbeitende duale Student Stefan hat im Rahmen seiner Bachelorarbeit 50 zufällig ausgewählte Käufer von Tintenstrahldruckern befragt, wie wichtig ihnen die folgenden Eigenschaften sind:

1. Design
2. Gehäusefarbe
3. Stromverbrauch
4. Wartungskosten
5. Kosten für Ersatzpatronen
6. Druckgeschwindigkeit
7. Druckqualität
8. Duplexdruck
9. Produktionsland

Dabei mussten die Probanden ihre Meinung jeweils über eine Skala von „1 = sehr wichtig" bis „7 = völlig unwichtig" zum Ausdruck bringen.

Stefan möchte nun wissen, ob er die Vielzahl an kaufbeeinflussenden Variablen zu einigen wenigen Faktoren zusammenfassen und somit dem Filialleiter Tipps für eine gezieltere Ausrichtung der Marketingmaßnahmen geben kann. Die erhobenen Daten speichert er im Datensatz *Jupiter.sav* ab. ◄

Bevor wir uns der Berechnung mithilfe von SPSS widmen, wollen wir uns der Vorgehensweise anhand eines grafischen Denkmodells nähern (vgl. im folgenden Backhaus et al. 2023, S. 427 ff.).

Die Grundidee ist, dass wir Bündel von Variablen identifizieren, die hoch miteinander korrelieren. Das kann deswegen der Fall sein, weil sie alle zum selben Konstrukt gehören bzw. als Kontrollfragen in Fragebögen dienen. Sie können aber auch – vom Untersuchungsleiter ungewollt – inhaltlich das gleiche beinhalten und somit teilweise redundant sein. In diesem Fall hat man schlicht bei der Fragebogengestaltung übersehen, dass man zwei semantisch unterschiedliche, inhaltlich jedoch gleiche Fragen gestellt hat, von denen man eine nun streichen kann. Führt man eine Faktorenanalyse nach einem Fragebogen-Pretest durch, kann so möglicherweise der Fragebogen für die Hauptuntersuchung noch einmal verkürzt werden, was immer ein Bestreben bei der Fragebogenkonzeption sein sollte.

Wir können uns eine einzelne Variable abstrakt als Vektor mit einer standardisierten Länge von Eins vorstellen. In der oberen Grafik in Abb. 4.106 betrachten wir zunächst denjenigen für die Variable 1 (V1). Wenn nun eine weitere Variable, hier V2, ein ähnliches bis identisches Antwortmuster aufweist wie V1, so zeichnen wir deren Vektor (ca.) in die gleiche Richtung wie denjenigen von V1. Wenn also in einem Datensatz die Antwort-

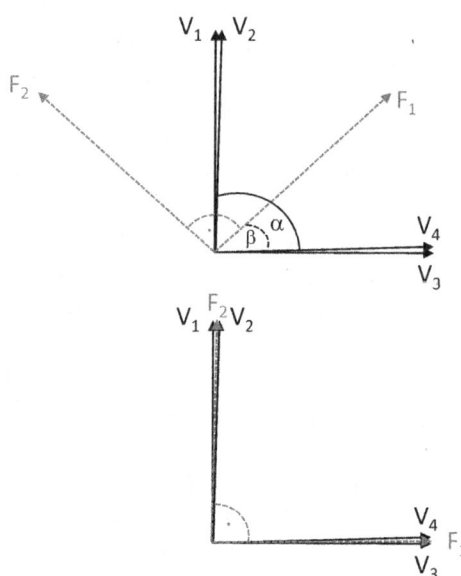

Abb. 4.106 Vektormodell. (Nach Backhaus et al. 2023, S. 423 ff.)

muster bei zwei Variablen hoch korrelieren, so stellen wir dies in der Grafik mittels zweier Vektoren dar, die in etwa in die gleiche Richtung deuten.

Weisen zwei Variablen hingegen keine oder nur eine geringe Korrelation miteinander auf, so stellen wir sie (ca.) im rechten Winkel zueinander dar. In der Abbildung z. B. die Variablen V1 versus V3 und V4. Während V3 und V4 hoch miteinander korrelieren, ist die Korrelation beider Variablen mit V1 nahe Null.

Was hat es nun mit den Winkeln zwischen den Vektoren auf sich? Der Korrelationskoeffizient r kann im Betrag Werte zwischen 0 (keine Korrelation) und 1 (vollständige Korrelation) annehmen (vgl. Abschn. 4.4.1.2). Diese Werte entsprechen dabei dem *Cosinus* des von zwei Variablen eingeschlossenen Winkels α. Denn es gilt:

$$\cos 0° = 1$$
$$\cos 90° = 0$$

Somit können wir Korrelationen zwischen den Variablen grafisch als Winkel zwischen den Vektoren darstellen.

Nun wollen wir versuchen, die bestehenden vier Variablen durch zunächst einen Faktor zu ersetzen. Hier bietet es sich natürlich an, diesen als Resultante einzuzeichnen. Es ergibt sich der Vektor F1 für den ersten Faktor. Er stellt den bestmöglichen Kompromiss dar. Wie gut dieser Faktor eine einzelne Variable nun widerspiegelt bzw. erklärt, können wir wiederum dem Cosinus des Winkels β zwischen dem Faktor und den einzelnen Variablen entnehmen. Diesen Wert (der eine Korrelation widerspiegelt) nennen wir *Faktorladung*. Je näher dieser Wert an Eins liegt, umso besser lässt sich eine Variable durch einen Faktor ersetzen. Auf diese Werte wird es später in der Analyse des SPSS-Outputs ankommen.

So richtig zufrieden können wir allerdings mit unserem Ergebnis nicht sein, denn die Winkel zwischen Faktor F1 und den vier Variablenvektoren sind alle recht groß und somit sämtliche Faktorladungen eher gering. Das Ersetzen der vier Variablen durch den einen Faktor würde also mit einem großen Informationsverlust einhergehen. Daher fügen wir einen weiteren Faktor hinzu, den wir mit F2 bezeichnen. Wir wollen nun (dies ist üblich, aber nicht zwingend), dass die beiden Faktoren nicht auch schon wieder miteinander korrelieren, sondern dass wir zwei voneinander unabhängige Faktoren bekommen. Dies erreichen wir, indem wir F2 im rechten Winkel zu F1 einzeichnen (da $\cos 90° = 0$). Die Winkel zwischen den Faktoren und den Variablen werden später von SPSS in der „Komponentenmatrix" dargestellt (SPSS verwendet dort den Begriff „Komponente" synonym für das Konstrukt „Faktor"). In welche Richtung wir diesen 90°-Winkel anlegen, spielt dabei zunächst keine Rolle.

Mit dem entstandenen Bild können wir allerdings immer noch nicht zufrieden sein. Im Gegenteil: Während F1 zumindest einen optisch annehmbaren Kompromiss darstellt, zeigt F2 in den luftleeren Raum. Schön wäre es doch, wenn ein Faktor in die Richtung von V1 und V2 zeigen würde, um diese bestmöglich widerzuspiegeln, der andere Faktor hingegen in Richtung von V3 und V4. Hier arbeiten wir nun mit einem nahe liegenden Trick: Wir rotieren die beiden Faktoren F1 und F2 (unter Beibehaltung des rechten Winkels zwischen

4.4 Ausgewählte Bi- und Multivariate Verfahren

ihnen) so weit, bis das angestrebte Ziel erreicht ist. Nun sind die Faktorladungen, also die Korrelationen zwischen den Variablen und dem sie repräsentierenden Faktor, hoch, da die Winkel sehr klein sind (vgl. untere Grafik in Abb. 4.106). Später werden wir diese Faktorladungen bei SPSS in der Tabelle „Rotierte Komponentenmatrix" finden. Dann wird es im Prinzip zunächst darum gehen, jede Variable demjenigen Faktor zuzuordnen, mit dem sie die höchste Faktorladung aufweist. Dahinter steht folgende Logik: Wenn zwei Vektoren in die gleiche Richtung zeigen wie ein bestimmter Faktor, so werden beide eben diesem Faktor zugeordnet. Dies bedeutet aber gleichzeitig, dass die beiden Variablen jeweils in dieselbe Richtung zeigen (wie auch ihr zugeordneter Faktor) und somit stark miteinander korrelieren. Daher werden sie einem gemeinsamen Variablenbündel zugeordnet. Genau das war unser ursprüngliches Ziel: Das Auffinden von Variablen, die zueinander hohe Korrelationen aufweisen. Im letzten Schritt geht es dann nur noch darum, diese Bündel von Variablen geeignet zu benennen.

Wenden wir uns jetzt der Analyse mit SPSS zu. Wir finden die Faktorenanalyse über folgende Klickreihenfolge:

Analysieren -> Dimensionsreduktion -> Faktorenanalyse …

Wir wählen in der sich öffnenden Dialogbox (Abb. 4.107) zunächst die uns interessierenden Variablen aus. Dies sind die Variablen F1 bis F9 (❶).

An dieser Stelle lohnt es sich, einen Schritt zurückzugehen und den Prozess der Fragebogenstellung nochmals in Erinnerung zu rufen. Während der Konzeption des Fragbogens sollte sich der Ersteller stets darüber im Klaren sein, *warum* er eine bestimmte Frage stellt und *wie* er sie formuliert. Dazu zählt auch die Verwendung von Skalen. Derartige Fragen bzw. deren Antwortkategorien (Skalen) sind für eine Faktorenanalyse grundsätzlich geeignet. Auch wenn SPSS im Rechenprozess eine Standardisierung vornimmt, ist es doch

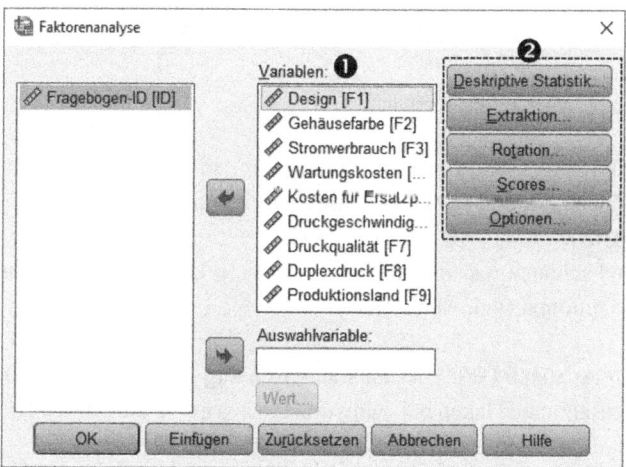

Abb. 4.107 Dialogbox „Faktorenanalyse"

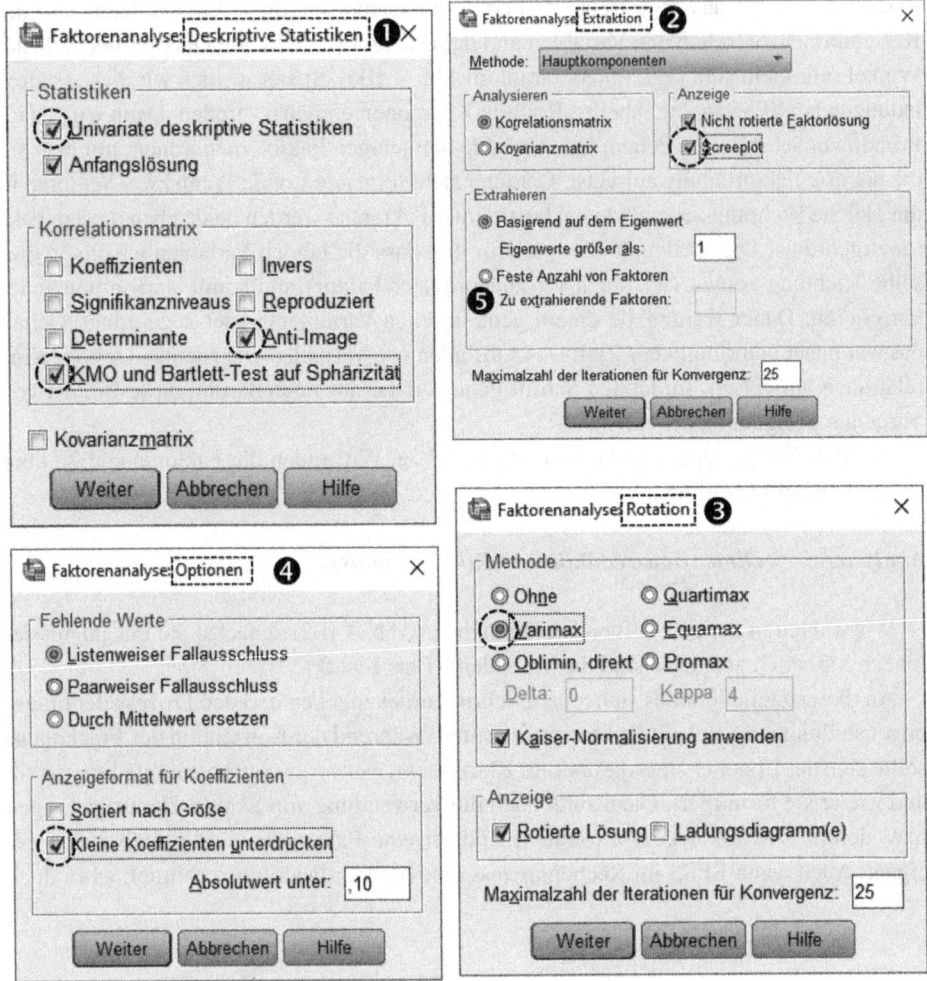

Abb. 4.108 Dialogfelder zur Faktorenanalyse

trotzdem zweckmäßig, alle Fragen, die man später in die Faktorenanalyse einbeziehen möchte, mit derselben Skala zu belegen, um eine einheitliche Grundlage für die Faktorenanalyse zu schaffen.

Anschließend schauen wir uns einige der weiteren Untermenüs (❷) an und aktivieren dabei mehrere Optionen (vgl. Abb. 4.108).

- *Deskriptive Statistiken* (❶): Hier ist standardmäßig nur „Anfangslösung" ausgewählt. Wir setzen zusätzliche Haken bei „Univariate deskriptive Statistiken" (optional), „Anti-Image" und „KMO und Bartlett-Test auf Sphärizität".
- *Extraktion* (❷): Als Methode ist „Hauptkomponenten" vorgeben, dabei belassen wir es. Es geht uns v. a. um die Bündelung von vielen Variablen zu wenigen, übergeordneten

Faktoren (zu den weiteren Optionen vgl. ausführlich Backhaus et al. 2023, S. 440 ff.). Standardmäßig ist weiterhin die „Nicht rotierte Faktorlösung" voreingestellt, wir aktivieren direkt darunter noch die Option „Screeplot". (Unter „Extrahieren" ist „Eigenwerte größer als: 1" vorgegeben. Zu dieser Stelle können wir später nochmals zurückkehren, wenn wir eine ganz bestimmte Anzahl an Faktoren wünschen).

- *Rotation* (❸): Die zuvor in der Grafik veranschaulichte Rotation der Faktoren muss explizit angefordert werden. Hierzu existieren mehrere Optionen, wir wählen die gängige Methode „Varimax" (dabei bleiben u. a. die Faktoren rechtwinklig zueinander).
- *Optionen* (❹): Da wir uns später nur auf hohe Faktorladungen (möglichst nahe Eins) konzentrieren werden, stören kleine Werte den Überblick. An dieser Stelle können wir diese praktischerweise ausschließen, sodass sie in der späteren Komponentenmatrix erst gar nicht angezeigt werden. Wir übernehmen hier den voreingestellten Wert von 0,10, den wir bei Bedarf aber auch ändern können.

Wir bestätigen mit „OK" und gelangen zu einem umfangreichen Outputfenster. In der obersten Tabelle von Abb. 4.109 finden wir zunächst die angeforderte deskriptive Statistik. Falls wir diese nicht schon an anderer Stelle haben berechnen lassen, können wir ihr die durchschnittlichen Wichtigkeiten je Kriterium entnehmen (❶). Dabei fällt z. B. ins Auge, dass das Design sowie die Gehäusefarbe offensichtlich aus Sicht der Befragten vergleichsweise unwichtig sind.

Die zweite Tabelle enthält zwei Tests, die die Eignung der vorliegenden Daten für eine Faktorenanalyse prüfen. Der erste Test nach Kaiser-Meyer-Olkin (KMO) prüft die Eignung der Daten im Gesamten und liefert als Ergebnis 0,641 (❷). Dieser Wert sollte größer als 0,5 sein. Diese Forderung ist erfüllt. Der Bartlett-Test auf Sphärizität liefert einen p-Wert von < 0,001 und damit ein signifikantes Ergebnis (❸). Er prüft auf Basis von Stichprobendaten, ob die paarweisen Korrelationen zwischen den Variablen in der Grundgesamtheit gleich Null sind (Nullhypothese), was wir in diesem Fall verwerfen dürfen. Dies ist das angestrebte Ergebnis des Tests, denn nur dann können ja miteinander korrelierende Variable und somit Faktoren gefunden werden.

Die letzte Tabelle ist mit „Anti-Image-Matrizen" überschrieben (❹). Auf die Hintergründe gehen wir an dieser Stelle nicht genauer ein (vgl. z. B. Janssen und Laatz 2017, S. 603). Die Forderung ist hier, dass die Werte *außerhalb* der Diagonale möglichst klein sein sollen (gegen Null gehend), *auf* der Diagonalen hingegen möglich groß (gegen 1 strebend), mindestens jedoch 0,5. Dies ist überall der Fall mit Ausnahme zweier Werte in der oberen Hälfte. Da die unteren Werte alle der Mindestanforderung entsprechen, ignorieren wir diese kleinen Abweichungen an dieser Stelle.

Zusammenfassend können wir festhalten, dass die Daten recht gut geeignet für eine Faktorenanalyse sind.

Betrachten wir nun den in Abb. 4.110 wiedergegebenen Output. Unter *Kommunalitäten* versteht man den Anteil der Streuung einer Variablen, die von den extrahierten Faktoren insgesamt erklärt wird. Diese finden wir in der Spalte „Extraktion" (❶). Der maximale Wert je Variabler beträgt 1 (100 % Erklärung), den wir natürlich nicht erwarten dürfen, da

Deskriptive Statistiken ❶

	Mittelwert	Std.-Abweichung	Analyse N
Design	3,56	0,861	50
Gehäusefarbe	3,92	0,829	50
Stromverbrauch	1,72	0,757	50
Wartungskosten	1,88	0,627	50
Kosten für Ersatzpatronen	1,66	0,626	50
Druckgeschwindigkeit	2,26	0,723	50
Druckqualität	1,80	0,571	50
Duplexdruck	2,46	0,676	50
Produktionsland	1,90	0,707	50

KMO- und Bartlett-Test

Maß der Stichprobeneignung nach Kaiser-Meyer-Olkin.			0,641 ❷
Bartlett-Test auf Sphärizität	Ungefähres Chi-Quadrat		108,692
	df		36
	Signifikanz nach Bartlett		<,001 ❸

❹
Anti-Image-Matrizen

		Design	Gehäusefarbe	Stromverbrauch	Wartungskosten	Kosten für Ersatzpatronen	Druckgeschwindigkeit	Druckqualität	Duplexdruck	Produktionsland
Anti-Image-Kovarianz	Design	,687	-,280	,052	-,017	,030	-,028	-,105	-,010	,057
	Gehäusefarbe	-,280	,630	-,044	,176	,095	,025	-,005	,087	-,230
	Stromverbrauch	,052	-,044	,649	-,156	-,272	,024	-,087	,097	,020
	Wartungskosten	-,017	,176	-,156	,724	-,030	,154	-,053	-,027	-,088
	Kosten für Ersatzpatronen	,030	,095	-,272	-,030	,651	,100	-,098	,044	-,033
	Druckgeschwindigkeit	-,028	,025	,024	,154	,100	,471	-,229	-,091	,060
	Druckqualität	-,105	-,005	-,087	-,053	-,098	-,229	,408	-,189	-,125
	Duplexdruck	-,010	,087	,097	-,027	,044	-,091	-,189	,606	-,017
	Produktionsland	,057	-,230	,020	-,088	-,033	,060	-,125	-,017	,818
Anti-Image-Korrelation	Design	,688a	-,425	,077	-,024	,045	-,049	-,198	-,015	,075
	Gehäusefarbe	-,425	,539a	-,069	,261	,149	,045	-,009	,141	-,321
	Stromverbrauch	,077	-,069	,628a	-,228	-,418	,043	-,168	,155	,028
	Wartungskosten	-,024	,261	-,228	,666a	-,044	,265	-,098	-,040	-,114
	Kosten für Ersatzpatronen	,045	,149	-,418	-,044	,650a	,181	-,189	,070	-,045
	Druckgeschwindigkeit	-,049	,045	,043	,265	,181	,678a	-,524	-,171	,097
	Druckqualität	-,198	-,009	-,168	-,098	-,189	-,524	,606a	-,381	-,217
	Duplexdruck	-,015	,141	,155	-,040	,070	-,171	-,381	,741a	-,025
	Produktionsland	,075	-,321	,028	-,114	-,045	,097	-,217	-,025	,516a

a. Maß der Stichprobeneignung

Abb. 4.109 Ergebnisse Faktorenanalyse 1

beim Bündeln von Variablen zu Faktoren immer ein gewisser Informationsverlust entsteht, weil die Faktorladungen typischerweise kleiner als Eins sind.

In der zweiten Tabelle finden wir die sogenannten „Eigenwerte" (im englischen tatsächlich auch als „Eigenvalues" bezeichnet). Was wir auf einen Blick erkennen können, ist, dass SPSS uns eine Lösung mit drei extrahierten Faktoren anbietet. Dies sehen wir daran, dass nur die ersten drei Zeilen vollständig mit Zahlen belegt sind. Warum aber genau drei Faktoren? Dies hat mit dem Begriff „Eigenwert" zu tun.

4.4 Ausgewählte Bi- und Multivariate Verfahren

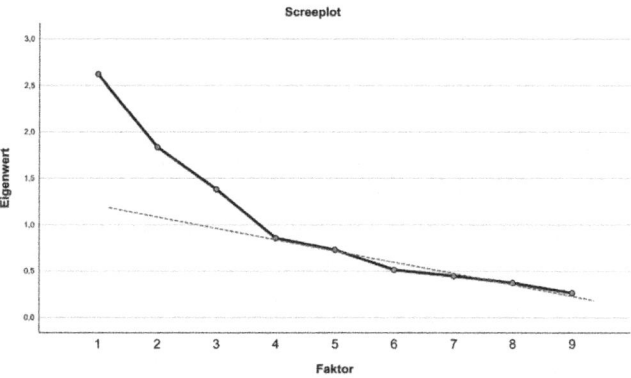

Kommunalitäten ❶

	Anfänglich	Extraktion
Design	1,000	0,544
Gehäusefarbe	1,000	0,787
Stromverbrauch	1,000	0,648
Wartungskosten	1,000	0,484
Kosten für Ersatzpatronen	1,000	0,628
Druckgeschwindigkeit	1,000	0,736
Druckqualität	1,000	0,829
Duplexdruck	1,000	0,692
Produktionsland	1,000	0,483

Extraktionsmethode: Hauptkomponentenanalyse.

Erklärte Gesamtvarianz

Komponente	Anfängliche Eigenwerte ❷❸❹			Summen von quadrierten Faktorladungen für Extraktion ❺			Rotierte Summe der quadrierten Ladungen ❻		
	Gesamt	% der Varianz	Kumulierte %	Gesamt	% der Varianz	Kumulierte %	Gesamt	% der Varianz	Kumulierte %
1	2,618	29,086	29,086	2,618	29,086	29,086	2,167	24,075	24,075
2	1,833	20,368	49,453	1,833	20,368	49,453	2,006	22,286	46,361
3	1,380	15,330	64,783	1,380	15,330	64,783	1,658	18,422	64,783
4	0,858	9,515	74,298						
5	0,730	8,107	82,405						
6	0,510	5,664	88,068						
7	0,443	4,927	92,995						
8	0,370	4,106	97,101						
9	0,261	2,899	100,000						

Extraktionsmethode: Hauptkomponentenanalyse.

Abb. 4.110 Ergebnisse Faktorenanalyse 2

▶ Unter einem *Eigenwert* versteht man die gesamte durch einen Faktor erklärte Varianz. Da jede (zuvor standardisierte) Variable zunächst eine Varianz von 1 aufweist, werden nach dem *Eigenwertkriterium* nur solche Faktoren berücksichtigt, die einen Eigenwert größer als Eins besitzen, also mehr Varianz erklären als eine einzelne Variable selbst. Denn wäre der Eigenwert kleiner als Eins, würde man bereits mehr Varianz erklären, wenn man eine Variable kurzerhand in „Faktor" umtauft und damit mindestens eine Varianzerklärung von Eins garantiert, denn die Variable erklärt zunächst einmal mindestens ihre eigene Streuung.

Nach dem Eigenwertkriterium bietet uns SPSS nun in Spalte ❷ die erste Komponente (wir ersetzen den Begriff für die weitere Interpretation gedanklich durch „Faktor") mit einem Eigenwert von 2,618 an. Da insgesamt neun Variablen mit jeweils einer Varianz von Eins zu erklären sind, entspricht dies 2,618/9 = 0,29086 oder 29,086 % der gesamten zu erklärenden Varianz (❸). Mit anderen Worten: Der erste Faktor erklärt bereits ungefähr so viel Varianz wie drei einzelne Variablen zusammen. Nun schauen wir in die zweite Zeile. Auch der Eigenwert des zweiten Faktors ist mit 1,833 größer als Eins. Er liefert weitere 20,368 % an Varianzerklärung. Zusammen mit dem ersten Faktor sind dies kumuliert bereits 49,453 % (❹) – fast die Hälfte der zu erklärenden Varianz. Und dies mit nur zwei Faktoren bei neun Variablen. Der dritte Faktor erfüllt ebenfalls das Eigenwertkriterium und liefert zusätzliche 15,330 % an Varianzerklärung, wodurch wir insgesamt nunmehr bei kumuliert 64,783 % liegen. Da der nächste mögliche Faktor (Zeile 4) einen Eigenwert von 0,856 und damit kleiner Eins aufweist, bricht die Faktorenextraktion an dieser Stelle ab. Wir werden uns daher in der Folge auf drei Faktoren beschränken.

Die eben ermittelten kumulierten Werte finden sich in identischer Form in Spalte ❺ wieder, die die unrotierte Lösung beinhaltet. In Spalte ❻, der die bereits rotierte Lösung zugrunde liegt, sehen wir hingegen, dass die Werte in den ersten beiden Zeilen unterschiedlich sind, die Summe am Ende aber ebenfalls 64,783 % beträgt. Das bedeutet, dass der Anteil der Varianz, die durch die drei Faktoren insgesamt erklärt wird, durch die Rotation nicht vergrößert wurde, aber er teilt sich anders auf die drei Faktoren auf.

Die Eigenwerte aus Spalte ❷ können abschließend noch grafisch veranschaulicht werden, in Form eines sogenannten „Screeplots". Der englische Begriff „Scree" bedeutet übersetzt „Geröll" und bezeichnet die Werte ab dem vierten Faktor (auf der Abszisse von SPSS nun auch so bezeichnet). Die Grafik ähnelt einem Berghang, an dem Steine herabrollen, bis sie sich am Ende als Geröll im flacheren Gelände einfinden. Wo dieses Gelände beginnt, kann man erkennen, wenn man gedanklich eine Linie zieht (durch die gestrichelte Linie angedeutet), also beim Faktor vier. Punkte oberhalb dieser Geraden (sie stehen für die ersten Faktoren) finden Berücksichtigung. In unserem Fall sind es drei, daher die Drei-Faktoren-Lösung. Allerdings kann man bei der Zuordnung der Variablen zu den Faktoren durchaus auch die „Knickstelle" beim Übergang berücksichtigen, wie wir noch sehen werden, sodass wir dann vier Faktoren bekommen. Im Gegensatz zu anderen Verfahren bietet die Faktorenanalyse einen relativ großen Interpretationsspielraum, da es nicht primär um mathematische Präzision, sondern vielmehr um eine Entscheidungshilfe geht.

Die für das Ergebnis der Bachelorarbeit von Stefan wichtigsten Tabellen finden sich nun aber in Abb. 4.111.

In der oberen Tabelle sehen wir die Komponentenmatrix, welche die *unrotierte* Faktorlösung enthält (❶). Wir können hier bereits Tendenzen erahnen, welche Variablen welchem Faktor zugeordnet werden könnten, allerdings sind die Ergebnisse z. T. wenig trennscharf. Daher betrachten wir die untere Tabelle, welche die *rotierte* Lösung präsentiert (❷). An den vielen leeren Feldern können wir bereits erkennen, dass dort die Faktorladungen

4.4 Ausgewählte Bi- und Multivariate Verfahren

❶ Komponentenmatrix[a]

	Komponente		
	1	2	3
Design	0,612		0,411
Gehäusefarbe	0,462	-0,237	0,719
Stromverbrauch	-0,408	0,641	0,265
Wartungskosten	-0,480	0,504	
Kosten für Ersatzpatronen	-0,441	0,639	0,158
Druckgeschwindigkeit	0,767	0,236	-0,304
Druckqualität	0,644	0,638	
Duplexdruck	0,613	0,389	-0,405
Produktionsland	0,245	0,298	0,578

Extraktionsmethode: Hauptkomponentenanalyse.
a. 3 Komponenten extrahiert

❷ Rotierte Komponentenmatrix[a]

	Komponente		❸
	1	2	3
Design	0,265	-0,223	0,651
Gehäusefarbe		-0,258	0,844
Stromverbrauch		0,801	
Wartungskosten		0,667	-0,184
Kosten für Ersatzpatronen		0,791	
Druckgeschwindigkeit	0,811	-0,261	0,104
Druckqualität	0,853	0,188	0,256
Duplexdruck	0,826		
Produktionsland	0,105	0,262	0,635

Extraktionsmethode: Hauptkomponentenanalyse.
Rotationsmethode: Varimax mit Kaiser-Normalisierung.
a. Die Rotation ist in 4 Iterationen konvergiert.

Abb. 4.111 Ergebnisse Faktorenanalyse 3

kleiner als 0,1 sind. Zudem fällt uns die Zuordnung nun relativ leicht. Wir orientieren uns zunächst an der höchsten Faktorladung pro Variabler (Zeile) und ordnen diese dem entsprechenden Faktor zu (das Vorzeichen ist dabei zunächst unerheblich). Zum Beispiel ordnen wir die Variable „Design" dem Faktor 3 zu, da dort die höchste Faktorladung zu finden ist (❸). Die jeweils entscheidenden Faktorladungen sind umrandet. Nun kommt die eigentliche Herausforderung auf unseren Bachelorarbeitskandidaten zu: Es bedarf jetzt noch einer geeigneten Benennung der gefundenen Faktoren. Stefan wählt folgende Variante:

Faktor 1: „Performance" (Druckgeschwindigkeit, Druckqualität, Duplexdruck)
Faktor 2: „Folgekosten" (Stromverbrauch, Wartungskosten, Kosten für Ersatzpatronen)
Faktor 3: „Optik" (Design, Gehäusefarbe)

Die letzte Variable „Produktionsland" hat er dabei zunächst dem Faktor 3 zugeordnet, was aufgrund der relativ hohen Faktorladung naheliegend war. Inhaltlich passt die Variable aber nicht zu den beiden anderen, die er bereits dem Faktor 3 zugeordnet hat. Hier kommt nun die interpretatorische Freiheit ins Spiel. Da die Variable inhaltlich nicht zum Faktor passt, lässt er sie für sich stehen, ordnet sie also erst gar nicht zu. Die hohe Faktorladung kann auch als Scheinkorrelation verstanden werden. Es ist schlicht Zufall, dass die Probanden z. B. die Produktionsstätte ähnlich beurteilt haben wie das Design (u. a., weil sie Wert auf das Design legen und es gleichzeitig positiv einstufen, wenn ein Gerät aus heimischer Produktion stammt).

Nun lohnt sich ein Blick auf die deskriptiven Werte in Abb. 4.109 (❶). Man erkennt, dass die Variablen innerhalb der Faktoren 1 und 2 sowie die Variable „Produktionsland" durchgehend als relativ wichtig eingestuft wurden. Hingegen wird die Optik (Faktor 3, beschrieben durch „Design" und „Gehäusefarbe") als vergleichsweise unwichtiger bewertet.

▶ Als Ergebnis könnte Stefan seinem Filialleiter somit zusammenfassend mitteilen, dass Performance und Folgekosten der Drucker aus Sicht der potenziellen Kunden wichtig sind, man also in der Handzettelwerbung und den Verkaufsgesprächen diese Eigenschaften in den Vordergrund stellen sollte. (Hätte es sich bei seiner Studie hingegen zunächst nur um einen Fragebogen-Pretest gehandelt, könnte er z. B. in der nachfolgenden Hauptuntersuchung an Stelle der beiden bisherigen Fragen nach „Design" und „Gehäusefarbe" lediglich nach „Optik" fragen und so den Fragebogen ohne größeren Informationsverlust um eine Frage verkürzen).

Kehren wir abschließend nochmals zur Frage der Faktorenzahl zurück. Wir haben eben gesehen, dass eine Variable nicht so richtig ins Bild passt und daher außen vor blieb. Wir könnten daher einfach mal versuchen, welche Ergebnisse sich bei der Forderung nach *genau vier* Faktoren ergibt. Dazu gehen wir zurück in die Dialogbox „Extraktion" (❷) (vgl. Abb. 4.108), wählen dort „Feste Anzahl von Faktoren" (❺) und tragen in das darauf-

4.4 Ausgewählte Bi- und Multivariate Verfahren

Erklärte Gesamtvarianz

Komponente	Anfängliche Eigenwerte ❶			Summen von quadrierten Faktorladungen für Extraktion			Rotierte Summe der quadrierten Ladungen		
	Gesamt	% der Varianz	Kumulierte %	Gesamt	% der Varianz	Kumulierte %	Gesamt	% der Varianz	Kumulierte %
1	2,618	29,086	29,086	2,618	29,086	29,086	2,173	24,147	24,147
2	1,833	20,368	49,453	1,833	20,368	49,453	1,779	19,772	43,919
3	1,380	15,330	64,783	1,380	15,330	64,783	1,640	18,218	62,137
4	0,856	9,515	74,298	0,856	9,515	74,298	1,094	12,161	74,298
5	0,730	8,107	82,405						
6	0,510	5,664	88,068						
7	0,443	4,927	92,995						
8	0,370	4,106	97,101						
9	0,261	2,899	100,000						

Extraktionsmethode: Hauptkomponentenanalyse.

Rotierte Komponentenmatrix[a]

	Komponente			❷
	1	2	3	4
Design	0,269		0,759	
Gehäusefarbe		-0,129	0,837	0,274
Stromverbrauch		0,869		
Wartungskosten		0,473	-0,472	0,348
Kosten für Ersatzpatronen		0,827	-0,129	
Druckgeschwindigkeit	0,813	-0,173	0,216	-0,136
Druckqualität	0,854	0,211	0,182	0,157
Duplexdruck	0,826	-0,152	-0,115	0,100
Produktionsland	0,106		0,177	0,919

Extraktionsmethode: Hauptkomponentenanalyse.
Rotationsmethode: Varimax mit Kaiser-Normalisierung.
a. Die Rotation ist in 5 Iterationen konvergiert.

Abb. 4.112 Ergebnis Faktorenanalyse (Vier-Faktoren-Lösung)

hin beschreibbare Feld hinter „Zu extrahierende Faktoren" die gewünschte Zahl, also 4, ein. Danach lassen wir die Berechnungen mit ansonsten unveränderten Einstellungen nochmals durchführen. Die verkürzten Ergebnisse finden sich in Abb. 4.112.

Der oberen Tabelle (❶) entnehmen wir zunächst, dass die angeforderte Vier-Faktoren-Lösung eine höhere kumulierte Varianzerklärung liefert als zuvor (74,298 gegenüber 64,783 %).

In der Tabelle „Rotierte Komponentenmatrix" sehen wir, dass das „Produktionsland" nun formal einen eigenständigen Faktor bildet (❷). Somit haben wir gegenüber der vorigen Lösung eigentlich keinen wirklichen Erkenntnisfortschritt zu verzeichnen, die Zuordnung erscheint lediglich im Hinblick auf die Faktorladungen trennschärfer. Ansonsten bleibt alles beim Alten, allerdings ist die Zuordnung der Variablen „Wartungskosten" nun schwierig, da es keine eindeutige Tendenz mehr gibt und sich alle Faktorladungen in der betreffenden Zeile unter 0,5 bewegen. Daher ordnen wir hier die Wartungskosten dieses Mal lediglich *inhaltlich begründet* dem Faktor 2 zu. Insgesamt ist die Interpretation durch die Vier-Faktor-Lösung eher schwieriger geworden, weshalb wir Stefan wohl die ursprüngliche Lösung mit drei Faktoren und einer alleinstehenden Variablen empfehlen würden.

Eine weitere Möglichkeit wäre zudem, die Variable „Produktionsland" gänzlich aus der Faktorenanalyse auszuschließen. Man erkennt hier, wie bereits erwähnt, den Interpretationsspielraum im Rahmen einer solchen explorativen Analyse.

Optionale Differenzierungen
Zusätzlich zur Extraktion der Faktoren könnten wir auch noch ermitteln, wie die einzelnen Probanden hinsichtlich der daran gebündelten Schwerpunkte reagieren. So könnte es beispielsweise sein, dass Männer eher den Faktor „Performance" als wichtig einschätzen, Frauen hingegen mehr auf den Faktor „Folgekosten" achten. Um solche individuellen Präferenzen zu ermitteln, wählt man die Schaltfläche „Scores …" in der Dialogbox „Faktorenanalyse" (vgl. Abb. 4.107). Dort setzt man einen Haken bei „Variablen speichern". Standardmäßig ist dann „Regression" als Methode voreingestellt. Während der Berechnung der zuvor gezeigten Ergebnisse erzeugt SPSS nun zusätzlich so viele neue Variablen wie Faktoren ermittelt wurden und fügt sie am Ende unseres Datensatzes ein. Diese neuen Variablen werden mit „FAC1_1", „FAC2_1" und „FAC3_1" bezeichnet. Die darin enthaltenen Werte können positiv oder negativ sein. In unserem Beispiel hätte die Person mit der ID=1 folgende Werte:

$$FAC1\_1: 0{,}84554 \quad FAC2\_1: -1{,}07879 \quad FAC3\_1: -0{,}57566$$

Dies bedeutet, dass Proband 1 im Verhältnis zu allen befragten Personen überdurchschnittlich auf den Faktor 1 (positiver Wert), aber unterdurchschnittlich auf die anderen beiden Faktoren (negative Werte) reagiert. Da die zugrunde liegende Skala von „1 = sehr wichtig" bis „7 = völlig unwichtig" reicht, bedeutet dies, dass der Proband 1 den ersten Faktor als überdurchschnittlich unwichtig, die Faktoren 2 und 3 hingegen als überdurchschnittlich wichtig bewertet. An dieser Stelle könnte man die zuvor angedeutete Differenzierung nach Geschlecht untersuchen.

Beispiel

Ein sehr anschauliches Beispiel zur Faktorenanalyse findet sich bei Jacob et al. (2019, S. 243 ff.). Der Grad der Zustimmung der Befragten zu 12 Statements zum Thema AIDS (z. B. „Schuld an AIDS sind die Hauptrisikogruppen" oder „Vereine sollten die Möglichkeit haben, nur Gesunde aufzunehmen") resultierte in lediglich zwei Faktoren, die sich plakativ mit „Schuldzuweisung" und „Ausgrenzung" beschreiben lassen. Ist also eine Person der Meinung, dass AIDS-Kranke ausgegrenzt werden sollten, wird sie allen zugrunde liegenden Statements des letztgenannten Faktors tendenziell zustimmen. Ist sie umgekehrt gegen eine Ausgrenzung, wird sie alle Aussagen im Bündel des Faktors „Ausgrenzung" tendenziell ablehnen. Anstatt die Ergebnisse zu allen 12 Statements vorzustellen, genügt es, jeweils eine Aussage hinsichtlich des tendenziellen Zustimmungsgrads der Probanden zu den beiden Faktoren „Schuld" sowie „Ausgrenzung" zu formulieren. ◄

4.4.4 Clusteranalyse

Ein wesentlicher Teilbereich im Marketing-Management-Prozess ist die Definition von Zielgruppen. In diesem Zusammenhang ist der Begriff der Marktsegmentierung von Bedeutung. Das Ziel ist es, homogene Kundengruppen zu finden, die dann zielgenau angesprochen werden können. Solche Analysen können von einem Unternehmen selbst durchgeführt werden, man kann aber auch auf bestehende Studien zurückgreifen. Im Marketing sind hier beispielsweise die GfK Roper Consumer Styles bekannt (vgl. Abb. 4.113), die eine Klassifizierung nach Lebensstilen beinhalten (vgl. bspw. Peichl 2014, S. 135 ff.).

▶ Die *Clusteranalyse* hat zum Ziel, eine Menge an Merkmalsträgern (z. B. Konsumenten) auf Basis vorgegebener, individueller Merkmalsausprägungen zu Gruppen („Clustern") zusammenzufassen. Dabei soll *innerhalb* der Cluster eine möglichst hohe Ähnlichkeit der Merkmalsträger herrschen, *zwischen* den Clustern hingegen eine möglichst hohe Unähnlichkeit.

Die Clusteranalyse ist ein exploratives Verfahren, ähnlich der zuvor beschriebenen explorativen Faktorenanalyse. Hier suchen wir nun aber nicht nach Gruppen von Variablen, sondern nach Gruppen von Personen bzw. Objekten. Der grundsätzliche Ablauf kann wie folgt skizziert werden (vgl. Fantapié Altobelli 2023, S. 265):

1. Auswahl der relevanten Variablen
2. Bestimmung der (Un-)Ähnlichkeiten zwischen den Objekten

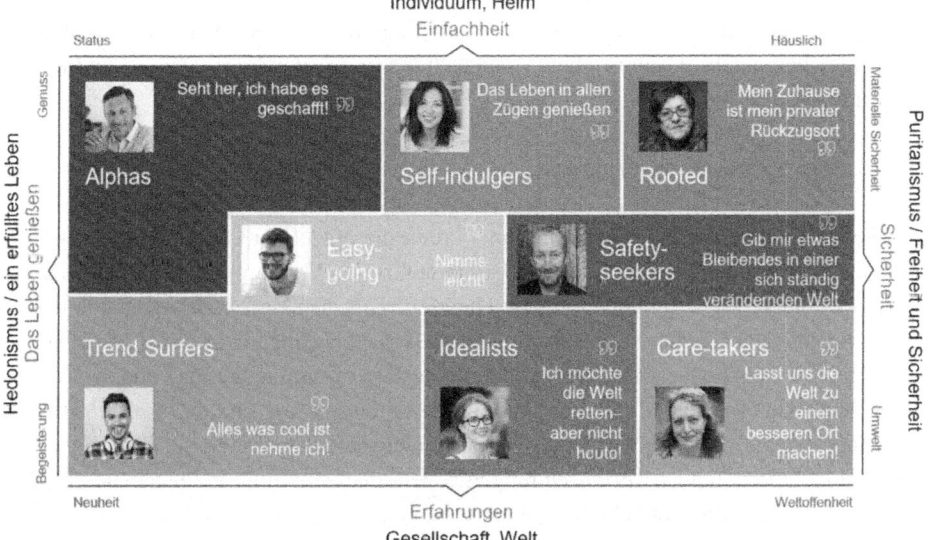

Abb. 4.113 GfK Roper Styles. (Quelle: GfK – an NIQ company)

3. Auswahl des Fusionsalgorithmus
4. Bestimmung der Clusterzahl
5. Clusterbeschreibung

Zur Clusteranalyse existiert eine große Zahl verschiedener Verfahren. Daher soll im Folgenden anhand der vorstehenden Schritte zunächst ein grober Überblick gegeben werden. Anschließend werden wir eine Clusteranalyse auf Basis eines üblichen und intuitiv verständlichen Verfahrens durchführen. Die Verwendung anderer Verfahren sollte danach mit Unterstützung der Spezialliteratur keine größere Hürde für die Studierenden mehr sein.

1. *Auswahl der relevanten Variablen*

Bezüglich der einbezogenen Variablen spielen zunächst inhaltliche Aspekte eine Rolle. Anschließend sollte auf eine gleiche Skala geachtet werden. SPSS kennt zwar verschiedene Distanzmaße (vgl. Schritt 2), aber die für eine Clusteranalyse verwendeten Daten sollten bestenfalls durchgängig die gleichen Ausprägungen haben, z. B. Skalenwerte von 1–5 oder aber nur binäre Ausprägungen. Auch hier sei erneut der Hinweis gestattet, dass dies bereits in der Phase der Fragebogenerstellung Berücksichtigung finden sollte.

2. *Bestimmung der (Un-)Ähnlichkeiten zwischen den Objekten*

Je nach Verfahren unterscheidet man zwischen Ähnlichkeits- und Unähnlichkeitsindices. Unter Verwendung von Ähnlichkeitsindices in der späteren Clusterbildung werden immer solche Personen bzw. Objekte im aktuellen Schritt zusammengeführt, die die *höchste* Ähnlichkeit aufweisen. Umgekehrt verfährt man, wenn man einen Unähnlichkeitsindex heranzieht. Dann orientiert man sich am *geringsten* Wert. Dies ist einfach nur eine spiegelbildliche Logik.

3. Auswahl des Fusionsalgorithmus

Hier beginnt der spannende Teil. Nun werden die einzelnen Cluster schrittweise gebildet. Zunächst kann man die zur Verfügung stehenden Verfahren v. a. in hierarchische und partitionierende Verfahren einteilen. Die *hierarchischen Verfahren* betrachten jeweils zwei Objekte. Dabei gehen sie entweder *agglomerativ* (ausgehend von einzelnen Objekten werden diese sukzessive zu immer größeren Clustern zusammengefügt) oder *divisiv* vor (hier geht man von einem einzigen großen Gesamtcluster aus und entfernt schrittweise einzelne Objekte). Es können metrische und nicht-metrische Daten verwendet werden. Bei den *partitionierenden Verfahren* hingegen geht man von einer vorgegebenen Zahl an Clustern aus, die die betrachteten Objekte bereits enthalten und versucht, durch Verschieben der Objekte in andere Cluster die Trennschärfe zu verbessern, bis ein Stopp-Kri-

4.4 Ausgewählte Bi- und Multivariate Verfahren

terium erreicht wird. Dabei wird metrisches Skalenniveau vorausgesetzt. Ein bekanntes Verfahren ist hierbei das K-means-Clustering (vgl. Janssens et al. 2008, S. 318 f.).

4. Bestimmung der Clusterzahl

Die Festlegung der Anzahl an Clustern kann mit bestimmten Indices unterstützt werden, ist aber in der Praxis häufig eher subjektiv geprägt. Wir werden daher im nachstehenden Beispiel letztere Vorgehensweise betrachten.

5. Clusterbeschreibung

Ähnlich wie bei der Faktorenanalyse ist in diesem letzten Schritt die Kreativität des Forschers gefragt. Es geht abschließend darum, prägnante Bezeichnungen für die einzelnen Cluster zu finden. In den vorgenannten GfK Roper Styles sind dies z. B. Namen wie „Alphas", „Care-takers" oder „Trend Surfers" (vgl. Abb. 4.113).

Im Folgenden wollen wir uns eine gängige Vorgehensweise im Rahmen eines hierarchischen Modells an einem Beispiel näher anschauen.

Beispiel zur Clusteranalyse

Die Studentin Lea möchte einen Kaffeevertrieb an ihrer Hochschule aufbauen, um ihr knappes Budget aufzubessern. Dazu möchte sie zunächst einmal wissen, mit welchem Typ Kaffeetrinker sie es dabei zu tun haben könnte. Nach längerem Überlegen notiert sie vier Variablen, die aus ihrer Sicht einen Einfluss auf das Kaufverhalten potenzieller Kunden haben könnten:

1. Niedriger Preis
2. Bekannte Marke („Markenprodukt")
3. Bio
4. Hoher Koffeingehalt

Am nächsten Tag befragt sie zehn zufällig ausgewählte Kommilitoninnen und Kommilitonen hinsichtlich ihrer Einschätzung zu den vier Variablen. Die Ergebnisse speichert sie im Datensatz *Kaffee.sav* ab. ◄

Die Ergebnisse ihrer Befragung finden sich in Abb. 4.114. Die zehn kontaktierten Personen mussten ihre Einschätzung jeweils auf einer Skala von „1 = völlig unwichtig" bis „7 = sehr wichtig" abgeben.

In einem solch kleinen Datensatz können wir Ähnlichkeiten von Personen noch recht einfach mit bloßem Auge erkennen, was wir zum besseren Verständnis an dieser Stelle daher eingangs tun wollen. Wir sehen im direkten Vergleich der Personen 1 und 2, dass diesen ein niedriger Preis sowie ein hoher Koffeingehalt tendenziell unwichtig sind (Be-

	ID	Preis	Marke	Bio	Koffeingehalt
1	1	1	5	5	1
2	2	2	6	5	1
3	3	1	6	7	2
4	4	4	2	5	5
5	5	6	2	5	5
6	6	5	1	1	6
7	7	6	1	2	5
8	8	1	6	7	2
9	9	2	7	7	2
10	10	1	6	6	1

Abb. 4.114 Daten zum Kaffeebeispiel

wertungen 1 bzw. 2). Hingegen finden wir relativ hohe Werte für Marke und Bio (5 bzw. 6). Letztere Aspekte scheinen den beiden Personen also beim Kaufentscheid tendenziell wichtig zu sein.

Umgekehrt legen die Personen 6 und 7 relativ großen Wert auf einen niedrigen Preis und einen hohen Koffeingehalt (5 bzw. 6), ob es sich dabei um ein Marken- oder Bioprodukt handelt, ist ihnen hingegen praktisch gleichgültig (Werte 1 und 2).

Wir können somit bereits an dieser Stelle erahnen, dass Personen 1 und 2 sich später im selben Cluster wiederfinden werden, ebenso wie die Personen 6 und 7, letztere allerdings natürlich in einem anderen als Personen 1 und 2.

Mittels SPSS gelangen wir über folgende Klickreihenfolge zur hierarchischen Clusteranalyse:

Analysieren -> Klassifizieren -> Hierarchische Cluster ...

Wir erhalten die in Abb. 4.115 dargestellte Dialogbox.

Als Variablen wählen wir die vier vorgenannten Wichtigkeiten von Preis, Marke, Bio und Koffeingehalt, indem wir sie ins Feld „Variable(n):" (❶) verschieben. Alle vier wurden auf der gleichen Skala (1–7) erhoben – wobei wir diese als intervallskaliert interpretieren wollen – und sind inhaltlich geeignet, die Personen zu gruppieren (die Einteilung nach Fällen, also hier Personen, ist bereits unter „Cluster" (❻) voreingestellt – SPSS könnte hier auch nach Variablen clustern, was aber nicht unser Bestreben ist).

Nun nehmen wir noch einige sinnvolle Einstellungen vor. Wir klicken zunächst auf die Schaltfläche „Statistiken" (❷). In der Dialogbox „Hierarchische Clusteranalyse: Statistik" (vgl. Abb. 4.116) befindet sich bereits ein Haken bei der „Zuordnungsübersicht" (❶). Dabei würden wir es normalerweise zunächst belassen, aus Anschauungsgründen setzen wir aber noch einen Haken bei „Ähnlichkeitsmatrix" (❷).

4.4 Ausgewählte Bi- und Multivariate Verfahren

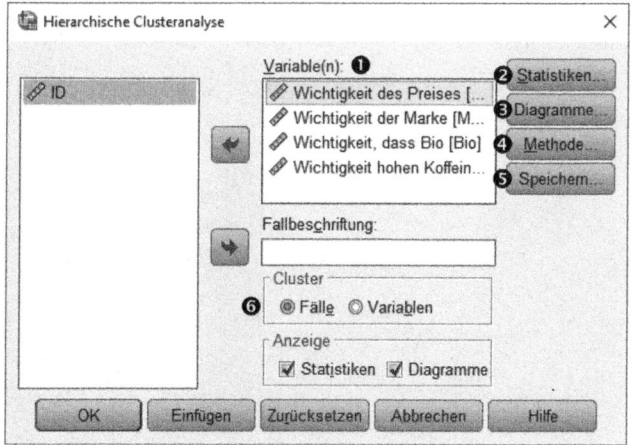

Abb. 4.115 Dialogbox „Hierarchische Clusteranalyse"

Abb. 4.116 Dialogbox „Hierarchische Clusteranalyse: Statistik"

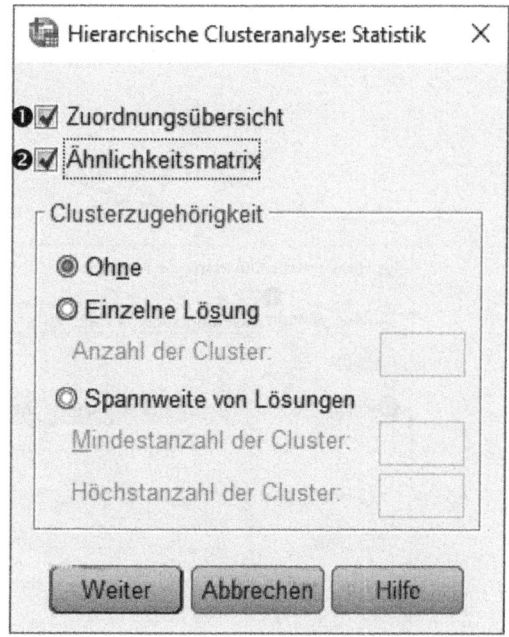

Wir bestätigen mit „Weiter" und gelangen zurück zur vorigen Dialogbox (Abb. 4.115), wo wir nun die Option „Diagramme" (❸) wählen. In der entsprechenden Dialogbox (Abb. 4.117) setzen wir zunächst einen Haken bei „Dendrogramm" (❶) und wählen dann das eher verwirrende Eiszapfendiagramm mittels Klick auf die Option „Ohne" ab (❷).

Wir kehren erneut mit „Weiter" zur Ausgangsbox zurück (Abb. 4.115) und fordern dort abschließend per Klick auf „Methode …" (❹) die in Abb. 4.118 dargestellte Dialogbox

Abb. 4.117 Dialogbox „Hierarchische Clusteranalyse: Diagramme"

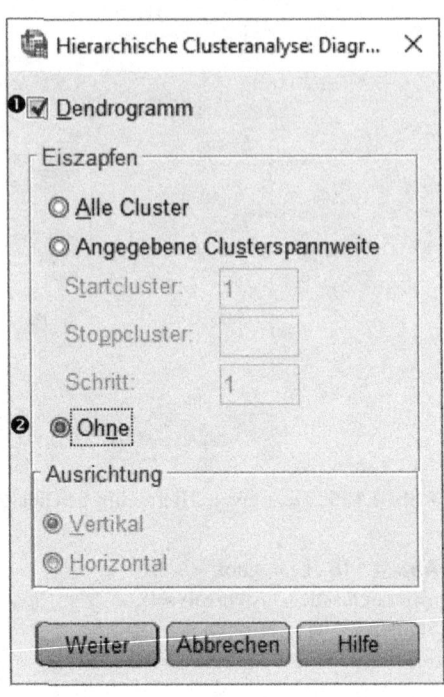

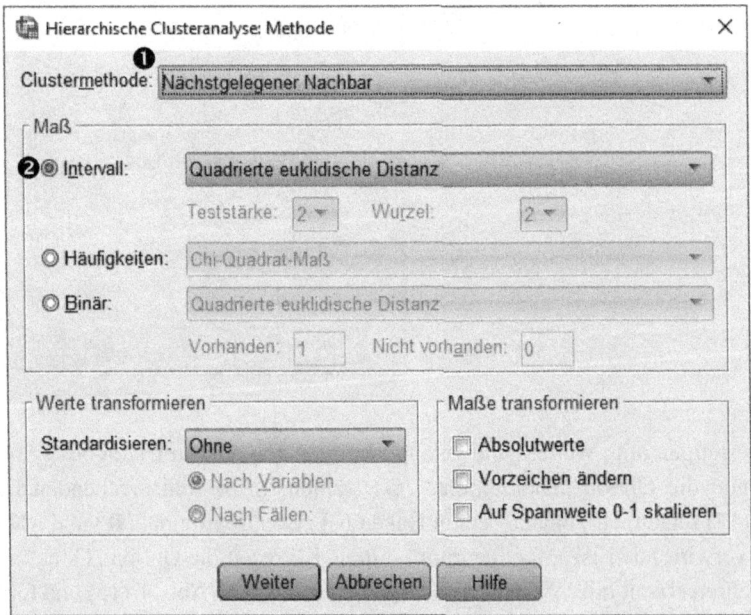

Abb. 4.118 Dialogbox „Hierarchische Clusteranalyse: Methode"

4.4 Ausgewählte Bi- und Multivariate Verfahren

an. Hier können wir uns für eine Clustermethode sowie ein geeignetes Distanzmaß entscheiden. Unter „Clustermethode" (❶) finden wir eine Liste an Auswahlmöglichkeiten. Einige davon werden im Folgenden kurz vorgestellt (vgl. Janssen und Laatz 2017, S. 501 f.):

- *Verlinkung zwischen den Gruppen („average linking between groups"):*
  Die Distanz zwischen zwei Clustern wird über das arithmetische Mittel der Distanzen aller möglichen Objektpaare aus jeweils verschiedenen Clustern berechnet.
- *Nächstgelegener Nachbar („single linkage", auch „nearest neighbor"):*
  Hierbei wird die kleinste Distanz zwischen zwei Objekten betrachtet (egal ob alleinstehend oder bereits sich innerhalb eines Clusters befindend)
- *Entferntester Nachbar („complete linkage"):*
  Hier steht die größte Distanz zwischen zwei Objekten im Fokus (egal ob alleinstehend oder bereits sich innerhalb eines Clusters befindend)
- *Ward-Methode:*
  Dieses Verfahren unterscheidet sich grundsätzlich von den vorgenannten. Es werden nicht einzelne Distanzen separat betrachtet. Vielmehr ist es das Ziel, den Zuwachs an Heterogenität eines Clusters zu minimieren. Der Vorteil des Verfahrens ist, dass es zur Bildung ähnlich großer Cluster neigt.

Wir wählen hier für unser Beispiel „Nächstgelegener Nachbar" aus (❶), u. a. deswegen, weil das Verfahren leicht einsichtig ist.

Danach müssen wir ein Maß für die Distanz zwischen betrachteten Objekten festlegen. Dabei geht es zunächst um das vorliegende Skalenniveau der Daten. SPSS unterscheidet zwischen „Intervall", „Häufigkeiten" und „Binär". In unserem Beispiel liegt eine Intervallskala vor (zumindest haben wir eine solche angenommen). Diese ist bereits voreingestellt (❷). Darunter bietet SPSS acht Optionen an. Auch hier sollen einige kurz vorgestellt werden:

- *Euklidsche Distanz:*
  Die Euklidsche Distanz kann man sich bei nur zwei Variablen anhand des Satzes von Pythagoras grafisch recht einfach verdeutlichen (vgl. Abb. 4.119 links). Man erhält die Distanz zwischen zwei Objekten A und B (Hypotenuse) als Wurzel der Summe der beiden quadrierten Distanzen (Katheten) der jeweiligen Ausprägungen.
- *Quadrierte euklidsche Distanz:*
  Berechnet sich analog zur euklidschen Distanz, ohne aber abschließend die Wurzel zu ziehen. Dies ist die Standardeinstellung bei SPSS.
- *Block* (auch *City-Block-Metrik*):
  Bei dieser Variante werden lediglich die Beträge der Abstände zweier Merkmalsausprägungen bei zwei Objekten addiert (vgl. Abb. 4.119 rechts). Der Begriff City-Block-Metrik beschreibt dies anschaulich. Stellen wir uns vor, wir blicken von oben auf eine Stadt und wollen von A nach B. Während ein Vogel den direkten Weg von A

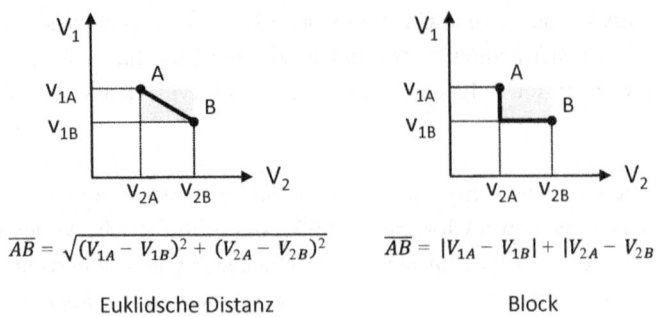

Abb. 4.119 Euklidsche Distanz und Block

nach B nimmt (Euklidsche Distanz), muss ein Fußgänger um ein Gebäude (angedeutet durch die schraffierte Fläche) herumlaufen („Einmal um den Block gehen"), also zuerst die Straße runter und dann an der Ecke abbiegen.

Wir verwenden in der Folge die Standardeinstellung, die quadrierte euklidsche Distanz. Bei der gewählten Clustermethode wäre aber auch die euklidsche Distanz möglich. Es kommt lediglich zu einer Stauchung der Distanzwerte, relativ ändert sich dadurch jedoch nichts.

Bei diesen Einstellungen belassen wir es zunächst. Wir klicken auf „Weiter" und dann „OK". So erhalten wir den in Abb. 4.120 dargestellten Output.

Als erstes sehen wir die sogenannte Näherungsmatrix. Sie basiert auf dem quadrierten euklidschen Distanzmaß, was uns im Rahmen der Überschrift nochmals in Erinnerung gerufen wird (❶). Bei der Tabelle handelt es sich um eine „Unähnlichkeitsmatrix" (was auch unterhalb der Tabelle erwähnt wird). Dies bedeutet, dass die Objekte sich umso ähnlicher sind, je *kleiner* die Werte sind. Dies erkennt man am besten an der Diagonalen, denn hier werden Fälle (Zeilen) mit sich selbst (Spalten) verglichen, und natürlich ist die Distanz dann Null.

Wenden wir uns einmal beispielhaft den zuvor schon betrachteten Personenpärchen 1-2 bzw. 6-7 und deren jeweiligen Ausprägungen hinsichtlich der vier Variablen zu (vgl. Abb. 4.114). Die Distanz zwischen ihnen errechnet sich nach der Formel der quadrierten Euklidschen Distanz als:

$$D_{12} = (1-2)^2 + (5-6)^2 + (5-5)^2 + (1-1)^2 = 1+1+0+0 = 2$$
$$D_{67} = (5-6)^2 + (1-1)^2 + (1-2)^2 + (6-5)^2 = 1+0+1+1 = 3$$

Genau diese Werte entnehmen wir auch der Näherungsmatrix.

Als nächstes finden wir eine Tabelle, die mit „Zuordnungsübersicht" überschrieben ist. Wir müssen die Zuordnung später natürlich nicht von Hand vornehmen, aber an dieser Stelle lässt sich die Vorgehensweise von SPSS dadurch gut nachvollziehen. Ausgehend von zehn individuellen Clustern (jede Person wird zunächst als ein solches definiert), wer-

4.4 Ausgewählte Bi- und Multivariate Verfahren

Näherungsmatrix

❶ Quadriertes euklidisches Distanzmaß

Fall	1	2	3	4	5	6	7	8	9	10
1	0,000	2,000	6,000	34,000	50,000	73,000	66,000	6,000	10,000	2,000
2	2,000	0,000	6,000	36,000	48,000	75,000	66,000	6,000	6,000	2,000
3	6,000	6,000	0,000	38,000	54,000	93,000	84,000	❺ 0,000	2,000	2,000
4	34,000	36,000	38,000	0,000	4,000	19,000	14,000	38,000	42,000	42,000
5	50,000	48,000	54,000	4,000	0,000	19,000	10,000	54,000	54,000	58,000
6	73,000	75,000	93,000	19,000	19,000	0,000	3,000	93,000	97,000	91,000
7	66,000	66,000	84,000	14,000	10,000	3,000	0,000	84,000	86,000	82,000
8	6,000	6,000	0,000	38,000	54,000	93,000	84,000	0,000	2,000	2,000
9	10,000	6,000	2,000	42,000	54,000	97,000	86,000	2,000	0,000	4,000
10	2,000	2,000	2,000	42,000	58,000	91,000	82,000	2,000	4,000	0,000

Dies ist eine Unähnlichkeitsmatrix

❷ **Zuordnungsübersicht**

	Zusammengeführte Cluster		❹	Erstes Vorkommen des Clusters		
Schritt	Cluster 1	Cluster 2	Koeffizienten	Cluster 1	Cluster 2	Nächster Schritt
1 ❸	3	8	0,000	0	0	2
2	3	10	2,000	1	0	3
3	3	9	2,000	2	0	4
4	1	3	2,000	0	3	5
5	1	2	2,000	4	0	9
6	6	7	3,000	0	0	8
7	4	5	4,000	0	0	8
8	4	6	10,000	7	6	9
9	1	4	34,000	5	8	0

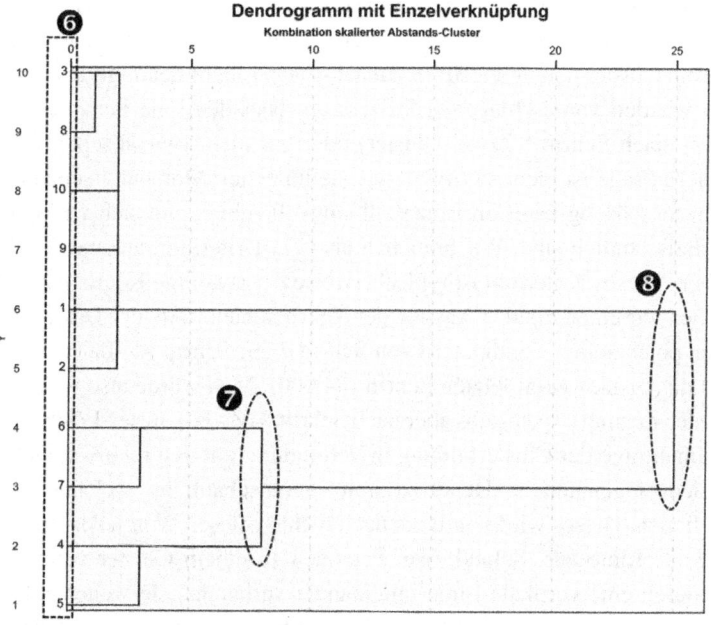

Abb. 4.120 Ergebnis Clusteranalyse – Nächstgelegener Nachbar

den nun Schritt für Schritt einzelne Cluster fusioniert (❷). In der ersten Zeile („Schritt 1") sind dies zunächst Cluster 3 und Cluster 8 (❸). Dies ist einleuchtend, da deren Distanz Null ist (Spalte ❹), weil die jeweiligen Präferenzen durchgehend identisch sind (was man in Abb. 4.114 leicht überprüfen kann). Den gleichen Wert kann man zu diesem Zeitpunkt auch noch in der Näherungstabelle finden (❺). Dies ist das Prinzip des nächstgelegenen Nachbars. Im nächsten Schritt wird dem bestehenden Cluster (3,8) die Person 10 hinzugefügt. Im Schritt 3 wird das nun vergrößerte Cluster (3,8,10) um die Person 9 ergänzt. Dieses Hinzufügen findet bis einschließlich Schritt 5 statt. Im Schritt 6 tauchen nun mit 6 und 7 zwei Personen auf, die wir bisher noch in keinem Cluster berücksichtigt hatten, daher formen wir aus diesen beiden Personen nun ein neues Cluster. Auch im 7. Schritt tauchen mit Personen 4 und 5 zwei Neulinge auf, sodass auch diese ein eigenes Cluster bilden. Somit haben wir jetzt folgende Cluster (jeweils in der Reihenfolge der Zuordnung):

Cluster 1: (3,8,10,9,1,2)
Cluster 2: (6,7)
Cluster 3: (4,5)

Damit aber nicht genug. Im Schritt 8 fügt SPSS Cluster 2 (beinhaltet Person 6) und Cluster 3 (beinhaltet Person 4) zusammen. Jetzt liegen nur noch zwei Cluster vor. Und im finalen Schritt 9 schlägt SPSS auch noch eine Vereinigung dieser verbleibenden beiden Cluster zu einem großen Gesamtcluster vor. Diese letzten Schritte bedürfen jetzt noch unserer besonderen Aufmerksamkeit, denn wir sind ja auf der Suche nach einigen wenigen, in sich homogenen, zueinander aber heterogenen Clustern. Für die Vereinigung aller Personen in ein Cluster hätten wir SPSS zunächst ja gar nicht benötigt. Die Frage ist also, wo brechen wir den vorgeschlagenen Prozess ab: Nachdem alle Personen verteilt sind (drei Cluster), nach Schritt 8 (zwei Cluster) oder gar nicht (wir akzeptieren ein großes Cluster)? Diese Frage ist nicht so trivial, wie sie im ersten Moment erscheint, denn auch eine Ein-Cluster-Lösung kann im Einzelfall sinnvoll sein, wenn sich wirklich *alle* zehn Personen relativ ähnlich sind. Wir brauchen also ein Kriterium, anhand dessen wir eine Grenze ziehen. Dieses Kriterium ist typischerweise der jeweilige Koeffizient in Spalte ❹. Und hier sehen wir einen rapiden Anstieg der Koeffizienten (d. h. der Distanzen zwischen den nächsten potenziellen Kandidaten) von Schritt 7 auf Schritt 8 (10,000). Noch dramatischer wird die Distanz beim letzten Schritt (34,000). Man würde also wohl nach Schritt 7 (Drei-Cluster-Lösung), spätestens aber nach Schritt 8 (Zwei-Cluster-Lösung) abbrechen.

Diese Reihenfolge der Clusterbildung in Verbindung mit den relativen Distanzen wird zudem in dem sogenannten „Dendrogramm" veranschaulicht, welches wir unten in Abb. 4.120 finden. Dieses wird von links nach rechts gelesen. Von jeder Person (❻) geht eine horizontale Linie aus. Sobald zwei Personen zu einem Cluster verknüpft werden, werden sie durch eine vertikale Linie miteinander verbunden. Je weiter links sich diese vertikale Linie befindet, desto ähnlicher sind sich die Personen und umso früher werden sie miteinander verbunden. Man erkennt wieder, dass zunächst die Personen 3 und 8 ver-

4.4 Ausgewählte Bi- und Multivariate Verfahren

bunden werden, anschließend die Personen 10, 9, 1, und 2 zum Cluster hinzustoßen (im Grunde gleichzeitig, da alle ihre Distanzen zum Cluster (3,8) identisch sind, was man auch in Spalte ❹ sehen kann). Danach werden 6 und 7 und anschließend 4 und 5 zu je einem neuen Cluster verbunden. Anschließend erfolgt die Zusammenfassung der bereits bestehenden Cluster (6,7) und (4,5) (❼) und schließlich die Zusammenführung aller Personen zu einem Gesamtcluster (❽). Hier ist es noch einfacher zu sehen, dass zumindest der letzte Schritt (❽) nicht mehr sinnvoll erscheint.

Natürlich machen wir diese ganze Arbeit nicht händisch, dies diente nur dem besseren Verständnis. Das Dendrogramm reicht völlig aus, um zu sehen, mit wie vielen Clustern wir rechnen können. Wir machen ohne weitere Kenntnisse, lediglich aufgrund der optischen Analyse, einen Schnitt nach Schritt 7, das heißt wir ignorieren die Zusammenführungen ❼ sowie ❽ und erhalten somit drei Cluster.

Nun gehen wir zurück zu unserer Dialogbox „Hierarchische Clusteranalyse" (Abb. 4.115). Dort klicken wir auf „Speichern" (❺). Standardmäßig ist dort hinsichtlich Clusterzugehörigkeit „Ohne" aktiviert, Wir ändern dies zu „Einzelne Lösung" und tragen in das nun beschreibbare Feld unsere gewünschte Clusterzahl „3" ein (vgl. Abb. 4.121) (❶).

Wir lassen die Clusteranalyse nun nochmals durchlaufen und erhalten vor dem Dendrogramm noch eine zusätzliche Tabelle (vgl. Abb. 4.122). Dort finden wir die – zuvor mühsam händisch zugeordneten – Personen mit ihrer jeweiligen Clusternummer. Personen („Fall") 1, 2, 3, 8, 9 und 10 bilden das Cluster 1, Personen 4 und 5 das Cluster 2 und Personen 6 und 7 das Cluster 3.

Die gleiche Tabelle hätten wir auch im Untermenü „Statistiken" auf gleiche Weise anfordern können. Der Unterschied ist, dass wir nun zusätzlich eine neue Variable („CLU3_1") in unserem Datenblatt finden (vgl. Abb. 4.123), die die Clusterzugehörigkeit beinhaltet. Wir könnten nun auch den Datensatz nach dieser Variablen, also nach Clustern, sortieren und bekommen so die zusammenhängenden Fälle als Blöcke (in Abb. 4.123 bereits durchgeführt).

Abb. 4.121 Clusterzuordnung

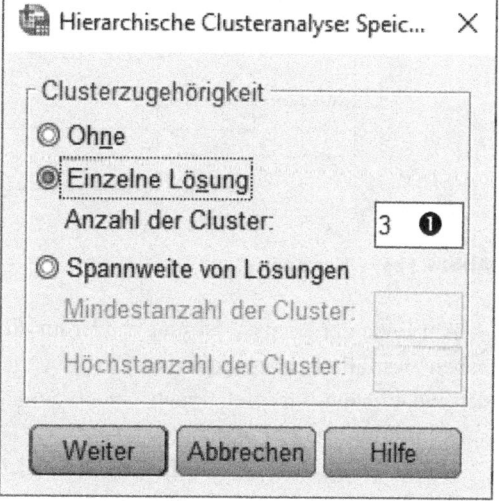

Abb. 4.122 Clusterzugehörigkeit

Cluster-Zugehörigkeit

Fall	3 Cluster
1	1
2	1
3	1
4	2
5	2
6	3
7	3
8	1
9	1
10	1

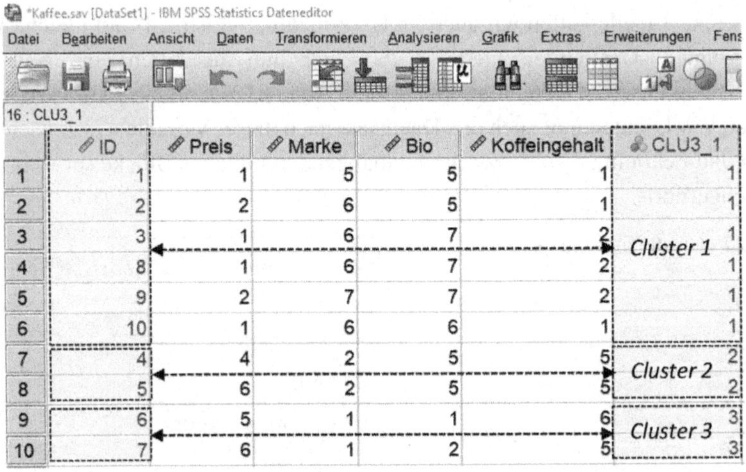

	ID	Preis	Marke	Bio	Koffeingehalt	CLU3_1	
1	1	1	5	5	1	1	
2	2	2	6	5	1	1	
3	3	1	6	7	2	1	Cluster 1
4	8	1	6	7	2	1	
5	9	2	7	7	2	1	
6	10	1	6	6	1	1	
7	4	4	2	5	5	2	Cluster 2
8	5	6	2	5	5	2	
9	6	5	1	1	6	3	Cluster 3
10	7	6	1	2	5	3	

Abb. 4.123 Clusterzuweisung

Am Ende der Analyse ist nun wiederum die kreative Ader des Forschers gefragt. Wir haben zwar alle Personen auf drei Cluster verteilt, diese müssen aber nun – basierend auf den inhaltlichen Interpretationen – noch aussagekräftig benannt werden (analog zur Lösung im Rahmen der Faktorenanalyse).

Hierzu betrachten wir die Bewertungen der Personen in den einzelnen Clustern und stellen dabei tendenziell folgendes fest:

Cluster 1:
„Marke" und „Bio" werden als wichtig eingestuft, „Preis" und „Koffeingehalt" als unwichtig.
Es handelt sich somit um Konsumenten, die großen Wert auf Gesundheit legen (Bio) und markenaffin sind (Marke). Hingegen spielt der Preis keine Rolle, man „gönnt sich" seine Lieblingsmarke. Und auch der Koffeingehalt steht nicht im Vordergrund, es geht somit wohl eher um genießen als um aufputschen.
Daher könnten wir Personen im Cluster 1 einordnen in die Kategorie: *„Gesundheitsbewusstes Genießen"*

Cluster 3:
„Marke" und „Bio" werden als unwichtig eingestuft, „Preis" und „Koffeingehalt" als wichtig.
Diese Konsumenten sind somit genau spiegelbildlich zu denen im Cluster 1. Ihnen sind Marke und Bio tendenziell egal, hingegen ist es ihnen wichtig, dass der Kaffee günstig ist und einen möglichst hohen Koffeingehalt besitzt. Hier scheint das günstige Aufputschen im Vordergrund zu stehen, z. B. mit dem Ziel, die Statistikvorlesung im wachen Zustand zu überstehen.
Ein Vorschlag zur Benennung von Cluster 3 wäre daher: *„Preisbewusstes Stimulieren"* (Alternativ kam in einer Vorlesung von studentischer Seite auch schon der Vorschlag *„Koffein-Junkie"*).

Cluster 2:
„Preis", „Koffeingehalt" und „Bio" werden als wichtig eingestuft, „Marke" als unwichtig.
Diese Gruppe bereitet nun etwas Schwierigkeiten. Denn ihre Mitglieder legen tendenziell Wert auf das Vorhandensein aller Eigenschaften, mit nur einer Ausnahme, nämlich, dass es sich um ein Markenprodukt handelt. Von studentischer Seite wurde hier einmal „Gesundheitsbewusster Anti-Marken-Hippie" zu deren Beschreibung genannt. Ob man eine solche Bezeichnung verwenden sollte, bleibt dem jeweiligen Forscher überlassen. Auch fehlt ein Hinweis auf den Preis. Man könnte sich also weiterhin den Kopf über einen geeigneteren Namen zerbrechen. Alternativ kann man sich aber auch die beiden bisherigen Cluster anschauen und feststellen, dass zwei recht klare Zielgruppen beschrieben werden: Der (Bio-)Markenkäufer und der Preiskäufer mit zusätzlichem Fokus auf dem Koffeingehalt. Diese zwei Gruppen kann man sowohl produkt-, wie auch kommunikationspolitisch recht gut ansprechen, indem man beispielsweise eine eingeführte Biomarke im Sortiment behält und zusätzlich ein preisgünstiges, viel Koffein beinhaltendes Produkt unter einer Zweitmarke einführt. Somit könnte man auch zur Entscheidung gelangen, sich vorrangig auf diese beiden Cluster (1 und 3) zu fokussieren und es Personen aus Cluster 2 zu überlassen, sich für die eine oder aber die andere Variante zu entscheiden. Im schlimmsten Fall fühlen sich einzelne Personen aus Cluster 2 gar nicht angesprochen und sind als Käufer verloren. Wenn dies eher eine

kleine Gruppe zu sein scheint, könnte man damit möglicherweise leben. Ansonsten ist nochmals die Kreativabteilung gefragt, das Cluster sinnvoll zu benennen und in das Marketingprogramm zu integrieren.

Es bleibt dem Leser abschließend überlassen, auch andere Clusterverfahren bzw. (Un-) Ähnlichkeitsmaße einmal auszuprobieren. Möglicherweise entsteht dadurch ein Ergebnis, welches eine leichter zu interpretierende Clusterlösung liefert – ähnlich der expliziten Vorgabe der Faktorenzahl im Rahmen der Faktorenanalyse. Trotzdem gilt auch hier: Inhalt geht vor Klassifizierungspräzision.

4.4.5 Diskriminanzanalyse

In verschiedenen Branchen kommt es häufig vor, dass man einen (potenziellen) Kunden anhand einiger seiner individuellen Merkmalsausprägungen einstufen möchte. So möchte beispielsweise ein Bankangestellter im Rahmen einer Kreditanfrage vorab prüfen, ob die betreffende Person tendenziell als kreditwürdig einzustufen ist oder nicht. Oder ein Unternehmen möchte beim ersten Auftrag bereits abschätzen, ob es sich um einen zukünftigen Stammkunden handeln könnte, was möglicherweise zu einem günstigeren Angebot führen könnte, um die Wahrscheinlichkeit für einen ersten Kaufabschluss zu erhöhen.

▶ **Grundgedanke der Diskriminanzanalyse** Die *Diskriminanzanalyse* (lat. *discriminare:* trennen, unterscheiden) ermöglicht die Prognose der Gruppenzugehörigkeit von Personen bzw. Objekten. Die abhängige Variable (Gruppe) ist dabei nominal, die unabhängigen Variablen sind metrisch skaliert und sollten normalverteilt sein.

Die Analyse besteht aus zwei Schritten. Im ersten Schritt wird ein für die Prognose geeigneter Zusammenhang auf Basis bereits existierender Daten gesucht *(Diskriminierungsaufgabe)*. Ist dies zufriedenstellend gelungen, kann eine neue Person (bzw. Objekt) anhand ihrer spezifischen Merkmale eingestuft und somit einer Gruppe zugeordnet werden *(Klassifizierungsaufgabe)* (vgl. Backhaus et al. 2023, S. 225).

Beispiel

Die Datenbank eines Messebauers beinhaltet aktuell 20 Kunden. Von ihnen kennt er deren jeweiligen durchschnittlichen Jahresumsatz sowie die durchschnittliche Quadratmeterzahl der bislang bei ihm in Auftrag gegebenen Messestände. Zudem hat er diese 20 Kunden intern bereits danach unterschieden, ob die Zahlungsmoral gut (Kunde zahlt i. d. R. innerhalb der Zahlungsfrist) oder schlecht (Kunde zahlt i. d. R. verspätet) ist. Diese Daten stehen im Datensatz *Messebau.sav*. Nun erhält er einen Auftrag eines Neukunden. Da er momentan Liquiditätsschwierigkeiten hat, überlegt er, ob er den Auftrag annehmen soll oder nicht. Er macht es daher von der vermuteten Zahlungsmoral des potenziellen Kunden abhängig. Nur wenn er erwarten kann, dass dieser innerhalb der

4.4 Ausgewählte Bi- und Multivariate Verfahren

vorgegebenen Frist bezahlt, wird er den Auftrag übernehmen. Da er keine Idee hat, wie dies zu bewerkstelligen ist, schlägt er seiner dualen Studentin Annette vor, das Problem zum Gegenstand einer Projektarbeit zu machen, was diese dankbar aufgreift. ◄

Annette versucht nun, eine Prognose hinsichtlich der erwarteten Zahlungsmoral des potenziellen Neukunden zu erstellen, basierend auf den Daten aller Bestandskunden. Als unabhängige, metrische Variablen verwendet sie „Umsatz" (jährlicher Umsatz eines Kunden in Mio. €) sowie „qm" (durchschnittliche Quadratmeterzahl der bisher bestellten Messestände). Als abhängige Variable fungiert die Zahlungsmoral („Zahlung"). Diese hat sie mit „1" (Kunde zahlt i. d. R. pünktlich) und „0" (Kunde zahlt i. d. R. verspätet) in der Datenbank codiert.

Schritt 1: Diskriminierungsaufgabe

Zunächst ist zu prüfen, ob die beiden Variablen „Umsatz" und „qm" dazu geeignet sind, die Zahlungsmoral einzuschätzen. Daher wird im ersten Schritt auf Basis der bekannten Ausprägungen der unabhängigen *und* der abhängigen Variablen ein Zusammenhangsmodell geschätzt. Die Grundidee ist in Abb. 4.124 veranschaulicht.

Wir betrachten zunächst nur eine unabhängige Variable, nämlich x_1. Wenn wir versuchen, diese als alleinige Diskriminierungsvariable heranzuziehen, müssen wir feststellen, dass es zu diversen Fehlklassifikationen kommt. Idealerweise sollten beispielsweise alle Personen mit hoher Zahlungsmoral links, diejenigen mit geringer Zahlungsmoral rechts der Trennlinie ❶ liegen. Tatsächlich finden wir einige Personen (durch Dreiecke bzw. Punkte dargestellt) auf der jeweils falschen Seite. Der Grund liegt darin,

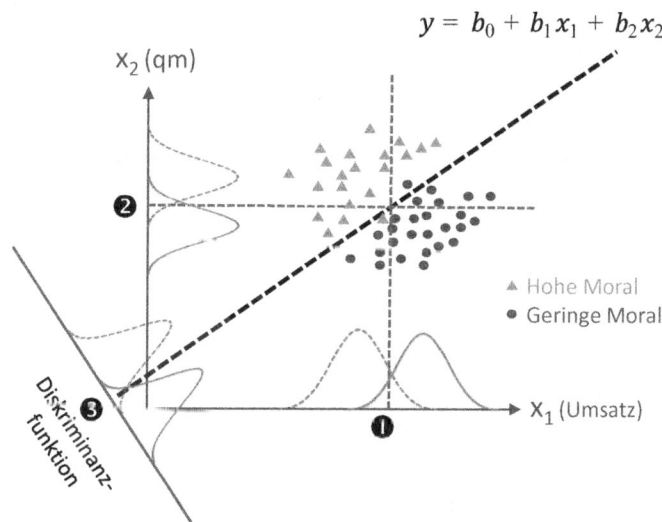

Abb. 4.124 Grundidee der Diskriminanzanalyse. (Vgl. Backhaus et al. 2023, S. 238)

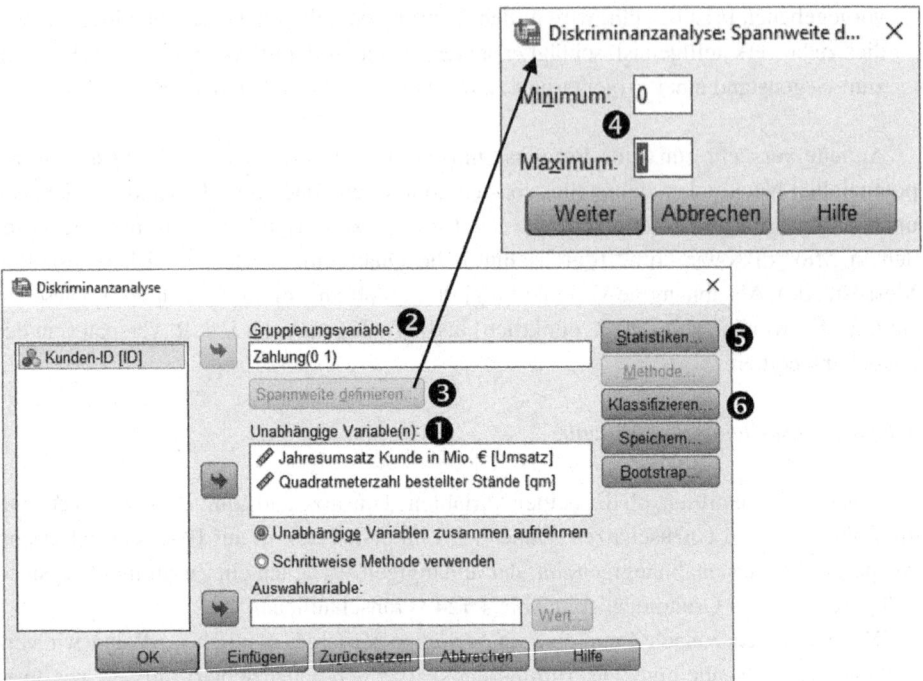

Abb. 4.125 Dialogbox „Diskriminanzanalyse"

dass die Verteilungen der beiden Gruppen (hier als Normalverteilungen dargestellt) sich einigermaßen stark überlappen. Das gleiche gilt analog, wenn wir nur die unabhängige Variable x_2 heranziehen. Auch diese Trennlinie (❷) führt zu diversen Fehlklassifizierungen.

Es liegt daher nahe, v. a., wenn man die Punkteschar betrachtet, eine Gerade zu konstruieren, die so durch die Punkteschar verläuft, dass sie eine möglichst gute Gruppentrennung erreicht. Diese Gerade kann man als Linearkombination der beiden Variablen x_1 und x_2 in der Form $y = b_0 + b_1 x_1 + b_2 x_2$ darstellen. Da sowohl x_1, x_2 als auch y aus dem vorliegenden Datensatz bekannt sind, gilt es (analog zum Grundgedanken der Regressionsanalyse), b_0, b_1 und b_2 so zu bestimmen, dass die bestmögliche Trenngerade ❸ resultiert. Im Beispiel erkennen wir, dass dann lediglich jeweils eine Person auf der „falschen" Seite der Trenngerade liegt und somit falsch klassifiziert wird.

Im Folgenden wird die Diskriminanzfunktion mittels SPSS ermittelt. Die zugehörige Klickreihenfolge lautet:

Analysieren -> Klassifizieren -> Diskriminanzanalyse

Im sich öffnenden Dialogfeld (vgl. Abb. 4.125) definieren wir zunächst die Variablen „Umsatz" (x_1) und „qm" (x_2) als unabhängige, also erklärende Variablen (❶). Anschließend verschieben wir die Variable „Zahlung" in das Feld „Gruppierungsvariable:" (❷); sie dient der Einteilung in die Gruppe „hohe" bzw. „geringe" Zahlungsmoral. Zunächst erscheinen

Abb. 4.126 Dialogbox „Diskriminanzanalyse: Statistik"

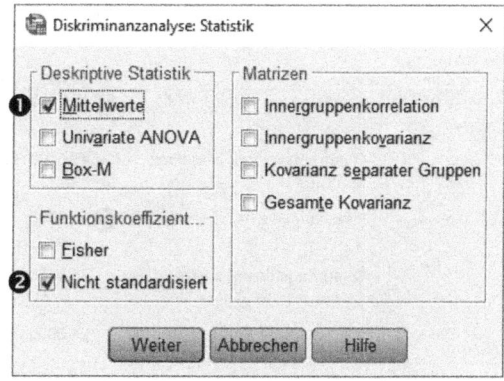

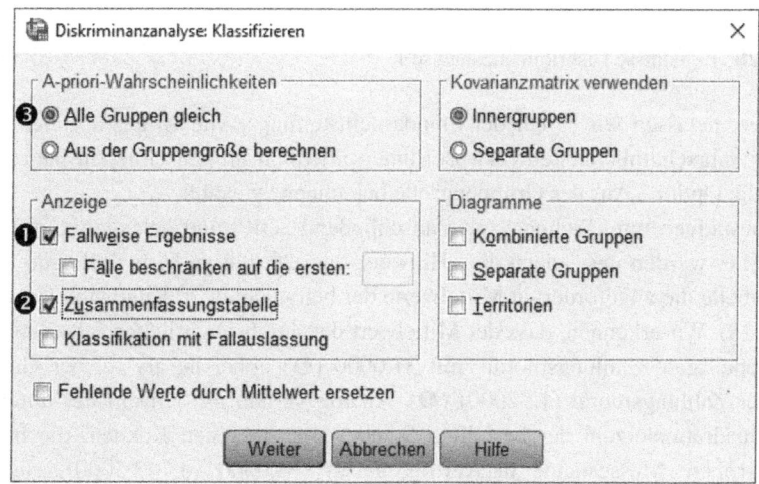

Abb. 4.127 Dialogbox „Diskriminanzanalyse: Klassifizieren"

dabei hinter der Variablen „Zahlung" zwei Fragezeichen in runden Klammern. Wir klicken daher auf die Schaltfläche „Spannweite definieren …" (❸), wodurch sich eine weitere Dialogbox öffnet, in der wir die Spannweite festlegen. Da wir nur 0 und 1 zur Codierung herangezogen haben, stellen diese beiden Werte das Minimum (0) sowie das Maximum (1) dar (❹). Wir klicken auf „Weiter" und sehen nun hinter „Zahlung" die Spannweite „(0 1)".

Nun nehmen wir noch einige Einstellungen vor. Dazu klicken wir zunächst auf die Schaltfläche „Statistiken …" (❺). In der sich öffnenden Dialogbox setzen wir zwei Haken, nämlich bei „Mittelwerte" (❶) sowie „Nicht standardisiert" (❷) (vgl. Abb. 4.126).

Nach Bestätigung auf „Weiter" wählen wir in der vorigen Dialogbox (Abb. 4.125) abschließend noch die Schaltfläche „Klassifizieren" (❻). Wir gelangen zu der in Abb. 4.127 dargestellten Dialogbox. Dort setzen wir je einen Haken bei „Fallweise Ergebnisse" (❶) und „Zusammenfassungstabelle" (❷). Da wir zwei gleich große Gruppen von je 10 Kun-

Gruppenstatistiken

Zahlungsmoral		Mittelwert	Std.-Abweichung	Gültige Werte (listenweise)	
				Nicht gewichtet	Gewichtet
schlecht	Jahresumsatz Kunde in Mio. €	❶ 12,2000	8,44327	10	10,000
	Quadratmeterzahl bestellter Stände	43,5000	14,72903	10	10,000
gut	Jahresumsatz Kunde in Mio. €	❷ 31,0000	11,00505	10	10,000
	Quadratmeterzahl bestellter Stände	74,0000	18,97367	10	10,000
Gesamt	Jahresumsatz Kunde in Mio. €	21,6000	13,57009	20	20,000
	Quadratmeterzahl bestellter Stände	58,7500	22,76164	20	20,000

Abb. 4.128 Ergebnisse Diskriminanzanalyse 1

den haben, belassen wir es bei der Standardeinstellung „Alle Gruppen gleich" bei den A-priori-Wahrscheinlichkeiten (❸). Bei unterschiedlich großen Gruppen hätten wir ansonsten die Option „Aus der Gruppengröße berechnen" gewählt.

Wir bestätigen mit „Weiter" sowie anschließend „OK" und gelangen zum Ergebnisfenster. Hier werden uns – nach dem Hinweis, dass 20 gültige Fälle vorliegen – in einer ersten Tabelle die angeforderten Mittelwerte der betrachteten 20 Kunden präsentiert (vgl. Abb. 4.128). Wir erkennen, dass der Mittelwert der durchschnittlichen Jahresumsätze bei der Gruppe „gute Zahlungsmoral" mit 31,0000 (❷) höher ist als bei der Gruppe mit schlechter Zahlungsmoral (12,2000) (❶). Analog verhält es sich mit der durchschnittlichen Quadratmeterzahl der bestellten Stände. Hier scheinen Kunden, die im Durchschnitt größere Messestände in Auftrag geben (74,0000 vs. 43,5000), eine höhere Zahlungsmoral zu haben.

Als nächstes sehen wir eine mit „Eigenwerte" überschriebene Tabelle (vgl. Abb. 4.129). Dort finden wir in der letzten Spalte die „Kanonische Korrelation" (❶). Sie ist ein Maß für den Zusammenhang zwischen den Diskriminanzwerten und den Gruppen. Mit 0,801 ist sie in unserem Beispiel ausreichend groß. In der zweiten Tabelle findet sich „Wilks-Lambda" (❷), ein Maß für die Güte der Diskriminanzfunktion, also wie präzise durch sie eine Trennung der Gruppen ermöglicht wird. Es sollte möglichst klein sein, da es das Verhältnis zwischen der nicht erklärten Streuung und der gesamten Streuung darstellt. In unserem Fall werden 35,9 % der Streuung nicht erklärt. Über den Umweg der Umwandlung von Wilks' Lambda in einen χ^2-Wert (❸) wird die Nullhypothese „die beiden Gruppen unterscheiden sich nicht" überprüft. Da $p < 0,001$ (❹) und damit deutlich kleiner als 0,05 ist, kann die H_0 abgelehnt werden (vgl. Janssen und Laatz 2017, S. 538). Es scheint also Unterschiede zwischen den Gruppen zu geben, die Trennung durch die Diskriminanzgerade ist somit effektiv.

4.4 Ausgewählte Bi- und Multivariate Verfahren

Eigenwerte

Funktion	Eigenwert	% der Varianz	Kumulierte %	Kanonische Korrelation ❶
1	1,784ª	100,0	100,0	0,801

a. Die ersten 1 kanonischen Diskriminanzfunktionen werden in dieser Analyse verwendet.

Wilks-Lambda

Test der Funktion(en)	Wilks-Lambda ❷	Chi-Quadrat ❸	df	Sig. ❹
1	0,359	17,406	2	<,001

Abb. 4.129 Ergebnisse Diskriminanzanalyse 2

Standardisierte kanonische Diskriminanzfunktionskoeffizienten

	Funktion 1 ❶
Jahresumsatz Kunde in Mio. €	0,708
Quadratmeterzahl bestellter Stände	0,656

Strukturmatrix

	Funktion 1 ❷
Jahresumsatz Kunde in Mio. €	0,756
Quadratmeterzahl bestellter Stände	0,709

Gemeinsame Korrelationen innerhalb der Gruppen zwischen Diskriminanzvariablen und standardisierten kanonischen Diskriminanzfunktionen
Variablen sind nach ihrer absoluten Korrelationsgröße innerhalb der Funktion geordnet.

Abb. 4.130 Ergebnisse Diskriminanzanalyse 3

Die folgende Tabelle beinhaltet die standardisierten kanonischen Diskriminanzkoeffizienten (❶) (vgl. Abb. 4.130). Analog zu den Beta-Koeffizienten im Rahmen der Regressionsanalyse geben sie an, wie stark sich die unabhängigen Variablen – relativ gesehen – auf die Gruppentrennung auswirken. In unserem Beispiel sind die beiden Werte fast gleich, der jeweilige Einfluss der Variablen Jahresumsatz und Quadratmeterzahl somit relativ ähnlich. Gleichzeitig sind beide Werte deutlich von Null verschieden (ein mögliches negatives Vorzeichen würde bei der Betrachtung der Stärke des Einflusses unberücksichtigt bleiben, es würde lediglich auf die Richtung des Einflusses hinweisen, ähnlich der Interpretation des Korrelationskoeffizienten), sodass ein nennenswerter Einfluss vorliegt. Eine ähnliche und damit bestätigende Interpretation liefern uns die Werte in der nachfolgenden Strukturmatrix (❷).

Kanonische Diskriminanzfunktionskoeffizienten

	Funktion 1	
Jahresumsatz Kunde in Mio. €	0,072	❷
Quadratmeterzahl bestellter Stände	0,039	❸
(Konstante)	-3,827	❶

Nicht-standardisierte Koeffizienten

Funktionen bei den Gruppen-Zentroiden

Zahlungsmoral	Funktion 1	❹
schlecht	-1,267	
gut	1,267	

Nicht-standardisierte kanonische Diskriminanzfunktionen, die bezüglich des Gruppen-Mittelwertes bewertet werden

Abb. 4.131 Ergebnisse Diskriminanzanalyse 4

Die nach Prüfung auf Eignung für uns interessanteste Information finden wir in Abb. 4.131, nämlich in der Tabelle „Kanonische Diskriminanzfunktionskoeffizienten". Ähnlich wie bei der Regressionsanalyse handelt es sich hier um die unstandardisierten Werte, aus denen wir die gesuchte Diskriminanzfunktion bilden können. Wir finden zunächst eine Konstante (❶) und anschließend die beiden Koeffizienten b_1 (❷) und b_2 (❸). Somit erhalten wir folgende Diskriminanzgerade:

$$y = -3{,}827 + 0{,}072\, x_1 + 0{,}039\, x_2$$

Nun kehren wir zu unserer Ausgangsfrage zurück: Sollen wir den Auftrag des potenziellen Neukunden annehmen oder nicht? Wir wollen dies anhand seiner voraussichtlichen Zahlungsmoral entscheiden. Wenn wir davon ausgehen können, dass der Kunde der Gruppe der Kunden mit hoher Zahlungsmoral zuzurechnen ist, werden wir ihm zusagen. Dazu setzen wir als Schätzwert seines durchschnittlichen Jahresumsatzes den auf seiner Webseite ausgewiesenen Vorjahresumsatz von 32 Mio. € ein. Als Richtwert für die Quadratmeterzahl verwenden wir die Größe des aktuell angefragten Messestands, der 65 m² beträgt. Durch Einsetzen erhalten wir:

$$-3{,}827 + 0{,}072 \cdot 32 + 0{,}039 \cdot 65 = 1{,}012$$

Die Entscheidung richtet sich nun nach der relativen Nähe dieses Wertes zu den jeweiligen Gruppenmittelwerten. Eine Person wird demnach derjenigen Gruppe zugeordnet, bei der der Abstand seines individuellen Diskriminanzwerts zum Gruppenmittelwert am geringsten ist. Hierzu wird der kritische Diskriminanzwert aus den beiden Gruppen-Zentroiden, d. h. den durchschnittlichen Diskriminanzwerten je Gruppe, berechnet. Diese finden wir in Abb. 4.131 (❹). Der Gruppenmittelwert der Personen mit schlechter Zahlungsmoral beträgt − 1,267, derjenigen Kunden mit hoher Zahlungsmoral + 1,267. Da beide Werte bis auf das Vorzeichen identisch sind, ergibt sich als Mittelwert Null. Die Entscheidung lautet nun wie folgt: Ist der berechnete Diskriminanzwert für den neuen Kun-

A-priori-Wahrscheinlichkeiten der Gruppen

		In der Analyse verwendete Fälle	
Zahlungsmoral	❶ A-priori	Nicht gewichtet	Gewichtet
schlecht	0,500	10	10,000
gut	0,500	10	10,000
Gesamt	1,000	20	20,000

Abb. 4.132 A-priori-Wahrscheinlichkeiten

den größer als Null, so wird er der Gruppe 1 („gute Zahlungsmoral") zugeordnet, bei negativen Werten hingegen der Gruppe 0, die Personen mit „schlechter Zahlungsmoral" umfasst. Im vorliegenden Fall gilt 1,012 > 0 (der Wert liegt zudem deutlich näher bei + 1,267 als bei seinem negativen Pendant), dem potenziellen Kunden wird somit ein Vertrauensvorschuss hinsichtlich seiner vermutlich guten Zahlungsmoral eingeräumt, und sein Auftrag wird angenommen.

Abschließend wollen wir natürlich noch wissen, wie gut die vom Programm gefundene Diskriminanzfunktion eigentlich ist. Als Ausgangspunkt betrachten wir zunächst die „A-priori-Wahrscheinlichkeiten" der Gruppen (vgl. Abb. 4.132). Hätten wir ohne Diskriminanzfunktion, also ohne irgendwelche Kenntnisse, die einzelnen Bestandskunden einer der beiden Gruppen zuordnen wollen, hätten wir nach dem Zufallsprinzip vorgehen und beispielsweise eine Münze werfen können. Da beide Gruppen gleich groß sind, wäre die Wahrscheinlichkeit, dass eine beliebige Person (deren Zahlungsmoral ja bereits bekannt ist) der korrekten Gruppe zugeordnet wird, lediglich 50 %. Dies ist die A-priori-Wahrscheinlichkeit, die wir in Spalte (❶) finden. Wären die Gruppen unterschiedlich groß gewesen (was wir in Abb. 4.127 durch die Option „Aus der Gruppengröße berechnen" hätten angeben können (❸)), würden wir Wahrscheinlichkeiten proportional zur relativen Gruppengröße erhalten.

Die Zuordnung, die das Programm aufgrund der ermittelten Diskriminanzfunktion vorgenommen hat, fällt dagegen wesentlich treffgenauer aus. In Abb. 4.133 finden wir in der Spalte ❶ die tatsächliche Gruppe, der die jeweilige Person angehört. Diese ist aus der bestehenden Datenbank bekannt. In Spalte ❷ steht die auf Basis der errechneten Diskriminanzfunktion vorhergesagte Gruppe. Bis auf Person 2 stimmt diese jeweils mit der tatsächlichen Gruppe überein. Diese falsche Zuordnung der Person 2 wird von SPSS markiert und in der Fußnote erläutert. Insgesamt liegt somit eine Trefferquote von 19/20 = 95 % vor. Dies wird in der unteren Tabelle nochmals veranschaulicht. Alle zehn Personen mit guter Zahlungsmoral wurden auch von SPSS auf Basis der ermittelten Diskriminanzfunktion korrekt als „gut" eingestuft. Von den zehn Personen mit schlechter Zahlungsmoral wurden nur neun Personen korrekt der Gruppe „schlecht" zugeordnet. Ein Fall (❸) taucht fälschlicherweise in der Gruppe „gut" auf. Dies ist die Person mit der Fallnummer 2 aus der oberen Tabelle. Insgesamt wurden also, so die Information in der Fußnote, 95,0 % der ursprünglich gruppierten Fälle korrekt klassifiziert. Dies stimmt uns hinsichtlich der vorgenommenen Einstufung unseres potenziellen Neukundens optimistisch.

Fallweise Statistiken

			Höchste Gruppe				Zweithöchste Gruppe		Diskriminanzwerte
Fallnummer	Tatsächliche Gruppe ❶	Vorhergesagte Gruppe ❷	P(D>d | G=g) p	df	P(G=g | D=d)	Quadrierter Mahalanobis-Abstand zum Zentroid	Gruppe	Quadrierter Mahalanobis-Abstand zum Zentroid	Funktion 1 ❹
Original 1	0	0	0,410	1	0,995	0,680	1	11,280	-2,092
2	0	1**	0,821	1	0,933	0,051	0	5,325	1,040
3	0	0	0,651	1	0,887	0,205	1	4,331	-0,814
4	0	0	0,545	1	0,991	0,367	1	9,860	-1,873
5	0	0	0,444	1	0,781	0,585	1	3,130	-0,502
6	0	0	0,749	1	0,982	0,102	1	8,143	-1,587
7	0	0	0,344	1	0,996	0,894	1	12,108	-2,212
8	0	0	0,298	1	0,997	1,083	1	12,781	-2,308
9	0	0	0,844	1	0,976	0,039	1	7,455	-1,463
10	0	0	0,684	1	0,899	0,165	1	4,528	-0,861
11	1	1	0,318	1	0,664	0,998	0	2,357	0,268
12	1	1	0,746	1	0,916	0,105	0	4,884	0,943
13	1	1	0,098	1	0,999	2,734	0	17,537	2,921
14	1	1	0,480	1	0,806	0,499	0	3,342	0,561
15	1	1	0,557	1	0,848	0,345	0	3,790	0,680
16	1	1	0,691	1	0,985	0,158	0	8,593	1,664
17	1	1	0,493	1	0,814	0,469	0	3,420	0,582
18	1	1	0,464	1	0,795	0,535	0	3,249	0,535
19	1	1	0,704	1	0,985	0,145	0	8,495	1,648
20	1	1	0,109	1	0,999	2,568	0	17,112	2,870

**. Falsch klassifizierter Fall

Klassifizierungsergebnisse[a]

Zahlungsmoral			Vorhergesagte Gruppenzugehörigkeit		
			schlecht	gut	Gesamt
Original	Anzahl	schlecht	9	❸ 1	10
		gut	0	10	10
	%	schlecht	90,0	10,0	100,0
		gut	0,0	100,0	100,0

a. 95,0% der ursprünglich gruppierten Fälle wurden korrekt klassifiziert.

Abb. 4.133 Klassifizierungsergebnisse

Das Kriterium für die Zuordnung war dabei der berechnete Diskriminanzwert je Person (❹). Ist dieser negativ, wurde eine Person der Gruppe 0 (schlechte Zahlungsmoral) zugeordnet, bei positiven Werten erfolgte die Einstufung in die Gruppe 1 (gute Zahlungsmoral). Der Diskriminanzwert bei Person 2 war positiv, daher erfolgte die falsche Zuordnung.

Eng mit der Diskriminanzanalyse verwandt ist die *logistische Regression*. Bei letzterem Verfahren können die unabhängigen Variablen auch lediglich auf nominalem Skalenniveau vorliegen (kategoriale Variablen) und Unsicherheit bzgl. ihrer Verteilung aufweisen. Dafür werden aber größere Fallzahlen benötigt. Zur logistischen Regression vgl. ausführlich Backhaus et al. 2023, S. 288 ff.).

4.5 Zusammenfassung

In den vorangegangenen Kapiteln wurde versucht, einen pragmatischen Überblick über Methoden der Datenanalyse mit SPSS unter Berücksichtigung der Anforderungen an studentische Arbeiten zu geben. Diese sollen abschließend nochmal kurz zusammengefasst werden.

▶ **Deskriptive Analysen** *Deskriptive Analysen* dienen der Beschreibung des vorliegenden Datenmaterials. Liegen lediglich Stichproben vor, so gelten die Ergebnisse der vorgenommenen Analysen zunächst nur für die Stichprobe, nicht aber für die Grundgesamtheit. Ziel deskriptiver Analysen ist die Verdichtung der erhobenen Daten auf einige wenige Kenngrößen wie absolute und relative Häufigkeiten sowie Mittelwerte, Standardabweichung o. ä.

▶ **Induktive Analysen (Inferenzstatistik) – Schätzen und Testen** Die *induktive Analyse* oder *Inferenzstatistik* hat zum Ziel, ausgehend von Stichproben, Aussagen über die Grundgesamtheit zu formulieren.
Beim *Schätzen* versucht man, (Tendenz-)Aussagen über die Lage der Parameter der Grundgesamtheit (z. B. arithmetisches Mittel) zu treffen, entweder als Einzelwert (Punktschätzung) oder Konfidenzintervall (Intervallschätzung).
Beim *Testen* wird auf Basis von Forschungshypothesen, erneut auf Basis von Stichproben, geprüft, ob diese für die Grundgesamtheit aufrechterhalten werden können oder nicht. Hier kommen v. a. Mittelwerttests häufig zum Einsatz.

▶ **Bi- und multivariate Verfahren** *Bi- und multivariate Verfahren* finden Verwendung, wenn zwei oder mehr Variablen auf Zusammenhänge untersucht werden sollen. Hier kommen häufig die (lineare) *Regressions- und Korrelationsanalyse* zum Einsatz. Die *Faktorenanalyse* ist insbesondere im Rahmen umfangreicher Fragebögen interessant, da mit ihr Variablenbündel identifiziert werden können, wodurch einerseits der Fragebogen verkürzt werden kann, andererseits bisher unerkannte Zusammenhänge zwischen Variablen aufgedeckt werden können. Die *Clusteranalyse* hingegen bündelt typischerweise Personen, aber auch andere Objekte, und kommt hauptsächlich im Rahmen der Marktsegmentierung zur Zielgruppenanalyse zum Einsatz. Die *Diskriminanzanalyse* ist hilfreich, um beispielsweise neue Kunden in Kategorien wie „potentiell zuverlässig" oder „potentiell unzuverlässig" einzuteilen.

Die Durchführung solcher Analysen bereitet mit SPSS, technisch gesehen, keine großen Schwierigkeiten, wenn man die beschriebenen Mausklicks durchführt. Wichtig ist es vielmehr, dass man versteht, welchen Zweck die verschiedenen Analysen verfolgen und wie die Ergebnisse zu interpretieren sind. Im Rahmen einer studentischen Arbeit muss eingangs geklärt werden, ob man eine rein deskriptive Analyse durchführen oder aber auf Basis von Stichproben Aussagen über die Grundgesamtheit treffen möchte. Letzterer Fall dürfte häufiger auftreten. Danach muss beispielsweise geprüft werden, ob man es mit Schätzungen oder Tests zu tun hat. Oftmals kommt ein Thema für eine Arbeit überhaupt erst dadurch zustande, weil man im Vorfeld schon diverse Vermutungen angestellt hat, z. B. über unterschiedliches Kaufverhalten nach Geschlecht oder Alter, und diese daraufhin als Forschungshypothesen formuliert. In diesem Kontext kommen häufig Mittelwerttests zum Einsatz. Hierdurch können präzisere Aussagen über die Grundgesamtheit getroffen werden als durch bloße deskriptive Analysen. Trotzdem sollte nicht nur auf statistische Signifikanz geachtet, sondern auch das Zusammenspiel mit Stichprobengröße, Power und Effektgrößen betrachtet werden.

Literatur

Backhaus K et al (2023) Multivariate Analysemethoden. Eine anwendungsorientierte Einführung, 17. Aufl. Springer Gabler, Wiesbaden

Braunecker C (2023) How to do Statistik und SPSS. Eine Gebrauchsanleitung, 2. Aufl. Facultas, Wien

Bühner M, Ziegler M (2017) Statistik für Psychologen und Sozialwissenschaftler, 2. Aufl. Pearson, München

Burns AC, Bush RF (2014) Marketing research, 7. Aufl. Pearson, Harlow

Cohen J (1988) Statistical power analysis for the behavioral sciences, 2. Aufl. Taylor & Francis Group, New York/London

Cohen J (1992) A power primer. Psychol Bull 112(1):155–159

Döring N (2022) Forschungsmethoden und Evaluation in den Sozial- und Humanwissenschaften, 6. Aufl. Springer, Berlin/Heidelberg

Eckstein PP (2019) Statistik für Wirtschaftswissenschaftler. Eine realdatenbasierte Einführung mit SPSS, 6. Aufl. Springer Gabler, Wiesbaden

Fahrmeir L et al (2016) Statistik. Der Weg zur Datenanalyse, 8. Aufl. Springer, Berlin/Heidelberg

Fantapié Altobelli C (2023) Marktforschung. Methoden – Anwendungen – Praxisbeispiele, 4. Aufl. UVK, München

Faul F et al (2007) G*Power 3: a flexible statistical power analysis program for the social, behavioral, and biomedical sciences. Behav Res Methods 39(2):175–191

Fiedler K, Kutzner F, Krueger JI (2012) The long way from α-error control to validity proper: problems with a short-sighted false-positive debate. Perspect Psychol Sci 7(6):661–669

Field A, Miles J, Field Z (2012) Discovering statistics using R. SAGE, Los Angeles u. a

Fritz CO, Morris PE, Richler JJ (2012) Effect size estimates: current use, calculations, and interpretation. J Exp Psychol Gen 141(1):2–18

Heimsch F, Niederer R (2022) Statistik im Klartext. Für Psychologen, Wirtschafts- und Sozialwissenschaftler, 3. Aufl. Pearson, München

Jacob R, Heinz A, Décieux JP (2019) Umfrage. Einführung in die Methoden der Umfrageforschung, 4. Aufl. De Gruyter Oldenbourg, Berlin/Boston

Janczyk M, Pfister R (2020) Inferenzstatistik verstehen. Von A wie Signifikanztest bis Z wie Konfidenzintervall, 3. Aufl. Springer, Berlin

Janssen J, Laatz W (2017) Statistische Datenanalyse mit SPSS. Eine anwendungsorientierte Einführung in das Basissystem und das Modul Exakte Tests, 9. Aufl. Springer Gabler, Berlin

Janssens W et al (2008) Marketing research with SPSS. Pearson, Harlow

Jeske R (2017) Kochbuch der quantitativen Methoden, Band 3: Statistik, 2. Aufl. Lulu Enterprises Inc., Reichenau, Sulzberg

Kastner M (2021) Statistik, 2. Aufl. Kiehl, Herne

Kohn W, Öztürk R (2022) Statistik für Ökonomen. Datenanalyse mit R und SPSS, 4. Aufl. Springer Gabler, Berlin

Mayring P (2022) Qualitative Inhaltsanalyse. Grundlagen und Techniken, 13. Aufl. Beltz, Weinheim/Basel

Mittag H-J, Schüller K (2020) Statistik, 6. Aufl. Springer Spektrum, Berlin

Peichl T (2014) Von Träumern, Abenteurern und Realisten – Das Zielgruppenmodell der GfK Roper Consumer Styles. In: Halfmann M (Hrsg) Zielgruppen im Konsumgütermarketing. Segmentierungsansätze – Trends – Umsetzung. Springer Gabler, Wiesbaden, S 135–149

Przyborski A, Wohlrab-Sahr M (2021) Qualitative Sozialforschung. Ein Arbeitsbuch, 5. Aufl. De Gruyter Oldenbourg, Berlin/Boston

Rice Virtual Lab (2024). http://www.onlinestatbook.com/stat_sim/sampling_dist/index.html. Zugegriffen am 26.08.2024

Sawilowsky SS (2009) New effect size rules of thumb. J Mod Appl Stat Methods 8(2):597–599

Statologie (2024). https://statologie.de/mittlere-absolute-abweichung-rechner. Zugegriffen am 26.08.2024

Storm R (1965) Wahrscheinlichkeitsrechnung, mathematische Statistik und statistische Qualitätskontrolle. VEB Fachbuchverlag, Leipzig

Strübing J (2018) Qualitative Sozialforschung. Eine komprimierte Einführung, 2. Aufl. De Gruyter Oldenbourg, Berlin/Boston

Wasserstein RL, Lazar NA (2016) The ASA's statement on p-values: context, process, and purpose. Am Stat 70(2):129–133

Stichwortverzeichnis

A
Absolutskala 15
Alternativhypothese 131, *siehe Forschungshypothese*
Analyse
    bivariate 86
    deskriptive 75, 273
    induktive 75, 273
    univariate 79
ANOVA 170, *siehe Varianzanalyse*
Anti-Image-Matrix 243

B
Balkendiagramm 84
Bartlett-Test auf Sphärizität 243
Befehlsleiste 40
Befragung 19
    mobile 24
    online 22
    persönliche 20
    schriftliche 20
    telefonische 21
Beobachtung 24
Beobachtungsreihe 80
Bestimmtheitsmaß 229
Beta-Koeffizient 231
Bonferroni-Test 178
Box-and-Whisker-Plot 116, 154, 175, 194, 203
Boxplot 116, *siehe Box-and-Whisker-Plot*

C
Chi-Quadrat-Unabhängigkeitstest 142
Clusteranalyse 251, 273
Codierung 65
Cohens d 158, 163, 169
Cramers V 219

D
Dateien zusammenfügen 50
Datenanalyse, explorative 113
Datenansicht 32, 71
Dateneditor 32
Dateneingabe 71
Datenüberprüfung 71
Dendrogramm 260
Diskriminanzanalyse 264, 273
Dublette 55
Durchschnitt 98, *siehe Arithmetisches Mittel*

E
Effektgröße 138, 139, 145, 208, 213, 222, 230
Effektstärke 139, *siehe Effektgröße*
Eigenwert 245
Eigenwertkriterium 245
Eta-Quadrat 173
Experiment 26
Exzess 110

F
Faktorenanalyse 238, 273
    explorative 238
    Extraktion 242
    konfirmatorische 238
    Rotation 243

Faktorladung 240, 246
Fälle auswählen 46
Fehler
    1. Art 134, 137
    2. Art 134
α-Fehler 134, *siehe Fehler 1. Art*
β-Fehler 134, *siehe Fehler 2. Art*
Fehler, systematischer 8
Forschungshypothese 131
Friedman-Test 206

G
G*Power 163
Grenzwertsatz, zentraler 122, 149
Güte 136, *siehe Power*

H
Häufigkeit 79
    absolute 79
    bedingte 89
    relative 79
Häufigkeitstabelle 82
Hilfesystem 62
Histogramm 85, 112
Homoskedastizität 237
Hypothese 6, 130
    exakte 131
    gerichtete 131, 157, 160
    inexakte 131
    spezifische 131
    ungerichtete 131, 156
    unspezifische 131
    Unterschieds- 131
    Zusammenhangs- 131

I
Inferenzstatistik 120, *siehe Induktive Statistik*
Interquartilsabstand 101
Interquartilsbereich 115
Intervallschätzung 124
Intervallskala 14

K
Kaiser-Meyer-Olkin-Test 243
Kausalität 214

Kollinearitätsdiagnose 226
Kolmogorov-Smirnov-Test 151
Kommunalität 243
Konfidenzintervall 114, 124, 157, 168
Kontingenzkoeffizient C nach
    Pearson 219
Kontrollfrage 73
Korrelation 214
Korrelationskoeffizient
    Bravais-Pearson 187, 203, 211, 218,
        220, 229
    Spearman 216
Kreisdiagramm 84
Kreuztabelle 87, 144
Kruskal-Wallis-Test 200
Kurtosis 110, *siehe Wölbung*

L
Levene-Test 162

M
MAA (Mittlere absolute Abweichung) 104
Macht 136, *siehe Power*
Mann-Whitney-U-Test 190
Maximum 101, 114, 116
Median 94, 109, 114, 116, 187
Messen 12
Methode der kleinsten Quadrate 225
Minimum 101, 114, 116
Mittel, arithmetisches 98, 109, 114
Mittelwert 149
Modalwert 92, *siehe Modus*
Modus 92, 109
Multikollinearität 237

N
Nominalskala 14
Normalverteilung 124
    Prüfung auf 148
Nullhypothese 132

O
Objektivität 7
Operationalisierung 13
Ordinalskala 14

P

Partielles Eta-Quadrat 184
Phi-Koeffizient 145, 219
Post-hoc-Test 177
Power 136, 139, 163
Primärforschung 3
Publication bias 138
Punktschätzung 122
p-Wert 137

Q

Q-Q-Diagramm 152, 237
Quantil 96
Quartil 96, 116
Quartilsabstand 101, *Siehe Interquartilsabstand*

R

Randhäufigkeit 87
Range 100, *siehe Spannweite*
Rangkorrelationskoeffizient 216, *siehe Korrelationskoeffizient*
Ratioskala 14
Regressionsanalyse 223
　einfache, lineare 224
　multiple 231
Reliabilität 10
Residuum 225
Rotation 246
Rücklaufkontrolle 73

S

Schätzen 76, 120, 273
Scheffé-Test 178
Scheinkorrelation 215
Schiefe 108, 115, 149
Screeplot 246
Sekundärforschung 1
Shapiro-Wilk-Test 151
Signifikanzniveau 124, 133, 134, 139
Skala, metrische 14
Skalenniveau 13, 79
Spannweite 100, 114
Stamm-Blatt-Diagramm 115
Standardabweichung 105, 114
Standardfehler 123, 125, 154

Statistik
　induktive 120
　schließende 120, *siehe Induktive Statistik*
Stem-and-leaf-plot 115, *siehe Stamm-Blatt-Diagramm*
Stengel-Blatt-Diagramm 115, *siehe Stamm-Blatt-Diagramm*
Stichprobengröße 123
Stichprobenkennwerteverteilung 122
Streudiagramm 212, 228
Strichliste 80
Student-Verteilung 154, *siehe t-Verteilung*
Studie
　deskriptive 5
　explorative 4
　kausale 6
　qualitative 4
　quantitative 4
Syntaxdatei 57

T

Testen 76, 120, 130, 273
Teststärke 136, *siehe Power*
Testverfahren 133
　nicht-parametrisches 133
　parametrisches 133
　verteilungsfreies 133
　verteilungsgebundenes 133
Trennschärfe 136, *siehe Power*
t-Test
　abhängige Stichproben 166
　Differenzen- 166
　doppelter 159
　einfacher 154
　gepaarter 166
　unabhängige Stichproben 159
t-Verteilung 154

U

Umcodieren 53
Urliste 79, 80

V

Validität 8
Variable berechnen 51

Variablenansicht 32, 65
Variance Inflation
      Factor (VIF) 237
Varianz 105, 114
Varianzanalyse
  einfaktorielle 170
  mehrfaktorielle 170
  mit Messwiederholung 180
Variationskoeffizient 107
Verhältnisskala 14
Viewer 38

W
Welsh-Test 179
Wilcoxon-Test
  für 2 abhängige Stichproben 195
  für eine Stichprobe 186
Wölbung 110, 115, 149

Z
Zentralwert 94, *siehe Median*
Zufallsfehler 10, 120

Made in the USA
Monee, IL
03 May 2026

49438549R00162